# 信息系统安全

朱婷婷　陈泽茂　付　钰　主编

国防工业出版社
·北京·

# 内 容 简 介

本书着重介绍了信息系统安全的基本思想、主要技术和方法，内容涵盖信息系统安全体系结构；身份认证、访问控制、安全审计、最小特权管理等基本安全机制；BLP、Biba、RBAC、Chinese Wall、Clark-Wilson 等经典安全模型；TCSEC、CC、网络安全等级保护 2.0 标准等主要的安全测评标准；恶意代码及其防御、数据库安全、Windows 安全、Linux 安全、可信计算等具体安全技术以及人工智能系统内生安全、人工智能助力系统安全等内容，旨在帮助读者认识信息系统安全问题、了解问题的解决方法与途径。

本书可作为网络空间安全、信息安全、信息对抗、计算机、通信及相关专业的本科、研究生教材及辅助教材，也可供从事相关领域科学研究和工程技术工作的人员参考。

**图书在版编目(CIP)数据**

信息系统安全/朱婷婷，陈泽茂，付钰主编.—北京：国防工业出版社，2024.1

ISBN 978-7-118-13086-7

Ⅰ.①信… Ⅱ.①朱… Ⅲ.①信息系统—安全技术 Ⅳ.①TP309

中国国家版本馆 CIP 数据核字(2024)第 018323 号

※

国防工业出版社出版发行

(北京市海淀区紫竹院南路 23 号 邮政编码 100048)

北京虎彩文化传播有限公司印刷

新华书店经售

*

**开本** 787×1092 1/16 **印张** 22 **字数** 517 千字

2024 年 1 月第 1 版第 1 次印刷 **印数** 1—1200 册 **定价** 88.00 元



国防书店：(010)88540777　　书店传真：(010)88540776

发行业务：(010)88540717　　发行传真：(010)88540762

# 前　言

随着《国家网络空间安全战略》的实施，网络空间安全问题越来越得到众人关注，它渗透到人类社会的多个层面。主机系统是网络空间中的重要工作单元，它的安全对网络空间安全有着重要影响，主机系统安全是网络空间安全不可或缺的组成部分。

本书着重介绍开放互联环境下的主机系统安全基本思想与理论、主要技术与方法以及系统安全领域最新发展，旨在帮助读者认识系统安全问题，了解系统安全相关理论及解决问题的技术与方法。全书共12章，详尽地介绍了系统安全领域的基本概念、经典模型、安全机制、测评标准和体系结构等知识。内容涵盖身份认证、访问控制、安全审计、最小特权管理等基本安全机制；BLP、Biba、RBAC、Chinese Wall 和 Clark-Wilson 等经典安全模型；TCSEC、CC 等主要的安全测评标准以及网络安全等级保护2.0标准；恶意代码及其防御、数据库安全、Windows 安全、Linux 安全、可信计算等具体安全技术以及人工智能内生安全、人工智能助力系统安全等内容。

本书由朱婷婷、陈泽茂、付钰主编，付伟、张志红、陈璐、孙志宏、严博作为副主编参与本书的编写。其中，第1章由陈泽茂、朱婷婷编写，第3、9、11章由陈泽茂编写，第2、4、12章由朱婷婷编写，第5章由孙志宏编写，第6、7章由付伟、张志红编写，第8章由严博编写，第10章由陈璐编写，朱婷婷、付钰负责全书统稿。

本书在编写过程中，参阅了大量相关书籍、论文和网络文献，在此向相关作者表示感谢！在教材立项和编写过程中，海军工程大学信息安全系周学广教授给予了具体指导；在出版编辑过程中，得到了海军工程大学殷瑛老师的大力支持。在此，一并致以谢意！

因水平和时间所限，本书在技术理解和表述方面难免存在不当之处，恳请读者批评指正。

编者

2023年1月15日

# 目　录

# 第1章 绪　　论

随着社会信息化程度的提高,信息安全面临诸多挑战,许多国家和地区采取了有力措施,推进信息安全技术的发展,活跃了当前信息安全的研究与开发。本章主要介绍信息安全的基本概念,分析信息安全威胁,结合信息安全需求的演变介绍信息安全的发展历程和信息安全技术体系,并重点阐述了信息系统安全领域涉及的主要知识模块。

## 1.1 信息安全

信息安全问题古已有之。最初,人们仅以实物或特殊符号传递机密信息,后来出现了一些朴素的信息伪装方法。随着人类存储、处理和传输信息手段的进步,信息安全的内涵也不断延伸。在政治军事斗争、商业竞争和公民个人隐私保护等活动中,往往需要保护己方信息不被他人获知或篡改,在取得信息时,往往也需要确认该信息是否可信。在一般意义上,信息安全是指实现以上目标的能力或状态。在信息技术应用的背景下,信息安全可理解为信息系统抵御意外事件或恶意行为的能力。

### 1.1.1 信息安全属性

由于信息安全受到了政府和企业的普遍重视,众多国内外的标准化组织都把信息安全纳入其标准体系中。但在不同标准体系,所给出的信息安全具体定义却不尽相同。例如,美国国家安全系统委员会(Committee on National Security Systems, CNSS)将信息安全定义为:保护信息及其关键要素,包括使用、存储以及传输信息的系统和硬件。CNSS将机密性、完整性和可用性作为信息安全概念的基础。国际标准ISO/IEC 27000:2005《信息安全管理体系原理与术语》将信息安全定义为:保护、维持信息的机密性、完整性和可用性,也可包括真实性、可核查性、抗抵赖性、可靠性等性质。

总结关于信息安全的各种定义,一个信息系统的基本信息安全需求,可以由机密性、完整性、可用性、不可否认性、可认证性和可控性等基本属性来刻画,它们的具体含义如下。

1. 机密性(Confidentiality)

确保敏感或机密数据在存储、使用、传输过程中不会泄露给非授权用户或实体的特性,甚至可以做到不暴露保密通信的事实。具有敏感性的秘密信息,只有得到许可才能够获得该信息,防止信息的非授权访问或泄露。

2. 完整性(Integrity)

确保信息在存储、传输或接收的过程中,其原有的内容、形式与流向,既不能为未经授权的第三方所篡改,也不会被授权用户进行不恰当的修改。而在被篡改的情况下,应能够检测出其被篡改的事实或者篡改的位置。

3. 可用性(Availability)

确保信息可被授权者访问并按需求使用的特性,保证合法用户对信息和资源的使用不会被不合理地拒绝。即使在突发事件下,如网络攻击、计算机病毒感染、系统崩溃、战争破坏、自然灾害等,依然能够保障数据和服务的正常使用。

4. 不可否认性(Non-repudiation)

能够保证信息系统的操作者或信息的处理者无法否认其行为或者处理结果,防止参与某次操作或通信的一方事后否认该事件的发生,为出现的信息安全事件提供调查的依据。

5. 可认证性(Authenticity)

能够确保实体(如人、进程或系统)身份或信息、信息来源的真实性。

6. 可控性(Controllability)

能够保证掌握和控制信息与信息系统的基本情况,可对信息和信息系统的使用实施可靠的授权、审计、责任认定、传播源追踪和监管等控制。

### 1.1.2 信息安全威胁

信息系统安全威胁是指对信息系统的组成要素及功能造成某种损害的潜在可能。信息系统安全所面临的威胁来自多方面,并且随着时间的变化而变化,目前还没有一个统一的方法对各种威胁进行准确地分类。下面按照威胁来源、威胁实施手段,以及按通信中的信息流向对信息系统所面临的常见安全威胁进行分类介绍。

1. 按照威胁来源分

信息系统的威胁源可以分为系统内部和外部。据此,可将其所面临的安全威胁分为内部威胁和外部威胁。根据是否有人为干预,进一步地可将威胁分为自然威胁和人为威胁。自然威胁是指来自各种自然灾害、恶劣的场地环境或者设备老化的威胁。这些无目的的事件,有时会直接威胁系统运行和信息安全,影响信息的存储媒体。对于这些灾害,虽然不能阻止其发生,但是可以通过技术或管理手段,避免或降低灾害带来的损失。根据操作人员是否存在主观故意,人为威胁可以分为无意威胁和恶意攻击。

1) 无意威胁

此类威胁没有明显的恶意企图,其主要肇因是系统内部人员操作不当或失误。例如,操作员安全设置不当造成的安全漏洞,用户安全意识不强,用户口令选择不慎,用户将自己的账号随意转借他人或与别人共享等,都会对信息系统安全带来威胁。此类威胁在信息系统的整个生命周期中始终存在,会破坏信息系统的安全性。有关安全专家经过长期的调查得出结论:无论是私人机构,还是公共机构,大约65%的损失是由于无意的错误或疏忽所造成的。

2) 恶意攻击

此类威胁是利用信息系统暴露的弱点,对其实施攻击,使得信息系统的机密性、完整性、可用性等安全属性受到损害,是有目的的人为恶意破坏,可分为主动攻击和被动攻击。主动攻击是指以各种方式有选择地对信息系统实施破坏,如对信息进行修改、删除、伪造、添加、重放、乱序、冒充,以及制造病毒等。而被动攻击是指在不干扰网络信息系统正常工作的情况下,进行窃听、截获、窃取、破译和业务流量分析等。由于恶意攻击有明显的企图,其危害性相当大,给政治、经济和文化等领域的活动,以及知识产权、个人信息的保护,甚至国家安全都带来巨大的威胁。

2. 按照威胁实施手段分

根据威胁实施的手段或方法,常用的威胁可以分为以下 7 种:

1) 信息泄露

指系统的敏感数据被未授权者获取,从而破坏了信息的机密性。信息泄露的主要途径有:

(1) 窃取:有两种情形,一是盗用存储设备,二是利用电磁辐射或搭接线路等方式窃听传输中的信息。

(2) 通过构建隐蔽的泄密信道,向未授权者泄露信息。例如,在传输文件时,对文件名进行特殊编码以传递秘密信息,从而使正常的文件传输信道成为隐蔽的泄密信道。

(3) 通过分析通信行为,获取敏感信息。未授权者利用特定的工具捕获网络中的数据流量、流向、通信频带和数据长度等数据并进行分析,从中获取敏感信息。

2) 系统入侵

入侵是指未经授权就获得系统的访问权限或特权,对系统进行非正常访问,或擅自扩大访问权限。非授权访问主要有如下 4 种:

(1) 旁路控制:攻击者利用系统漏洞绕过系统的访问控制而渗入系统内部。

(2) 假冒:攻击者通过出示伪造的凭证骗取系统的信任,非法取得系统访问权限或得到额外的特权。

(3) 口令破解:利用专门的工具穷举或猜测用户口令。

(4) 合法用户的越权访问:合法用户进入系统后,擅自扩大访问权限。

3) 传播恶意代码

恶意代码是一些对系统具有现实或潜在危害的代码。它们或独立存在,或依附于其他程序。恶意代码有可能大量消耗系统资源,或者进行删除和修改等破坏性操作,或者执行窃取敏感数据的任务。

4) 拒绝服务

拒绝服务(DoS)指系统可用性因服务中断而遭到破坏。DoS 攻击常常通过使用户进程消耗过多的系统资源,造成系统阻塞或瘫痪。

5) 系统扫描

利用特定的工具向目标系统发送特制的数据包,并通过分析其响应,以了解目标网络或主机的特征,为后续攻击做准备。

6) 信息重放

攻击者先记录系统中的合法信息,然后在适当的时候重放,使系统难辨真伪,达到混淆视听、扰乱系统的目的。

7) 抵赖

指通信一方出于各种目的,而实施的以下行为:发送方事后否认自己曾经发送过某些消息;发送方事后否认自己曾经发送过某些消息的内容;接收方事后否认自己曾经收到过某些消息;接收方事后否认自己曾经收到过某些消息的内容。

3. 按照对系统信息流的影响分

按照安全威胁对信息系统通信信息流的影响,可将威胁分为中断威胁、截获威胁、篡改威胁和伪造威胁。

1）中断威胁

在正常情况下，信息系统的正常信息流向如图 1.1 所示。当发生中断威胁后，信息流受到阻断，结果如图 1.2 所示。中断威胁会破坏信息系统的可用性。最常见的中断威胁是造成信息系统的拒绝服务，即信息系统或信息资源的利用价值或服务能力下降或丧失。

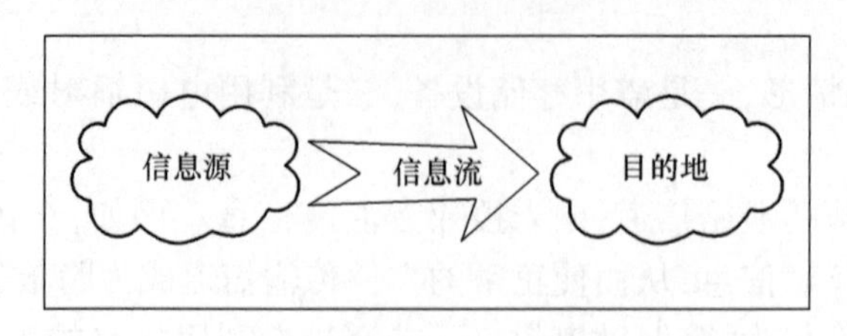


图 1.1　正常的信息流向

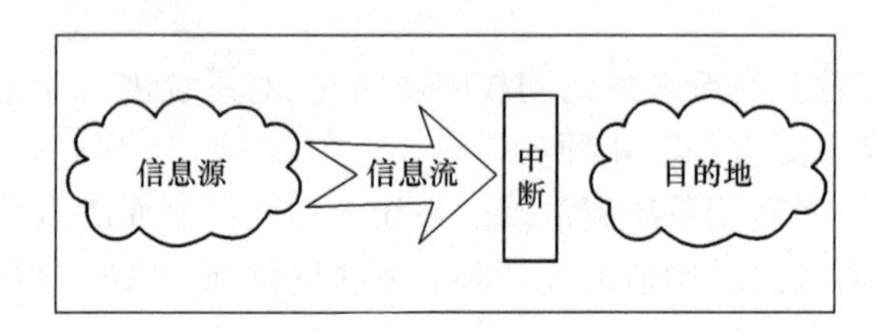


图 1.2　中断威胁

2）截获威胁

如图 1.3 所示，截获威胁是指一个非授权实体介入了系统，使得信息在传输过程中被拦截监听。这里，非授权实体可以是人、程序或计算机。截获攻击可以破坏信息系统的机密性。

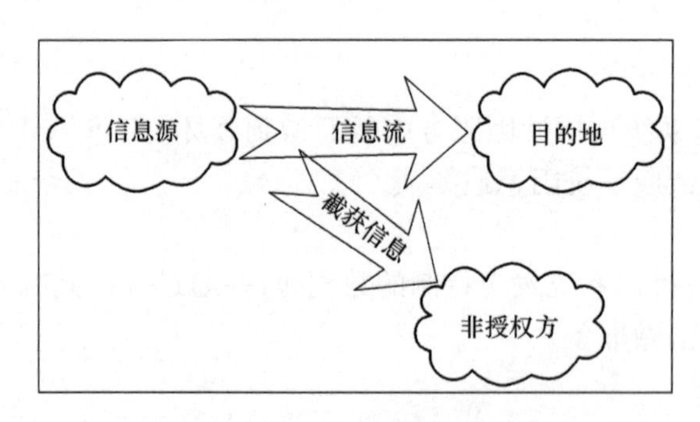


图 1.3　截获威胁

3）篡改威胁

如图 1.4 所示，篡改威胁是指一个非授权实体取得了对系统信息流的控制权，可以未经授权对其进行修改、删除和重放等操作，使信息的完整性受到破坏。此类攻击还包括对存储数据和程序的篡改，使之不能正确解析或执行。

4）伪造威胁

如图 1.5 所示，伪造威胁是指一个非授权实体将伪造的信息植入系统，从而破坏了系统信息的真实性。例如,向系统的合法用户传送虚假信息。

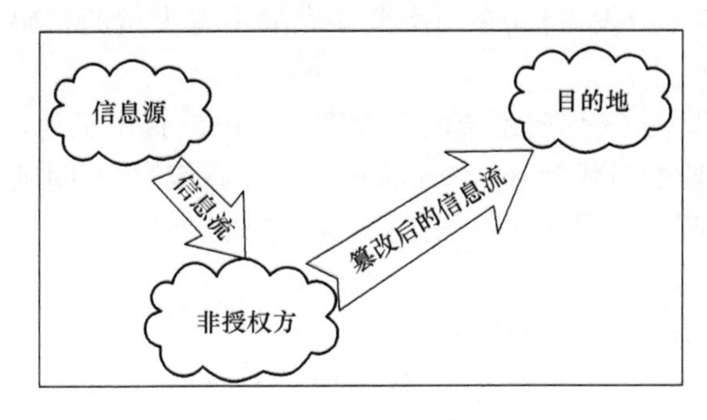


图 1.4　篡改威胁

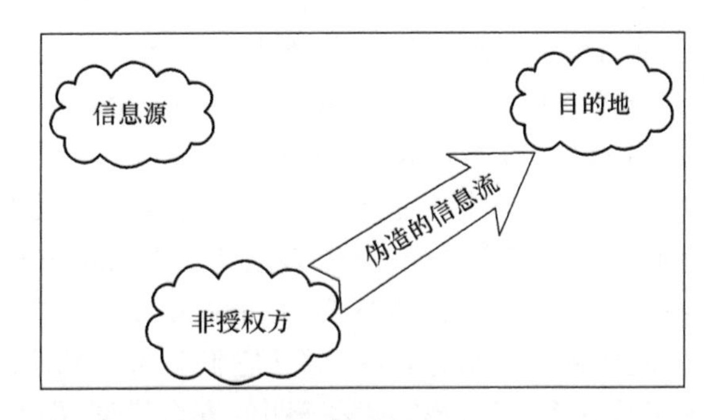


图 1.5　伪造威胁

### 1.1.3　信息安全发展历程

信息安全是一个古老而又年轻的科学技术领域。在不同历史阶段,受应用需求的驱动,其内涵也逐步丰富完善。特别是在第二次世界大战以后,它获得了长足发展,由主要依靠经验、技艺逐步转变为主要依靠科学。在短短的几十年间,其内涵由通信保密演变为计算机安全,进而发展为信息安全,直至目前的信息保障。

1. 通信保密阶段(COMSEC)

20 世纪 60 年代之前,人们对信息安全的关注,主要集中在通信的机密性,这个发展时期可以归结为通信保密阶段。在这个阶段,信息安全的主要关注者是军方和政府机构。信息安全所要解决的问题,主要是如何在远程通信中,防止信息被非授权方截获,以及确保通信的真实性。而确保信息安全的主要手段,则是信息加密和信息隐藏。例如,在我国北宋年间的《武经总要》中,记载了北宋军队对军令的伪装方法:先将全部 40 条军令编号,并汇成码本,以 40 字诗对应位置上的文字代表相应编号;在通信中,代表某编号的文字被隐藏在一个普通文件中,但接收方知道它的位置,这样就可以通过查找该字在 40 字诗中的位置获得编号,再通过码本获得军令。按现在的观点,它综合了基于密码本的加密和基于文本的信息隐藏。

自 19 世纪 40 年代发明电报后,安全通信主要面向保护电文的机密性,密码技术成为获得机密性的核心技术。在两次世界大战中,各发达国家均研制了自己的密码算法和密码机。例如,在第二次世界大战(以下简称二战)中,德国发明了 ENIGMA 密码机、日本发明了

PURPLE 密码机。但当时的密码技术没有摆脱主要依靠经验的设计方法，并且由于在技术上没有安全的密钥或码本分发方法，在两次世界大战中有大量的密码通信被破解。以上密码被普遍称为古典密码。

1949 年，Shannon 发表了《保密系统的通信理论》一文，提出了著名的 Shannon 保密通信模型，这是通信保密阶段的时代标志。Shannon 的保密通信模型，明确了密码设计者需要考虑的问题，并用信息论阐述了保密通信的原则，为对称密码学奠定了理论基础，将密码学的研究纳入了科学的轨道。

2. 计算机安全阶段(COMPUSEC)

计算机安全阶段跨越了 20 世纪 60 年代中期至 80 年代。计算机的出现深刻改变了人类处理和使用信息的方法，也使信息安全的内涵扩展到了计算机和信息系统的安全。20 世纪 60 年代出现了多用户操作系统，为了解决计算机资源和信息的安全共享问题，人们对信息安全的关注扩大到机密性、访问控制与认证，并逐渐注意到保障可用性。1965—1969 年，美国军方和科研机构组织开展了有关操作系统安全的研究。1969 年，Lampson 提出了主体(Subject)、客体(Object)和访问矩阵(Access Matrix)等概念，第一次用形式化的方法对访问控制问题做了抽象；1972 年，Anderson 报告提出了引用监控器、引用验证机制、安全内核和安全建模等重要思想，指出要开发安全系统，首先必须建立系统的安全模型，完成安全系统建模之后，再进行安全内核的设计与实现；1973 年，Lampson 提出了隐蔽通道的概念，他发现两个被限制通信的实体之间如果共享某种资源，那么它们就可以利用隐蔽通道传递信息；同年，Bell 和 LaPadula 提出了第一个经过严格数学证明的安全模型，即 BLP 模型。

在这一阶段，为了评价计算机系统的安全性，美国、加拿大和欧洲主要国家各自推出了自己的信息系统安全评价标准。1985 年，美国国防部推出了《可信计算机系统评价准则》(TCSEC)，该标准是世界上第一部关于计算机系统的安全评测标准，是信息安全领域中的重要创举，为后来英、法、德、荷四国联合提出的同时涵盖保密性、完整性和可用性需求的《信息技术安全评价准则》(ITSEC)打下了基础。

在这一阶段，密码学领域也取得了重要成果。1976 年，Diffie 和 Hellman 发表了《密码学的新方向》一文，指出在通信双方之间不直接传输加密密钥的保密通信是可能的，并提出了公钥加密的设想；1977 年，美国国家标准与技术研究所(NIST)首次通过公开征集的方法，制订了当时应用中急需的“数据加密标准(DES)”，推动了分组密码的发展。这两个事件标志着现代密码学的诞生。1978 年，Rivest、Shamir 与 Adleman 设计了著名的 RSA 公钥密码算法，实现了 Diffie 和 Hellman 提出的公钥加密思想，使数字签名和基于公钥的认证成为可能。

3. 信息安全阶段(INFOSEC)

20 世纪 80 年代中期以后，随着信息技术应用越来越广泛和网络的普及，学术界、产业界、政府和军事部门等对信息和信息系统安全越来越重视。人们除了要求信息在存储、处理和传输过程中不被非法访问或者篡改，确保合法用户获得服务并限制非授权用户使用服务外，还要求能够检测、记录和抵御攻击。在这一时期，密码学、安全协议、计算机安全、安全评估和网络安全技术得到了较大发展，尤其是互联网的应用和发展大大促进了信息安全技术的发展与应用。因此，信息安全的这一发展阶段也可以称为网络安全阶段。

在这一时期，不但学术界提出了很多新观点和新方法，如椭圆曲线密码(ECC)、密钥托管和盲签名等，标准化组织与产业界也制定了大量的算法标准和实用协议，如数字签名标准

(DSS)、IP安全协议(IPSec)等。此外,安全多方计算、形式化分析、零知识证明、可证明安全性等均取得了进展,一些理论成果也逐渐能够得到应用。在安全评测方面,20世纪90年代中期,加拿大、法国、德国、荷兰、英国和美国提出了《信息技术安全性评估通用准则》(CC标准)。

在这一时期,网络攻击事件逐渐增多,传统的安全保密措施难以抵御计算机黑客入侵及有组织的网络攻击,学术界和产业界先后提出了防火墙、入侵检测系统和虚拟专用网等网络安全防护技术。1989年,美国国防部资助卡内基-梅隆大学建立了世界上第一个计算机应急小组及协调中心(Computer Emergency Response Team/Coordination Center,CERT/CC),标志着信息安全从被动防护阶段过渡到主动防护阶段。人们除了要求信息在存储、处理和传输过程中不被非法访问或者篡改,确保合法用户获得服务并限制非授权用户使用服务外,还要求能够检测、记录和抵御攻击。于是除了信息的机密性、完整性和可用性之外,人们对信息的安全性提出了可控性、可认证性和抗抵赖等新的要求。

4. 信息保障阶段(IA)

20世纪90年代中期以来,随着信息安全越来越受到各国的高度重视,以及信息技术本身的发展,人们更加关注信息安全的整体发展及在新型应用下的安全问题。人们也开始深刻认识到,安全是建立在过程的基础之上的,信息安全的发展也越来越多地与国家战略结合在一起。在此背景下,信息安全从单纯信息安全防护向综合信息保障(Information Assurance,IA)的方向发展。1995年,美国国防部提出了"保护—检测—响应"的动态模型,即PDR(Protection, Detection, Reaction)模型;1998年10月,美国国家安全局(NSA)颁布了信息保障技术框架(Information Assurance Technical Framework,IATF),它从信息保护过程的角度,提出信息保障应包括保护、检测、反应和恢复等环节。保护是指利用数据加密、用户认证、访问控制等技术保证数据的各种属性;检测是指利用各种技术手段,检测并记录危及信息安全的各种攻击行为,并提供事后审计和查询功能;反应是指在检测出攻击行为之后,在攻击过程中或者攻击结束后采取必要的策略,避免攻击再次发生,或者减少攻击行为带来的破坏;恢复是指在攻击对信息或信息系统已经造成破坏后,采用数据恢复、应用恢复等方式,尽量使信息或信息系统恢复到被破坏前的状态。在信息保障框架下,保护、检测、反应和恢复是一个统一的过程,它不再过分强调"严防死守",而是要保证网络在遭受攻击的情况下,能够及早地识别、检测出这些攻击,将可能造成的损失降到最低程度,并保证信息系统基本业务的连续性。信息保障的策略是深层防护、多级配置,使得在深层防护架构内,各种安全设施和手段互相支持,达到整体的信息安全效果。

在这一阶段,信息安全的相对性、动态性、系统性等特征引起人们的注意,追求适度风险的信息安全成为共识。安全不再是单纯以功能或者机制技术的强度作为评价指标,而是结合了不同主体的应用环境和应用目标的需要,进行合理的计划、组织和实施。此外,人们认识到,不但要从技术上,而且还要从管理上建立一个包含人的因素在内的信息安全管理体系,使得信息安全管理成为时代的需要。

## 1.2 信息安全技术体系

与信息安全的发展历程一样,信息安全技术在不同阶段也表现出不同的特点。在通信保密阶段,针对数据通信的保密性需求,人们对密码学理论和技术的研究及其应用逐渐成熟起来。随着计算机和网络技术的急剧发展,信息安全阶段的技术要求集中表现在ISO7498-2标准中陈述的各种安全机制上面,这些安全机制的共同特点就是对信息系统的保密性、完整性和可用性进行静态保护。发展到了信息保障阶段之后,信息安全技术已经不再是以单一的防护为主,而是包括了防护、检测、响应和恢复几个关键环节的动态发展的完整体系。从信息安全防护层面看,当前主要信息安全技术有以下几类。

### 1.2.1 安全基础技术

1. *密码技术*

密码技术主要包括密码算法和密码协议的设计与分析技术。密码算法包括分组密码、序列密码、公钥密码、杂凑函数、数字签名等,它们在不同的场合分别用于提供机密性、完整性、真实性、可控性和不可否认性,是构建安全信息系统的基本要素。密码协议是在消息处理环节采用了密码算法的协议,它们运行在计算机系统、网络或分布式系统中,为安全需求方提供安全的交互操作。密码分析技术指在获得一些技术或资源的条件下破解密码算法或密码协议的技术。

2. *标识与认证技术*

从信息安全的角度看,需要对信息系统中出现的实体进行标识和身份鉴别,这类技术称为标识与认证技术。所谓标识是指实体的标识,信息系统从标识可以对应到一个实体。例如,用户名、进程名、主机名等,都是计算机系统中常见的标识。没有标识就难以对系统进行安全管理。认证技术就是鉴别实体身份的技术,主要包括口令技术、生物认证技术和公钥认证技术等,还包括对数据起源的验证。随着电子商务和电子政务等分布式安全系统的出现,基于公钥密码技术的公钥基础设施(Public Key Infrastructure, PKI)技术在经济和社会生活中的作用越来越大。

3. *授权与访问控制技术*

为了使得合法用户正常使用信息系统,需要给已通过认证的用户授予相应的操作权限,这个过程被称为授权。在信息系统中,可授予的权限包括读/写文件、运行程序和访问网络等,实施和管理这些权限的技术称为授权技术。访问控制技术和授权管理基础设施(Privilege Management Infrastructure, PMI)技术是两种常用的授权技术。访问控制在操作系统、数据库和应用系统的安全管理中具有重要作用,PMI是支持授权服务的安全基础设施,可为访问控制提供授权管理支持。从应用目的上看,网络防护中的防火墙技术也有访问控制的功能,但由于实现方法与普通的访问控制有较大不同,一般将防火墙技术归入网络防护技术。

4. *安全审计与责任认定技术*

为抵制网络攻击、电子犯罪和数字版权侵权,安全管理或执法部门需要相应的事件调查方法与取证手段,这种技术统称为安全审计与责任认定技术。审计系统普遍存在于计算机和网络系统中,它们按照安全策略记录系统出现的各类审计事件,主要包括用户登录、特定操作、系统异常等与系统安全相关的事件。安全审计记录有助于调查与追踪系统中发生的安全事件,为诉讼电子犯罪提供线索和证据。随着计算机和网络技术的发展,数字版权侵权的现象在全球都比较严重,需要对这些散布在系统外的事件进行监管,当前,已经可以将代表数字内容购买者或使用者的数字指纹和可追踪码嵌入内容中，在发现版权侵权后进行盗版调查和追踪。

### 1.2.2 安全支撑技术

1. 信息安全测评技术

信息安全测评是指对信息安全产品或信息系统的安全性等进行验证、测试、评价和定级，以规范它们的安全特性，而信息安全测评技术就是能够系统、客观地验证、测试和评估信息安全产品和信息系统安全性质和程度的技术。虽然密码和信息隐藏的分析技术，以及网络与系统的攻击技术，也能评判算法或系统的安全性，但安全测评技术在目的上一般没有攻击意图，在实施上一般有标准可以遵循。当前，发达国家或地区及我国均建立了信息安全测评制度和机构，并颁布了一系列测评标准或准则。

2. 安全管理技术

信息安全技术与产品的使用者需要系统、科学的安全管理技术，以帮助他们使用好安全技术与产品、能够有效地解决所面临的信息安全问题。当前，安全管理技术已经成为信息安全技术的一部分，它涉及安全管理制度的制定、物理安全管理、系统与网络安全管理、信息安全等级保护及信息资产的风险管理等内容，已经成为构建信息安全系统的重要环节之一。

### 1.2.3 系统安全技术

1. 主机系统安全技术

主机系统主要包括操作系统和数据库系统等。操作系统需要保护所管理的软硬件、操作和资源等的安全，数据库需要保护业务操作、数据存储等的安全，这些安全技术一般被称为主机系统安全技术。从技术体系上看，主机系统安全技术采用了标识与认证、授权与访问控制等技术，但也包含自身固有的技术，如获得内存安全、进程安全、账号安全、内核安全、业务数据完整性和事务提交可靠性等技术。此外，设计高安全等级操作系统还需要形式化证明技术。

2. 网络系统安全技术

在基于网络的分布式系统或应用中，信息需要在网络中传输，用户需要利用网络登录并执行操作，因此需要相应的信息安全措施，这些统称为网络系统安全技术。由于分布式系统跨越的地理范围一般较大，它们通常面临着公用网络中的安全通信和实体认证等问题。国际标准化组织（International Organization for Standardization，ISO）于20世纪80—90年代推出了网络安全体系的参考模型与系统安全框架，其中描述了安全服务在ISO开放系统互联（Open Systems Interconnection，OSI）参考模型中的位置及其基本组成。

### 1.2.4 应用安全技术

1. 恶意代码检测与防范技术

恶意代码检测与防范是普通计算机用户熟知的概念，但其技术实现比较复杂。在原理上，防范技术需要利用恶意代码的特征来检测并阻止其运行，但对于不同恶意代码，其特征可能差别很大。已有了一些能够帮助发掘恶意代码的静态和动态特征的技术，也出现了一系列在检测到恶意代码后阻断其恶意行为的技术。

2. 内容安全技术

计算机和无线网络的普及方便了数字内容(包括多媒体和文本)的传播,但也使得不良和侵权内容大量散布。内容安全技术是指监控数字内容传播的技术,主要包括网络内容的发现和追踪、内容的过滤和多媒体的网络发现等技术,它们综合运用了面向文本和多媒体的模式识别、高速匹配和网络搜索等技术。在一些文献中,内容安全技术在广义上包括所有涉及保护或监管内容制作和传播的技术,因此包括各类版权保护和内容认证技术,但狭义的内容安全技术一般仅包括与内容监管相关的技术。

3. 信息隐藏技术

信息隐藏是指将特定用途的信息隐藏在其他可公开的数据或载体中,使得它难以被消除或发现。信息隐藏主要包括隐写(Steganography)、数字水印(Digital Watermarking)与软硬件中的数据隐藏等。在保密通信中,加密掩盖保密的内容,隐写则是通过掩盖保密的事实而带来附加的安全。在数字媒体和软件的版权保护中,隐藏特定的鲁棒水印标识或安全参数可以在不让用户摆脱版权控制的情况下正常使用内容或软件。与密码技术类似,信息隐藏技术也包括相应的分析技术。

## 1.3 信息系统安全

在计算机的所有软件中,操作系统是紧挨着硬件的基础软件,其他软件是在操作系统的统一管理和支持下运行。操作系统安全是网络通信和应用软件安全的坚实基础,操作系统的不安全不仅仅会影响上层网络通信及应用软件的安全,而且会造成整个信息系统陷入瘫痪。数据库系统作为信息的聚集体,也是计算机信息系统的核心部件,其安全性直接关系到企业兴衰和国家安全。

### 1.3.1 信息系统与信息系统安全

1. 信息系统

信息系统是以提供特定信息处理功能、满足特定业务需要为主要目标的计算机应用系统。现代化的大型信息系统都是建立在计算机操作系统和计算机网络不断发展的基础上的。典型的信息系统多为分布式系统,同一个信息系统内,不同的硬件、软件和固件有可能会被部署在不同的计算机上。对于大型信息系统,由于业务需要,其计算机节点可能会被部署在不同的位置和环境下。

2. 信息系统安全

本章第一节中所提及的信息安全概念都是理论上的定义。信息系统安全是一个更为具体的实际概念,信息系统的特征决定了信息系统安全需要考虑的主要内容。在评价信息系统是否安全时,需要考虑以下几个问题:①信息系统是否满足机构自身的发展目的或使命要求;②信息系统是否能为机构的长远发展提供安全方面的保障;③机构在信息安全方面所投入的成本与所保护的信息价值是否平衡;④什么程度的信息系统安全保障在给定的系统环境下能保护的最大价值是多少;⑤信息系统如何有效地实现安全保障。

### 1.3.2 系统安全与网络空间安全

2016 年 12 月,国家互联网信息办公室发布《国家网络空间安全战略》。国家对网络空间安全的高度重视加速了我国网络空间安全学科的发展。网络空间安全中的信息系统安全是从系统安全的角度,解决网络空间中的安全问题。

1. 安全问题与系统安全

安全问题现实存在,安全需求(即,对现实环节提出防护目标)决定采取何种措施解决安全问题。围绕安全需求,提出解决问题的方法,这就是安全策略。在网络空间安全中考虑的系统安全策略一般是指计算机安全策略,又称为计算环境中的安全策略。在计算环境中考虑解决系统安全问题需要兼顾可用性和安全性,系统安全策略的实现有时会影响到系统的可用性,安全策略的制定需要针对计算环境的功能、威胁、代价等,权衡考虑。策略需要被精确表达,安全模型是安全策略的形式化表示。为了在系统中落实安全模型的作用,需要为它设计出便于系统实现的形式,这种形式称为安全机制。网络空间信息系统中实现安全机制才有可能使系统成为安全系统。

概括而言,安全系统的构建过程:从分析实现安全问题开始,结合实际环境、安全目标、计算环境元素形成安全策略并通过形式化的安全模型将其表达出来,根据安全模型设计出便于实施的安全机制,机制实现的基础上开发出安全系统。

2. 网络空间安全与系统安全

网络空间中的系统安全着重研究网络空间中的信息系统,探讨如何提升网络空间信息系统的安全性。2018 年,ACM、IEEE-CS、信息系统协会安全专业工作组(AIS SIGSEC)和国际信息处理联合会信息安全教育技术委员会(IFIP WG 11.8)等国际组织组成的联合工作组发布了第一个国际性网络空间安全学科知识体系,即 CSEC2017。该体系将网络空间安全学科知识体系划分为 8 个知识领域:数据安全、软件安全、组件安全、连接安全、系统安全、人员安全、组织安全和社会安全。这些知识领域被粗略地分为 4 个层次:

- 第一层是数据安全、软件安全、组件安全。
- 第二层是连接安全。
- 第三层是系统安全。
- 第四层是人员安全、组织安全、社会安全。

框架中,数据安全是最基础的知识领域,社会安全是最现实的知识领域。在该体系中,安全的计算机系统是核心,强调从生产、使用、分析和测试等角度建立系统的安全性,要求通过技术、人员、信息和过程等手段保障系统的安全使用,主张以敌手的存在为前提,从法律、政策、伦理、人为因素和风险管理等方面应对安全问题。这里,系统安全处于关键位置,系统由人建设和使用,人在组织中工作,组织构成社会,需要在系统之上考虑人员安全、组织安全和社会安全。系统由组件连接构成,软件是组件的灵魂,软件安全、组件安全和连接安全是系统安全的重要支撑。系统安全着眼于由组件通过连接而构成的系统安全问题,强调不能仅从组件集合的视角看问题,必须从系统整体的角度思考问题,主要包括:整体方法论、安全策略、身份认证、访问控制、系统监测、系统恢复、系统测试及文档支持等。

### 1.3.3 信息系统安全知识模块

为了更深入系统地了解信息系统安全的基本概念,本节主要从技术、管理、标准、法规等方面来介绍信息系统安全的知识模块。信息系统安全知识主要包括信息系统安全技术、信息系统安全管理、信息系统安全标准和信息系统安全法律法规等知识模块。其中,法律法规是信息系统安全目标和安全需求的依据;标准规范体系是信息系统安全性检查、评估和测评的依据;管理体系是信息系统安全风险分析与控制的理论基础与处理框架;技术体系是信息系统安全风险控制的手段与安全管理的工具。

1. 信息系统安全技术

从计算技术的角度看,信息系统主要由计算机软硬件组成,可划分成硬件、操作系统、数据库系统和应用系统等。信息系统安全技术是实现安全信息系统所采用的安全技术的构建框架,包括:信息系统安全的基本属性,信息系统安全的组成与相互关系,信息系统安全等级划分,信息系统安全保障的基本框架,信息系统风险控制手段及其技术支持等。

从具体的应用软件构建划分,信息系统安全技术分为传输安全、系统安全、应用程序安全和软件安全等技术。根据所涉及技术的不同,可将信息系统安全技术粗略地分为:①信息系统硬件安全技术;②操作系统安全技术;③数据库安全技术;④软件安全技术;⑤身份认证技术;⑥访问控制技术;⑦安全审计技术;⑧入侵监测技术;⑨安全通信技术。这些都是构建安全信息系统的必要技术,而且必须合理有序地加以综合应用,形成一个支撑安全信息系统的技术平台。

2. 信息系统安全管理

信息系统安全管理建构在安全目标和风险管理的基础之上。一个机构的信息系统安全管理体系,是从机构的安全目标出发,利用机构体系结构这一工具,分析并理解机构自身的管理运行架构,并纳入安全管理理念,对实现信息系统安全所采用的安全管理措施进行描述,包括信息系统的安全目标、安全需求、风险评估、工程管理、运行控制和管理、系统监督检查和管理等方面,以期在整个信息系统生命周期内实现机构的全面可持续的安全目标。信息系统安全管理主要包括以下内容:①安全目标确定;②安全需求获取与分类;③风险分析与评估;④风险管理与控制;⑤安全计划制定;⑥安全策略与机制实现;⑦安全措施实施。

信息系统安全管理各组成部分的关系具体如下:

(1) 信息系统的安全目标由与国家安全相关的法律法规、机构组织结构、机构的业务需求等因素确定;

(2) 将安全目标细化、规范化为安全需求,安全需求再按照信息资产(如业务功能、数据)的不同安全属性和重要性进行分类;

(3) 安全需求分类后,要分析系统可能受到的安全威胁和面临的各种风险,并对风险的影响和可能性进行评估,得出风险评估结果;

(4) 根据风险评估结果,选择不同的应对措施和策略,以便管理和控制风险;

(5) 制定安全计划;

(6) 设定安全策略和相应的策略实现机制;

(7) 实施安全措施。

很明显,在信息系统安全管理的各组成部分里,有很多的管理概念与管理过程并不属于技术范畴,但同时却是选择技术手段的依据。例如,信息资产的重要性、风险影响的评估、应对措施的选择等问题,都需要机构的最高管理层对机构的治理、业务的需要、信息化的成本效益、开发过程管理等问题做出管理决策。所以,从机构目标的角度看,信息安全管理并不是单纯的技术管理,它也涉及整个机构长远发展的管理。

3. 信息系统安全标准

标准是技术发展的产物,它又进一步推动技术的发展。完整的信息系统安全标准体系,是建立信息系统安全体系的重要组成部分,也是信息系统安全体系实现规范化管理的重要保证。

信息系统安全标准是对信息系统安全技术和安全管理的机制、操作和界面的规范,是从技术和管理方向,以标准的形式对有关信息安全的技术、管理、实施等具体操作进行的规范化描述。

除了信息安全标准能对信息安全的技术、管理、实施进行规范之外,国家及行业的相关安全标准规范也明确地规定了安全目标和安全需求。因此,机构在构建信息系统之前,必须先明确机构的安全目标和安全需求,确保将要实现的信息系统安全特性符合机构的目标,此时,国家法律法规和标准规范就将作为制定目标和需求的依据。

### 1.3.4 硬件系统安全

网络空间是一个计算环境,计算机由硬件、软件组成,硬件负责计算、软件负责发布命令。硬件是软件的载体,软件在硬件之上工作,有些软件因为固化在硬件上而称为固件。

在系统安全的视角下考虑的硬件安全主要涉及硬件给软件提供什么样的安全保障、为软件实现安全功能提供什么支撑以及自身可能存在的安全问题等。

在硬件为软件提供的安全支持功能中,最常见的是用于保护操作系统的功能,即用户态/内核态功能。处理器定义了用户态和内核态两种状态,内核态由操作系统使用,用户态由其他应用程序使用,用户态的程序不能干扰内核态的程序。操作系统在免受其他程序破坏方面受到了硬件的保护。举例说明,硬件把指令和内存地址空间都分成了两大部分,内核态的程序可以看到所有的指令和地址空间,用户态的程序只能看到其中一个部分命令和地址空间。用户态的程序看不到的那部分指令称为特权指令,看不到的那部分地址空间称为内核地址空间。用户态的程序不执行特权指令,不能访问内核地址空间。操作系统程序存放在内核地址空间中,用户态的程序不能往内核地址空间中写东西,因此,无法篡改或破坏操作系统程序,系统得到保护。除此之外,硬件也可以被用来实现很多软件安全功能。例如,基于硬件的加密技术就是用硬件辅助或代替软件实现数据加密功能,它可以通过在通用处理器中增加密码运算指令实现密码运算,也可以通过设计独立的处理器,专门执行密码运算。用硬件支持软件实现系统安全功能的动因是仅依靠软件自身的能力无法完全应对来自软件的攻击,其中蕴含的假设是软件无法破坏硬件提供的功能。然而,硬件木马的出现使得硬件安全机制受到了严重威胁,该木马对集成电路芯片中的电路系统进行恶意修改,设法绕开或关闭系统的安全防线,借助电磁辐射泄露秘密信息,还可以扰乱、停止、破坏芯片功能。

总而言之,硬件安全是软件安全的支撑。硬件安全涉及硬件设计、访问控制、安全多方计算、安全密钥存储以及密钥真实性保障等方面,还涉及确保产品生产供应链安全的措施。

### 1.3.5 操作系统安全

安全操作系统是在操作系统层面实施保护措施,这些保护措施主要是对应用访问的一些保护措施。尽管也可以在应用层实施这些安全保护,但在应用层提供的保护措施仅可以防止从本应用中发起的非法资源访问行为,不能控制通过其他程序发起的攻击行为。如果攻击者通过使用应用外的手段发起攻击,则应用软件中的安全机制就有可能被旁路,从而无法起到保护作用。由于操作系统的功能是管理信息系统内的资源,应用软件要通过操作系统提供的系统调用接口来访问资源,所以操作系统中的安全机制对所有应用都有效,因此难以被攻击者从应用层旁路。

可以说,如果没有操作系统安全,就不可能真正解决数据库安全、网络安全和其他应用软件的安全问题。AT & T 实验室的 S. Bellovin 博士曾经对美国 CERT(Computer Emergency Response Team)提供的安全报告进行过分析,结果表明,很多安全问题都源于操作系统的安全脆弱性。操作系统安全是整个信息系统安全的基础,它是实现数据加密、数据库安全、网络安全和其他各种软件安全的必要条件。

1. *操作系统安全是数据库安全的必要条件*

数据库通常是建立在操作系统之上的,若没有操作系统安全机制的支持,数据库就不可能具有存取控制的安全可信性。

2. *操作系统安全是网络安全的必要条件*

在网络环境中,网络的安全可信性依赖于各主机系统的安全可信性,而主机系统的安全性又依赖于其操作系统的安全性。因此,若没有操作系统的安全性,就没有主机系统的安全性,从而就不可能有网络系统的安全性。

3. *操作系统安全是应用软件安全的必要条件*

计算机应用软件都建立在操作系统之上,它们都是通过操作系统完成对系统中信息的存取和处理。

4. *操作系统安全为数据加密提供了安全的操作环境*

数据加密是保密通信中必不可少的手段,也是保护文件存储安全的有效方法。但数据加密、解密所涉及的密钥分配、转储等过程必须用计算机实现。如果不相信操作系统可以保护数据文件,那就不应相信它总能适时地加密文件并能妥善地保护密钥。因此,如果没有一个安全的操作系统提供保护,数据加密就好比“在纸环上套了个铁环”,不可能真正提高整个系统的安全性。

安全操作系统最终的目标是保障其上的应用乃至整个信息系统的安全,其安全思路是从加强操作系统自身的安全功能和安全保障出发,在操作系统层面实施保护措施,并为应用层的安全提供底层服务。由于安全操作系统对操作流程和使用方式的约束较大,它更适合应用于生产型信息系统,即系统流程比较固定、安全需求明确、应用软件来源清晰的系统。针对这类系统,较之后验式的安全保护方法,安全操作系统具有明显优势。

### 1.3.6 数据库系统安全

数据库系统一般可以理解成两部分:一部分是数据库,是指自描述的完整记录的集合。自描述的含义是指它除了包含用户的源数据外,还包含关于它本身结构的描述。数据库的主体是字节流集合(用户数据)以及用以识别字节流的模式(属于元数据,称为数据库模式)。另一部分是数据库管理系统(DBMS),为用户及应用程序提供数据访问,并具有数据库管理、维护等多种功能。DBMS 负责执行数据库的安全策略,人们对数据库系统提出的安全要求,实质上是对 DBMS 的安全要求。

1. *数据库的安全需求*

数据库安全是保证数据库信息的保密性、完整性、一致性和可用性。保密性是保护数据库中数据不被泄露和未授权地获取;完整性是保护数据库中的数据不被破坏和删除;一致性是确保数据库中的数据满足实体完整性、参照完整性和用户定义完整性要求;可用性是确保数据库中的数据不因人为的和自然的原因对授权用户不可用。当数据库被使用时,应确保合法用户得到数据正确性,同时要保护数据免受威胁,确保数据的完整性。根据上述定义,数据库安全性的安全需求有数据库的物理完整性、数据库的逻辑完整性、元素完整性、可审计性、用户身份鉴别、访问控制、可用性等方面。

2. *数据库的安全层次*

数据库安全可分为三个层次:DBMS 层、应用开发层和使用管理层。DBMS 层的安全由 DBMS 开发者考虑,它为 DBMS 设计各种安全机制和功能;应用开发层由应用系统的开发者根据用户的安全需求和所用 DBMS 系统固有的安全特性,设计相关安全功能;使用管理层要求数据库应用系统的用户在已有安全机制的基础上,发挥人的主观作用,最大限度地利用系统的安全功能。

与上述三个层次对应,数据库的安全策略通常可以从系统安全性、用户安全性、数据安全性和数据库管理员安全性等方面考虑。系统安全方面的安全机制,可以在整个系统范围内控制对数据库的访问和使用。数据库的安全性与计算机系统的安全性,包括操作系统安全、网络安全,是紧密联系、相互支持的。

3. *数据库的安全机制*

数据库常用的安全机制有身份认证、访问控制、视图机制、安全审计、攻击检测、数据加密和安全恢复等几种。

1)数据库身份认证

身份认证是安全数据库系统防止非授权用户进入的第一道安全防线,目的是识别系统合法授权用户,防止非授权用户访问数据库系统。用户要登录系统时,必须向系统提供用户标识和鉴别信息,以供安全系统识别认证。

2)访问控制

访问控制技术是数据库安全系统的核心技术,它确保只允许合法用户访问其权限范围内的数据。数据库访问控制包括定义、控制和检查数据库系统中的用户对数据的访问权限,以确保系统授权的合法用户能够可靠地访问数据库中的数据信息,同时防止非授权用户的任何访问操作。

3)视图机制

同一类权限的用户,对数据库中数据管理和使用的范围有可能是不同的。为此,DBMS 提供了数据分类功能。管理员把用户可查询的数据,从逻辑上进行归并,形成一个或多个视图,并赋予名称,再把该视图的查询权限授予一个或多个用户。通过视图机制可以对无权访问的用户隐藏要保密的数据,从而对数据提供一定程度的保护。

4)安全审计

安全审计将事前检查变为事后监督机制,通过记录用户的活动,发现非授权访问数据的情况。在大型 DBMS 中,提供安全审计功能是十分必要的,它可以监视各用户对数据库施加的动作。

5) 攻击检测

攻击检测是对安全审计日志数据进行分析,以检测攻击企图,追查有关责任者,并及时发现和修补系统的安全漏洞,增强数据库的安全强度。

6) 数据加密

对一些重要部门或敏感领域,仅靠上述措施还难以完全保证数据的安全性。因此,有必要对数据库中存储的重要数据进行加密处理,以实现数据存储的安全保护。数据加密是防止数据在存储和传输中失窃的有效手段。数据库的数据加密技术有以下显著特点:①数据加密后的存储空间应该没有明显改变;②加密与解密的时效性要求更高;③要求授权机制和加密机制有机结合;④需要安全、灵活、可靠的密钥管理机制;⑤支持不同的数据加密粒度;⑥加密机制要尽量减少对数据库基本操作的影响。

7) 系统恢复

在遭到破坏的情形下,具备尽可能完整有效地恢复系统的能力,把损失降低到最小程度。

### 1.3.7 应用系统安全

应用系统运行在操作系统之上,是用户使用各种程序设计语言编制的应用程序的集合,分为应用软件包和用户程序。应用软件包是利用计算机解决某类问题而设计的程序的集合,供多用户使用。应用软件是为满足用户不同领域、不同问题的应用需求而提供的那部分软件。它可以拓宽计算机系统的应用领域,放大硬件的功能。应用系统种类繁多,其安全性影响着信息系统的安全性,当操作系统安全防护等级较低时,攻击者可以利用应用系统的漏洞或应用服务攻入信息系统,破坏信息系统安全稳定运行。Web 系统由于打破了异构系统差异使得各种设备能够连接同一个系统而得到了广泛应用。这里以此为例,介绍应用系统安全问题。Web 系统为 Web 应用的用户提供服务,其与用户的交互通过输入/输出功能实现,用户通过输入向应用系统提交服务请求,应用系统以输出的形式给用户提供响应结果。在 XSS 攻击中,攻击者把恶意脚本藏在 Web 应用的输入和输出之中,实现攻击目的。例如,A 想攻击 B,A 把实现攻击意图的恶意脚本藏在发给 Web 应用的输入中,使该应用在不知不觉中把恶意脚本输出给 B,B 的浏览器执行该恶意脚本,帮助 A 实现攻击 B 的目的。

## 1.4 本 章 小 结

本章在介绍信息安全基本概念、归纳信息安全技术体系的基础上,引出信息系统安全的概念和主要知识领域。信息系统的基本信息安全需求,可以由机密性、完整性、可用性、不可否认性、可认证性和可控性等基本属性来刻画。在一般意义上,信息安全是指实现以上目标的能力或状态。在信息技术应用的背景下,信息安全可理解为信息系统抵御意外事件或恶意行为的能力。信息安全发展至今,大致可以划分为通信保密、计算机安全、信息安全和信息保障等四个阶段。从信息安全防护层面看,当前主要信息安全技术可归纳为安全基础技术、安全支撑技术、系统安全技术和应用安全技术等四类。信息系统安全是信息安全一个具体领域,信息系统安全知识主要包括信息系统安全技术、信息系统安全管理、信息系统安全标准和信息系统安全法律法规等知识模块。本章重点介绍了网络空间中系统安全的基础知识,包括系统安全的定义、系统安全的三个知识模块、信息系统安全的四个领域。

## 习　题

1. 什么是信息安全?

2. 一个信息系统的基本信息安全需求可以由机密性、完整性、可用性、不可否认性、可认证性和可控性等基本属性来刻画,请简述这些信息安全属性的具体含义。

3. 人们对信息安全的认识经历了哪些阶段?各阶段发展演进到其下一阶段的驱动力是什么?

4. 按照威胁的实施手段分,信息安全威胁主要有哪些?

5. 按照对系统信息流的影响分,信息安全威胁主要有哪些?

6. 信息系统安全的主要知识领域有哪些?

# 第2章　信息系统用户认证

信息系统安全认证是用户向系统出示身份证明以验证其合法性的过程,其目的是通过安全认证有效区分合法用户与非法用户,从而将非法用户拒之于系统之外。由此可见,它是信息系统安全的第一道防线。本章着重对信息系统安全认证的概念、模型、方法以及常见的四类身份认证技术进行介绍。

## 2.1　概　　述

### 2.1.1　基本概念

在网络开放环境中,信息系统易遭受各种各样的攻击,例如消息窃听、身份伪装、消息伪造与篡改、消息重放等。这种入侵行为的实施相当一部分建立在入侵者获得已经存在的通信通道或伪装身份与系统建立通信通道的基础上。因此,在信息系统中,用户在登录系统前,必须向认证系统表明自己的身份,当用户身份的真实性得到认证后,系统才可以根据授权数据库中用户的权限设置,确定其是否有权访问所申请的资源,这样的过程被称为系统安全认证,通常又称为身份认证。身份认证的目的是识别合法用户与非法用户,在系统安全防护中具有极其重要的地位,是最基本的安全服务。可以说信息系统安全认证是信息系统安全的第一道防线,是获得系统服务所必须的第一道关卡。

通常,用户的认证又称作识别(Identification)、实体认证(Entity Authentication)、身份证实(Identity Verification)等,它通常涉及两个重要的过程,即标识(Identification)与鉴别(Authentication)。

标识是身份认证的基础,它是指为每个用户取一个系统可以识别的内部名称,即用户标识符,其目的是控制和追踪用户在系统中的行为。用户标识必须唯一、不能被伪造,且应防止用户冒充。

鉴别是用户标识符与用户联系的过程,是证实某人或某物是否名符其实或是否有效的过程,该过程又被称为认证。这里对某人的鉴别是指对主体的鉴别,对某物的鉴别是对客体有效性的鉴别。

### 2.1.2　一般模型

认证过程通常包含两个重要的参与方:一方是出示认证参数的人,是待鉴别的主体,称为示证者(Prover),又称作申请者(Claimant);另一方为验证者(Verifier),即检验示证者提供的认证参数的正确性和合法性的人。认证系统在必要时也会引入第三方,即可信赖者,参与调解纠纷。

认证的一般模型如图2.1所示。在认证过程中,示证者出示他所持有的身份认证参数,并通过特定的通道,把认证参数提交给认证方。在计算机系统中,认证方通常会运行一个身份认证服务,这个服务接受主体提交的认证参数,以系统的身份信息库为依托,对示证主体的真实性进行鉴别。认证的结果将提交给系统的登录控制设施,若认证通过,则登录控制设施允许用户登录;否则拒绝用户进入系统。

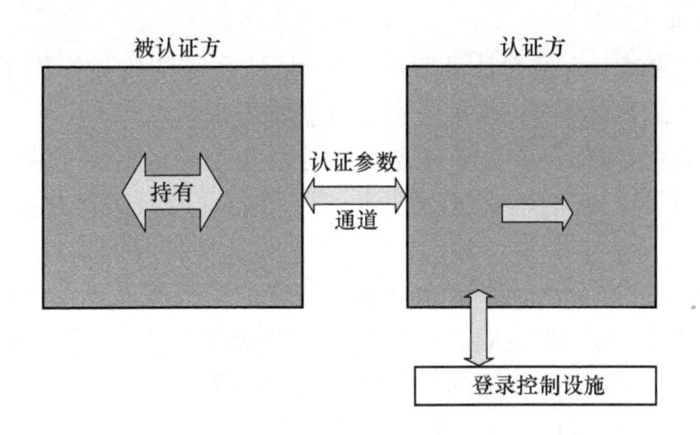


图 2.1　认证一般模型

模型中,认证参数的形态是多样的,既可以是文本形式的用户信息,也可以是令牌等用户身份信息载体;认证参数的传输通道可以是本地通道(例如,键盘和主机间的本地物理通道),也可以是网络数据通道(例如,客户端访问远程服务器进行鉴别时使用的网络通道);身份认证服务、身份信息库、登录控制设施可以安放在同一台主机上,也可以分布在不同的主机上。例如,在 Windows NT 系列操作系统中,Winlogon 进程担负了身份认证服务和登录控制的任务,身份信息库保存在 SAM 文件中;而对于分布式系统,身份认证服务可以是一台认证服务器,身份信息库可以是一个目录服务器(或 Windows 的活动目录),登录控制服务器可以是一台接入控制设备。

### 2.1.3　认证方法

根据认证参数的不同,可以将身份认证方法分为以下四类:

1. 基于知识的身份认证

该类方法根据用户所掌握的知识(What you know)对其进行身份认证。假设某些信息只有某个人知道,比如暗号等,通过询问这个信息就可以确认这个人的身份。口令认证、基于密码技术的认证是该类认证方式中使用最普遍的技术。

2. 基于令牌的身份认证

该类方法根据用户所持有的令牌(What you have)对其进行身份认证。用户可以出示其独有的印章、身份证等物件证明自己的身份。常见的令牌包括智能卡、USB-Key 等。

3. 基于生理特征的身份认证

该类方法根据用户自身的生理特征(Who you are)对其进行身份认证。用户直接根据独一无二的身体特征来证明其身份。常见的生理特征包括指纹、语音、虹膜等。

4. 基于行为特征的身份认证

该类方法根据用户的行为特征(How you behave)对其进行身份鉴别。系统依据用户独一无二的行为特征来确认其身份。常见的行为特征包括步速、签字速度及力度等。

在实际使用中,可以根据安全需求、成本等因素选用身份认证方法,可以选择一种方法,也可以有选择性地集成部分方法于系统中。

### 2.1.4 认证系统

1. 认证系统要求

2.1.3 节中介绍的模型为身份认证服务、身份认证系统的构建提供了一定的理论指导,而对于身份认证系统的具体实现,通常还有如下基本要求:

(1) 识别率最大化:应保证验证者正确识别合法示证者的概率达到最大。

(2) 身份信息不具可传递性:保证验证者 A 不可能重用示证者 B 提供给他的信息来伪装示证者 B。

(3) 认证安全性:攻击者伪装示证者欺骗验证者成功的概率要小到可以忽略的程度,特别是要能抵抗已知密文攻击,即能抵抗攻击者在截获示证者多次通信下伪装示证者。

(4) 计算有效性:身份认证算法的计算复杂度应尽量小。

(5) 通信有效性:身份认证所需通信次数和数据量应尽量小。

(6) 安全存储:秘密参数是认证的重要部分,认证系统应能保障秘密参数的安全存储。

除此之外,在部分应用中对系统提出了一些特殊的要求:

(1) 交互识别:部分应用中要求双方能互相进行身份认证。

(2) 第三方的实时参与:部分应用中要求认证过程有第三方的实时参与,例如在线公钥检索服务。

(3) 第三方的可信赖性:在需要第三方参与的认证中,需要确保第三方的可信赖性。

(4) 可证明安全性:认证系统应具有可证明的安全性。

2. 认证系统分类

目前,认证系统分类并没有统一的分类标准。常见的分类标准如下:

1) 按身份认证系统采用的认证方法

按照身份认证方法,通常可将常用的身份认证系统分为以下几类:口令认证系统,是指认证系统通过比较用户输入的口令与系统内部存储的口令是否一致来判断用户的身份,它实现简单灵活,是最常见的一种认证方式;基于密码技术的认证系统,它在密码技术的基础上设计实现,通常是依赖于密码理论实现的认证协议,该类系统通常可以有效抵抗口令猜测、地址假冒、中间人攻击、重放攻击等常见的攻击;令牌认证系统,该系统利用个人独有的令牌来证实身份,具有认证过程相对简单的优点;生物特征识别系统,该系统通常利用个人独特的生理特征来实现认证,具有较好的不可复制性,适用于面对面的身份验证。

2) 按身份认证系统的认证目标

按身份认证系统的认证目标,可将当前的系统分为两类:第一类是以身份验证(Identity Verification)为目标的身份认证,即回答“你是否是声称的你?”该方法只对个人身份进行肯定或否定的认证。一般方法是通过特殊的算法对输入的个人信息进行运算,将得到的结果与验证设备中存储的结果进行比较,最终得出认证结论。第二类是以身份识别(Identity Recognition)为目标的身份认证,即回答“我是否知道你是谁”。一般方法是将输入的个人信息处理提取成模板信息,并在存储数据库中搜寻一个与之匹配的模板,得出身份认证结论。例如,确定一个人是否曾有前科的指纹验证系统就是第二类系统。身份识别要比身份验证在技术实现上具有更大的难度。

3）按身份认证系统是否具备仲裁人

根据系统是否具备仲裁人，可将认证系统分为有仲裁人的认证系统和无仲裁人认证的系统。传统的认证系统只考虑通信双方互相信任，共同抵御敌方主动攻击的情形。此时，系统中只有参与通信的发送方和接收方以及发起攻击的敌方，而不需要裁决方。这类系统称为无仲裁人的身份认证系统。但在现实生活中，常常遇到通信双方不互相信任的情况，例如，发送方发送了一个消息后，否认曾发送过该消息；或者接收方接收到发送方发送的消息后，否认曾接收到此信息或宣称接收到了自己伪造的另一个消息。一旦这种情况发生，就需要一个仲裁方来解决争端。这就是有仲裁人的身份认证系统的含义。有仲裁人的认证系统又可分为单个仲裁人认证系统和多仲裁人认证系统。

除此之外，部分系统还使用了其他的分类方法，例如，根据系统是否具备加密传输功能，分为有保密功能的认证系统和无保密功能的认证系统等。

## 2.2 基于知识的身份认证

基于知识的身份认证是根据用户所掌握的知识实现认证的方法，通常该类认证采用挑战/响应（Challenge-Response）的认证形式，常见的基于知识的身份认证方法包括基于口令的身份认证、基于密码技术的身份认证等。

### 2.2.1 基于口令的身份认证

基于口令的身份认证是指系统通过用户输入的用户名和密码来确定其身份的一种机制。该方法是最常见、最简单的一种身份认证机制，电子邮件系统等都通过该方式确定登录者身份。这个方案中，用户的口令可由用户在注册阶段自己设定，也可由系统通过某种安全的渠道提供给用户（例如，通过电子邮件传递等）；系统在其数据库中保存用户信息的列表（例如，包含用户名 ID、口令 Password 等信息的列表）。当用户登录认证时，将自己的用户名和口令上传给服务器，服务器通过查询用户信息数据库来验证用户上传的认证信息是否与数据库中保存的用户列表信息相匹配。如果匹配则认为用户是合法用户，否则拒绝服务，并将认证结果回传给客户端，具体过程如图 2.2 所示。

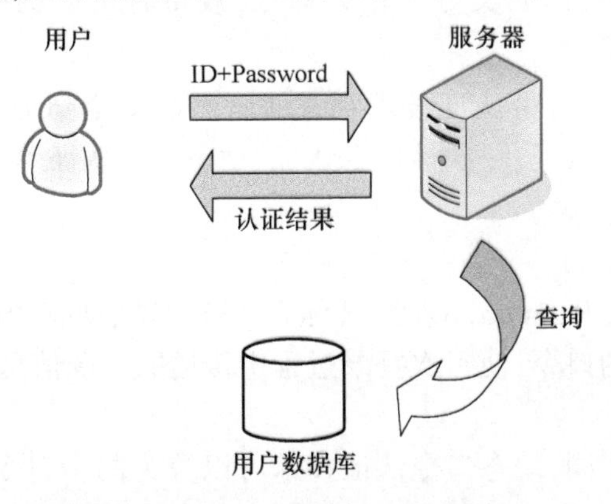


图 2.2　基于口令的身份认证过程

1. 静态口令技术

用户使用固定口令的认证方式称为静态口令认证。基于静态口令的身份认证在安全性要求较高的场合并不适用。主要原因有以下几点:

1) 口令生成的不安全

通常,用户创建口令时常选择便于记忆的简单口令,例如,电话号码、生日、门牌号等。简单的口令虽便于记忆,但安全性不高;复杂的口令,则不便用户的使用。这样的矛盾严重影响了口令的安全性与验证效率。字典攻击就是利用以上用户口令设置不安全的漏洞实现的一种口令攻击。

2) 口令使用的不安全

用户为了防止忘记口令,常常会将口令记录在笔记本或者便条上,这就存在许多安全隐患,极易造成口令泄露。同样,口令重复也是造成口令使用不安全的重要因素。用户在访问多个不同安全级别的系统时,都要求用户提供口令,用户为了记忆的方便,往往采用相同的口令。然而,低安全级别系统的口令更容易被攻击者获得,从而用来对高安全级别系统进行攻击。除此之外,口令使用还面临着其他安全攻击,例如,仿造服务器攻击,该攻击利用很多系统只能进行单向认证的特点,通过伪造服务器来骗取用户的认证信息,并冒充用户进行正常登录;系统内部工作人员也可通过合法授权取得用户口令进行非法使用。

3) 口令传输不安全

一旦用户输入口令后,口令将被传送给系统或验证服务器。此时,口令在传输中可能受到一定的安全威胁,例如,部分电子邮件系统的口令以明文的形式进行传输,一旦攻击者获取了该口令,就可以肆无忌惮地对邮箱做任何事情。同时,大量的通信协议(如 Telnet、FTP、HTTP 等)都使用明文传输,这意味着网络中的窃听者只需使用协议分析器就能查看到认证信息,从而分析出用户的口令。这里即使用户在传输认证信息时事先进行了加密处理,虽然能防止攻击者直接获得用户的认证信息,但攻击者还可以通过重放攻击,在新的登录请求中将截获的信息提交给服务器,从而冒充该用户登录。

4) 口令存储不安全

口令存在系统端被窃取的风险。系统中所有用户的口令以文件形式存储于认证系统端,攻击者可以利用系统中存在的漏洞窃取系统的口令文件。同样,也存在用户端被窃取的风险。用户在登录系统时,以明文方式输入口令,攻击者可以利用恶意软件,窃取用户的口令。

显然,基于静态口令的身份认证技术存在非常多的安全隐患,需要对其加以改进。为此,人们提出了挑战/响应认证、一次性口令认证、动态口令认证等多种安全性增强的口令认证技术。

2. 动态口令技术

动态口令(One-Time Password,OTP)又称为动态令牌、动态密码,其基本原理是引入不确定因素产生随机变化的口令,使每次登录过程中传送的口令信息都不同,以提高登录过程的安全性。

根据所采用的原理不同,动态口令认证技术可以分为同步口令认证技术和异步口令认证技术两种,其中同步口令认证又可分为时间同步和事件同步。

1）同步口令认证

基于时间同步的动态口令认证是把时间作为变动因子，一般以60秒作为变化单位。所谓“同步”是指用户动态口令生成器所产生的口令在时间上必须和认证服务器同步，不然产生的动态口令无法令用户完成身份认证。因此，要求认证服务器能够十分精准地保持正确的时钟。同时，对其口令生成器的晶振频率也有严格的要求。在实际使用中，保持口令生成器和认证服务器的时间完全相同通常存在一定的困难，所以通常允许存在一定的时间差异。

基于事件同步的动态口令认证时把已经生成动态口令次数（即，事件序列）作为动态口令生成器和认证服务器计算动态口令的运算因子，并与动态口令生成器和认证服务器上的共同密钥计算产生动态口令，其整个工作流程与时钟无关，不受时钟的影响。由于算法的一致性，其口令是预先可知的。通过口令生成器，认证双方都可以预先知道将使用的多个口令，存在口令泄露的风险，且用户多次无目的地产生动态口令后，会导致口令生成器和服务器之间失去同步。

2）异步口令认证

异步口令认证的基本原理是在进行身份认证时，系统产生一个随机数（又称为挑战码）发送给用户，客户端通过单向 Hash 算法将用户的口令和挑战码进行运算，并把结果发送给认证系统；系统用同样的方法对结果进行验证。由于每个用户的口令不同，不同的用户对同样的挑战值计算出的结果也不同，且这个结果只能使用一次。因此，该方法有较高的安全性。

目前在实际应用中，最典型也是最广泛使用的异步口令认证技术是 S/Key 认证。S/Key 认证系统的组成一般包括两部分，即客户端和 S/Key 服务器。客户端用于为用户提供登录进程，并在得到服务器的挑战信息时，获取用户口令，调用口令模块形成本次认证的响应信息，然后发送给 S/Key 服务器。S/Key 服务器则用于产生挑战信息，随后检验客户端的一次性口令响应。S/Key 认证过程如下：

（1）在初始化阶段，选取口令 pw 和数 $n$，以及 Hash 算法 $f$。S/Key 服务器也会同时给客户端发送一个种子 seed，这个种子往往是以明文的形式传输。口令计算模块会通过 $n$ 次应用 Hash 算法 $f$，计算 $y = f^n(\text{pw+seed})$，$y$ 的值将通过客户端发送并存储在 S/Key 服务器上。

（2）用户在首次登录时，利用口令计算模块计算 $y' = f^{n-1}(\text{pw+seed})$，客户端将 $y'$ 的值作为响应信息发送至 S/Key 服务器；服务器计算 $z = f(y')$，并与 S/Key 服务器上存储的 $y$ 值进行比较。若 $z = y$，则验证成功，允许用户正常地访问系统，$n$ 值减1，并用 $y'$ 的值取代服务器上的 $y$ 值；否则，服务器就会拒绝用户登录。

（3）用户下次登录时，利用口令计算模块计算 $y'' = f^{n-2}(\text{pw+seed})$，作为本次登录的响应信息。登录成功，$n$ 值减1，依次类推，直至 $n = 1$。

从以上步骤可以看出，S/Key 服务器的挑战信息实际上是由迭代值 $n$ 和种子 seed 两部分构成。$n$ 的初始值通常会设定为1~100之间的一个数，且 $n$ 值每次递减的值可以不为1。

S/Key 实现身份认证的理论依据基于 Hash 算法的单向性，S/Key 标准中定义的 Hash 算法的三个标准接口，即 MD4、MD5 和 SHA，其安全性主要体现在以下方面：用户的口令不会在网络上进行传输，也不会存储在服务器端和客户端的任何地方，只有用户本人知道，这样就增加了口令窃取的难度；依据 Hash 算法的单向性，服务器端在已知本次登录的口令时，依次推导出下次用户认证的动态口令的难度非常大，这样即使某次用户登录所使用的动态口令在网络传输过程中被捕获，或者攻击者在 S/Key 服务器中窃取了该口令，也无法再次使用。

S/Key 认证的缺点：动态口令数量有限，由于迭代次数有限，用户登录一定次数后，当动态口令用完时，就需要用户对 S/Key 认证服务进行重新初始化；不能防范伪造服务器攻击，由于 S/Key 认证是一种单向认证，无法验证系统服务器的真实性，不能防范伪造服务器攻击；S/Key 口令认证的理论依据是 Hash 算法的单向性，所采用的算法是公开的，当有关这种算法可逆计算研究有了新进展时，系统将不得不重新选用其他更安全的 Hash 算法；可能遭遇小数攻击，在 S/Key 系统中，种子和迭代值均采用明文传输，黑客可利用小数攻击来获取一系列口令冒充合法用户，即当用户向服务器请求认证时，攻击者截取服务器传来的种子和迭代值，修改迭代值为较小值，并假冒服务器，将得到的种子和较小的迭代值发给用户，随后再次截取用户计算得到的动态口令，利用已知的 Hash 算法依次计算较大迭代值的动态口令，从而可获得用户后继的动态口令。

除了上述动态口令技术外，目前使用比较多的动态口令技术还有手机令牌技术、短信密码技术和矩阵卡技术等。手机令牌技术是由运行在智能手机上的程序通过 SIM 卡（或软证书等方式）产生动态口令；短信密码技术则是系统通过发送一串随机数字的短信给用户，用户在某一时限范围内，发送该串随机数字给认证系统实现身份认证；矩阵卡技术则是在一张卡片上预先印刷好一些随机的数字，用户在每次登录时，系统会要求用户按某一规则输入卡片上的部分数字，从而达到用户这次和下次登录输入的密码内容不一样的效果。

#### 3. 挑战握手认证协议

挑战握手认证协议（Challenge Handshake Authentication Protocol，CHAP）通过三次握手对被认证对象的身份进行周期性的认证。CHAP 的认证过程如下：

（1）当用户需要访问系统时，先向系统发起连接请求，系统要求对用户进行 CHAP 认证。如果用户同意认证，则由系统向用户发送一个作为身份认证请求的随机数，并与用户 ID 一起作为挑战信息（Challenge）发送给用户，如图 2.3 所示。

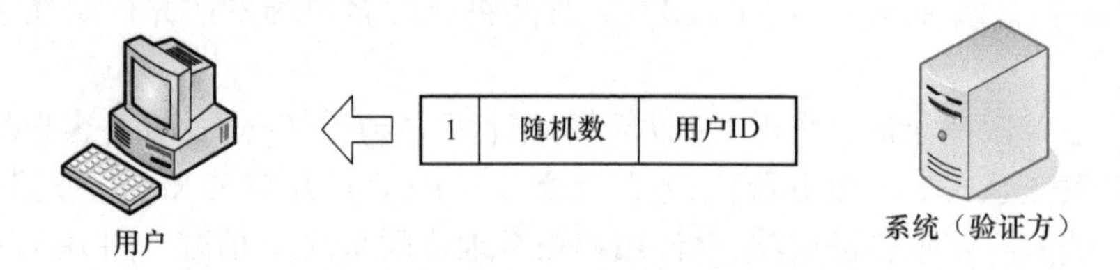


图 2.3　CHAP 的第一次握手

（2）用户得到系统的挑战信息后，根据此报文用户 ID 在用户表中查找与此对应的用户 ID 口令。如找到相同的用户 ID，便利用接收到的随机数和该用户的口令，以 Hash 算法生成响应信息（Response），并将响应信息和自己的用户 ID 发送给验证方，如图 2.4 所示。

（3）验证方接到此响应信息后，利用对方的用户 ID 在自己的用户表中查找系统中保留的口令，找到后再用自己口令和随机数，以 Hash 算法生成结果，并将结果与被验证方的应答比较。验证成功后，验证服务器会发送一条 ACK 报文（Success），以表示身份认证得到承认；否则会发送一条 NAK 报文（Failure），并切断服务连接，如图 2.5 所示。

(4) 经过一定的随机间隔,系统发送一个新的挑战信息给用户,重复步骤(1)到(3)。

使用 CHAP 认证的安全性除了本地口令存储的安全性外,传输的安全性则在于挑战信息的长度、随机数的随机性和单向 Hash 算法的可靠性。

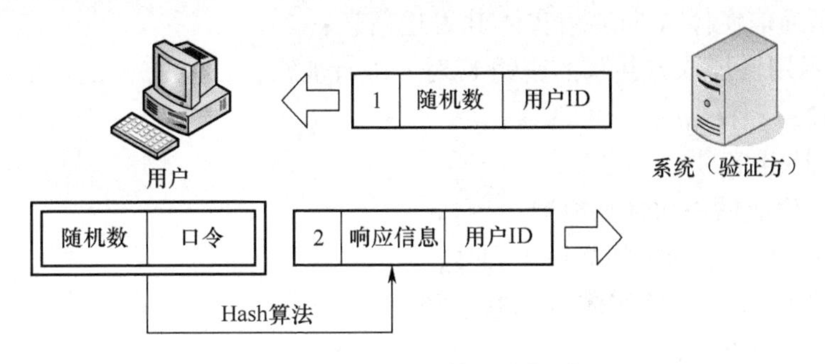


图 2.4　CHAP 的第二次握手

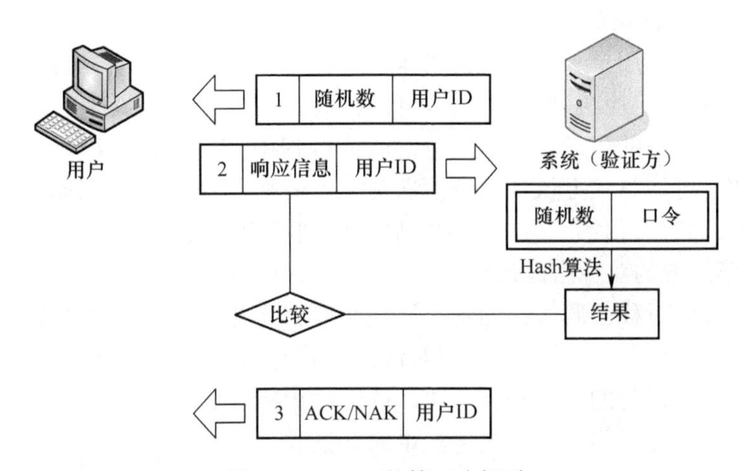


图 2.5　CHAP 的第三次握手

CHAP 身份认证的优点:只在网络上传输用户名,而不直接传输用户口令;Hash 算法不可逆,响应信息即使被捕获到也无法破解;CHAP 认证方式使用不同的挑战信息,每个信息都是不可能预测的唯一值,这样就可以防范重放攻击;不断重复挑战限制了单个攻击的暴露时间,认证者可控制挑战的频度;虽然该认证是单向的,但是在两个方向都需要进行 CHAP 协商,同一密钥可以很容易地实现交互认证。

CHAP 身份认证的缺点:口令必须是明文信息进行保存,不能防止中间人攻击;在大型系统中不适用,每个可能的密钥由链路的两端共同维护;过程烦琐,易耗费带宽。

### 2.2.2　基于密码技术的身份认证

按照使用的密码体制的不同,采用密码技术的身份认证主要分为基于对称密码体制的身份认证与基于非对称密码体制的身份认证,认证形式主要包括单向认证、双向认证。单向认证是仅有通信的一方向另一方进行身份认证。单向认证通常有两种情况:发送方对接收方进行认证、接收方对发送方进行认证。单向认证不需要消息的发送方和接收方同时在线。很多应用程序都采用单向身份认证协议,例如,电子邮件等。双向认证需要消息的发送方和接收方同时在线。例如,重要的商务活动中,通信双方在通信之前要相互确认对方的真实身份,并且希望他们之间的通信不会被第三者获得。

1. 符号说明

A→B:表示通信实体 A 向通信实体 B 发送信息;

$E_k(x)$:表示用认证双方共享的密钥 K 对 x 进行加密;

Text1,Text2,…,Text$n$ 属于可选项;

‖:表示比特链接;

$R_A$:表示 A 生成的一次性随机数;

$TN_A$:表示由 A 生成的时间戳或序列号;

$K_{AB}$:通信实体 A 与通信实体 B 的共享密钥;

$K_{prt}$:可信第三方的私钥;

$K_{pub}$:可信第三方的公钥。

2. 基于对称密码体制的身份认证

对称密码体制是采用单一密钥的密码体制,即加解密都使用同一组密钥进行运算。对称密码体制下的挑战/响应机制通常要求示证者和验证者共享对称密钥。

根据是否存在可信的第三方参与到身份认证过程中,对称密码身份认证可以分为无可信第三方认证和有可信第三方认证两种。通常无可信第三方的对称密码认证用于只有少量用户的封闭系统,而有可信第三方的对称密码认证则可用于规模相对较大的系统中。

1) 无可信第三方的对称密码认证

无可信第三方的对称密码认证的基本原理是验证者生成一个随机数作为挑战信息,发送给示证者;示证者利用二者共享的密钥对该挑战信息进行加密,回传给验证者;验证者通过解密密文来验证示证者的身份是否合法。认证过程描述如下:

(1) 无可信第三方对称密钥一次传输单向认证。

A→B:$Token_{AB}$ = Text2 ‖ $E_k(TN_A \parallel B \parallel Text1)$

$Token_{AB}$中的 B 是可选项。A 首先生成 $Token_{AB}$并将其发送给 B;B 收到 $Token_{AB}$后,解密并验证 B(如果包含)与 $TN_A$是否可接受。如果可接受则通过认证,否则拒绝。

(2) 无可信第三方对称密钥二次传输单向认证。

B→A:$R_B$ ‖ Text1

A→B:$Token_{AB}$ = Text3 ‖ $E_k(R_B \parallel B \parallel Text2)$

如图 2.6 所示,B 首先生成一个随机数 $R_B$作为挑战信息发送给 A(可附带可选项 Text1);A 根据接收到的 $R_B$,利用双方共享密钥加密生成响应信息 $Token_{AB}$并发送回 B;在收到 $Token_{AB}$后,B 通过解密查看随机数 $R_B$是否与挑战消息中的一致,一致则接收 A 的认证,否则拒绝。

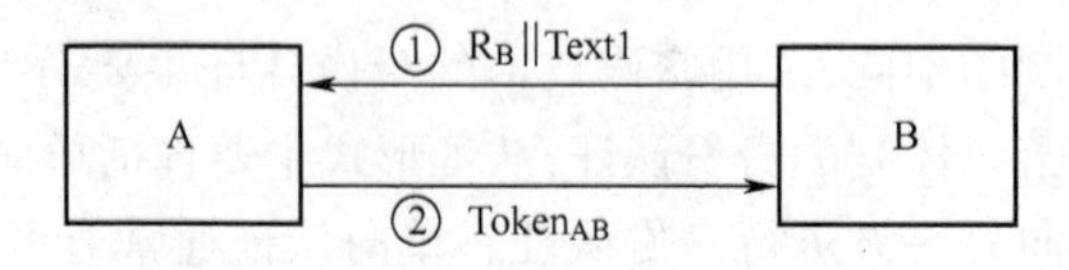


图 2.6　对称密钥二次传输单向认证

(3) 无可信第三方对称密钥二次传输双向认证。

A→B: $Token_{AB}$ = Text2 ‖ $E_k$($TN_A$ ‖ B ‖ Text1)

B→A: $Token_{BA}$ = Text4 ‖ $E_k$($TN_B$ ‖ A ‖ Text3)

与对称密钥一次传输单向认证一样,$Token_{AB}$ 和 $Token_{BA}$ 中的 A、B 也为可选项。如图 2.7所示,A 生成 $Token_{AB}$并将其发送给 B;B 收到 $Token_{AB}$后,解密并验证 B(如果包含)与 $TN_A$是否可接受,如果可接受则通过认证;同样,B 也可以生成 $Token_{BA}$并来完成 A 对 B 的认证。此时需要注意的是,这两次认证的过程都各自独立。

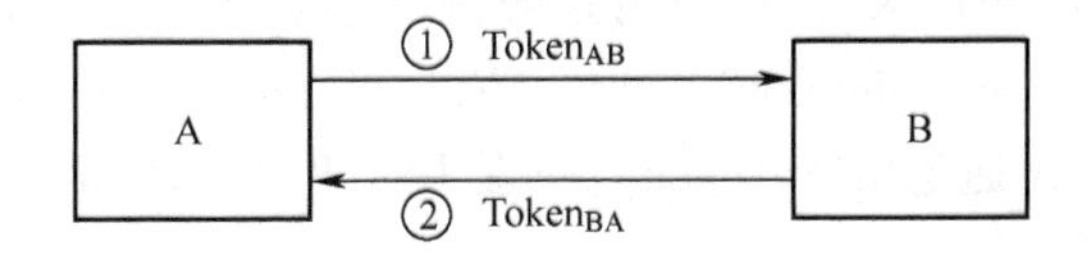


图 2.7 对称密钥二次传输双向认证

(4) 无可信第三方对称密钥三次传输双向认证。

B→A: $R_B$ ‖ Text1

A→B: $Token_{AB}$ = Text3 ‖ $E_k$($R_A$ ‖ $R_B$ ‖ B ‖ Text2)

B→A: $Token_{BA}$ = Text5 ‖ $E_k$($R_B$ ‖ $R_A$ ‖ Text4)

如图 2.8 所示,B 首先生成一个随机数 $R_B$ 作为挑战信息发送给 A(可附带可选项 Text1);A 生成一个随机数 $R_A$,根据接收到的 $R_B$,利用双方共享密钥加密生成响应信息 $Token_{AB}$并发送回 B;在收到 $Token_{AB}$后,B 通过解密查看随机数 $R_B$是否与第一次传输的挑战消息中的一致,如果一致则接收 A 的认证,并将 $R_A$和 $R_B$加密后生成响应消息 $Token_{BA}$发送给 A;A 收到 $Token_{BA}$后,通过解密检查 $R_A$和 $R_B$是否与之前传输的一致,如果一致则接收 B 的认证,否则拒绝。

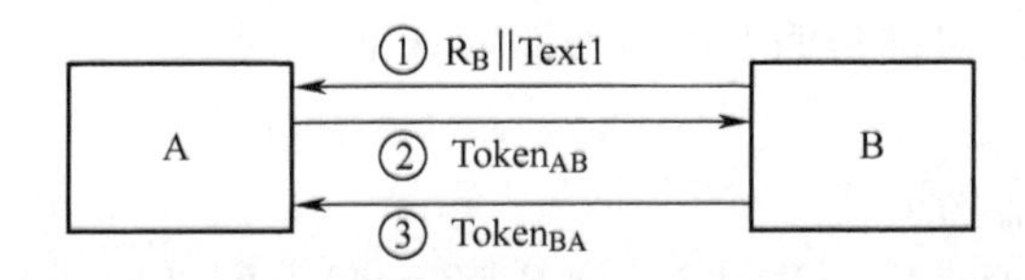


图 2.8 对称密钥三次传输双向认证

2) 有可信第三方的对称密码认证

与无可信第三方的对称密码认证技术相比,有可信第三方的对称密码认证技术的认证双方并不使用共享密钥,而是各自与可信的第三方之间共享密钥。

有可信第三方的对称密码认证过程如下:

假设认证过程执行之前,认证的双方 A 和 B 已经分别安全地获得与可信的第三方——认证服务器 P 之间的共享密钥 $E_{AP}$和 $E_{BP}$。

(1) 有可信第三方的对称密钥四次传输双向认证。

A→P: $TVP_A$ ‖ B ‖ Text1

P→A: $Token_{PA}$ = Text4 ‖ $E_{AP}$($TVP_A$ ‖ $K_{AB}$ ‖ B ‖ Text3) ‖ $E_{BP}$($TN_P$ ‖ $K_{AB}$ ‖ A ‖ Text2)

A→B: $Token_{AB}$ = Text6 ‖ $E_{BP}$($TN_P$ ‖ $K_{AB}$ ‖ A ‖ Text2) ‖ $K_{AB}$($TN_A$ ‖ B ‖ Text5)

$B \to A$: $Token_{BA}$ = Text8 ‖ $K_{AB}$($TN_B$ ‖ A ‖ Text7)

如图 2.9 所示，A 产生一个时间变量参数 $TVP_A$，附带另一方 B 的 ID，以及一个可选的附加信息 Text1 发送给可信的第三方 P；P 生成 A、B 双方的会话密钥 $K_{AB}$，并分别用 $E_{AP}$ 和 $E_{BP}$ 加密后，合并生成消息 $Token_{PA}$ 发送给 A；在收到信息 $Token_{PA}$ 后，A 解密 $Token_{PA}$ 并获得 $TVP_A$、B 和 A、B 双方的会话密钥 $K_{AB}$，A 检查 $TVP_A$ 和 B 是否正确；如果检查正确，A 从 $Token_{PA}$ 中提取"$E_{BP}$($TN_P$ ‖ $K_{AB}$ ‖ B ‖ Text2)"，并利用 A、B 双方的会话密钥加密"($TN_A$ ‖ B ‖ Text5)"，然后将它们合并生成消息 $Token_{AB}$ 发送给 B；B 收到消息 $Token_{AB}$ 后，解密"$E_{BP}$($TN_P$ ‖ $K_{AB}$ ‖ B ‖ Text2)"获得 $K_{AB}$，并利用其解密"$K_{AB}$($TN_A$ ‖ B ‖ Text5)"，B 根据解密得到的内容，检查用户 ID、A、B、时间戳或序列号 $TN_P$、$TN_A$ 的正确性；如果 B 检查正确，则向 A 发送消息 $Token_{BA}$；最后 A 通过解密 $Token_{BA}$ 检查 $TN_B$ 和用户 ID 是否正确，如果正确则完成整个认证过程。

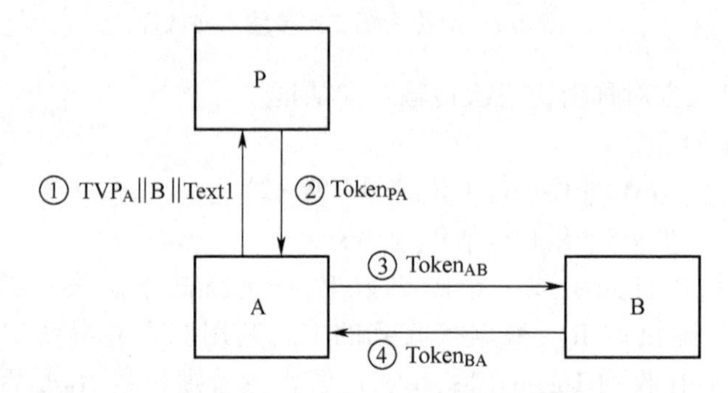


图 2.9　有可信第三方的对称密钥四次传输双向认证

如果只需要实现 A 向 B 的单向认证，则 B 在收到消息 $Token_{AB}$ 后，只需检查该消息正确与否即可。如果正确，则可通过对 A 的身份认证。

(2) 有可信第三方的对称密钥五次传输双向认证。

$B \to A$: $R_B$ ‖ Text1

$A \to P$: $R_A$ ‖ $R_B$ ‖ B ‖ Text2

$P \to A$: $Token_{PA}$ = Text5 ‖ $E_{AP}$($R_A$ ‖ $K_{AB}$ ‖ B ‖ Text4) ‖ $E_{BP}$($R_B$ ‖ $K_{AB}$ ‖ A ‖ Text3)

$A \to B$: $Token_{AB}$ = Text7 ‖ $E_{BP}$($R_B$ ‖ $K_{AB}$ ‖ A ‖ Text3) ‖ $K_{AB}$($R'_A$ ‖ $R_B$ ‖ Text6)

$B \to A$: $Token_{BA}$ = Text9 ‖ $K_{AB}$($R_B$ ‖ $R'_A$ ‖ Text8)

如图 2.10 所示，B 首先产生一个随机数 $R_B$ 并将其发送给 A(可附带可选项 Text1)；A 产生一个随机数 $R_A$，并联合 $R_B$ 和 B 的 ID 一起发送至可信的第三方 P；P 生成 A、B 双方的会话密钥 $K_{AB}$，分别联合 $R_A$ 和 $R_B$，用 $E_{AP}$ 和 $E_{BP}$ 加密后，合并生成消息 $Token_{PA}$ 发送给 A；A 收到消息 $Token_{PA}$ 后，通过解密得到 $K_{AB}$，并检查得到 $R_A$ 和 B 的 ID 的正确性；如果检查正确，A 产生一个随机数 $R'_A$，与 $R_B$ 一起用 $K_{AB}$ 进行加密，并将加密得到的内容和从 $Token_{PA}$ 中提取得到的内容"$E_{BP}$($R_B$ ‖ $K_{AB}$ ‖ A ‖ Text3)"一起作为消息 $Token_{AB}$ 发送给 B；B 收到消息 $Token_{AB}$ 后，解密"$E_{BP}$($R_B$ ‖ $K_{AB}$ ‖ A ‖ Text3)"获得 $K_{AB}$，并利用其解密"$K_{AB}$($R'_A$ ‖ $R_B$ ‖ Text6)"；B 根据解密得到的内容，检查用户 A 的 ID 的正确性，以及两次解密获得的 $R_B$ 值是否一致；如果 B 检查正确，则向 A 发送消息 $Token_{BA}$；最后 A 通过解密 $Token_{BA}$ 检查 $R'_A$ 和 $R_B$ 是否正确，如果正确则完成整个认证过程。

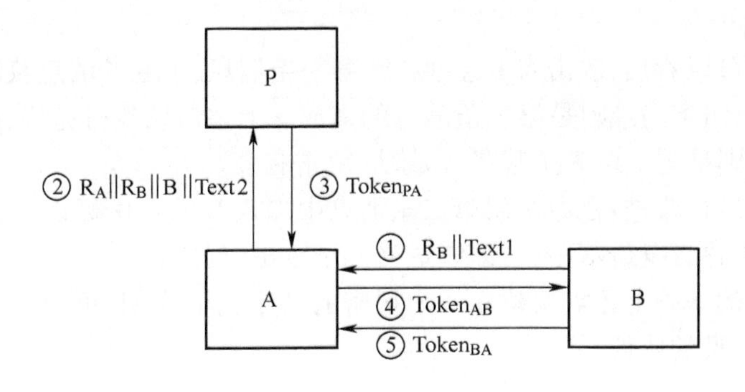


图 2.10　有可信第三方的对称密钥五次传输双向认证

与有可信第三方的对称密钥四次传输身份认证相同,如果只需要实现 A 向 B 的单向认证,则 B 在收到消息 $Token_{AB}$后,只需检查该消息正确与否。如果正确,则可通过对 A 的身份认证。

3. 基于非对称密码体制的身份认证

基于非对称密码体制的身份认证有两种主要的实现思路:一种是验证方 A 发出一个明文挑战信息(例如,随机数)给被验证方 B;B 在收到挑战信息后,用自己的私钥对明文信息进行加密,并发送给 A;A 收到加密的信息后,利用 B 的公钥对加密信息进行解密。如果解密得到的挑战信息与之前发送给 B 的挑战信息相同,则可以确定 B 身份的合法性。另一种是在认证开始时,A 将挑战信息利用 B 的公钥加密并发送给 B;B 再利用自己的私钥进行解密,获得挑战信息的内容,并将其返回给 A;A 可以根据收到的挑战信息的正确性来确定 B 身份的合法性。

以下给出一个简化的公钥密码体制的身份认证协议:

$A \to B: E_B(R_A \| A)$

$B \to A: E_A(R_A \| R_B)$

$A \to B: E_B(R_B)$

在该协议中,A 首先生成一个随机数 $R_A$,并联合自己的身份信息,利用 B 的公钥加密后发送给 B;B 收到消息后,利用自己的私钥进行解密,得到 $R_A$,并生成另一个随机数 $R_B$,利用 A 的公钥对 $R_A$和 $R_B$进行加密并发送给 A;A 收到消息后,利用自己的私钥进行解密,得到 $R_A$和 $R_B$,如果 $R_A$与之前发送给 B 的相同,则承认 B 身份的合法性,并再利用 B 的公钥对 $R_B$进行加密发送给 B;B 收到消息后,解密验证的正确性,如果通过验证,则承认 A 身份的合法性,完成整个双向认证的过程。

以上协议存在一个明显的漏洞,可通过如下方式进行攻击:

第一次运行该协议:

$A \to I: E_I(R_A \| A)$

第二次运行该协议:

$I \to B: E_B(R_A \| A)$

$B \to I: E_A(R_A \| R_B)$

$I \to A: E_A(R_A \| R_B)$

$A \to I: E_I(R_B)$

$I \to B: E_B(R_B)$

从以上过程可以看出,攻击者I通过解密第一条消息、第五条消息获取认证所需要的随机数 $R_A$ 和 $R_B$,第四条消息则是第三条消息的重放。上述协议运行完毕,B认为他与A共享秘密 $R_B$,实际上则是与I共享,I假冒A成功,攻击有效。

对以上方式进行改进:在原协议第二条消息中加入B的身份标识。这样A收到该消息后,发现标识与声称者身份不一致,即知道受到了攻击者的攻击。

如果在认证的基础上还需要建立一个秘密的共享会话密钥,可通过多种不同的方式实现,以下是一个典型的协议:

$A \to B: R_A$

$B \to A: R_B \| E_A(Ks) \| S_B(A \| R_A \| R_B \| E_A(Ks))$

$A \to B: S_A(B \| R_B)$

这里E(x)是使用x的公开密钥进行加密,S(x)是使用x的私有密钥进行签名。

协议执行过程描述如下:

A发送给B一个随机数;B收到A发送的消息后,B选择会话密钥Ks,用A的公开密钥加密,连同签名发送给A;当A收到第二条消息后,用自己的私钥解密得到会话密钥Ks,并用B的公开密钥验证签名,随后A发送使用私有密钥签名的随机数 $R_B$;当B收到该消息后,他知道A收到了第二条消息,并且只有A能够发出第三条消息。

如果认证双方都不知道对方的公开密钥,这时往往需要一个可信的第三方T保存并为他们提供对方的公开密钥。以下给出一个简单的存在可信第三方的公钥密码认证协议,称为Denning-Sacco认证协议:

$A \to T: A \| B$

$T \to A: S_T(B \| E_B) \| S_T(A \| E_A)$

$A \to B: E_B(S_A(K_{AB} \| T_A)) \| S_T(B \| E_B) \| S_T(A \| E_A)$

A首先把自己和B的用户标识发送给T,说明自己想与B进行身份认证;T则用自己的私钥 $S_T$ 分别对A和B的公钥 $E_A$、$E_B$ 加密后发送给A;A用自己的私钥解密第二条消息得到B的公钥;A向B传送随机会话密钥 $K_{AB}$、时间标记 $T_A$(都用A自己私钥签名并用B的公钥加密)以及两个用T的私钥加过密的A、B双方的公开密钥。B用私钥解密A的消息,然后用A的公钥验证签名,以确信时间标记仍有效。

Denning-Sacco认证协议存在缺陷:当与A一起完成协议后,B能够伪装成A。实现步骤如下:

$B \to T: B \| C$

$T \to B: S_T(C \| E_C) \| S_T(B \| E_B)$

$B(A) \to C: E_C(S_A(K \| T_A)) \| S_T(C \| E_C) \| S_T(A \| E_A)$

B将以前从A那里接收的会话密钥和时间标记的签名用C的公钥加密,并将A和C的证书一起发送给C。C用私钥解密A的消息,然后用A的公钥验证签名。检查并确信时间标记仍有效。此时,C现在认为正在与A交谈,B成功地欺骗了C。在时间标记截止前,B可以欺骗任何人。

对Denning-Sacco认证协议进行改进,改进方案是在第三步的加密消息内加上名字即可:

$E_B(S_A(A \parallel B \parallel K \parallel T_A)) \parallel S_T(A \parallel E_A) \parallel S_T(B \parallel E_B)$

这一步清楚地表明是 A 和 B 在通信,B 不能对 C 重放以前消息。

基于非对称密码体制单向认证协议实现更加简单,仅需要 A 计算消息的摘要,然后用自己的私钥对该消息摘要进行签名,再将原消息、消息签名以及自己的证书一起用 B 的公钥加密后发送给 B。该协议是接收方对发送方的认证,发送方对接收方的单向认证过程与该过程类似。

使用公钥方式进行身份认证时需要事先知道对方的公钥,从安全性、使用方便性和可管理性出发,通常需要可信第三方分发公钥,并且一旦出现问题也需要权威中间机构进行仲裁。在实际的网络环境中,一般依赖于公钥基础设施(Public Key Infrastructure,PKI)来实现公钥的管理与分发。

## 2.3 基于令牌的身份认证

令牌是一种能标识其持有人身份的特殊标志,要求必须与持有人之间一一对应,且应唯一、不能伪造。

### 2.3.1 常见令牌

目前,常用的令牌有智能卡(Smart Card)、USB key 等。

1. 智能卡

国际标准化组织对智能卡的定义是"集成电路卡"(Integrated Circuit Card),它是将具有加密、存储、处理能力的集成电路芯片嵌装于塑料基片上而生成。与普通的磁条卡相比,它具有更高的防伪能力和安全性。1972 年,法国人罗兰莫雷诺最先提出了智能卡的概念,随着集成电路技术和计算机技术的迅猛发展,智能卡的能力也随之提高,如今已广泛应用于各种场合,例如,电信、银行、交通等领域。

智能卡一般由微处理器、存储器及输入、输出设施构成。微处理器用于计算卡内的唯一用户标识(ID),ID 保证卡的真实性,持卡人使用 ID 访问系统。为防止智能卡遗失或被偷窃,许多系统需要智能卡和个人标识号同时使用。

智能卡一般分为存储卡和芯片卡。存储卡只用于存储用户的秘密信息(例如,用户密钥、个人数据等),仅有存储功能,没有计算功能。芯片卡具有内置微处理器,并有相应的 RAM 和可擦写的 EPROM,具有防篡改和防止非法读取的功能。

智能卡通常具有以下特点:

(1) 数据安全性:智能卡能够实现对卡中信息的存入和读出做出相应限制,借此可以起到保护卡内软件的作用。

(2) 应用灵活性:智能卡与处理系统这两者的操作是由存放在卡内和系统中的软件控制的。因此,它能够同时应用于不同的场合。此外,智能卡还能够对卡中的非易失性存储器的一部分进行重新编程,实现对部分软件的修改。

(3) 应用与交易的合法性验证:依据来自用户提供的数据信息(如,生物特征或 PIN 数据)或系统的数据信息(如,加密/解密密钥),当合法的卡连接合法的系统来进行某项操作时,能够实现随时对持卡人或系统进行合法性验证的操作。

（4）多应用能力：由于智能微处理器的存在，并且智能卡中有 16 个扇区，最多具备 16 种应用，实现了智能卡的一卡多用，避免了多张卡带来的保管不便，使生活工作更加方便快捷。

（5）脱机能力：智能卡可完成存储交易详细数据的合法性检查，所以单一笔或简单几笔交易不需要与中央计算机/中央数据库进行实时通信。因此，节省了交易时间，极大地降低了处理所需的费用。

2. USB Key

USB Key 是在智能卡令牌的技术上发展起来的，它是基于 USB 协议的即插即用设备，它内置单片机或智能卡芯片，有一定的存储空间，可以存储用户的私钥以及数字证书，且物理上具有运算能力。智能卡通过芯片的硬件设计，能够将加解密等运算依靠芯片内部 CPU 进行，而不会有数据遗留在终端设备上。智能卡本身的成本并不高，但由于其需要专门的读卡设备，而大大增加了使用智能卡的成本。USB Key 将智能卡芯片和 USB 协议相结合，大大提高了设备的通用性。

### 2.3.2 认证方式

基于令牌的认证一般有两种方式：基于数字签名技术的挑战/响应（又称作冲击/响应）式认证方式和基于 PKI 体制的数字证书式认证方式。挑战/响应式认证方式是一种简便易行、安全性高的认证方式，认证的过程对用户透明，但该模式的用户密钥存放在服务器，可拓展性较差，比较适用于单个系统。利用 PKI 体系中的数字证书进行认证，安全性高，认证信息较全面，系统扩展性较好，但 PKI 体制比较复杂，部署和维护都比较困难，实施成本较高。本书着重对挑战/响应认证方式进行介绍。

挑战/响应认证的认证方式简便灵活，实现起来也比较容易。当网络的应用需要验证用户身份时，客户端向服务器提出登录请求；当服务器接收到客户端的验证请求时，服务器端向客户端发送一个随机数，这就是这种认证方式的“冲击”；当客户端接收到服务器发送的随机数后，将此随机数传入令牌，令牌使用该随机数与内部存储的密钥进行加密运算，并将加密的结果传送给服务器，这就是这种认证方式中的“响应”；服务器在向客户端发送随机数的同时，也利用该随机数和存储在服务器端的密钥进行和客户端同样的运算。这样，当服务器端接收到客户端发送的加密结果后，就将客户端的加密结果与服务器端的加密运算结果进行比对，如果比对的结果相同，则认为该用户是合法用户。如果比对结果不同，则认为该用户为非法用户。

该认证的实现过程如图 2.11 所示：

（1）客户端向服务器端提出服务请求 Request。

（2）服务器收到客户端服务请求后生成随机数 R，并向客户端发送随机数 R。

（3）客户端收到随机数 R 后，利用存储在令牌内的密钥 C 对随机数 R 进行 Hash 运算，并将 Hash 运算的结果 H 发送到服务器。

（4）服务器在将随机数 R 发送给客户端后，从后台的数据库中读取该用户对应的密钥 C′，利用密钥 C′对随机数 R 进行同样的 Hash 运算，得到 Hash 运算的结果 H′。

（5）服务器收到用户端发送的 Hash 运算结果 H 后，将服务器进行 Hash 运算的结果 H 与 H′进行对比。

（6）如果比较 H 与 H′的结果不一致，则认为该用户是非法用户，重启认证流程。

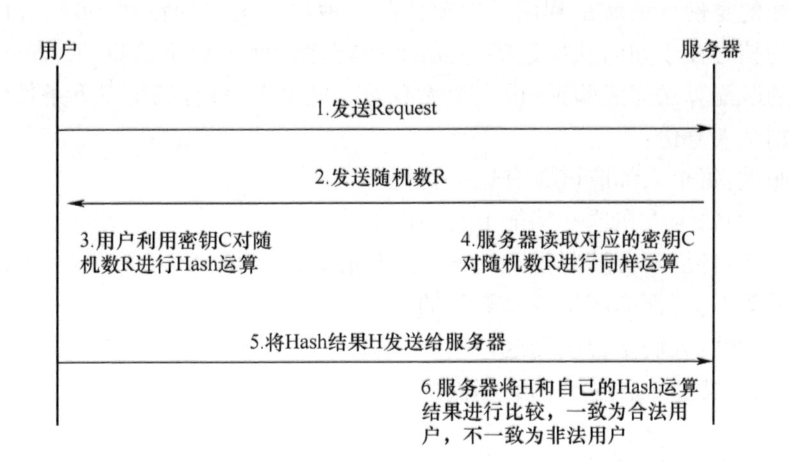


图 2.11　挑战/响应流程

(7) 如果比较 H 与 H′的结果一致,则认为该用户为合法用户,通过认证。

在挑战/响应的认证过程中,用户的密钥保存在用户持有的令牌内,服务器维护着一个用户的密钥数据库,服务器将用户对自己发送的随机数的加密结果和使用数据库中存储的该用户的密钥加密随机数的结果比对来完成认证。该认证方式具有如下特点:

(1) 能够抵御认证回放攻击。由于在挑战/响应的认证方式中,随机数是由服务器随机生成的,因此每次认证产生的随机数均不相同。如果攻击者获取了上次合法用户进行认证的数据并将该认证信息发送给服务器,但由于认证所需要的随机数已经改变,进行该次认证所需的信息也已经发生了改变,所以攻击者获取上次用户进行认证的数据并不能通过该次认证。因此,可以有效地抵御认证回放攻击。

(2) 不能抵御中间人攻击。在挑战/响应的认证方式中,因为攻击者不具有用户持有的令牌,也不具有存储在令牌中的密钥,攻击者不能冒充合法用户对服务器发送的随机数进行加密。但由于挑战/响应认证的过程中,双方使用的随机数是明文形式,当攻击者能够使用自己控制的计算机充当认证双方通信的第三方时,就可以对双方通信的数据进行窃取和篡改。通过使用辅助手段,如通过使用加密技术使通信的双方通过加密的专用信道进行通信,可以提高系统抵御中间人攻击的能力,但并不能提高认证本身抵御中间人攻击的能力。

(3) 可以抵御密钥猜测攻击。用户令牌内的密钥是事先在令牌内产生的,在认证的过程中密钥并没有在网上传输,因此能够抵御在先的密钥猜测攻击。即使攻击者能够获取用户的信息,由于 Hash 函数的性质,使得每次加密之后的结果都大不相同,因此,攻击者很难从这些密文中破解出用户的密钥。但是为了提高抵御密钥猜测攻击的能力,建议每隔一定的时间就刷新一次令牌内的密钥。

(4) 认证过程比较简单、安全性高,且容易实施。

## 2.4　基于生理特征的身份认证

生理特征(例如,指纹、虹膜、视网膜、DNA)的特点是与生俱来、独一无二、随身携带。

基于生理特征的身份认证就是利用了生理特征这种独一无二的特性,实现身份的鉴别。该种认证方式的核心在于如何获取这些特征;如何将之转换为数字信息,存储于计算机中;如何利用可靠的匹配算法完成验证、识别个人身份。理论上,只有满足以下条件的生物特征才可以用来识别个人身份:

(1) 普遍性:每个人都应该具有这一特征。

(2) 唯一性:每个人在这一特征上有不同的表现。

(3) 稳定性:特征不会随着年龄的增长、时间的改变而改变。

(4) 易采集性:特征应该是容易测量的。

(5) 可接受性:人们是否接受这种生物识别方式。

(6) 安全性:特征不容易被伪造和模仿。

### 2.4.1 指纹识别技术

生理学研究已经证明,人类都拥有自己独特的、持久不变的指纹,指纹是指人的手指末端正面皮肤上凸凹不平产生的纹线。纹线有规律地排列形成不同的纹型。纹线的起点、终点、结合点和分叉点,称为指纹的细节特征点。指纹识别就是通过比对指纹的细节特征点来进行鉴别。

指纹识别技术是最早通过计算机实现的生物特征身份认证手段,也是应用最为广泛的个人特征识别技术之一。自动指纹识别系统通过特殊的光电转换设备和计算机图像处理技术,对活体指纹进行采集、分析和比对,从而自动、迅速、准确地鉴别出个人身份。许多研究表明指纹识别在所有生物识别技术中是对人体最不构成侵犯的一种技术手段。

我国古代早就利用指纹(手印)画押来证明个人身份。随着计算机技术的发展,美国联邦调查局(FBI)和法国巴黎警察局于20世纪60年代开始研究、开发自动指纹辨认系统(Automatic Finger-print Identification System,AFIS)用于刑事侦破。20世纪90年代用于个人身份认证的自动指纹识别系统得到开发和应用。目前,全球范围内建立了许多指纹鉴定机构以及罪犯指纹数据库,指纹鉴定已经被官方所接受,成为司法部门有效的身份鉴定手段。

同样,在市场上也广泛推出了指纹认证产品。例如,指纹门锁、指纹考勤机、指纹门禁机、指纹保险箱、指纹储物柜、指纹无线鼠标、指纹U盘、内置指纹识别装置的手机、掌上电脑、笔记本电脑等。把指纹识别技术同IC卡结合起来,是目前常用的一种方式。该技术把持卡人的指纹加密后存储在IC卡上,并在IC卡的读卡机上加装指纹识别系统,当读卡机阅读卡上的信息时,一并采集持卡者的指纹,通过比对卡上的指纹与持卡者的指纹,就可以确认持卡者是否是卡的真正主人,从而进行下一步的交易。指纹IC卡有着广泛的应用,例如,制造ATM(银行自动取款机)卡以及防伪证件(签证或护照、医疗保险卡、会员卡等)。

通常指纹识别主要包括指纹采集、指纹图像处理、指纹特征提取、特征值的比对与匹配等过程:

(1) 指纹图像增强。该过程是清晰提取特征的基础,一般包括规格化、方向图估计、频率图估计、生成模板、滤波等几个环节。

(2) 特征提取。该过程立足于寻找指纹中对外界干扰鲁棒且能清晰区分不同指纹的特征。目前最常用的细节特征的定义是由FBI提出的细节模型,它将指纹图像的最显著特征分为脊终点和分叉点，每个清晰指纹一般有40~100个这样的细节点。

(3) 指纹分类。该过程通常会借助于机器学习等手段实现指纹的分类。常见的有基于神经网络的分类方法、基于奇异点的分类方法、基于脊线几何形状的分类方法、基于指纹方向图分区和遗传算法的连续分类方法。

(4) 指纹匹配。指纹匹配是指纹识别系统的核心步骤，匹配算法包括图匹配、结构匹配等，但最常用的方法是用FBI提出的细节模型来做细节匹配，即点模式匹配。

指纹识别的优点：没有两个人(包括孪生儿)的指纹纹路图样是完全相同的，相同的可能性不到$10^{-10}$，因此指纹具有高度的独特性；指纹纹脊的样式终生不变，指纹不会随着人的年龄的增长或身体健康程度的变化而变化，因此指纹识别具有很强的稳定性；最后，目前已有标准的指纹样本库，可以极大地方便指纹识别系统的软件开发，并且识别系统中完成指纹采样功能的硬件部分(即指纹采集仪)也较易实现。

指纹识别的不足：由于每个指纹都存在独一无二的可测量的特征点，每个特征点约有7个特征，10个手指至少有近5000个特征，因此存储指纹数据库的容量要求足够大；其次，指纹的获取大多采用指纹触摸传感器，如果手指皮肤上有伤疤、过于干燥或潮湿，都会影响指纹获取的质量，最终影响指纹识别的效果。

### 2.4.2 声纹识别技术

声纹是一项根据语音波形中反映说话人生理、心理和行为特征的语音参数，是用电声学仪器显示的携带言语信息的声波频谱。人类语言的产生是人体语言中枢与发音器官之间一个复杂的生理物理过程，人在讲话时使用的发声器官——舌、牙齿、喉头、肺、鼻腔在尺寸和形态方面因人而异，所以任何两个人的声纹图谱都有差异。每个人的语音声学特征既有相对稳定性，又有变异性。这种变异来自生理、病理、心理、模拟、伪装等因素的影响，也与环境干扰有关。尽管如此，由于每个人的发音器官都不尽相同，在一般情况下，人们仍能区别不同的人的声音或判断是否是同一人的声音，从而实现身份的识别。声纹识别也称说话人识别，可以看作是语音识别的一种。但它不同于语音识别，并不注重语音信号中的语义内容而是希望从语音信号中提取人的特征；在处理方法上，语音识别力图对不同人说话的差别加以归一化，而说话人识别则力图强调不同人之间的区别。

声纹识别可分为与文本相关的(Text-dependent)和与文本无关的(Text-independent)两种。与文本相关的声纹识别系统要求用户按照规定的内容发音，每个人的声纹模型逐个被精确地建立，而识别时也必须按规定的内容发音。因此，可以达到较好的识别效果，但系统需要用户配合。如果用户的发音与规定的内容不符合，则无法正确识别该用户。而与文本无关的识别系统则不规定说话人的发音内容，模型建立相对困难，但用户使用方便，可应用范围较宽。根据特定的任务和应用，两种声纹识别系统具有不同的应用范围。例如，在银行交易时可以使用与文本相关的声纹识别，用户进行交易时通常愿意配合；而在刑侦或侦听应用中则无法使用与文本相关的声纹识别，因为无法要求犯罪嫌疑人或被侦听的人配合。

声纹识别涉及两个关键问题：一是特征提取，二是模式匹配。特征提取的任务是提取并选择对说话人的声纹，具有可分性强、稳定性高等特性的声学或语言特征。与语音识别不同，声纹识别的特征必须是“个性化”特征。虽然目前大部分声纹识别系统用的都是声学层面的特征，但是表征一个人特点的特征应该是多层面的，包括：

(1) 与人类发音机制的解剖学结构有关的声学特征(如频谱、倒频谱、共振峰、基音、反射系数等)、鼻音、带深呼吸音、沙哑音、笑声等;

(2) 受社会经济状况、教育水平、出生地等影响的语义、修辞、发音、言语习惯等;

(3) 个人特点或受父母影响的韵律、节奏、速度、语调、音量等特征。

从声学方法可以建模的角度出发,目前声纹自动识别模型可以使用的特征包括:

(1) 声学特征(例如,倒频谱);

(2) 词法特征(例如,说话人叙述相关词时特殊的习惯);

(3) 韵律特征(例如,利用 n-gram 描述的基音或能量"姿势");

(4) 语种、方言和口音信息;

(5) 声道信息(例如,使用何种声道)等。

根据不同任务的需求,声纹识别还面临特征选用问题。例如,在刑侦应用时,希望不用声道信息,也就是说希望弱化声道对说话人识别的影响,希望不管说话人用什么声道系统它都可以辨认出来;而在银行交易中,希望用声道信息,即希望声道对说话人识别有较大影响,从而可以剔除录音、模仿等带来的影响。

较好的特征,应该具有以下特征:

(1) 能够有效地区分不同的说话人,但又能在同一说话人语音发生变化时保持相对的稳定性;

(2) 不易被他人模仿或能够较好地解决被他人模仿问题;

(3) 具有较好的抗噪性能,等等。

对于模式匹配,有以下几种方法:

(1) 模板匹配方法:利用动态时间规整以对准训练和测试特征序列,主要用于固定词组的应用(通常为文本相关任务);

(2) 最近邻方法:训练时保留所有特征矢量,识别时对每个矢量都找到训练矢量中最近的 $K$ 个,据此进行识别,通常模型存储和相似计算的量都很大;

(3) 神经网络方法:有很多种形式,如多层感知、径向基函数等,可以显式训练以区分说话人和其背景说话人,其训练量很大,且模型的可推广性不好;

(4) 隐马尔科夫模型方法:通常使用单状态的隐马尔科夫模型或高斯混合模型,是比较流行的方法,效果比较好;

(5) VQ 聚类方法:效果比较好,算法复杂度也不高,和隐马尔科夫模型方法配合起来可以收到更好的效果;

(6) 多项式分类器方法:有较高的精度,但模型存储和计算量都比较大。

声纹识别需要解决的问题还有很多:

(1) 有限的训练及测试样本问题,即在声音不易获取的应用场合,能否用很短的语音进行模型训练,而且用很短的时间进行识别;

(2) 声音模仿(或放录音)问题,即怎样有效地区分开模仿声音(录音)和真正的声音;

(3) 在有多个说话人说话情况下,怎样有效地提取目标说话人的声纹特征;

(4) 怎样消除或减弱声音变化(例如,不同语言、内容、方式、身体状况、时间、年龄、情绪等引起的声音变化)带来的影响;

(5) 环境及声道鲁棒性问题,即怎样消除声道差异和背景噪声带来的影响。

### 2.4.3 虹膜识别技术

人眼虹膜位于眼角膜之后、水晶体之前,其颜色因含色素的多少与分布不同而异。我国除个别少数民族外,多呈棕色。透过角膜可见虹膜呈圆盘状,中央有一小孔称瞳孔,瞳孔依环境的明暗,可自动缩小或扩大。圆盘状的虹膜以中央的瞳孔为中心,向周围有辐射状的纹理和小凹。虹膜辨识系统使用一台摄像机来捕捉样本,然后由软件来对所得数据与储存的模板进行比较。到目前为止,虹膜识别的错误率是各种生物特征识别中最低的。每个人虹膜的结构各不相同,并且这种独特的虹膜结构在人的一生几乎不发生变化。

虹膜是眼球前部含色素的环形薄膜,由结缔组织细胞、肌纤维组成。虹膜图像中含有极其丰富的结构和纹理特征,作为生物识别特征,它有如下优势:

(1) 虹膜在妊娠3个月的时候开始形成,整体结构在8个月的时候创建,大概在2~3岁的时候稳定,以后不随年龄的增长而变化;

(2) 每个人的虹膜纹理在人群中的分布是随机的或者说是混沌的,虹膜的形成依赖于胚胎中胚层的初始条件,不受遗传的影响,即使是同样基因型(例如,同卵双胞胎,甚至是同一个人的两只眼睛)二者的虹膜也是不相关的,具有很好的唯一性;

(3) 虹膜的内部组织被水样液和角膜所包围,与外界环境隔离开来,不易受损;

(4) 不易被假冒,一般的外科手术不能改变虹膜的纹理;

(5) 在识别的过程中,不需要和被识别者物理接触,具有非侵犯性;

(6) 虹膜具有活体组织的特点,由于虹膜肌肉间复杂的相互作用,瞳孔直径一直在小的范围内有规律地震颤,且随光线强度变换而收缩,使得虹膜具有高度的防伪性。

1987年,Flom和Safir首先提出了自动虹膜识别的思想。1993年,剑桥大学的Daugman提出了基于2D Gabor变换的虹膜识别方法,其主要思想是:首先构造二维Gabor滤波器,然后用它对图像进行滤波,获得相位信息之后,根据相位所在的象限编成256字节的相位码。Daugman的开创性工作使得自动的虹膜识别成为可能,目前国外的商业虹膜识别产品的核心软件大多是基于Daugman的算法。

在我国,越来越多的科研工作者正投身于虹膜识别产品国产化的研究,虽然起步较晚,但是部分研究成果已经达到了国际领先水平。中国科学院自动化研究所的模式识别国家重点实验室是国内最早从事虹膜识别研究的单位之一,从1998年至今已经开发了多代虹膜识别系统,包括虹膜采集装置、图像预处理、特征抽取和匹配等基本模块。从硬件到软件都实现了完全自主知识产权的目标,突破了早期西方国家的技术垄断与封锁。

### 2.4.4 人脸识别技术

人脸识别系统根据人脸各部分,如眼睛、鼻子、唇部、下颚等器官的相互位置,以及它们的形状和尺寸提取特征从而实现基于人脸特征的身份识别。

与基于生理特征的人体生物识别技术相比,人脸识别是一种更直接、更方便、更友好、更容易被人们接受的识别方法。脸型识别的缺点是不可靠,脸像会随年龄变化,而且容易被伪装。

除上述方法外,基于个人生理特征的身份认证方法还有耳廓识别、红外温谱图识别、视网膜识别、DNA识别等,这些识别技术均有其优劣之处,人们往往需要融合多种生理特征来实现高精度的识别系统。

## 2.5 基于行为特征的身份认证

行为特征则是指人类后天养成的习惯性行为特点,如笔迹、步态等。基于行为特征的身份认证也是一种基于生物特征的身份认证方式,通常根据用户独一无二的行为特征来确认其身份。

### 2.5.1 步态识别技术

步态是指人们行走时的姿态,是一种复杂的行为特征。尽管每个人的步态不一定都各不相同,但它也提供了充足的信息来鉴别人的身份。在上述指纹、虹膜、人脸等生物特征识别系统中,通常要求近距离地或者接触性地感知,如指纹需要接触指纹采集仪,虹膜、人脸需要提供足够分辨率的设备,以实现近距离的捕捉等。而人的步态在远距离的情况下仍是可捕捉的,且它可在被观察者没有觉察的情况下从任意角度进行非接触性的感知和度量。因此,从视觉监控的观点来看,步态是远距离情况下最有潜力的生物特征,从而引起了广大研究者们的浓厚兴趣。

美国国防高级研究规划署在 2000 年资助的远距离身份识别(Human Identification a at Distance,HID)项目就是开发多模式的、大范围的视觉监控技术,以实现远距离情况下人的检测、分类和识别,从而增强国防、民用等场合免受恐怖袭击的自动保护能力。步态识别是一个新的研究领域,近年来已取得了一些探索性的研究成果。例如,利用步态序列图像的光流的频率和相位信息进行步态识别等。

### 2.5.2 笔迹识别技术

笔迹是书写者自身的生理特征和后天学习过程的综合反映。笔迹识别也是人们进行身份认证的重要手段之一。

计算机笔迹识别主要分为联机和脱机两类:脱机笔迹识别的对象是写在纸上的字符,通过扫描仪、摄像机等设备输入到计算机里,然后进行分析与鉴定;而联机的笔迹识别则通过专用的数字板或数字仪实时采集书写信号,除了可以采集签名位置等静态信息,还可以记录书写时的速度、运笔压力、握笔倾斜度等动态信息。显然,较脱机笔迹识别而言,联机笔迹识别可利用的信息量更多,不易伪造,同时难度也更大。

目前,笔迹识别研究主要包括两类问题,即文本相关和文本无关的笔迹识别问题。文本相关笔迹识别对于书写内容有固定限制,因此相对容易解决,然而应用范围较窄;而在文本无关的情况下,由于对书写内容不加限制,问题就变得更加复杂。到目前为止,对于文本无关的笔迹识别,世界上还没有准确而高效的识别系统投入市场,有待进一步研究。

## 2.6 网络环境中的身份认证

由于单机系统中,服务和信息部署在一台计算机上,用户登录时仅需要从本机获取身份认证信息即可完成认证。在网络环境中实现身份认证比在单机系统中实现身份认证更加复杂,需要考虑的问题更多。

### 2.6.1 网络身份认证需求

网络环境中,用户获取的服务有时并不在本地,用户需要进行远程身份认证获取服务。此时,需要把用户身份认证信息组织起来,集中存放在服务器中,借助服务器实现身份认证信息的共享。在网络环境中实施身份认证通常会遇到同一个用户需要登录远端不同的主机的情况。此时,可以从以下三个方面考虑构建网络身份认证方案(假设使用客户机/服务器模式):

1. 身份认证信息管理

设立一台身份认证信息数据库服务器,构建身份认证信息数据库。

2. 客户机端实现登录

用户在客户机端登录时,客户机接收用户提供的认证信息,将其组织成认证请求,发送给服务器,由服务器进行身份认证。如果服务器返回认证结果,则登录成功;否则,登录失败。

3. 服务器端实现认证服务

服务器接收到客户机发来的身份认证请求后,可以从其中得到相应的认证信息,从身份认证数据库中查找身份认证信息进行判断,将结果返回给客户端。

如上方法完全由服务器完成认证工作,客户机并不执行认证工作。这种方式由完全由客户机端认证的方式变换为完全由服务器端认证的方式。

有时,在网络中也会用到由服务器和客户机分工认证的情况。此时,根据用户的实际需要确定在客户端和服务器端分别保存哪些信息。当用户登录时,首先查找客户端身份认证信息,并进行匹配;如果没有相关信息则查找服务器端认证服务信息进行匹配,将匹配的结果发送给客户端。Sun 公司的网络信息服务(Network Information Service,NIS)采用了该认证模式。

通常在网络中借助于基于密码的认证方式实现认证,此部分内容可以查看 2.2.2 节。

### 2.6.2 面向服务的再度认证

通常我们在实际应用中会遇到这样的场景:进入某个场所需要购置门票,在该场所中享受某项特殊服务需要再次购买服务票。在网络应用中也有类似的需求,这里我们将这两种需要的票据称为通行证和服务卡。成功登录进入系统的用户得到的是通行证,凭借通行证可以申请服务卡,有了服务卡可以获得特定的服务。

假设网络环境中,用户必须拥有服务认可才能够获得特定的服务。此时,可以采用如下步骤进行认证:

(1) 用户在客户机登录时,客户机把用户的账户名传送给认证服务器,请求进行身份认证。

(2) 认证服务器验证账户名的合法性,如果合法,则生成会话密钥和通行证(其中,会话密钥是通行证的内容之一)。审批服务器的密钥加密通行证,将结果与会话密钥组合,用用户口令进行加密后,将结果传输给客户机。

(3) 客户机以用户提供的口令为密钥进行解密,如果解密成功,则表示用户提供正确口令,登录成功。此时,得到会话密钥和用服务审批服务器密钥加密的通行证信息。

用户要求得到某项服务时,客户机为它生成申请服务的请求,并用会话密钥进行加密,将结果和用服务审批服务器密钥加密的通行证信息传递给认证服务器。

(4) 服务审批服务器用自己的密钥对加密的通行证信息进行解密,得到通行证信息和会话密钥。用会话密钥解密得到服务请求信息,根据服务请求和通行证信息验证合法性。如果合法,则生成第二组会话密钥和服务卡(会话密钥是服务卡的内容之一)。用应用服务器的密钥加密服务卡。将加密后的信息与会话密钥组合,用第一组会话密钥进行加密,把结果传送给客户机。

(5) 客户机用第一组会话密钥对以上结果进行解密,得到第二组会话密钥和用应用服务器密钥加密的服务卡信息。客户机生成启动服务的请求,用第二组会话密钥进行加密。将加密后的启动服务请求与加密的服务卡信息发送给应用服务器。

(6) 应用服务器用自己的密钥进行解密,得到服务卡。从服务卡中得到第二组会话密钥,用第二组会话密钥解密得到服务请求。根据服务请求和服务卡信息进行验证,合法则启动相应服务。

美国麻省理工学院开发的 Kerberos 认证系统基于如上思想实现认证。

## 2.7 统一身份认证

系统身份认证方法多种多样,系统中要求认证用户身份的服务程序种类繁多。在系统设计时,如果让每种服务程序都拥有自己的认证机制,则系统中会存在大量认证机制及数据信息,这些信息存在重复、相似,增加系统维护和管理的难度。

为了简化系统管理与维护的工作,提高系统灵活性,需要构建统一认证框架,使不同的服务程序共享相同的认证机制和信息,使同一个服务程序可以灵活地选择不同的认证方法。

可插拔认证模块(Pluggable Authentication Modules,PAM)是统一身份认证框架,由美国 Sun 公司开发。该框架的基本思想是实现服务程序与认证机制的分开。通过插拔式接口,让服务程序插接到接口一端,让认证机制插接到接口另一端,从而实现服务程序认证机制的随意组合。

PAM 定义了一个应用编程接口(Application Programming Interface,API)。PAM 系统主要由 API、动态装载的共享库和配置文件构成。在 PAM 框架中,每种身份认证机制均设计了一个 PAM 模块,实现为一个动态装载的共享库。PAM 模块遵循 PAM 的 API 规范,需要实施身份认证过程的服务程序按照 PAM 的 API 规范调用 PAM 系统中的身份认证功能。假设 X 是需要实施身份认证过程的服务程序,用户启动程序 X 时,程序首先进入身份认证状态,它把身份认证的任务交给 PAM 系统去完成。PAM 系统根据配置文件确定需要为程序 X 提供的身份认证支持服务。PAM 提供四种类型的服务,分别为 auth、account、password 和 session,分别为身份认证、账户管理、口令管理以及会话管理时需要调用的共享库。

## 2.8 本 章 小 结

信息系统安全认证是系统用户出示身份证明以验证其合法性的过程,是确保信息系统安全的第一道防线。本章在介绍了信息系统安全认证的基本概念、一般模型、典型认证方法以及认证系统要求及分类的基础上，依据常见的认证方法分类，分别详细介绍了基于知识的身份认证、基于令牌的身份认证、基于生理特征的身份认证、基于行为特征的身份认证的实现技术。首先，介绍了基于口令以及基于密码技术的两种典型的基于知识的身份认证技术；而后，介绍了常见的令牌以及基于令牌的身份认证实现方式；随后，简要介绍了指纹识别、声纹识别、虹膜识别、人脸识别等基于生理特征的身份认证技术以及基于步态识别、笔迹识别的行为特征认证技术。在此基础上，针对网络环境身份认证需求，介绍网络环境下实现身份认证的知识。

## 习　　题

1. 什么是身份认证？为什么需要身份认证？
2. 一个身份认证系统通常由哪些要素组成？认证系统的实现通常有哪些基本要求？
3. 常见的身份认证的方法有哪些？
4. 口令容易受到哪些安全威胁？应该如何保证口令安全？
5. 什么是单向身份认证协议？什么是双向身份认证协议？
6. 简述无可信第三方的对称密码认证过程以及有可信第三方的对称密码认证过程。
7. 基于令牌的身份认证主要有哪些方式？各方式的特点是什么？
8. 对比分析基于知识的身份认证、基于令牌的身份认证、基于生理特征的身份认证以及基于行为特征的身份认证的特点。

# 第3章 信息系统访问控制

信息系统的身份认证机制,用于控制外界对系统访问,将非授权用户阻挡在系统大门之外,确保每个进入系统的用户都是唯一标识的,并经过认证确定其为合法的。合法用户登录系统之后,并非可以为所欲为,而必须严格按照自己所获得的访问权限进行操作,而这正是信息系统的访问控制机制要解决的问题。

## 3.1 概　　述

### 3.1.1 基本概念

信息系统安全技术涉及许多基本概念,本节简要介绍这些概念,在后面章节中,将反复用到它们。

1. 客体与主体

客体(Object)是一种蕴涵或接收信息的被动实体。例如,操作系统中的文件、目录、管道、消息、信号量、进程和内存页等,数据库系统中的库、表和字段等,信息网络中的通信线路和计算节点等,都是信息系统中的常见客体。

主体(Subject)是一种主动实体,它的活动引起信息在客体之间流动。例如,用户、用户组和进程等。在信息系统中,最基本的主体是用户(包括一般用户和系统管理员、系统安全员、系统审计员等特殊用户)。

这里需要注意进程这一特殊实体。在操作系统中,进程(包括用户进程和系统进程)一般有着双重身份,它既可能是主体,也可能是客体。当一个进程运行时,它必定直接或间接地为某一用户服务,处理该用户的操作要求,而用户的所有操作请求都要通过进程来代理其进行。进程既是用户行为的客体,又是其访问对象的主体。例如,在编辑一个文件时,编辑器进程代表用户执行文件编辑操作,相对于用户行为,它是客体;而相对于它所编辑的文件,它又是主体。

简言之,服务者是请求者的客体,请求者是服务者的主体。而最原始的主体是用户,最终的客体是信息系统中的资源。用户进程是固定为某一用户服务的,它代表该用户对客体进行访问。系统进程则为所有用户提供服务,因而其访问权限一般应随着服务对象的变化而变化。

2. 引用监控器与引用验证机制

引用监控器(Reference Monitor)是一种对主体访问客体的行为进行仲裁的抽象装置。它是一个抽象概念,表现的是一种思想,是访问控制机制的理论基础,由 Anderson 于 1972 年首次提出。如图 3.1 所示,访问控制数据库中存放主体、客体、主体对客体的访问模式等信息,引用监控器以访问控制数据库中的信息为依据,对主体访问客体的行为进行安全判决。显然,随着主体和客体的产生、删除或其权限的变更,访问控制数据库中的内容要做相应的增删或修改。引用监控器的关键需求是控制主体对客体的每一次访问,并对安全敏感事件进行审计。

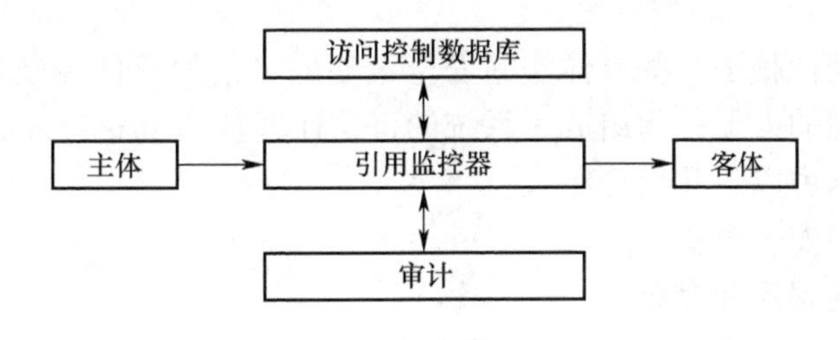


图 3.1　引用监控器

引用监控器的具体实现称为引用验证机制,它是实现引用监控器思想的硬件和软件的组合。引用验证机制需要同时满足以下三个原则:

(1) 必须具有自我保护能力;

(2) 必须总是处于活跃状态;

(3) 必须设计得足够小,以利于分析和测试。

第一个原则保证引用验证机制即使受到攻击也能保持自身的完整性;第二个原则保证主体对客体的所有引用,都应得到引用验证机制的仲裁;第三个原则保证引用验证机制的实现是正确的。

3. 安全策略与安全模型

安全策略是一种声明,它将系统状态划分为安全态(或称已授权态)和非安全态(或称未授权态)。安全系统是一种始于安全态,且不会进入非安全态的系统。而如果系统进入了非安全态,则称其发生了一次安全破坏。

安全策略由一整套严密的规则组成,这些规则是实施访问控制的依据。说一个信息系统是安全的,是指它满足特定的安全策略。同样进行信息系统的安全设计和开发时,也要围绕一个给定的安全策略进行。许多系统的安全控制失效,主要不是因为程序错误,而是没有明确的安全策略。

安全模型是对安全策略所表达的安全需求的简单、抽象和无歧义的描述。它为安全策略和安全策略实现机制的关联提供了一种框架。Anderson 指出,要开发安全系统首先必须建立系统的安全模型。安全模型给出了安全系统的形式化定义,并且正确地综合系统的各类因素,包括系统的使用方式、使用环境类型、授权定义、共享资源和共享类型等。

4. 安全内核

在引用监控器思想的基础上,Anderson 定义了安全内核的概念。安全内核是指系统中与安全性实现有关的部分,包括引用验证机制和授权管理机制等部分。安全内核是实现引用监控器概念的一种技术,其理论依据是:在一个大型的操作系统中,仅有一小部分软件是用于安全目的。所以,可用其中与安全相关的软件,来构成操作系统的一个可信内核,称为安全内核。安全内核法是建立安全操作系统的一种最常用的方法。

大多数情况下,安全内核是一个简单的系统,如同操作系统为应用程序提供服务一样,它为操作系统提供服务。而且正如操作系统给应用程序施加限制,安全内核也同样对操作系统施加限制。当安全策略完全由安全内核而不是由操作系统实现时,仍需操作系统维持系统的正常运行,并防止由于应用程序的致命错误而引发的拒绝服务。但是操作系统和应用程序的任何错误均不能破坏安全内核的安全策略。

5. 可信计算基

操作系统的安全依赖于一些具体实施安全策略的可信的软件和硬件。这些软件、硬件和负责系统安全管理的人员一起组成了系统的可信计算基(Trusted Computing Base, TCB)。具体来说可信计算基由以下几部分组成:

(1) 操作系统的安全内核。

(2) 具有特权的程序和命令。

(3) 处理敏感信息的程序,如系统管理命令等。

(4) 与 TCB 实施安全策略有关的文件。

(5) 其他有关的固件、硬件和设备。这里要求为使系统安全,系统的固件和硬件部分必须能可信地完成它们的设计任务。原因在于固件和硬件故障,可能引起信息的丢失、改变或产生违反安全策略的事件。因此把安全操作系统中的固件和硬件也作为 TCB 的一部分来看待。

(6) 负责系统管理的人员。由于系统管理员的误操作或恶意操作也会引起系统的安全性问题,因此他们也被看作是 TCB 的一部分。系统安全管理员必须经过严格的培训,并慎重地进行系统操作。

(7) 保障固件和硬件正确的程序和诊断软件。

在以上所列的 TCB 的各组成部分中,软件部分是安全操作系统的核心内容,它们完成下述工作:

(1) 内核的良好定义和安全运行方式;

(2) 标识系统中的每个用户;

(3) 保持用户到 TCB 登录的可信路径;

(4) 实施主体对客体的存取控制;

(5) 维持 TCB 功能的正确性;

(6) 监视和记录系统中的有关事件。

在一个通用安全操作系统中,TCB 是用来构成一个安全操作系统的所有安全保护装置的组合体。一个 TCB 可以包含多个安全功能,每个安全功能模块实现一个安全策略,这些安全策略共同构成一个安全域,以防止不可信主体的干扰和篡改。

实现安全功能的方法有两种:一种是设置前端过滤器,另一种是设置访问监督器。两者都是在一定硬件基础上,通过软件实现确定的安全策略,并且提供所要求的附加服务。例如作为前端过滤器的安全功能,能防止非法进入系统;作为访问监督器的安全功能,则能防止越权访问,等等。

在单处理机环境的操作系统中,根据系统设计方法的不同,TCB 可以是一个安全内核,也可以是一个前端过滤器,或者就是操作系统的关键单元或包括全部操作系统。对于网络环境下的多处理机操作系统,一个安全功能可能跨网络实现,这种情况要比单处理机操作系统更为复杂。这些安全功能协同工作,构成一个物理上分散、逻辑上统一的分布式安全系统,其所提供的安全策略和附加服务则为各个安全功能的总和。

### 3.1.2 访问矩阵

1969 年,Lampson 运用主体、客体和访问矩阵(Access Matrix)的思想,第一次用形式化方法,对访问控制问题进行了抽象描述。访问矩阵是以主体标识为行索引、以客体标识为列索引的矩阵,矩阵中的每一个元素表示一组访问权限的集合。

访问矩阵中的一行表示一个主体的所有权限,一列则是关于一个客体的所有访问属性,矩阵中的元素是该元素所在行对应的主体对该元素所在列对应的客体的访问权限,即:矩阵中第 $i$ 行第 $j$ 列的元素 $M$,记录的是第 $i$ 行所对应的主体拥有的,对第 $j$ 列所对应客体的访问权限。从本质上说,任何访问控制策略都可以用矩阵直观表示:行对应于主体,列对应于客体,矩阵元素对应于授权。

如图 3.2 所示,主体 $s_1$ 拥有对客体 $o_1$ 的读取、修改和执行权限。由于信息系统的资源量和用户数较多,访问矩阵一般庞大而稀疏,如果把整个矩阵保存下来,不仅实现起来不方便,而且效率很低。因此,在实际中,很少用它直接描述或实现访问控制策略。

| | 客体$o_1$ | 客体$o_2$ | 客体$o_3$ |
|---|---|---|---|
| 主体$s_1$ | 读取、修改、执行 | 读取、执行 | 读取 |
| 主体$s_2$ | 读取 | 读取 | |
| 主体$s_3$ | 读取、执行 | | 执行 |

图 3.2 访问矩阵示例

### 3.1.3 访问控制策略

访问控制策略是在系统安全较高层次上对访问控制和相关授权的描述,它的表达模型常被称为访问控制模型,是一种访问控制方法的高层抽象和独立于软、硬件实现的概念模型。在制定访问控制策略时,首先需要考虑系统的安全需求,有的访问控制策略是以保护系统的机密性为主,有的则是以保护系统的完整性为目标,有的还要求提供可记账性和可用性。这些要求,都会影响访问控制策略的制定。此外,在制定访问控制策略时,通常还要考虑如下要素。

1. 主体属性

主体属性主要有用户的级别和类别。在信息系统中,可以将用户分为多种普通用户和管理员用户,使之具有组别属性;还可以根据用户的工作职责,赋予其不同角色属性。主体属性还可能包括相关执行程序的性质、所处的网络或物理地址等,它们也可能是授权的依据。例如,很多单位约定,不能从家中访问办公室的资源。在安全性要求更高的情况下,主体属性还可能包括其安全状态。例如,访问控制系统在允许某计算机接入到系统之前,可以首先评估该主机自身健康状况,如果发现其未安装杀毒软件,则认为其感染病毒的概率较大,此时可能不予授权连接。

2. 客体属性

客体属性主要有客体的信息级别、可对其执行的操作等。例如,在操作系统中,资源的访问属性有是否可读、是否可写、是否可执行、是否可连接等属性;在普通信息系统中,客体属性还可能包括密级、是否可查询、是否可删除、是否可增加等。在安全性要求更高的情况下，客体属性也可能包括其安全状态。例如，系统可能认为某些客体已经感染计算机病毒或来源不可信，因而不允许用户访问。

3. 授权者组成

在信息系统中，可能的授权者包括资源的属主（一般是资源的创建者）和系统管理者。因此，策略的制定，需要考虑资源所有者和系统分别在多大程度参与授权的问题。

4. 访问控制粒度

访问控制粒度是指将访问控制中的主体和客体分为不同尺度的实体来实施管理。例如，主体粒度可以分为用户、用户组等；在数据库系统中，客体的粒度可以分为数据库、数据库表、数据记录和数据项等不同粒度。

以上要素是制定访问控制策略时一般都要考虑的。除此之外，有些系统还要求在制定访问控制时，考虑如下的额外要素和问题。

5. 主体、客体状态

主体、客体状态包括它们所处的地点、当前时间和当前受访状态等。例如，一些系统不但不允许单位员工从外部网络访问内部数据，对访问的时间也有限制；并且，当一个客体被多个连接访问时，还可能要求阻止其他连接请求。

6. 历史记录和上下文环境

有时，信息系统会要求根据主体曾经访问过的客体、客体的被访问记录和当前状况、被访问客体之间的关系等历史记录和上下文环境，动态地进行访问控制决策。例如，在数据库安全中，有的系统要求仅当主体没有访问过雇员姓名数据，才允许其访问雇员工资数据。

7. 数据内容

可以对数据内容做多种分类，并分类实施授权和访问控制。例如，可以按照数值大小或内容性质分类。例如，在数据库访问控制策略中，仅当某项数值大于一定值时，才允许用户查看，这个数值可能是雇员工资、合同金额或考试成绩。

8. 决策层次

即要确定在信息系统的哪个层次上实施访问控制策略。例如，操作系统中存在低层的磁盘读/写和高层的文件读/写指令，计算机网络中包括不同层次的通信协议。在制定访问控制策略时，需要确定该策略在系统的决策层次。

9. 策略扩展

访问控制策略应该可以提供一定的可扩展性。这里，可扩展性主要是指所扩展的功能能够由已有的系统部件自动实施，所扩展的规则也可以用已有的规则描述。

目前已经提出的访问控制策略很多，常见主要有三类：自主访问控制（Discretionary Access Control，DAC）策略、强制访问控制（Mandatory Access Control，MAC）策略和基于角色的访问控制（Role Bases Access Control，RBAC）策略。它们及相关的安全模型代表了主要的访问控制技术。下面各小节将分别进行介绍。

## 3.2 自主访问控制

自主访问控制是最常用的一类存取控制机制。在自主访问控制策略下，每个客体有且仅有一个属主,系统允许客体属主按照自己的意愿,指定可以访问该客体的主体及访问的方式。亦即,使用自主访问控制机制,一个用户可以自主地指定,允许系统中的哪些用户以何种权限共享其资源。从这种意义上讲,这种访问控制是"自主"的。

根据属主管理客体权限的程度,自主访问控制策略可以进一步分为三种:第一种是严格的自主访问控制(Strict DAC)策略,客体属主不能让其他用户代理客体的权限管理;第二种是自由的自主访问控制(Liberal DAC)策略,客体属主能让其他用户代理客体的权限管理,也可以进行多次客体管理的转交;第三种是属主权可以转让的自主访问控制策略,属主能将作为属主的权利转交给其他用户。

最早的自主访问控制模型是访问矩阵模型,它将整个系统可能出现的客体访问情况用一个矩阵表示,主体、客体及授权的任何变化都将造成客体访问情况的变化,系统将检查这些变化是否符合已经定义好的安全特性要求,并进行相应的控制。在访问矩阵模型以后出现的自主访问控制模型在权限传播、控制与管理方面扩展了访问矩阵模型。本节以下部分将介绍自主访问控制策略的三种常见实现方式,它们是:能力表,访问控制表,以及 UNIX/Linux 中所实现的"属主/同组用户/其他用户(Owner/Group/Other)"的访问控制方式。

### 3.2.1 能力表

能力表(Capabilities List)是每个主体上附加的一张该主体可访问客体的明细表,它用能力(Capability)描述主体是否可以对客体进行访问,以及进行何种模式的访问(读、写、执行)。只有拥有相应能力的主体才可以按照给定的模式访问客体。图 3.3 所示的是主体 $S_i$ 访问能力表,图中每一表项包括客体的标识和 $S_i$ 对该客体的访问能力,表中所示的能力有四项:拥有(用 O 表示)、读(用 r 表示)、写(用 w 表示)、执行(用 x 表示)。在系统的最高层上,即与主体和客体相联系的位置,对于每个主体,系统有一个能力表。为了确保安全,要采用硬件、软件或加密技术对系统的能力表进行保护,防止非法修改。

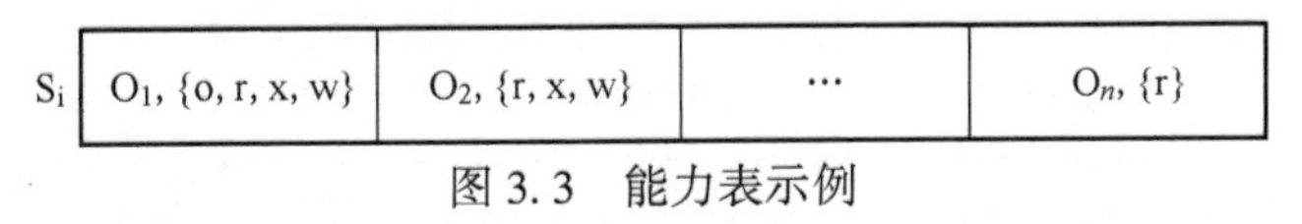


图 3.3 能力表示例

在能力机制中,能力拥有者可以在主体中转移能力。在转移的能力中有一种叫作"转移能力",它允许接受能力的主体继续转移能力。比如,进程 A 将某个能力的拷贝转移给进程 B,B 又将能力的拷贝传递给进程 C。如果 B 不想让 C 继续转移这个能力,就在转移给 C 的能力拷贝中去掉转移能力,这样 C 就不能转移能力了。主体为了在能力取消时从所有主体中彻底清除自己的能力,需要跟踪所有的转移。

基于能力表实现访问控制时,系统要维护每个用户的状态表,该表保存了成千上万条目。当一个文件被删除以后,系统必须从每个用户的表上清除与那个文件相应的能力。对于指定文件,如果要查询有哪些用户可以访问它,也要从每个用户的能力表中逐一查找,从而花费系统大量开销。因此,目前基于能力表实现自主访问控制的系统并不多,而在这些为数不多的系统中,只有少数系统试图实现完备的自主访问控制机制。

### 3.2.2 访问控制表

访问控制表(Access Control List,ACL)是每个客体上附加的一张可访问它的主体的明细表,表中的每一项都包括主体的身份信息和主体对该客体的访问权限。图 3.4 所示的是访问控制表的一般结构,它表示:对于客体 $O_i$,主体 $S_1$对它具有读(r)、写(w)和执行(x)的权力;主体 $S_2$对它具有读(r)、写(w)和运行(x)的权力;主体 $S_m$ 对它只具有读(r)的权力。

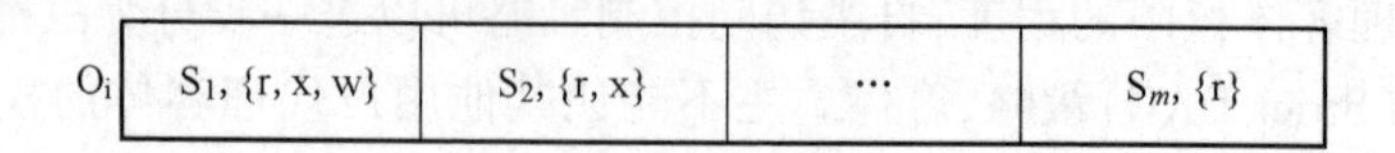

| $O_i$ | $S_1$, {r, x, w} | $S_2$, {r, x} | … | $S_m$, {r} |
| --- | --- | --- | --- | --- |

图 3.4 访问控制表示例

在实际应用中,当可访问某客体的主体很多时,访问控制表将会变得很长。而在一个大系统中,客体和主体都非常多,这时使用这种一般形式的访问控制表将会占用很多 CPU 开销。因此,需要对访问控制表进行简化。比如,把用户按其工作性质进行分类,构成相应的组,并用通配符“ * ”来表示任何组或主体标识符。通过这种简化,访问控制表的规模就会大大缩小,从而提高效率,并且也能够满足自主访问控制的需要。在实现基于访问控制表的自主访问控制时,还需要考虑缺省功能的设置问题。采用缺省设置,可以提高访问控制系统的易用性。例如,当一个主体生成一个客体时,该客体的访问控制表中对应于其生成者的表项,可以设置成一个合理的缺省值,比如具有读、写和执行权限。另外,当某一个新的主体第一次进入系统时,应该说明它在访问控制表中的缺省值,比如只有读的权限。

### 3.2.3 属主/同组用户/其他用户

“属主/同组用户/其他用户(owner/group/other)”是 UNIX/Linux 等系统中实现的一种十分简单而又有效的自主访问控制机制,其方法是在每个文件上附加一段有关访问控制信息的二进制位,如图 3.5 所示:

| {r, w, x} | {r, w, x} | {r, w, x} |
| --- | --- | --- |
| owner | group | other |

图 3.5 基于“属主/同组用户/其他用户”的自主访问控制模式

这些二进制位反映了文件属主、与文件属主同组的用户、余下的其他用户等不同类别用户对文件的存取权限,其中:

(1) owner:表示此客体属主对它的访问权限;

(2) group:表示与 owner 同组用户对此客体的访问权限;

(3) other:表示余下其他用户对此客体的访问权限。

这种自主访问控制的实现方式的一个很大缺点,是客体属主不能够精确控制某个用户对其客体的访问权,系统只能将存取权限分配到组或所有其他用户,访问控制的粒度较粗。比如,它不能够指定这样的访问控制策略:允许与 owner 同组的用户 A 对该客体进行读、写、执行操作,禁止与 owner 同组的另一个用户 B 对该客体进行任何操作。在实际实现的一些安全操作系统中,将“属主/同组用户/其他用户”机制和访问控制机制结合使用,从而将访问控制粒度细化到了系统中的单个用户。系统能够赋予或排除某一个用户对一文件或目录的存取权限,克服了原 UNIX 访问控制粒度较粗的局限性。

### 3.2.4 局限性

在自主访问控制策略下,每个客体有且仅有一个属主,由客体属主决定该客体的保护策略,系统决定某主体是否能以某种方式访问某客体的依据,是系统中是否存在相应属主的授权。自主访问控制的最大特点是自主,即资源的拥有者对资源的访问策略具有决策权,因此是一种比较宽松的访问控制。虽然这种自主性为用户提供了较多的灵活性,但若让众多属主都参与授权管理,容易造成安全缺陷。另外,自主访问控制允许在主体间的传递权限,使得某些主体有可能通过继承其他主体的权限,得到了其本身不应具有的访问权限,从而给系统带来安全隐患。比如,大多数交互系统的工作流程是这样的:用户首先登录,然后启动某个进程为其做某项工作,这个进程就因此继承了该用户的属性,包括访问权限。因此,自主访问控制不适用于一些高安全要求的环境。

## 3.3 强制访问控制

在高安全等级的信息系统中,需要更强的控制手段,强制访问控制就是其中一种。在强制访问控制策略下,系统对授权进行了集中管理。管理部门(如安全管理员)按照严格的规则来设置,赋予系统中的主体和客体以安全级别、安全范畴等安全属性,且一般主体无法直接或间接地改变这些安全属性。即:主体不能改变自身的或任何客体的安全属性,包括自己所拥有客体的安全属性;主体也不能将自己所拥有的客体访问权限,授予其他主体。在运行时,系统通过比较主、客体的安全属性,来决定是否允许主体以所请求方式来访问客体。而一旦系统判定某一主体不能访问某个客体时,那么任何人(包括客体的属主)也不能使他访问该客体。从这种意义上讲,这种访问控制是“强制”的。

### 3.3.1 多级安全思想

多级安全(Multi-Level Security, MLS)思想起源于20世纪60年代末期,当时美国国防部决定研究开发保护计算机中机密信息的新方式。在此之前,美国国防部对人工管理和存储的机密信息早有严格政策,这就是军事安全策略。多级安全是军事安全策略的数学描述,是计算机能实现的形式定义。

在多级安全体系下,计算机系统内的所有信息(如文件)都具有相应的密级,每个人也都被赋予一个权限。为了确定是否应该允许某人阅读一个文件,要把其权限同文件的密级进行比较。仅当用户的权限大于或等于文件的密级时,他才可以合法地获得文件信息。军事安全策略的目的,是防止用户取得他不应得到的密级较高的信息。在多级安全策略下,主、客体的安全属性一般都统称安全级,它由两方面构成:

(1) 保密级别:也叫敏感级别。例如,公开、秘密、机密和绝密等级别,在安全级中保密级别是线性排列的。例如:公开<秘密<机密<绝密。

(2) 范畴集:表示该安全级涉及的领域,如人事处、财务处等。范畴是互相独立的和无序的,两个范畴集之间的关系是包含、被包含或无关。

主、客体的安全级通常写成保密级别后随一范畴集的形式。例如,{机密:人事处,财务处,科技处}。两个安全级之间的比较,是通过一种名为“支配(dominate)”的偏序关系来进行的，具体有以下几种情形：

（1）安全级1支配安全级2：即安全级1的级别不小于安全级2的级别，安全级1的范畴集包含安全级2的范畴集。

（2）安全级1等于安全级2：即安全级1的级别等于安全级2的级别，安全级1的范畴集包含安全级2的范畴集，同时安全级2的范畴集包含安全级1的范畴集。

（3）安全级1与安全级2无关：即安全级1的范畴集不包含安全级2的范畴集，同时安全级2的范畴集也不包含安全级1的范畴集。

例如，如果一个文件的安全级是{机密：NATO，NUCLEAR}，用户的安全级为{绝密：NATO，NUCLEAR，CRYPTO}，则该用户可以阅读这个文件，他的安全级别高于文件，且他的安全范畴集涵盖了文件的安全范畴集。而如果用户的安全级为{绝密：NATO，CRYTPO}，则他不能阅读这个文件，因为其安全范畴集中缺少了NUCLEAR范畴。

### 3.3.2 BLP模型

BLP模型是Bell & LaPadula模型的简称，主要用于解决面向保密性需求的访问控制问题，由David Bell和Leonard LaPadula于1973—1976年间创立并发展，是第一个经过严格数学证明的安全模型。BLP模型给出了符合军事安全策略的计算机操作规则，属于强制访问控制模型。BLP模型是最常用，也是最有名的一个多级安全模型，已实际应用于许多安全操作系统、安全数据库等安全信息系统的开发之中。下面介绍BLP模型中的各个要素。

1. 主客体安全属性

在BLP模型中，主体和客体均被赋予了相应的安全级别$L=(C,S)$，其中：$C$表示安全等级，$S$是类别集。安全等级从高到低分为4级：绝密（Top Secret，TS）、机密（Secret，S）、秘密（Confidential，C）和非密（Unclassified，U），这里记它们的关系为$TS > S > C > U$。类别集依赖于应用环境，如它可由不同部门的标识组成。

对两个安全级别$L_1=(C_1,S_1)$与$L_2=(C_2,S_2)$，定义：

$L_1 \geqslant L_2$，当且仅当$C_1 \geqslant C_2, S_1 \supseteq S_2$

$L_1 > L_2$，当且仅当$C_1 > C_2, S_1 \supset S_2$

$L_1 < L_2$，当且仅当$C_1 < C_2, S_1 \subset S_2$

$L_1 \leqslant L_2$，当且仅当$C_1 \leqslant C_2, S_1 \subseteq S_2$

如果$L_1$和$L_2$的关系都不属于以上情况，则其不可比较。

在BLP模型中，客体的安全级别，反映了客体内容或功能的敏感性；主体的安全级别又称为许可授权（Clearance），它反映了主体的最高安全级别，主体当前的安全级别不会高于其拥有的许可授权。

2. 主体对客体的访问权限

在BLP模型中，主体对客体存在只读（Read Only）、添加（Append）、执行（Execute）和读写（Read-Write）等四种访问权限，以下在表示上用Read代替Read Only、用Write代替Read-Write。

3. 安全访问规则

1）符号约定

（1）三元组$(s,o,m)$表示主体$s$正以授权$m$访问客体$o$；

(2) $\boldsymbol{M}$ 表示访问矩阵，$m=\boldsymbol{M}(s,o)$ 表示授权 $s$ 以权限 $m$ 访问客体 $o$；

(3) $f$ 是主体或客体的安全级别函数，其定义为

$$f:\ S\cup O\rightarrow L$$

式中，$S$ 和 $O$ 分别为主、客体的集合，$L$ 为安全级别的集合。

2）规则 1：简单安全策略(Simple Security Property)

如果主体 $s$ 对客体 $o$ 有读写权限，则前者的安全级别一定不低于后者的安全级别。这一规则，可以形式化地表示为

$$\text{Read or Write}\in \boldsymbol{M}(s,o)\Rightarrow f(s)\geqslant f(o)$$

这常被称为"下读"原则。

3）规则 2：星策略(Star Property)

如果一个主体 $s$ 对客体 $o$ 有 Append 权限，则后者的安全级别一定不低于前者的；如果 $s$ 对 $o$ 有 Write 权限，则它们的安全级别一定相等；如果 $s$ 对 $o$ 有 Read 权限，则后者的安全级别一定不高于前者的。这个规则可以形式化地表示为

$$\text{Append}\in \boldsymbol{M}(s,o)\Rightarrow f(s)\leqslant f(o)$$

$$\text{Write}\in \boldsymbol{M}(s,o)\Rightarrow f(s)=f(o)$$

$$\text{Read}\in \boldsymbol{M}(s,o)\Rightarrow f(s)\geqslant f(o)$$

这常被称为"上写"原则。

4）规则 3：自主安全策略

当前正在执行的访问权限必须存在于访问矩阵 $\boldsymbol{M}$ 中。这个规则保证，主体对客体的权限也需要以自主授权为条件，它可以被形式化地表示为

$$(s,o,m)\in b\Rightarrow m\in \boldsymbol{M}(s,o)$$

4. BLP 模型中的可信主体

BLP 模型在军事和商业界的安全操作系统、安全文件系统和安全数据库系统中均得到了广泛的应用和实践。但多数安全系统的实践表明，在系统中严格实施 BLP 模型是不实际的。在真实的系统中，用户的某个操作可能会违背星策略，但并不会破坏系统的安全性。例如，一个用户可能要从一个机密性文件中摘取一节非机密性的内容，并将它应用到另一个非机密性的文件中，这种操作在严格实施星策略的系统中是被禁止的。因此，为了保证系统的可用性，BLP 模型引入可信主体的概念，这类主体是可信的，它们可以违背星策略，但是不会违背系统的安全性。

由于可信主体不受星策略约束，访问权限太大，不符合最小特权原则，所以在应用中，应对可信主体的操作权限和应用范围做进一步细化。例如，可以将操作系统的所有特权细分成一组细粒度的特权，这些特权分别组成若干个特权子集，再把这些特权子集赋予系统中的指定用户。这样，操作系统中就存在若干个特权用户，每一个特权用户都不能独自控制整个系统，这些特权用户共同完成系统的特权操作，且所有的特权用户操作都会被系统审计记录。

5. BLP 模型的隐蔽通道问题

通过一个通信信道既不是设计用于通信的，也不是有意用于传递信息的，则称该通信信道为隐蔽通道。BLP 模型允许"上写(write_up)"操作，而"上写"操作带来了潜在的隐蔽通道。下面举例分析。

假定一个系统允许"上写"操作，系统中的文件 data 的安全级支配进程 B 的安全级，即

进程 B 对文件 data 有强制的写权限,但没有强制的读权限。根据 BLP 模型,进程 B 可以写打开、关闭文件 data。因此,每当进程 B 为写而打开文件 data 时,总返回一个表示文件已成功打开的标志信息。下面可以看到,这个标志信息就是一个隐蔽通道,利用它可以将信息从绝密区域传到公开区域。

图 3.6 给出了绝密级进程 A 与公开进程 B,协作利用这个隐蔽通道传递敏感信息的过程:

(1) 进程 A 创建绝密信息文件 data;

(2) 进程 B 打开文件 control,并写入一个字节,内容为"0"或"1"。进程 A 一直监控文件 control 的长度,当它发现其变长时,则说明进程 B 已经做好了接收信息的准备,此时可以开始发送信息了。

(3) 进程 A 改变文件 data 的 DAC 访问模式。进程 A 与进程 B 双方约定,若允许进程 B 写 data 文件,则表示进程 A 发送了一个二进制比特"1";否则,表示进程 A 发送了二进制比特"0"。

(4) 进程 B 试图以写方式打开文件 data。若打开成功,则认为自己收到了比特位"1";否则,认为自己收到了比特位"0"。

(5) 进程 B 每当接收一个二进制比特信息,则将其写入文件 control。进程 A 则通过检查文件 control 的长度是否发生变化,确定信息传递是否正确。

(6) 反复执行以上的第(2)~(5)步动作,直到绝密信息全部从进程 A 传给进程 B。

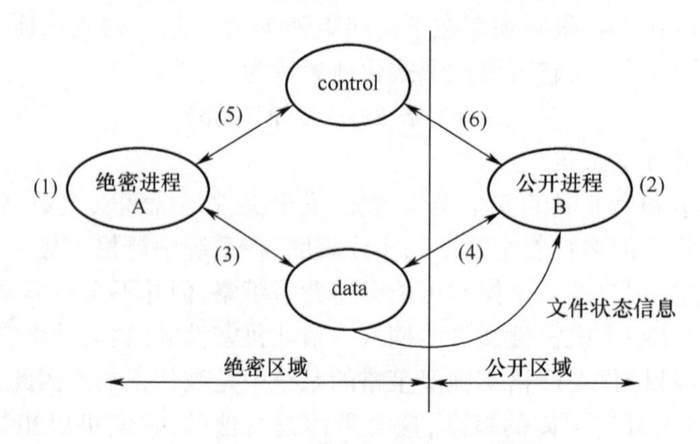


图 3.6 BLP 模型的隐蔽通道问题

## 3.3.3 Biba 模型

Biba 模型是 Biba 等人于 1977 年提出的,其目的是保护数据的完整性。它对数据读/写实施了专门的操作策略。Biba 模型在定义主、客体安全级别的基础上,更明确地将访问策略划分为非自主策略和自主策略两类,对每类给出了多个策略。下面介绍 Biba 模型中的各个要素。

1. 主客体安全属性

在 Biba 模型中,每个主体和客体都被分配一个完整性级别(Integrity Level)。类似于 BLP 模型,完整性级别用 $L=(C,S)$ 表示,其中:$C$ 为完整性等级,$S$ 是类别集。但这里,完整性等级从高到低分为 3 级:关键级(Critical, C)、非常重要(Very Important, VI)和重要

(Important, I),它们的关系为 $C > VI > I$。类别集的概念与 BLP 模型中的类似,如它也可由不同部门的标识组成。不同完整性级别之间的比较方法,与 BLP 模型中的安全级别的比较方法相同。

2. 主体对客体的访问权限

在 Biba 模型中,主体对客体的主要访问方式有:修改(modify)、调用(invoke)和观察(observe)等,它们的含义如下:

(1) modify:向客体中写信息。类似其他模型的"写"访问方式。

(2) invoke:invoke 操作仅能用于主体,若两个主体间有 invoke 权限,则允许这两个主体相互通信。

(3) observe:从客体中读信息,类似于其他模型中的"读"访问方式。

3. 安全访问规则

Biba 模型所定义的不是单个安全策略,而是一族安全策略。每种安全策略采用不同的访问规则来保证信息的完整性。Biba 模型的安全策略可以分为两大类:非自主安全策略与自主安全策略。

1) 非自主安全策略

非自主安全策略基于主体和客体各自的安全级别,确定主体对客体的访问方式。Biba 模型中的非自主安全策略有五个:严格完整性策略、针对主体的下限标记策略、针对客体的下限标记策略、下限标记完整性审计策略和环策略。

(1) 严格完整性策略(Strict Integrity Policy)。

• 简单完整性条件(Simple Integrity Condition):主体能够对客体进行 observe 访问,仅当客体的完整性级别支配主体的完整性级别。

• 完整性星规则(Integrity *-Property):主体能够对客体进行 modify 访问,仅当主体的完整性级别支配客体的完整性级别。

• 调用规则(Invocation Property):一个主体能够对另一个主体进行 invoke 访问,仅当第一个主体的完整性级别支配第二个主体的完整性级别。

严格完整性策略可总结为两个基本规则:"不下读(No Read Down)"和"不上写(No Write Up)"。严格完整性策略防止信息从低完整性级别客体流向高完整性级别或不可比完整性级别,保证信息流仅是 observe 和 modify 访问的结果。

(2) 针对主体的下限标记策略(Low Watermark Policy for Subjects)。

• 主体能够对任何客体进行 observe 访问。但是,当主体执行了对客体的 observe 操作之后,主体的完整性级别被置为执行访问之前主体和客体的完整性级别中的较小者。

• 主体能够对客体进行 modify 访问,仅当此主体的完整性级别支配该客体的完整性级别。

• 一个主体能够对另一个主体进行 invoke 访问,仅当第一个主体的完整性级别支配第二个主体的完整性级别。

针对主体的下限标记策略是动态的,因为主体在对具有较低或不可比的完整性级别的客体执行 observe 操作后,会降低本身的完整性级别。此策略的主要缺点是,对系统的访问可能要依赖提出访问要求的顺序。因为主体在对某些持有较低或不相容的完整性级别的客体执行 observe 操作后,会降低自身的完整性级别,这就有可能减少此主体可访问的客体集,使某些原来对主体说来是可以访问的客体,在执行 observe 操作后变成不可访问的。这样,在 observe 操作后执行的某些 modify 或 invoke 操作会由于相应的客体变成不可访问的而不能执行。

(3) 针对客体的下限标记策略(Low Watermark Policy for Objects)。

• 主体能够对客体进行 observe 访问,仅当客体的完整性级别支配主体的完整性级别。

• 主体能够对任何客体进行 modify 访问。但是,当主体执行了对客体的 modify 操作后,客体的完整性级别被置为执行访问前主体和客体的完整性级别中的较小者。

• 一个主体能够对另一个主体进行 invoke 访问,仅当第一个主体的完整性级别支配第二个主体的完整性级别。

这一安全策略也是动态的,因为被 modify 的客体的完整性级别有可能改变。此策略的主要缺点,是允许不恰当的 modify 访问降低客体的完整性级别,而且信息由高完整性级别变为低完整性级别后也是不能恢复的。

(4) 下限标记完整性审计策略(Low Watermark Integrity Audit Policy)。

• 主体能够对客体进行 observe 访问,仅当客体的完整性级别支配主体的完整性级别。

• 主体能够对任何客体进行 modify 访问。但是,如果主体 modify 了一个具有更高或不可比完整性级别的客体,该操作将被审计。

• 一个主体能够对另一个主体进行 invoke 访问,仅当第一个主体的完整性级别支配第二个主体的完整性级别。

这一策略是针对客体的下限标记策略的一个变种。只是,在此策略中,客体的完整性级别是固定的。像前一个策略一样,这一策略并没有防止对信息的不恰当的 modify,只是对这类访问进行审计。

(5) 环策略(Ring Policy)。

• 主体对具有任何完整性级别的客体均能进行 observe 访问。

• 主体能够对客体进行 modify 访问,仅当主体的完整性级别支配客体的完整性级别。

• 一个主体能够对另一个主体进行 invoke 访问,仅当第一个主体的完整性级别支配第二个主体的完整性级别。

这一策略防止主体 modify 具有更高或不可比完整性级别的客体。然而,由于 observe 访问是非受限的,仍可能发生不恰当的 modify 操作。如一个具有高完整性级别的主体能够 observe 一个具有较低完整性级别的客体,然后 modify 具有自己安全级别的客体,这样信息就从低完整性级别流向高或不可比完整性级别。为了避免这种情况,主体在使用来自低完整性级别客体的数据时要十分小心。

2) 自主安全策略

Biba 模型考虑了如下不同的自主访问控制策略。

(1) 访问控制表(Access Control List):对每个客体分配一个访问控制列表,指明能够访问此客体的主体和每个主体能够对此客体执行的访问方式。客体的访问控制列表可以被对此客体持有 modify 访问权限的主体修改。

(2) 客体层次结构(Object Hierarchy):模型将客体组织成层次结构,此层次结构是一棵带根的树。一个客体的先驱结点是从此客体结点到根的路径上的结点。若主体要访问客体,则必须拥有对此客体的所有先驱结点的 observe 访问权限。

（3）环（Ring）：对每个主体分配一个权限属性，称为环。环用数值表示，环的值越小，表示其权限越高。此策略的访问规则如下：

- 仅在环允许的范围内，主体才能对客体进行 observe 访问。
- 仅在环允许的范围内，主体才能对客体进行 modify 访问。
- 一个主体仅在环允许的范围内，能够对另一个具有更高权限的主体进行 invoke 访问。
- 主体能够对任何具有较低或相同权限的主体进行 invoke 访问。

4. Biba 模型的不足之处

（1）完整标签确定的困难性。由于 BLP 机密性策略可以与政府分级机制完美结合，所以很容易确定机密性标签的分级和范畴，但是对于完整性的分级和分类一直没有相应的标准予以支持。

（2）Biba 模型的主要目的，是保护数据免受非授权用户的恶意修改，同时其认为内部完整性威胁应该通过程序验证来解决，但在该模型中并没有包括这个要求，因此 Biba 模型在有效保护数据一致性方面是不充分的。

### 3.3.4 讨论

1. 强制访问控制与特洛伊木马防御

防止特洛伊木马侵入系统是极端困难的，如果不依赖于一些强制手段，想避免特洛伊木马的破坏是不可能的。解决特洛伊木马的一个有效方法是使用强制访问控制机制。在强制访问控制的情况下，对于违反强制访问控制的特洛伊木马，可以防止它取走信息。例如，在多级安全系统中，其特性能阻止正在机密安全级上运行的特洛伊木马进程把机密信息写入一个公开的文件里，因为用机密进程写入的每一信息的安全级必须至少是机密级的。例如，一个公司对系统中的信息指定强制存取范畴，只有该公司的雇员才可能进入这个范畴。如果它的一个雇员使用了特洛伊木马，他不可能将该公司的信息传递到这个范畴以外的地方去，但在这个范畴里，信息可以在各用户间自由传递。

2. 强制访问控制与自主访问控制的结合运用

强制访问控制和自主访问控制是两种不同类型的存取控制机制，它们常结合起来使用。仅当主体能够同时通过自主访问控制和强制访问控制检查时，它才能访问一个客体。用户使用自主访问控制防止其他用户非法入侵自己的文件，强制访问控制则作为更强有力的安全保护方式，可以防止用户有意识地或因误操作而导致安全问题。

3. BLP 模型和 Biba 模型结合应用中存在的问题

由于许多应用的内在复杂性，在结合应用 Biba 模型和 BLP 模型时，人们不得不通过设置更多的范畴来满足这些复杂应用在机密性和完整性方面的需求，而这些不同性质的范畴在同时满足安全性和完整性目标方面是难以配合使用的，特别当保密性和完整性都受到充分的重视后，就很容易出现进程不能访问任何数据的局面。

## 3.4 基于角色的访问控制

在传统的访问控制中，主体始终是和特定的实体捆绑对应的。例如，用户以固定的用户名注册，系统分配一定的权限，该用户将始终以该用户名访问系统，直至销户。其间，用户的权限可以变更，但必须在系统管理员的授权下才能进行。然而在现实社会中，这种访问控制方式表现出很多弱点，不能满足实际需求。主要问题在于：

（1）同一用户在不同的场合需要以不同的权限访问系统，按传统的做法，变更权限必须经系统管理员授权修改，因此很不方便。

（2）当用户量大量增加时，按每用户一个注册账号的方式将使得系统管理变得复杂、工作量急剧增加，也容易出错。

（3）传统访问控制模式不容易实现层次化管理。即按每用户一个注册账号的方式很难实现系统的层次化分权管理，尤其是当同一用户在不同场合处在不同的权限层次时，系统管理很难实现，除非同一用户以多个用户名注册。

20世纪90年代，为了解决传统的自主和强制访问控制遇到的上述挑战，研究者提出了一些能综合它们优势的所谓中立型的策略，其中的主要代表就是基于角色的访问控制（Role Based Access Control，RBAC）。1992年，Ferraiolo和Kuhn最早提出了RBAC的概念和基本方法，由于RBAC采用的很多方法在概念上接近于人们社会生活中的管理方式，所以相关的研究和应用发展得很快。1996年，Sandhu等提出了一个比较完整的RBAC框架——RBAC96，它包括RBAC0、RBAC1、RBAC2和RBAC3等四个模型，其中：RBAC0体现了RBAC的核心思想，RBAC1在RBAC0的基础上增加了角色继承的概念，RBAC2在RBAC0的基础上增加了角色之间的约束，RBAC3综合了RBAC1和RBAC2。基于RBAC96，美国国家标准技术研究所（NIST）已经制定了RBAC标准，它将RBAC主要分为核心RBAC（Core RBAC）、有角色继承的RBAC（Hierarchical RBAC）和有约束的RBAC（Constraint RBAC）三类。

### 3.4.1 基本概念

1. 角色（Role）

在RBAC中，角色是与一个特定活动相关联的一组动作和责任。系统中的主体担任角色，完成角色规定的责任，具有角色拥有的权限。一个主体可以同时担任多个角色，它的权限就是多个角色权限的总和。例如，在一个银行系统中，可以定义出纳员、分行管理者、系统管理员、顾客、审计员等角色，担任系统管理员角色的用户具有维护系统文件的责任和权限，无论这个用户具体是谁。系统管理员如果是由某个出纳员兼任，那么他就具有两种角色。但是出于责任分离的考虑，需要对一些权利集中的角色组合进行限制，比如规定分行管理者和审计员不能由同一个用户担任。

2. RBAC基本思想

在RBAC策略下，用户对客体的访问授权取决于用户在组织中的角色，而不同的角色则被赋予不同的访问权限。用户在访问系统前，经过角色认证而充当相应的角色，系统的访问控制机制只看到角色，而看不到用户。系统可以按照自主访问控制或强制访问控制机制来控制角色的访问能力。在RBAC策略下，授权过程就分为了为角色授权、将用户指派为某个角色和角色管理等几个部分，这在很多场合中更能满足应用需求。RBAC的一般模型如图3.7所示。

RBAC提供了三种授权管理的控制途径：

（1）改变客体的访问模式，即修改客体可以由哪些角色访问以及具体的访问方式；

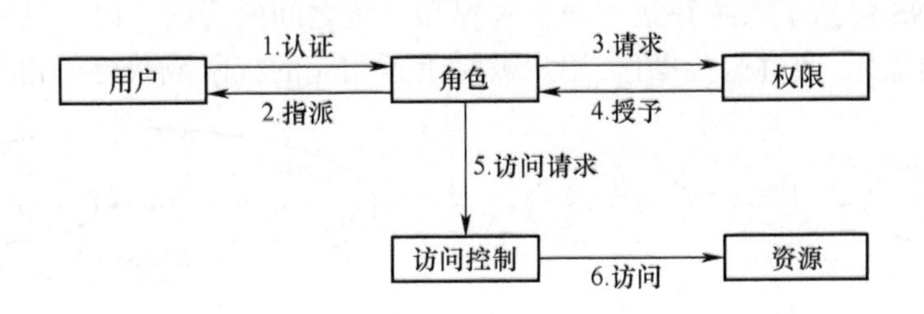


图 3.7　基于角色的访问控制

(2) 改变角色的访问权限;

(3) 改变主体所担任的角色。

3. RBAC 策略示例

下面以银行系统的角色模型为例来说明 RBAC 策略。在银行系统中,可以设计如下的访问控制策略:

(1) 允许出纳员修改顾客的账号记录(包括存款、取款、转账等),并允许出纳员查询所有账号的注册项;

(2) 允许分行管理者修改顾客的账号记录(包括存款、取款,但不包括规定的资金数目的范围),并允许分行管理者查询所有账号的注册项,还可以创建和取消账号;

(3) 允许一个顾客查询自己的注册项,但不能查询其他任何的注册项;

(4) 允许系统管理员查询系统注册项和开关系统,但不允许其读取或修改顾客的账号信息;

(5) 允许审计员阅读系统中所有的信息,但不允许修改任何信息。

4. RBAC 的特点

(1) RBAC 的策略表述和现实世界比较一致,使得非技术人员也容易理解,而且也很容易映射到访问矩阵,便于实现。

(2) RBAC 是一种中立型的访问控制,既可以实现自主访问控制,也可以实现强制访问控制。

(3) RBAC 能够比较方便地实现最小特权管理,从而提高安全性。由于对主体的授权是通过角色定义,通过各种角色的不同搭配授权,可以实现主体权限的最小化。

(4) RBAC 系统中所有角色的关系结构可以是层次化的,便于管理。角色的定义可以用面向对象的方法来实现,运用类和继承等概念来表示角色之间的层次关系。

(5) RBAC 具有责任分离的能力。定义角色的人不一定是担任角色的人,因此不同角色的访问权限可以相互制约,因而具有更高的安全性。

### 3.4.2　核心 RBAC 模型

核心 RBAC 模型包括五个基本的集合:用户集 USERS、对象集 OBJECTS、操作集 OPERATORS、权限集 PERMISSIONS、角色集 ROLES 和会话集 SESSIONS(见图 3.8)。USERS 中的用户可以执行操作,是主体;OBJECTS 中的对象是系统中被动的实体,主要包括被保护的信息资源;对象上的操作构成了权限,因此 PERMISSIONS 中每个元素涉及分别来自 OBJECTS 和 OPERATORS 的两个元素;ROLES 是 RBAC 的中心,通过它将用户与权限联系起来;SESSIONS 包括了系统登录或通信进程和系统之间的会话。以下具体给出将上述集合关联在一起的操作,通过这些操作,用户被赋予了相应的权限或获得了相应的状态。

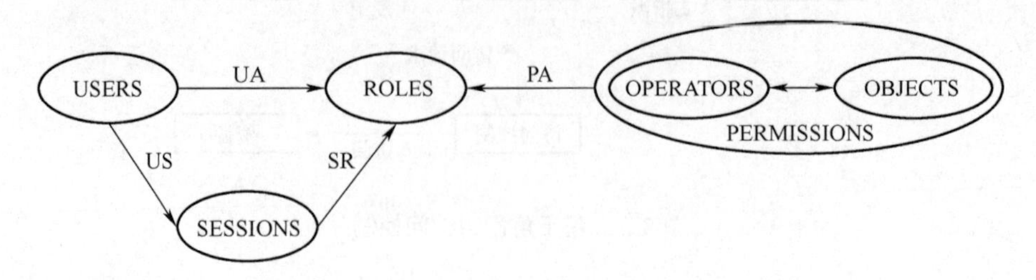


图 3.8　核心 RBAC 中的集合及其关系

1. 用户指派(User Assignment, UA)

UA ⊆ USERS × ROLES 中的元素确定了用户和角色之间多对多的关系,记录了系统为用户指派的角色。若对用户 $u$ 指派角色 $r$,则 UA = UA ∪ $(u,r)$ 。

2. 权限分配(Permission Assignment, PA)

PA ⊆ PERMISSIONS × ROLES 中的元素确定了权限与角色之间的关系。显然,PA 是一种多对多的关系,它记录了系统为角色分配的权限。若把权限 $p$ 分配给角色 $r$,则 PA = PA ∪ $(p,r)$ 。

3. 用户会话(User Session, US)

US ⊆ USERS × SESSIONS ,其中的元素确定了用户和会话之间的对应关系。由于一个用户可能同时进行多个登录或建立多个通信连接,所以这个关系是一对多的。

4. 角色激活/去活

若用户属于某个角色,与之对应的会话可以激活该角色。SR ⊆ SESSIONS × ROLES 中的元素,确定了会话与角色之间的对应关系,此时该用户拥有与该角色对应的权限。用户会话也可以通过去活操作,终止一个处于激活状态的角色。

总之,在 RBAC 中,系统将权限分配给角色,用户需要通过获得角色来得到权限。

### 3.4.3　有角色继承的 RBAC 模型

有角色继承的 RBAC 模型是建立在核心 RBAC 基础之上的,它包含核心 RBAC 的全部组件,但增加了角色继承(Role Hierarchies, RH)操作(见图 3.9)。如果一个角色 $r_1$ 继承另一个角色 $r_2$ ,$r_1$ 也有 $r_2$ 的所有权限,并且有角色 $r_1$ 的用户也有角色 $r_2$。

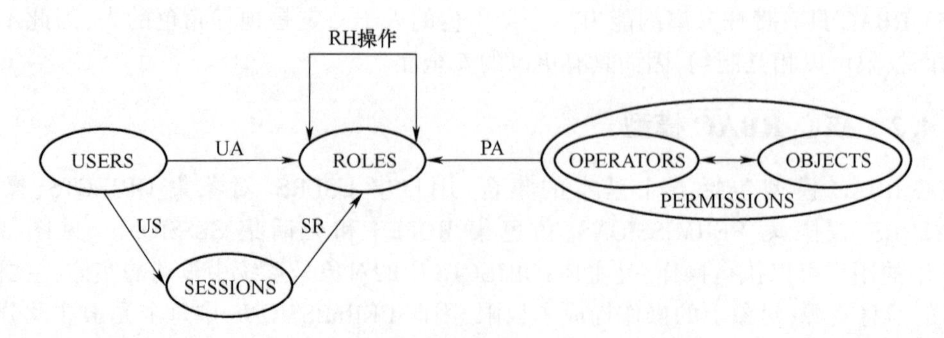


图 3.9　有角色继承的 RBAC 中的集合及其关系

RBAC 标准支持两种方式的继承操作:一种是受限继承,一个角色只能继承某一个角色,不支持继承多个角色;另一种是多重继承,一个角色可以继承多个角色,也可以被多个角色所继承。这样,角色的权限集不仅包括系统管理员授予该角色的权限,还有其通过角色继承获得的权限。而对应一个角色的用户集,不仅包括由系统管理员指派的用户,还包括所有被指派到那些直接或间接继承该角色的其他角色的用户。

### 3.4.4 有约束的 RBAC 模型

有约束的 RBAC 模型通过提供职责分离机制进一步扩展了以上有角色继承的 RBAC 模型(见图 3.10)。职责分离是有约束的 RBAC 模型引入的一种权限控制方法,其目的是防止用户超越其正常的职责范围,它主要包括静态职责分离和动态职责分离。

1. 静态职责分离

静态职责分离(Statistics Separation of Duty, SSD)对用户分配和角色继承引入了约束。如果两个角色之间存在 SSD 约束,那么当一个用户分配了其中一个角色后,将不能再获得另一个角色,即存在排他性。由于一个角色被继承将使它拥有继承它的其他角色的全部用户,如果在 SSD 之间的角色存在继承关系,将会违反前述的排他性原则,因此,不能在已经有 SSD 约束关系的两个角色之间定义继承关系。

2. 动态职责分离

动态职责分离(Dynamic Separation of Duty, DSD)引入的权限约束作用于用户会话激活角色的阶段,如果两个角色之间存在 DSD 约束,系统可以将这两个角色都分配给一个用户,但是,该用户不能在一个会话中同时激活它们。

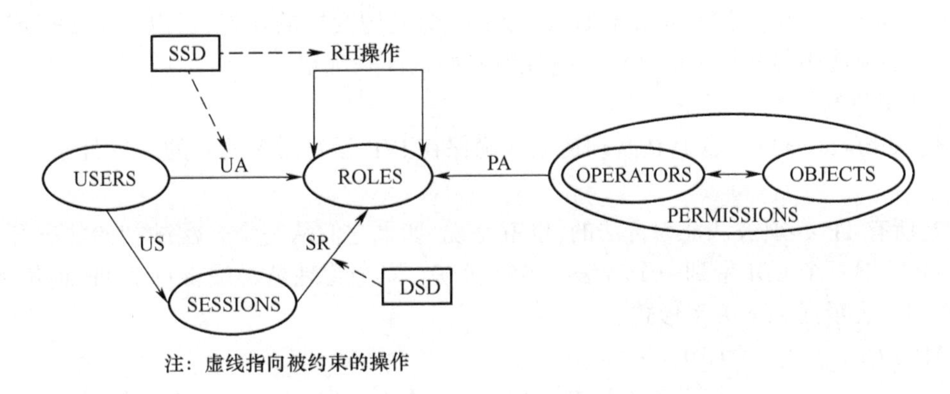


图 3.10 有约束的 RBAC 中的集合及其关系

## 3.5 其他访问控制模型

就强制访问控制而言,军用系统和商用系统所采用的机制是很不相同的。本节介绍两个商业领域中的经典访问控制模型,分别是以保护商业环境的完整性为目标的 Clark - Wilson 模型和以保护商业环境的机密性为目标的 Chinese Wall 模型。

### 3.5.1 Clark-Wilson 模型

1987 年,David Clark 和 David Wilson 所提出的完整性模型(以下称 Clark-Wilson 模型)具有里程碑的意义,是完整意义上的完整性目标、策略和机制的起源。在 Clark-Wilson 模型中,为了体现用户完整性,提出了职责隔离目标;为了保证数据完整性,提出了应用相关的完整性验证进程;为了建立过程完整性,定义了针对转换过程的应用相关验证;为了约束用户、进程和数据之间的关联,使用了一个三元组结构。

Clark-Wilson 模型的核心思想:是以良构事务(well-formed transaction)为基础,实现在商务环境中所需的完整性策略。良构事务是指用户不能任意操作数据,只能用一种能够确保数据完整性的受控方式来操作数据。为了确保数据项(data item)只能被良构事务操作,首先得确认该数据项只能被一组特定的程序操作,而这些程序要被验证是经过适当构造,且被正确安装和修改的。

1. 基本定义

在 Clark-Wilson 模型中,CDI、UDI、IVP 和 TP 分别代表受控数据项、非受控数据项、完整性验证过程和变换过程。Clark-Wilson 模型中的完整性保证是一个两段式过程:一段是由安全官员、系统所有者和关于一个完整性策略的系统管理员来完成的认证过程,另一段是由系统来完成的实施过程。

IVP 的目标,是确认 IVP 被执行之时,系统中的所有 CDI 都与完整性规范相符合,TP 对应于良构事务的概念,TP 的目的在于把 CDI 的集合从一个合法状态改变到另一个合法状态。

为了维持 CDI 的完整性,系统必须确保只有 TP 可以处理 CDI,尽管系统可以确保只有 TP 可以处理 CDI,但它不能够保证 TP 执行了一个良构变换的功能,所以一个 TP(或 IVP)的有效性必须使用与其相关的特定完整性策略的认证来确定。

2. 模型规则

C1(Certification):所有 IVP 必须适当地确保在 IVP 运行时刻所有的 CDI 处于一个合法状态。

C2:所有 TP 必须被认证为合法的,也就是说,如果它们从一个合法的初始状态开始,那么它们必须把一个 CDI 带到一个合法的最终状态。安全管理员必须将每个 TP 和其所操作的 CDI 集合表示成如下关系形式:

$(TP_i, CDI_a, CDI_b, CDI_c, \cdots)$

El(Enforcement):系统必须维持在 C2 中定义的关系列表,并且确保对任何 CDI 的操作都是由 TP 产生的。

上述规则提供了确保 CDI 内在一致性的基本框架,外部一致性和任务隔离机制则由下列两条规则来维持。

E2:系统必须维持一个下列形式的列表

$(UserID, TP_i, CDI_a, CDI_b, CDI_c, \cdots)$,

列表中的每个元组关联了一个用户、一个 TP 和代表这个用户的 TP 可以引用的数据客体,必须确保只有元组中定义的操作才能执行。

C3:在 E2 中的关系列表必须是被认证可以满足任务隔离的需求。

从形式上看，规则 E2 中所表示的关系比规则 E1 中的更强。但从理论上看，保持 E1 和 E2 分离，有助于强调内部一致性和外部一致性这两个基本问题都应该解决。

E3：系统必须认证每一个试图去执行一个 TP 的用户的身份。

规则 E3 与商用系统和军用系统都相关，但在军用环境中，相关安全策略是基于许可分级和分类。而在商用系统中，相关安全策略则是基于两个或两个以上用户之间的责任隔离。

C4：必须证明，所有 TP 都会向一个只可追加（append-only）的 CDI 写入重构操作所必需的所有信息。

完整性约束模型不一定要覆盖所有数据项，多数不能被完整性策略所覆盖的数据项，一般是允许被任意处理的。

C5：对任何 UDI，必须证明，任何一个可接受 UDI 作为输入值的 TP，要么可将其转换成一个 CDI，要么不对其进行变换。

E4：只有被允许去认证实体的代理，才可以更改一个实体和其他实体间的关联列表，特别是这个实体和一个 TP 的关联。认证代理不能拥有任何有关那个实体的执行权限。

这条规则使得这种完整性实现机制比自主控制更具有强制性。改变授权列表的能力必须和认证能力相伴而生，且没有其他诸如执行一个 TP 的能力。

以上九条规则，一起构成了 Clark-Wilson 完整性策略。如图 3.11 所示，TP 是把一些 CDI 作为输入，并且产生一些新版本的 CDI 作为输出。为了验证 CDI 的有效性，IVP 还得读取 CDI 集合；系统每个部分所关联的，是用于保证系统完整性的模型规则。

3. Clark-Wilson 模型分析

1）Clark-Wilson 模型的优点

Clark-Wilson 模型源于已在现实世界使用多年、久经考验的商业方法，它有效地表达了完整性的三个目标，即防止非授权用户的修改、防止授权用户的不当修改、维护数据的内部和外部一致性，即：

（1）IVP 验证了数据的内部和外部的一致性。

（2）通过将一个有效状态转变为另一个有效状态，TP 维护了数据的内、外部一致性。

（3）E2 中的访问三元组用于实现职责隔离概念，且防止了非授权用户的修改。同时职责隔离也防止了授权用户进行不当的修改，从而支持了外部数据一致性。

2）Clark-Wilson 模型的局限

（1）在实际系统中，直接实现和维持元组（UserID，TPi，CDIa，CDIb，CDIc，…）将会降低系统设计和实现的灵活性，甚至将面临严重的甚至是不可接受的性能问题。

（2）Clark-Wilson 模型中的访问元组，实际上隐含了把用户、转换过程和访问数据客体相联系在一起的逻辑。由于这种联系逻辑在模型中是隐式的，使得模型无法显式地表达这种逻辑，从而使得模型很难被形式化。

（3）Clark-Wilson 模型中的有关 TP 概念，以及具体应用和 TP 之间关系的模糊性，使得对 TP 执行顺序的控制信息不得不隐藏在 CDI 和 TP 的编程逻辑中。这使得对 TP 本身，以及依赖于 TP 的其他部分（例如审计部分）的行为，无法被精确地描述。也不利于把对数据的控制策略，从数据项中分离出来，以便对数据施加更多必需的控制。

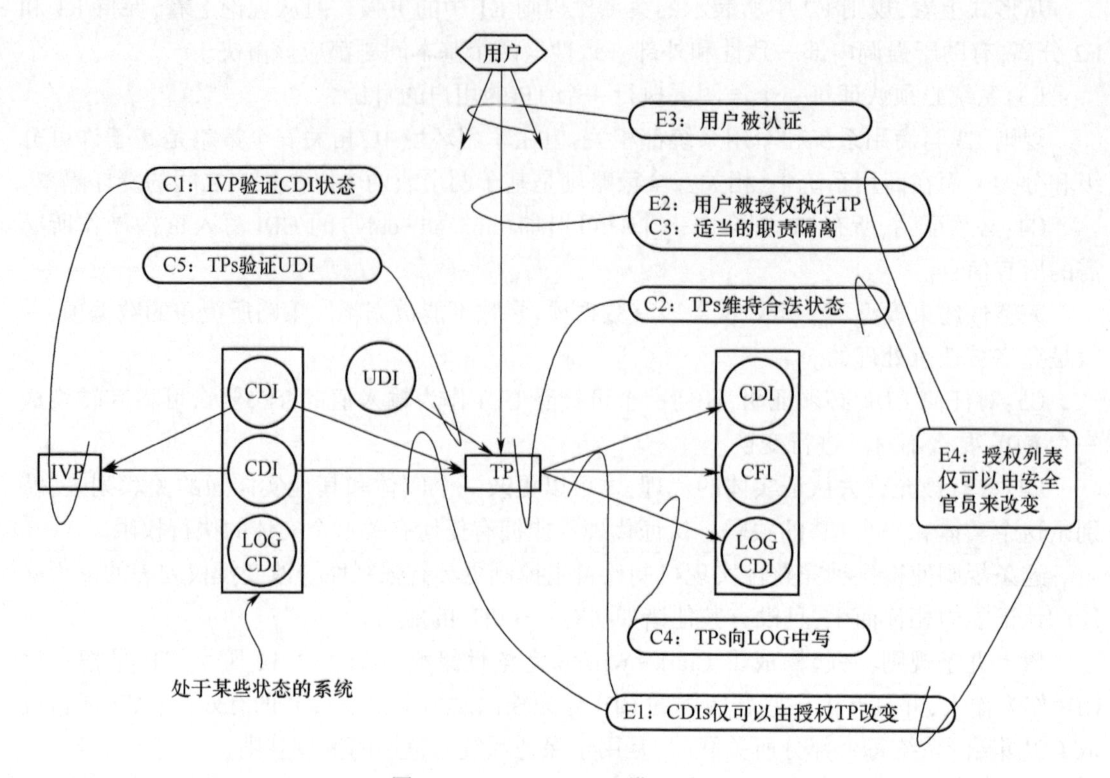


图 3.11　Clark-Wilson 模型图示

### 3.5.2　Chinese Wall 模型

1988 年，Brewer 和 Nash 根据现实的商业策略，提出了 Chinese Wall 安全模型，他们试图解决的问题是：为了保护相互竞争的客户，咨询公司需要在这些客户的代理之间，建立一道密不可透的“墙”，这个“墙”就称为 Chinese Wall。例如，分析员必须对他所服务的公司客户的信息进行保密，这就意味着他不能为与他的客户有竞争关系的公司提供咨询建议。Chinese Wall 安全策略在商业领域中的地位，就如同 BLP 模型在军事领域中的地位。与 BLP 模型不同的是，Chinese Wall 安全策略是根据主体的访问历史，来判断数据是否可以被访问，而不是根据数据的属性作为约束条件。

Chinese Wall 安全策略的本质，是将全体数据划分成“利益冲突类”，并强制约束主体至多只能访问每个“利益冲突类”中的一个数据集。在英美两国，证券公司的 Chinese Wall 安全策略是有法律效力的。因此，不管是以手工方式还是自动化的方式来执行，它都代表了一种强制安全策略。

1. Chinese Wall 模型的数据组织

如图 3.12 所示，Chinese Wall 模型将所有的公司数据分成如下三个层次：

- 最低层：客体，它是某个公司的一个信息项。
- 中间层：公司数据集，它是一个公司的所有客体的集合。
- 最高层：利益冲突类，它是所有相互间有利益冲突的公司的数据集的集合。

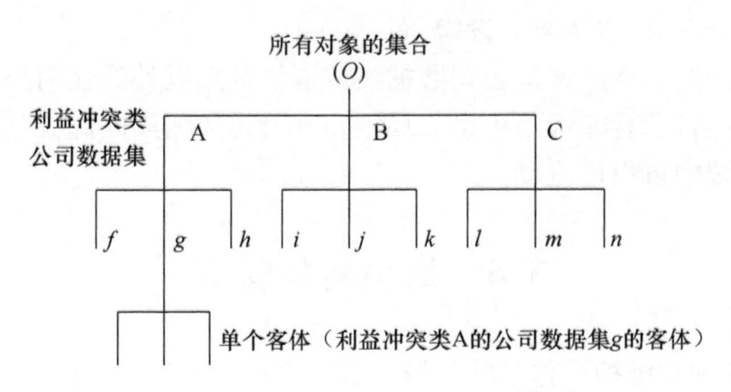


图 3.12　Chinese Wall 模型的数据组织

显然,对于两个不同的客体,如果它们属于同一个公司数据集,那么它们就属于同一个利益冲突类。由此可以推论,对于任意两个客体,如果它们属于不同的利益冲突类,那么它们就不在同一公司数据集。

2. Chinese Wall 模型的访问控制策略

1）简单安全策略

这条策略要求:只允许用户访问与他曾经访问过的公司没有利益冲突的公司的信息。简单安全策略直接反映了 Chinese Wall 安全策略的访问控制机制,即:初始时,一个主体可以自由访问任意的公司信息,不存在访问的强制性限制。而一旦初始访问确定后,他就不能再访问该公司数据集所属的利益冲突类中的其他公司数据集,就好像在访问过的公司数据集周围建立了一道"墙",即 Chinese Wall。此外,该主体仍然可以访问其他利益冲突类中的公司数据集。同样,该访问一旦确定,这个新访问的数据集也就被包含在 Chinese Wall 之中。由此可以看出,Chinese Wall 策略是自由选择和强制控制的微妙组合。

基于简单安全策略,容易证明有下面两个结论:

- 一旦主体访问过一个客体,则该主体可以访问的其余客体必须满足:与主体访问过的客体在同一个公司数据集内,或在不同的利益冲突类中。
- 主体最多只能访问每个利益冲突类中的一个公司数据集。

2）星策略

在应用 Chinese Wall 模型时,公司数据集通常会存在大量的敏感信息,且有利益冲突的部分通常是商业信息。然而,能够与其他同类公司比较这部分信息,又被认为是公司经营过程中非常重要的环节,所谓"知己知彼,百战不殆"。但是,问题就出现了:如果使用简单安全策略,那么对某些公司的访问请求将会由于过去的访问记录而被拒绝。为了避免由此引起的拒绝访问,可以对敏感信息进行"清洁"。

对敏感信息的清洁,表现为对公司信息进行伪装,尤其是那些可能识别公司身份的信息。有效的清洁是指即使有充分的信息,也无法逆向推导出这些信息的来源。可以认为,所有的公司都拥有属于自己公司的特定敏感信息,去除这些敏感信息后,余下的信息即为该公司的清洁信息。由于清洁信息中已不包含公司的敏感信息,所以,对清洁信息的读访问请求可以不受限制。

简单安全策略不能杜绝有利益冲突的公司之间的信息流动。为此,Chinese Wall 模型引入星策略,它规定:

若要允许主体对客体进行写访问,必须同时满足:

• 按照简单安全策略,主体可以读客体;

• 主体没有访问过客体所属的公司数据集或清洁数据以外的任何公司数据集信息。

根据星策略,容易证明:非清洁信息只局限在本公司数据集内部,不能随意流动;而清洁后的信息可以在系统中自由地流动。

## 3.6 最小特权管理

在很多场合,管理和维护操作系统的用户都需要拥有一定的特权,才能顺利完成正常的系统管理工作。例如,如果操作系统的某个用户忘记了自己的口令,那么在正常情况下,该用户将无法通过登录系统。此时只有采取特殊的措施,比如删掉用户的口令,才能帮助用户恢复正常工作,而采取特殊措施是需要特权的支持的。但特权是把双刃剑,有了它,虽便于进行系统管理和维护,但同时也给系统带来了安全隐患,因此,必须对特权实行最小化管理。

### 3.6.1 基本概念

1. 特权

特权是超越访问控制限制的操作能力。为使系统能够正常地运行,系统中的某些进程需要拥有特权。特权和访问控制结合使用,提高了系统的可用性和灵活性。

2. 特权主体

特权主体主要有特权用户和特权进程。拥有特权的用户属于特权用户,而其他用户就是普通用户。例如,UNIX 操作系统中的 root 用户,就是典型的特权用户。通常,我们又称其为超级用户,他具有最高的权限,可以完全不受操作系统访问控制的约束。而在操作系统中,用户的操作实际上都是由各个进程代表其完成的。因此,相应地,进程便有特权进程与普通进程之分。特权用户的操作由特权进程完成,普通用户的操作由普通用户完成。

3. 特权分离原则

特权分离原则就是要尽可能地对系统中的特权任务进行细分,让多个不同的用户去承担不同的细分任务,而不要把系统特权集中到个别用户身上。这好比现实中的财务工作,出纳管钱、会计管账,而不要让同一个人既管钱又管账。

4. 最小特权原则

最小特权原则就是系统不应给予用户超过执行任务所需特权以外的特权。也就是说,要尽可能搞清楚完成某项特权任务所需要的最小特权,分配给用户的特权,仅够他完成所承担的任务即可。

特权分离原则与最小特权原则是密切相关的。只有在对系统中的特权进行合理划分的基础上,才有可能有效地实现最小特权原则。在安全操作系统中,实现对最小特权原则的支持,其难点之一是如何合理地定义特权。

5. 特权机制

普通用户不能使用特权命令,系统管理员在特权管理机制的规则下使用特权命令。代表管理员工作的进程具有一定特权,它可以超越强制访问控制和自主访问控制,以完成一些敏感操作。为了确保安全,任何企图超越访问控制的特权任务,都必须通过特权机制的检查。

### 3.6.2 POSIX 权能机制

权能(capability)是一种用于实现恰当特权的能力令牌。基于权能的最小特权控制最早是由 Dennis 提出的,早期的安全系统允许进程本身携带一组对特定客体的访问权,并且在允许的情况下,一个进程可以在任何时候放弃或收回它的一些权能。POSIX 权能机制将特权划分成一个权能集合,提供了一种比超级用户模式更细粒度的授权控制,支持最小特权策略的实现,也为系统提供了更为便利的权能管理和控制。

1. POSIX 权能控制方法

POSIX 认为进程在系统中是一个动态特征很强的对象,不能只为它建立一个固定的、进程链生命周期内一直生效的权能集,而是需要提供一种基于进程所运行上下文控制进程权能的方法。POSIX 基于进程和程序文件权能状态(许可集、可继承集和有效集),明确定义了进程如何获取和改变权能的语义,具体描述如下。

(1) 可继承权能集。进程的可继承权能集,记为 pI,它决定一个进程执行程序时可被保留的权能;程序文件的可继承权能集,记为 fI,它决定执行该程序产生的进程可遗传给其后续进程、其父进程也拥有的权能。

(2) 许可权能集。进程的许可权能集,记为 pP,它决定当前进程允许生效的最大权能集合;程序文件的许可权能集,记为 fP,是确保程序执行产生的进程能够正确地完成其功能所需的权能,与调用它的进程是否具有这些权能无关。

(3) 有效权能集。进程的有效权能集,记为 pE,它决定当前进程中生效的权能集合;程序文件的有效权能集,记为 fE,它决定程序执行产生的进程映像将拥有的有效进程权能集。

这些权能集合的定义,详细地描述了 POSIX 标准关于一个主体执行一个客体(可执行文件)时,进行安全权能遗传的基本原则,即一个由程序文件实例化产生的进程映像,exec 系统调用可以为其限定最大权能范围:一方面,执行程序的主体进程映像能够限制程序实例化的进程映像的权能;另一方面,可以基于程序文件的权能状态,为其实例化的进程增加一个或多个其前驱进程所不允许的权能。因此,权能遗传机制的目标是根据进程的安全上下文,比如执行程序的主体身份(用户或角色)、主体原来的权能状态、程序的权能状态等,如图 3.13 所示,计算出当前主体进程的权能状态。

2. POSIX 的特权细分方法

POSIX 标准要求将超级用户特权细分为权能集合,但必须满足权能选择的如下准则:

(1) 一个权能应该允许系统使一个进程不受一个特定安全需求的约束。

(2) 所定义权能的实际效果之间应该有最小交集。

(3) 在支持以上两条的基础上,权能定义得越少越好。

POSIX 将超级用户的权力细分成 26 个权能,由一些特权用户分别掌握这些权能,这些特权用户哪一个都不能独立完成所有的敏感操作。由于特权与进程相关而与用户的 ID 无关,不可能授予用户特权完成这些敏感任务。系统的特权管理机制维护一个管理员数据库,提供执行特权命令的方法。所有用户进程,开始都不具有特权,通过特权管理机制,非特权的父进程可以创建具有特权的子进程,非特权用户可以执行特权命令。系统定义了许多职责,一个用户与一个职责相关联。职责中又定义了与之相关的特权命令,即完成这个职责需要执行哪些特权命令。

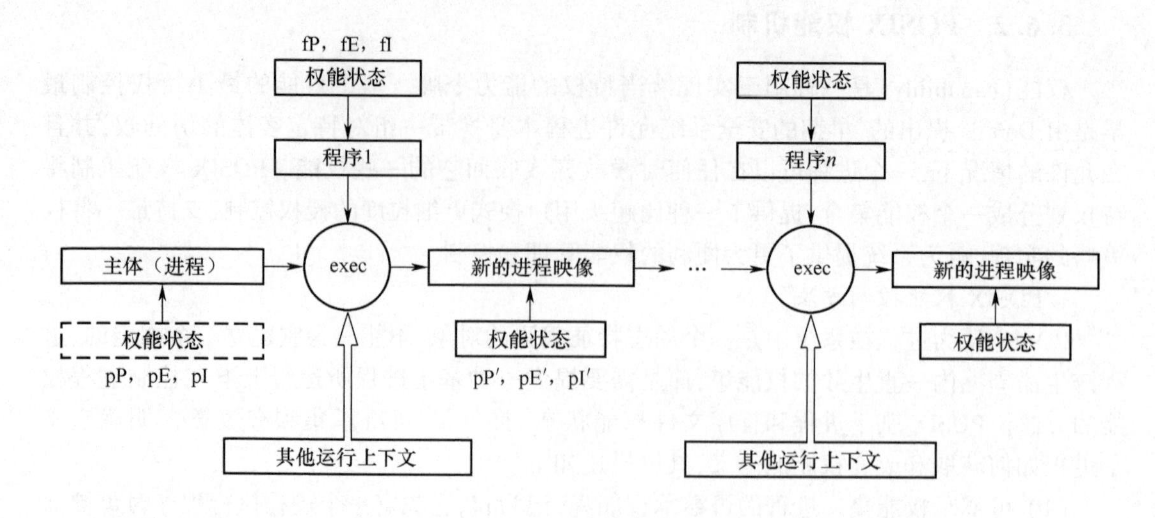

图 3.13　权能遗传过程

POSIX 定义的 26 个权能如下：

1）CAP_OWNER

（1）该权能可以超越限制文件主 ID 必须等于用户 ID 的场合，如改变该有效用户标识符所属的文件属性；

（2）拥有该权能可以改变文件的属主或属组；

（3）可以超越 IPC 的属主关系检查；

（4）两进程间通信时，它们的真实 UID 或有效 UID 必须相等，但拥有该权能可以超越此规则。

2）CAP_AUDIT

（1）拥有该权能可以操作安全审计机制；

（2）写各种审计记录。

3）CAP_COMPAT

拥有该权能可以超越限制隐蔽通道所做的特别约束。

4）CAP_DACREAD

拥有该权能可以超越自主访问控制的读检查。

5）CAP_DACWRITE

拥有该权能可以超越自主访问控制的写检查。

6）CAP_DEV

当设备处于私有状态时，设置或获取设备安全属性，以改变设备级别并访问设备。

7）CAP_FILESYS

对文件系统进行特权操作，包括创建与目录的连接、设置有效根目录、制作特别文件。

8）CAP_MACREAD

拥有该权能可以超越强制访问控制的读检查。

9）CAP_MACWRITE

拥有该权能可以超越强制访问控制的写检查。

10）CAP_MOUNT

拥有该权能可以安装或卸下一个文件系统。

11）CAP_MULTIDIR

拥有该权能可以创建多级目录。

12）CAP_SETPLEVEL

拥有该权能可以改变进程安全级(包括当前进程本身的安全级)。

13）CAP_SETSPRIV

(1) 管理权能,用于给文件设置可继承和固定特权。

(2) 拥有该权能,可以超越访问和所有权限制。

14）CAP_SETUID

拥有该权能可以设置进程的真实、有效用户/组标识符。

15）CAP_SYSOPS

拥有该权能可以完成几个非关键安全性的系统操作,包括配置进程记账、维护系统时钟、提高或设置其他进程的优先级、设置进程调度算法、系统修复、修改 S_IMMUTABLE 和 S_APPEND文件属性等。

16）CAP_SETUPRIV

用于非特权进程设置文件的权能状态,该权能不能超越访问和所有权的限制。

17）CAP_MACUPGRADE

允许进程升级文件安全级(升级后的安全级被进程安全级支配)。

18）CAP_FSYSRANGE

拥有该权能可以超越文件系统范围限制。

19）CAP_SETFLEVEL

拥有该权能可以改变客体安全级。

20）CAP_PLOCK

上锁一个内存中的进程,上锁共享内存段。

21）CAP_CORE

用于转储特权进程、setuid 进程、setgid 进程的核心影像。

22）CAP_LOADMOD

用于完成与可安装模块相关的可选择操作,如安装或删除核心可加载模块。

23）CAP_SEC_OP

拥有该权能可以完成安全性有关的系统操作,包括配置可信路径的安全注意键,设置加密密钥等。

24）CAP_DEV

拥有该权能可以对计算机设备进行管理,包括配置终端参数、串口参数、配置磁盘参数等。

25）CAP_OP

拥有该权能可以进行开机、关机操作。

26）CAP_NET_ADMIN

拥有该权能可以对计算机进行与网络有关的操作，包括可以绑定低于 1024 的端口，可以进行网卡接口配置、路由表配置，等等。

### 3.6.3 基于文件的特权机制

基于文件的特权机制，是对可执行文件赋予相应的特权集，对于系统中的每个进程，根据其执行的程序和所代表的用户，也赋予相应的特权集。当进程请求一个特权操作时，系统将调用特权管理机制，判断该进程的特权集中是否具有这种操作特权。这样，特权不再与用户标识相关，已不是基于用户 ID 了，它直接与进程和可执行文件相关联。一个新进程所继承的特权，既有进程的特权，也有所执行文件的特权。基于文件的特权机制的最大优点，是特权的细化。它的可继承性提供了一种执行进程中增加特权的能力。因此对于一个新进程，如果没有明确赋予特权的继承性，它就不会继承任何特权。

例如，许多命令需要超越强制访问控制的限制读取文件，这样在系统中就可以定义一个 CAP_MACREAD 特权，使这类命令的可继承特权集中包含此特权。于是，执行其中某个命令的进程如果先前已经具有此特权，那么它就可以不受强制访问控制的读限制。

1. 文件的特权

可执行文件具有两个特权集，当通过 exec 进行系统调用时，进行特权的计算和转换。

（1）固定特权集：固有的特权，与调用进程或父进程无关，将全部传递给执行它的进程。

（2）可继承特权集：只有当调用进程具有这些特权时，才能激活这些特权。

这两个集合不能有交集，即固定特权集与可继承特权集不能同时包含同一个特权。当然，可执行文件也可以没有任何特权。当文件的属性被修改时（例如，文件打开写或改变它的模式），它的特权会被删去。因此，如果要再次运行此文件，必须重新给它设置特权。

2. 进程的特权

当 fork 一个子进程时，父子进程的特权是一样的。但是当通过 exec 执行某个可执行文件时，进程的特权决定于调用进程的特权集和可执行文件的特权集。每个进程都具有下面两个特权集。

（1）最大特权集：包含固定的和可继承的所有特权。

（2）工作特权集：进程当前使用的特权集。

## 3.7 本章小结

信息系统访问控制的目的，是确保合法用户严格按照自己所获得的访问权限进行操作。本章首先介绍了访问控制所涉及的客体和主体、引用监控器和引用验证机制、安全策略和安全模型、安全内核和可信计算基、访问矩阵和访问控制策略等重要概念，然后重点阐述了自主访问控制、强制访问控制、基于角色的访问控制等常见访问控制的模型和实现方式，其中：自主访问控制部分介绍了能力表、访问控制表、属主/同组用户/其他用户等访问控制实现方式；强制访问控制部分重点介绍了多级安全思想，经典的多级机密性模型——BLP 模型，以及经典的多级完整性模型——Biba 模型，并分析了其局限性；基于角色的访问控制部分重点介绍了其基本思想，以及核心 RBAC 模型、有角色继承的 RBAC 模型和有约束的 RBAC 模型。此外，本章还介绍了两个商业领域中的重要安全模型，分别是：商业领域的完整性模型——Clark-Wilson 模型,商业领域的机密性模型——Chinese Wall 模型。最小特权原则是构建安全信息系统所必须遵循的一条重要原则,最小特权管理则是访问控制领域的重要研究内容。本章介绍了与最小特权管理相关的基本概念,并重点介绍了 POSIX 权能机制和基于文件的特权机制。

## 习　题

1. 请给出主体和客体的定义,并分别举例说明。
2. 操作系统中哪些实体既可能是主体又可能是客体?请举例说明。
3. 什么是引用监控器?什么是可信计算基?请阐述它们的联系与区别。
4. 什么是安全策略?什么是安全模型?请阐述它们的联系与区别。
5. 请阐述自主访问控制中"自主"的内涵。
6. 自主访问控制常见的实现方式有哪些?
7. 请阐述 BLP 模型的安全规则。
8. Biba 模型中定义的非自主安全策略有哪些?这些策略分别定义了哪些安全操作规则?
9. 请阐述 BLP 模型在防范特洛伊木马窃密中的作用。
10. 请从传统的多级访问控制的局限性入手,阐述基于角色访问控制的基本思想和优越性。
11. 请简述 Clark-Wilson 模型中"良构事务"的概念。
12. 请简述 Chinese Wall 模型的基本思想和安全规则。
13. 什么是最小特权原则?为什么要在信息系统中实施最小特权管理?

# 第4章 信息系统安全审计

信息系统安全审计是信息系统安全的关键部分,它能够为与安全相关的正常的系统操作提供一定的保证;为事后分析生成数据;为评估系统安全防范的不足提供工具;为发现异常行为提供途径;为实现计算机取证提供记录支持。它是信息系统安全的最后一道防线。本章着重介绍信息系统安全审计的基本概念及其实现的重要环节。

## 4.1 概 述

### 4.1.1 基本概念

前几章介绍的身份认证、访问控制等是信息系统的重要安全机制,这些安全机制发挥作用的前提是其能够正常工作。如何知道这些机制是否工作正常?如何判断系统是否出现了安全问题?如何确定发生的安全问题是否对系统造成了危害?这就需要对系统中安全相关的行为进行监测和检测,这种对系统安全行为进行监测和检测的过程称为安全审计(Security Audit)。

系统的安全审计是对系统中安全相关(Security-relevant)的事件进行记录、检查及审核。它的主要目的是检测和阻止非法用户对系统的入侵,并显示合法用户的误操作。安全审计提供的功能主要服务于直接和间接两方面的安全目标:直接安全目标包括跟踪监视系统中的异常事件,间接安全目标主要包括监视系统中其他安全机制的运行情况和可信度。

James P. Andreson 在 1980 年撰写的一份报告中对信息系统安全审计机制做出如下阐述:

(1) 一方面应为安全人员提供足够多的信息,使他们能够定位问题所在;另一方面,提供的信息应不足以使他们自己能够进行攻击;

(2) 应优化审计追踪内容,以检测发现的问题,而且必须能从不同的系统资源收集信息;

(3) 应能够对一个给定的资源(其他用户也被视为资源)进行审计分析,分辨看似正常的活动,以发现内部计算机系统的不正当使用;

(4) 设计审计机制时,应将系统攻击者的策略也考虑在内。

安全审计是一种重要的保证系统安全的手段,它对涉及系统安全的相关操作做出完整的记录,为系统进行事故原因的查询、定位,事故发生前的预测、报警以及事故发生之后的实时处理提供详细、可靠的依据和支持,以便在有违反系统安全规则的事件发生后,能够有效地追查事件发生的相关信息,例如地点、过程、责任人等。安全审计是信息系统安全的一个重要方面。

在 RFC 文件中对安全审计做出了如下定义:“安全审计是对系统记录和活动进行独立

的审查和检查以确定系统控制的适合性，确保符合已建立的安全策略和操作规程，检测安全服务的违规行为，并对改变措施提出建议。"该文件指出，基本的审计目标是建立发起和参与安全相关的事件的实体的责任。因此，需要借助有关的工具生成、记录安全审计的踪迹，并通过查看、分析审计踪迹发现有关的安全威胁。同时，RFC 文件中也对安全审计踪迹（Security Audit Trail）的概念做出了描述：安全审计踪迹是指按照时间顺序排列的系统活动记录，这些记录足以对事务从开始到最终结束的过程中围绕和导致操作、过程或事件的一系列环境和活动进行创建、检查和检验。

美国国防部橘皮书中明确指出"可信计算机必须向授权人员提供一种能力，以便对访问、生成或泄露秘密、敏感信息的任何活动进行审计。根据特定机制或特定应用的审计要求，有选择地获取审计数据。审计数据必须有足够细的粒度，支持对特定个体已发生的动作或代表该个体发生的动作进行追踪。"

我国 GB 17859—1999 中指出"审计过程是一个独立的过程，它应与系统其他功能相隔离；同时，要求系统必须能够生成、维护及保护审计过程，使其免遭修改、非法访问及毁坏，特别要保护审计数据，严格限制未经授权用户的访问。安全系统要求用审计方法监视安全相关的活动。"

审计事件是系统审计用户操作的最基本单位。系统将所有要求审计或可以审计的用户动作都归纳成一个个可区分、可识别、可标志用户行为和可记录的审计单位，即审计事件。审计踪迹是一系列系统事件的记录，这些记录中包含了系统操作、应用以及用户等一系列信息。信息系统通常包含多个审计踪迹，每一个踪迹都支持一类特殊系统行为。

通常，安全审计和报警功能不可分割。每当有违反系统安全的事件发生或者有涉及系统安全的重要操作进行时，系统即时向安全操作员终端发送相应的安全报警信息，以便操作员采取相应的行动。安全审计与报警的目的是根据适当安全机构的安全策略，确保与安全有关的事件得到及时处理。

### 4.1.2 主要作用

安全审计是系统安全的最后一道防线，是访问控制的必要补充，它的主要作用可以概括如下：

1. 追踪用户在系统中的活动

安全审计可以用来对个体的行为进行追踪，使用户对他们各自的行为负责。对于已经发生的系统破坏行为提供有效的追究证据，通过日志数据，记录并监控系统中人员及设备的操作，为事后的责任追究进行取证。

2. 重建事件

在安全问题发生之后，审计追踪也可以用来重建事件。对于某个已产生的突发事件，所造成的损失的大小可以通过检查系统活动进行审计追踪，来查明安全事件如何发生、何时发生，以及为什么会发生。

3. 故障监控

审计追踪可以用作在线的工具来帮助安全管理员监视系统产生的安全问题。这种实时的监控能够帮助安全管理员监测故障，例如磁盘故障、滥用系统资源或网络运行中断等。同时还能够帮助管理员定位安全问题，分析故障原因，实现数据的恢复。

4. 监测潜在的入侵

安全审计提供有价值的系统安全使用日志，帮助系统管理员及时发现系统入侵行为或潜在的系统漏洞。对潜在的攻击者起到震慑或警告作用。同时，还可以提供入侵检测所需要的原始数据。

5. 发现系统不足

系统运行的安全日志能够帮助系统管理员发现系统性能上的不足或需要改进与加强的地方。

### 4.1.3 实现要求

信息系统安全审计是重要的信息系统安全机制，是保证信息系统安全的一个必不可少的组成要素。从性能和效能的角度来看，信息系统安全审计机制实现应当达到如下基本的要求：

1）翔实地记录相关信息

系统能按照审计员设定的审计规则自动采集相关的信息，默认情况下应当能够采集所有与安全有关的信息。

2）重现安全事件

系统根据日志信息能够重现事件发生时的状态，以此来查明安全事件是怎样发生、何时发生、为什么发生以及谁对此负责等。

3）违规检测和分析

审计系统应能够检查出大多数常见的系统违规事件，并通过对审计日志的分析，寻找安全配置策略的漏洞以及可能存在的隐蔽通道，及时报警并采取相应的补救措施。

4）对系统性能的影响应尽可能小

审计是安全和效率的平衡，也是审计粒度和存储空间的折中。在保证安全的情况下，必须保证系统运行的整体效能。

5）系统自身的安全性

安全审计的一个重要的需求就是保障自身审计功能的安全性。审计记录、审计软件、与审计相关的存储介质都必须受到保护。安全审计系统的安全性包括两个方面：一是所审计的信息系统的安全性，二是审计系统自身的安全性。审计系统自身安全，既包括审计系统的防攻击能力和故障恢复能力，也包括审计记录的安全性。一般来说，要保证审计系统本身的安全，必须与系统中其他安全措施（例如认证、授权、加密措施等）相配合。需要强调的是：审计系统应保证功能影响最小化。

## 4.2 安全审计系统模型

### 4.2.1 功能需求

实现安全审计服务，通常需要以下功能的支持。图 4.1 详细描述了功能分类的标准。目前，安全审计被分解成 6 个主要方面，每个方面包含了一个或多个特定的功能：

（1）数据生成（Data generation）：标识审计级别，列举可审计事件的类型，并标识所提供的审计相关信息的最小集。该功能必须处理安全、隐私之间的冲突，指定与动作相关的用户身份。

（2）事件选择（Event selection）：在可审计集中，选择或排除一些事件。这样可以使系统配置不同级别的粒度，以避免产生难以使用的审计踪迹。

（3）事件存储（Event storage）：创建和维护安全审计踪迹。存储功能包括提供可用性并防止来自审计踪迹的数据丢失的技术措施。

（4）自动响应（Automatic response）：当存在安全违规时产生自动的响应，自动响应中定义了采取的反应。

（5）审计分析（Audit analysis）：在搜索安全违规中，提供自动化机制来分析系统活动和审计数据。该组件标识可审计事件集合，这些事件的发生或累积发生能够表明存在潜在的安全违规。对于这样的事件进行分析是为了确定是否已经发生违规。

（6）审计复核（Audit review）：对于已经授权的用户，可用于帮助对审计数据的审核。审计复核组件可包含一个可选的复核功能，根据不同的标准或逻辑关系对审计数据进行排序搜索，以及在复核之前对审计数据进行筛选。审计复核仅限于授权用户。

综上所述，安全审计的功能主要是记录和跟踪信息系统状态变化，如用户的活动，对程序和文件使用情况的监控，记录对程序和文件的使用以及对文件的处理过程。安全审计可以监控和捕捉各种安全事件，实现对安全事件的识别、定位并予以响应。

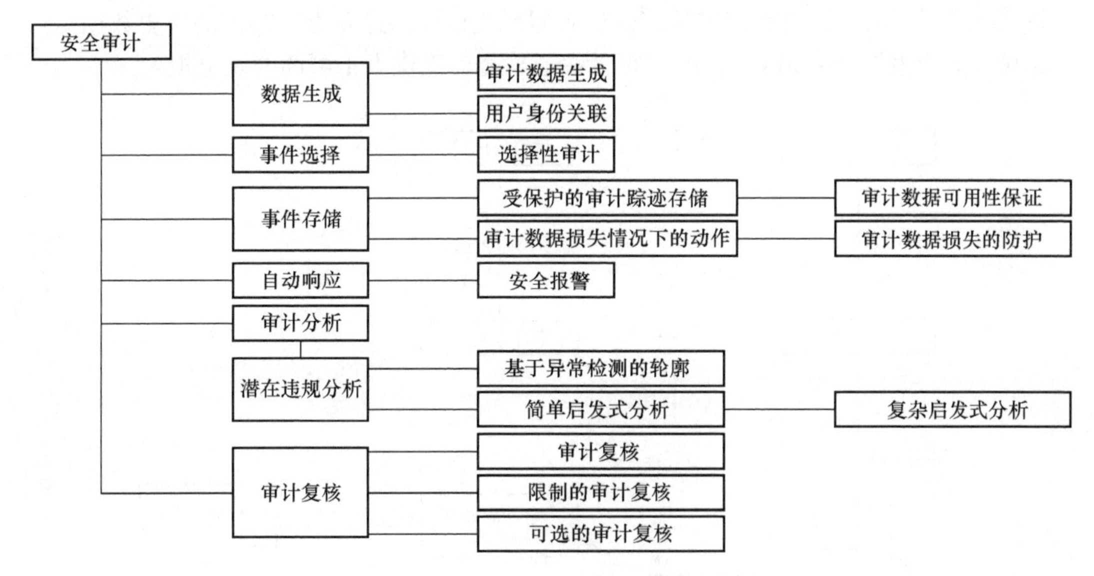


图 4.1　安全审计功能分类

### 4.2.2　X.816 标准定义的审计系统模型

国际电信联盟的电信标准化部门（Telecommunication Standardization Sector of the International Telecommunications Union，ITU-T）推荐标准 X.816 中描述了一种安全审计模型，如图 4.2 所示。模型中给出了安全审计功能组件，关键组件如下：

（1）事件鉴别器（Event discriminator）：事件鉴别器被逻辑地嵌入到系统软件中，它监控系统活动并检测被配置为需要检测的且与安全相关的活动。

（2）审计记录器（Audit recorder）：事件鉴别器将每个检测到的事件传输到审计记录器。该模型以消息的形式描述此传输。通常，通过记录共享内存区域中的事件，也可以进行审计。

（3）报警处理器（Alarm processor）：将事件鉴别器检测到的某些事件定义为报警事件，当这些事件存在时，将报警信息传递给报警处理器。报警处理器依据报警信息采取一系列活动，这些活动通常是可以审计的事件，可以被传输到审计记录器。

（4）安全审计踪迹（Security audit trail）：审计记录器为每个事件创建格式化的记录并将其存储在安全审计踪迹中。

（5）审计分析器（Audit analyzer）：安全审计踪迹对审计分析器来说十分有用，它是审计分析的依据。审计分析器基于活动模式，可以定义新的可审计事件，并发送到审计记录器中，也可以产生报警。

（6）审计存档器（Audit archiver）：这是一个软件模块，定期从审计踪迹中提取记录，创建可审计事件的一个永久存档。

（7）存档（Archives）：审计存档是在此系统上实现安全相关事件的永久存储。

（8）审计提供器（Audit provider）：审计提供器是一个与应用程序或审计踪迹相关的用户接口。

（9）审计踪迹检查器（Audit trail examiner）：审计检查器是一个应用程序或用户。出于计算机取证及其他目的，可利用审计踪迹检查器检查审计踪迹和审计存档的历史数据。

（10）安全报告（Security reports）：审计踪迹检查器提供人工可读的安全报告。

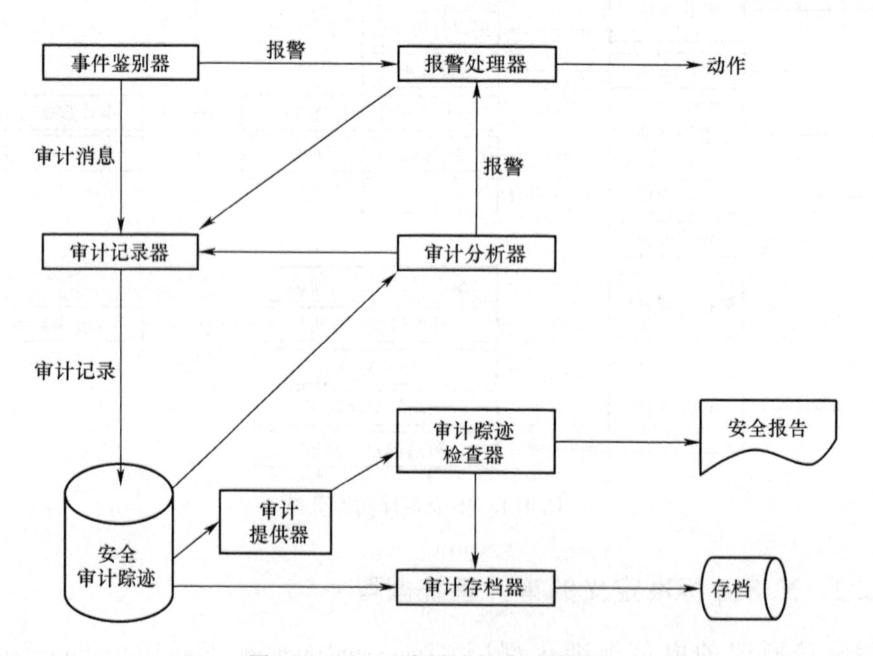


图 4.2　X.816 中描述的审计模型

该模型说明了审计功能和报警功能之间的关系。审计功能建立了安全管理员定义的、与安全相关的事件记录。这些记录中的某些事件可能违反了安全规定，或被怀疑违反了安全规定。这样的事件可以以报警的方式传输到入侵检测系统或防火墙系统中。因此，可以说安全审计为入侵检测、计算机取证及防火墙的实施提供了支持。

以上是集中式审计的基本模块,而对于分布式审计还需要两个额外的逻辑组件(如图4.3所示):

- 审计踪迹收集器(Audit trail collector):它是中央系统的一个模块,用于从其他系统收集审计记录,并生成一个组合的审计踪迹。
- 审计调度器(Audit dispatcher):该模块用于从本地系统到中央审计踪迹收集器传输审计记录。

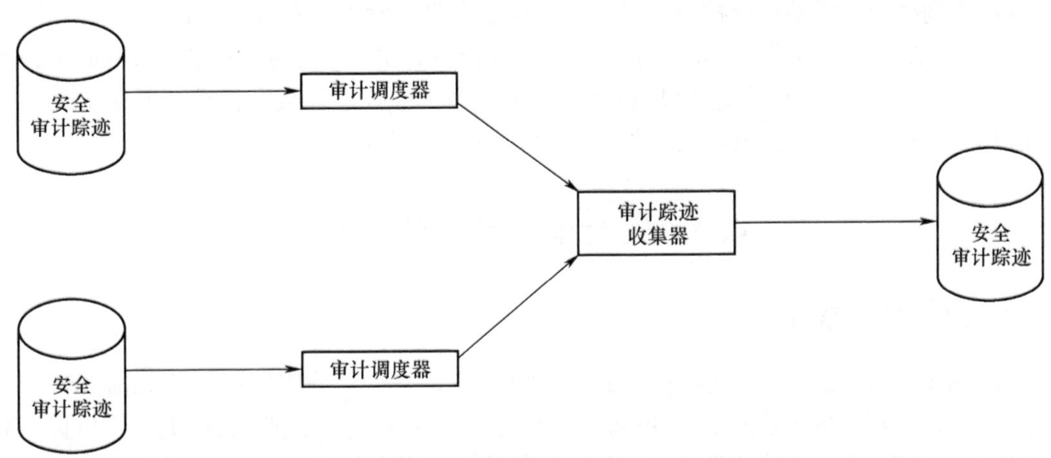


图4.3 X.816中描述的分布式审计踪迹模型

### 4.2.3 基于审计数据应用层次的系统模型

按照审计数据不同的应用层次,可将安全审计模型划分为四个部分:审计数据创建层、审计记录管理层、审计记录缩减层与审计记录分析应用层,如图4.4所示。

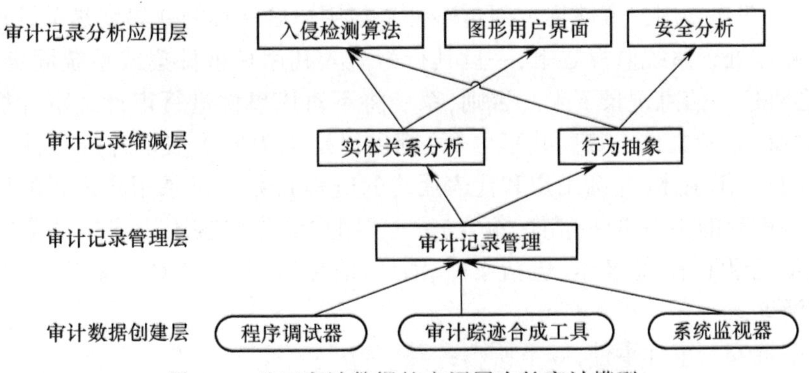


图4.4 基于审计数据的应用层次的审计模型

审计数据创建层(Audit Generator):负责审计数据的创建。该层包含任何可以产生审计数据(无论是系统层还是应用层)的程序或模块,例如,审计踪迹合成工具、程序调试器、系统监视器等。

审计记录管理层(Audit Management):负责审计数据的解析、转换和管理。管理层负责执行所有的数据管理处理功能,提供各种机制,例如记录、重放、接合、压缩、存储和获取等。

审计记录缩减层(Audit Views):负责将底层的审计数据归纳抽象成为适合审计应用程序使用的较高层次的数据,并负责翻译筛选审计踪迹,去除无用的数据,减少审计记录的数量并提高审计数据的有效性。每个审计应用程序都可能用不同的抽象模型来浏览这个系统的审计数据,由该层负责将输入的审计信息映射到抽象模型要求的格式,并将系统相关的数据转化成合理的、易分析的抽象数据。例如,一个用户的所有文件和其访问权的结合可以抽象为用户的安全状态模型。如果发生了一个读文件事件,分析算法不会直接处理所报告的审计记录,而是只接收由审计记录缩减层传递来的说明文件安全状态改变的一个记录。这样,入侵检测模块只需要检验被监控系统的安全状态是否发生了有效的变化。

审计记录分析应用层(Audit Application):进行审计分析,包括入侵检测、图形用户界面、审计信息浏览、网络和系统监视、安全分析等内容。一旦审计数据被缩减并供应用层查阅,应用层程序就可以自由利用这些抽象的数据,并进行更高层次的推论和抽象。

## 4.3 安全审计系统的实现

### 4.3.1 审计事件

审计事件是系统审计用户操作的最基本单位,审计事件的确定就是要明确需要审计的内容。例如,在安全操作系统中,一般将要审计的事件分成3类:注册事件,通常可供标识和鉴别机制的使用;使用系统的事件,包括把客体引入到用户的地址空间(如创建文件、启动程序)、从地址空间删除客体、特权用户所发生的动作;利用隐蔽通道的事件等。第1类属于系统外部事件,即准备进入系统的用户产生的事件;后两类属于系统内部事件,即已经进入系统的用户产生的事件。

审计事件的集合称为审计事件集(或审计事件标准)。审计机制一般对系统定义了一个固定审计事件集,即必须的审计事件集合。对用户来说,系统也提供按照个人需求设置审计事件的功能,即建立用户事件集。固定事件集与用户事件集的并集就是审计事件标准。

用户的操作处于系统监视之下,一旦其行为落入其用户事件集或系统固定审计事件集中,系统就会将这一信息记录下来。否则,系统将不对该事件进行审计。审计机制将系统、用户主体、对象(包括文件、消息、共享区等)都可以定义为要求被审计的事件集,通常从如下两个方面构建:①主体(包括用户和代表用户的进程),系统记录用户进行的所有活动,用户有自己的待审计的用户事件标准(集合),一旦用户操作包含于用户事件集中,系统就会将该事件信息记录下来;②客体(包括文件、消息、信号量、共享区等),系统要记录关于某一客体的访问活动。

常见的系统安全审计事件,如下所示:

- 与审计软件的使用相关的事件;
- 系统上与安全机制相关的事件;
- 与各种安全检测和防护机制有关的事件,包括与入侵检测相关的事件和与防火墙操作相关的事件;
- 与系统管理和操作相关的事件;
- 对操作系统访问(例如,通过系统调用)的事件;

• 对选定应用程序访问的事件；

• 远程访问的事件。

表 4.1 中给出了 X.816 中建议的审计事件列表，该表中指出正常与异常条件都需要进行审计。例如，无论请求是否异常及请求是否被接受，每个连接请求（例如，TCP 连接请求）都可能是安全审计记录的一个主题。

表 4.1　X.816 中建议的审计项目

| | |
|---|---|
| 与特定连接相关的安全相关事件： | 在单独的安全服务方面，以下安全相关的事件非常重要： |
| —连接请求 | —身份认证：验证成功 |
| —连接确认 | —身份认证：验证失败 |
| —断开连接请求 | —访问控制：决定访问成功 |
| —断开确认 | —访问控制：决定访问失败 |
| —连接的统计附属信息 | —不可否认性：不可否认的消息的原始位置 |
| 与安全服务的使用相关的安全事件： | —不可否认性：不可否认的消息的收据 |
| —安全服务请求 | —不可否认性：失败的事件抵赖 |
| —安全机制使用 | —不可否认性：成功的事件抵赖 |
| —安全报警 | —完整性：令牌的使用 |
| 与管理有关的安全相关事件： | —完整性：无令牌的使用 |
| —管理操作 | —完整性：验证成功 |
| —管理通知 | —完整性：验证失败 |
| 应至少包括的审计事件列表： | —机密性：隐藏的使用 |
| —拒绝访问 | —机密性：显示的使用 |
| —身份验证 | —审计：选择进行审计的事件 |
| —更改属性 | —审计：取消选择事件的审计 |
| —创建客体 | —审计：更改审计事件的选择标准 |
| —删除客体 | |
| —修改客体 | |
| —使用特权 | |

ISO 17799 中也提供了授权与未授权事件以及影响系统安全功能的事件列表，如表 4.2 所示。

表 4.2　ISO 17799 中建议的监控区域

| | |
|---|---|
| 授权访问，例如： | 系统报警或失败，例如： |
| —用户 ID | —控制台报警或消息 |
| —关键事件的日期和时间 | —系统日志异常 |
| —事件的类型 | —网络管理报警 |
| —被访问的文件 | —访问控制系统报警 |
| —使用的程序或实用工具 | 更改或试图更改系统安全设置和控件 |
| 所有特权操作，例如： | |
| —使用特权账户（例如，主管、root 或管理员） | |
| —系统启动和停止 | |
| —I/O 设备连接与分离 | |
| 未经授权的访问尝试，例如： | |
| —失败或被拒绝的用户动作 | |
| —涉及数据和其他资源的失败或被拒绝的动作 | |
| —网关和防火墙的访问策略冲突和通知 | |
| —专用入侵检测系统的报警 | |

审计过程会增大系统的开销(例如,CPU 时间和存储空间)。因此,在实际设置过程中,不是所有的事件都需要审计,审计机制应该是对系统行为的有选择地记载。系统审计人员可以通过设置审计事件标准,确定对系统中哪些用户或哪些事件进行审计,并将审计结果存放在审计日志中。

### 4.3.2 审计踪迹

审计踪迹维护着系统活动的记录。这些记录通常包括与数据、程序以及与系统资源相关事件的记录等信息,内容一般包含:在什么时间、什么地点、哪个主体对哪个客体进行了什么操作,操作结果如何。例如,安全操作系统的审计记录一般应包括如下信息:事件的日期和时间、代表正在进行事件的主体的唯一标识符、事件的类型、事件的成功与失败等。对于标识与鉴别事件,审计记录应该记录事件发生的源地点(例如,终端标识符)。对于将一个客体引入某个用户地址空间的事件以及删除客体的事件,审计记录应该包括客体名以及客体的安全级。用户应根据系统的安全目标和操作环境单独设计审计记录。在决定审计记录内容时,应充分考虑安全需求并减少形式语句,需求应该以明确的条目加以说明,包括何种类型的数据需要保护,系统怎样识别这些数据,各类数据准确程度的必要性,谁可以存取保护数据以及系统如何识别授权用户等。

1. 审计踪迹的生成

审计踪迹通常可以分为如下几类:

1)系统级审计踪迹

系统级审计踪迹通常用于监控和优化系统性能。图 4.5 给出了 UNIX 系统级审计的实例。

| | | | |
|---|---|---|---|
| Jan 27 | 17:14:04 | host1 | login: ROOT LOGIN console |
| Jan 27 | 17:15:04 | host1 | shutdown: reboot by root |
| Jan 27 | 17:18:38 | host1 | login: ROOT LOGIN console |
| Jan 27 | 17:19:37 | host1 | reboot: rebooted by root |
| Jan 28 | 09:46:53 | host1 | su: ‘su root’ succeeded for user1 on/dev/ttyp0 |
| Jan 28 | 09:47:35 | host1 | shutdown: reboot by user1 |
| Jan 28 | 09:53:24 | host1 | su: ‘su root’ succeeded for user1 on/dev/ttyp1 |
| Feb12 | 08:53:22 | host1 | su: ‘su root’ succeeded for user1 on/dev/ttyp1 |
| Feb17 | 08:57:50 | host1 | date: set by user1 |
| Feb17 | 13:22:52 | host1 | su: ‘su root’ succeeded for user1 on/dev/ttyp0 |

图 4.5 认证消息的系统日志文件实例

2)应用级审计踪迹

应用级审计踪迹可以用于检测应用程序中的安全违规行为,或检测应用程序与系统交互的缺陷。对于关键的应用,或那些与敏感数据有关的应用,应用级审计踪迹可以提供一些细节供评估安全威胁的存在及影响所用。例如,对于电子邮件应用,审计踪迹可以记录发件人和收件人、邮件大小以及附件的类型。图 4.6 给出了一个电子邮件系统的应用级审计踪迹实例。

| | | | |
|---|---|---|---|
| Apr 9 | 11:20:22 | host1 | AA06370: from =<user2@ host2>, size=3355, class=0 |
| Apr 9 | 11:20:23 | host1 | AA06370: to =<user1@ host1>, delay=00:00:02, stat=Sent |
| Apr 9 | 11:59:51 | host1 | AA06436: from =<user4@ host3>, size=1424, class=0 |
| Apr 9 | 11:59:52 | host1 | AA06436: to =<user1@ host1>, delay=00:00:02, stat=Sent |
| Apr 9 | 12:43:52 | host1 | AA06441: from =<user2@ host2>, size=2077, class=0 |
| Apr 9 | 11:43:53 | host1 | AA06441: to =<user1@ host1>, delay=00:00:01, stat=Sent |

图 4.6　电子邮件系统应用级审计日志实例

3）用户级审计踪迹

用户级审计踪迹依据时间顺序记录单个用户的活动，它可用于指出用户对自己动作所负的责任。一个用户审计踪迹可以记录用户与系统的交互。例如，发出的命令、尝试的用户识别和认证的次数、访问的文件和资源。用户级审计踪迹也可以捕获用户对应程序的使用信息。图 4.7 是一个在 UNIX 系统上的用户级审计踪迹实例。

| | | | | | | | |
|---|---|---|---|---|---|---|---|
| rcp | user1 | ttyp0 | 0.02 | secs | Fri | Apr 8 | 16:02 |
| ls | user1 | ttyp0 | 0.14 | secs | Fri | Apr 8 | 16:01 |
| clear | user1 | ttyp0 | 0.05 | secs | Fri | Apr 8 | 16:01 |
| rpcinfo | user1 | ttyp0 | 0.20 | secs | Fri | Apr 8 | 16:01 |
| nroff | user2 | ttyp2 | 0.75 | secs | Fri | Apr 8 | 16:00 |
| sh | user2 | ttyp2 | 0.02 | secs | Fri | Apr 8 | 16:00 |
| mv | user2 | ttyp2 | 0.02 | secs | Fri | Apr 8 | 16:00 |
| sh | user2 | ttyp2 | 0.03 | secs | Fri | Apr 8 | 16:00 |
| col | user2 | ttyp2 | 0.09 | secs | Fri | Apr 8 | 16:00 |
| man | user2 | ttyp2 | 0.14 | secs | Fri | Apr 8 | 15:57 |

图 4.7　用户级审计踪迹实例

4）物理访问审计踪迹

物理访问审计踪迹可以由控制物理访问的设备生成。例如，用户试图添加、修改或删除的物理访问权限等。

审计踪迹的生成是审计的关键，它可能由操作系统完成，也可能由应用系统或其他专用记录系统完成。现以 Syslog 记录为例，介绍审计踪迹的生成机制。

Syslog 由 Syslog 守护程序、Syslog 规则集以及 Syslog 系统调用三个部分组成，如图 4.8 所示。

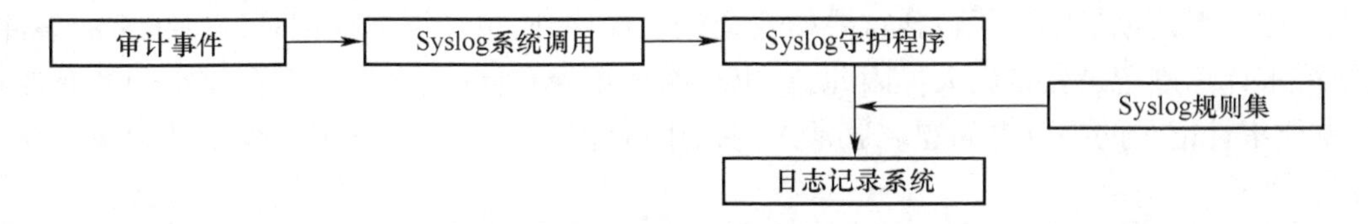


图 4.8　Syslog 记录机制

记录日志时，系统调用 Syslog 将日志素材发送给 Syslog 守护程序，Syslog 守护程序监听 Syslog 调用或 Syslog 端口（UDP514）的消息。然后，根据 Syslog 规则集对收到的审计事件进行处理。如果日志记录在其他计算机上，则 Syslog 守护程序会将日志转发到相应的日志服务器中。Syslog 规则集通常用来配置 Syslog 守护程序如何处理日志的规则。规则通常包含以下情况：

- 将日志存入文件中；
- 通过 UDP 将日志记录到另一台计算机上；
- 将日志写入系统控制台；
- 将日志发给所有注册的用户。

在记录日志时，为了便于管理，通常将一定时段的日志存于文件中。此时，需要确定适合切换日志文件的固定时间。如图 4.9 所示，图中假设日志文件在 2013 年 7 月 17 日 24 点切换，之前的文件命名为 logfile_20130717，此后为 logfile_20130718。此时，24 点日志守护程序生成新的文件，关闭旧文件，同时将新日志写入新文件。

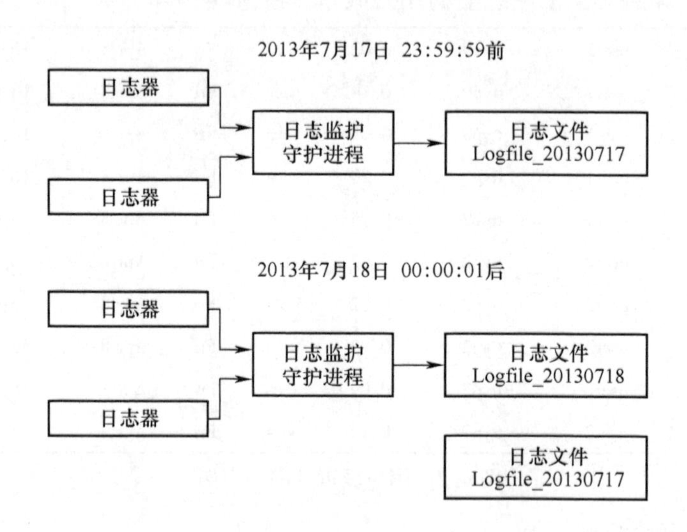


图 4.9　日志文件切换

在日志文件切换时，通常包含文件打开与文件关闭两个过程。较好的做法是将审计守护进程打开的文件作为原始日志文件，另外增加日志整理进程，实现日志的整理与归档。

2. 审计踪迹的存储

审计踪迹通常以审计日志形式或数据库的形式保存，这些记录可以存储在本地，也可以通过网络实现异地存储。正如沙子记录着海滩上的脚印，审计踪迹信息记录着系统行为的历史足迹。审计记录中除了包含重要的安全侵害事件外，也会详细地记录许多正常的事件，这使得审计踪迹记录变得庞大。因此，在审计踪迹记录存储时，会考虑到存储空间的有效利用、重要审计记录的提取等问题。通常人们采用审计压缩/抽象等技术减少审计记录的存储开销。

RFC 2196《网站安全手册》列出了用于存储审计踪迹的三种备选方案：

（1）主机上读/写的文件系统：文件系统中的文件比较容易配置，且占用资源少。记录提取方便，可以立即被访问，这对对抗正在进行的攻击非常有效。但是，此种方法特别容易受到攻击。如果攻击者获得对系统的访问特权，则审计踪迹记录很容易被修改。

（2）一次写入/多次读取设备（例如，CD-ROM 或 DVD-ROM）：此类存储方式较安全、便捷，需要一个稳定可提供写入的介质。但是，日志提取可能存在延迟或不可立即使用的情况。

（3）只写的设备（例如，打印机）：打印的日志提供纸质的审计踪迹，但无法很好地用在大的系统或网络系统上捕获详细的审计数据。该类方式的好处在于即便系统崩溃，记录信息仍然存在。但是，仍然存在日志提取实时性差的问题。

除此之外，还应考虑审计踪迹存储时的安全性需求。入侵者可能试图通过更改审计踪迹而删除入侵证据，保障审计踪迹的完整性非常重要；有时审计踪迹中包含很多用户信息，这些信息敏感且不能透露给所有用户，此时记录的机密性显得尤为重要。密码技术及访问控制技术可以为保障审计踪迹的完整性、机密性提供支持。

针对审计踪迹的存储实际，其安全性需求也可以具体到如下几方面：

（1）受保护的审计踪迹存储：要求存储系统对日志事件具有保护功能，防止未授权的修改和删除，并具有检测修改/删除的能力。

（2）审计数据的可用性保证：在审计存储系统遭受意外时，能够防止或检测审计记录的修改，在存储介质存满或存储失败时，能确保记录不被破坏。

（3）防止审计数据丢失：在审计踪迹超过预定的门限或记满时，应采取相应的措施防止数据丢失。这种措施可以是忽略可审计的事件、只允许记录有特殊权限的事件、覆盖以前的记录、停止工作等。

3. 审计踪迹分析

在一个系统正确、合理地配置了审计机制后，就可以通过对审计记录的分析处理，获得有关系统安全状况的信息。为改善和加强系统安全，发现和处理可疑事件提供决策信息。通常，审计记录分析的主要内容包括：

（1）潜在侵害分析：分析应能用一些规则监控审计事件，并根据规则发现潜在的入侵。这种规则可以是已定义的可审计事件的子集所提示的潜在安全攻击的积累或组合，或其他规则。

（2）基于异常检测的轮廓：分析应确定用户正常行为轮廓，当日志中的事件违反正常访问行为的轮廓，或超出正常轮廓一定的门限时，能指出将要发生的威胁。

（3）简单攻击探测：分析应对重大威胁事件的特征有明确的描述，当这些攻击现象出现时，能及时指出。

（4）复杂攻击探测：要求高的日志分析系统还应能检测到多步入侵序列，当攻击序列出现时，能预测其发生的步骤。

审计踪迹分析的实现主要包括以下几个关键步骤：

1）审计分析准备

为了要进行有用的审计分析，分析员或安全管理员需要了解可用信息以及如何使用它。日志记录安全管理员（或其他复核和分析日志的个人）还需要了解日志记录的上下文信息。通常相关信息可能存在于同一日志的其他记录中，或存在于其他日志的记录中，也可能存在于非日志源（如，配置管理记录）中。管理员应尽可能多地获取日志记录中包含的信息。在某种情况下，可以使用记录分析软件执行数据精简任务，以减少管理员的负担。除此之外，管理员还应该对输入到分析和复核软件的原始数据有一定的了解，以便能够评估这些程序包的实用价值。

能够清楚地了解日志数据最有效的方法是定期(例如,每一天)查看并分析它的部分数据。目标是最终获得了解典型的日志记录的基线,这个基线可能包含了系统上日志记录的大部分内容。为了使管理员能够对日志进行准确分析,通常要求管理员应该对以下内容有所了解:

(1) 策略规定的可接受的使用,以便管理员能够识别策略的违背情况。

(2) 主机使用的安全软件,包括每个程序可以检测的与安全相关的事件类型及其检测的配置文件(例如,已知的误报)。

(3) 主机使用的操作系统和主要的应用程序(例如,电子邮件和 Web 应用程序),尤其是每个操作系统和主要应用程序的安全性以及日志能力和特征。

(4) 常见攻击技术的特征,尤其是这些技术的使用是如何被记录在每个系统上的。

(5) 用于分析的软件包括:日志查看器、记录精简脚本和数据库查询工具。

2) 确定进行分析的时间

审计踪迹可以以多种方式使用。分析的类型取决于或者至少部分取决于进行分析的时间。可能的情况包括:

(1) 事件发生后的审计踪迹核查:这种类型的复核由一个观察到的事件触发。例如,可以是一个已知的系统或应用程序软件问题,也可以是用户引起的违背现有安全策略的事件或者某些无法解释的系统或用户问题。复核能够收集信息,详细了解该事件已知的信息,以诊断原因或问题,并提出补救措施和对策。这种类型的复核重点是那些与特定事件相关的审计踪迹记录。

(2) 审计踪迹数据的定期检查:此类型的核查是检查所有审计踪迹数据或者已定义的审计踪迹数据子集,并且有许多可能的目标。目标的实例包括:查找能够显示安全问题的事件或模式,开发正常的行为配置文件,搜索异常行为,以及开发个人用户的配置文件来维护用户的永久记录。

(3) 实时审计分析:审计分析工具也可以实时或接近实时地使用。实时分析是入侵检测功能的一部分。

3) 审计复核

与审计踪迹数据分析使用数据精简和分析工具不同的是审计复核的概念。审计复核使管理员能够从选定的审计踪迹中读取信息,允许预先存储或事后存储审计所选的内容,也包括能够有选择地查看以下内容:

(1) 一个或多个用户的动作(例如,识别、身份验证、系统输入和访问控制等动作)。

(2) 对一个特定的对象或系统资源执行的动作。

(3) 所有或一组指定的审计异常行为。

(4) 与一个特定的系统或安全属性相关的动作。

审计复核可以重点关注匹配特定属性的记录(例如,用户或用户组、时间窗口和记录类型等)。用于审计复核的自动化工具是基于管理员输入审计记录的优先级进行划分。记录可以根据因素的组合确定优先级。审计复核实例包括以下内容:

(1) 记录类型(例如,消息代码 103,消息类 CRITICAL)。

(2) 记录类型是否为新的类型。

(3) 日志源。

(4) 源 IP 地址或目标 IP 地址(例如,在黑名单上的源地址、关键系统的目标地址、涉及特定事件的 IP 地址)。

(5) 特定的事件条件(例如,一条记录可能在特定时间被接受,但不允许在其他时间被接受)。

(6) 记录的频率(例如,在 $y$ 秒内发生 $x$ 次的事件)。

这种类型的审计复核的目的有很多。审计复核可以使管理员,对系统当前操作及系统上用户和应用程序配置文件、攻击活动的级别和其他与安全和使用情况相关的事件有一种直观的感受。审计复核可以帮助理解攻击事件发生后系统对它的响应,从而导致软件和程序更改的事实。

4) 数据分析方法

审计记录分析通常分为人工审计分析、半自动审计分析、智能审计分析。审计分析的主要方法包括:基于统计的方法、基于规则的方法以及基于机器学习的方法。

(1) 基于统计的方法。该方法基于异常操作与正常操作存在明显的统计差异的假设。通过对事件(例如,CPU 和 I/O 的使用量、用户登录的时间以及个人目录外的查看次数等)的统计分析,挖掘异常操作。最典型的应用包括美国 SRI 公司计算机科学实验室的 IDES、美国加州大学 Davis 分校 Haystack 实验室的 Haystack。

(2) 基于规则的方法。这种方法依赖于收集的非正常操作的特征集,当监测的用户或系统行为与集合中的记录匹配时,则认为该操作异常。最典型的应用包括美国国家计算机安全中心(NCSC)的 MIDAS、Los Alamos 国家实验室开发的异常监测系统 Wisdom & Sense (W&S)。这类方法中最典型的是基线设置方法。该方法的思想是在正常模式与异常模式之间找到一个基准值,新的数据与这个基准值进行比较,从而判决异常与否。

(3) 基于机器学习的方法。该方法由系统通过学习逐步形成行为特征集,无需预先设定行为特征。

### 4.3.3 审计日志

审计日志是记录信息系统安全状态和问题的依据,它是系统运行的记录集,对分析系统情况、排除故障和提高效率起到很好的帮助作用。审计日志是存放审计结果的二进制码结构文件。日志作为对系统实行强制性安全措施的综合研究对象,内容应该包含记录的信息类型、应用的参数、所做的分析、产生的报告以及数据的保留期等。日志内容是用户和管理者经详细分析后做出的管理决定。

在理想情况下,日志应记录每一个可能的事件,以便分析发生的所有事件,并恢复任何时刻进行的历史情况。然而,这样做所花费的系统开销非常大,将影响系统的性能。因此,日志内容是有选择的。一般情况下,日志记录内容应该满足以下原则:

- 应记录任何必要的事件,以检测已知的攻击形式;
- 应记录任何必要的事件,以检测异常的攻击模型;
- 应记录系统连续可靠工作的信息。

在这些原则的指导下,日志系统可根据安全要求的强度,选择记录下列事件的部分或全部:

• 审计功能的启动和关闭；

• 使用身份认证机制的情况；

• 将客体引入主体的地址空间的情况；

• 删除客体的情况；

• 管理员、安全员、审计员与一般操作人员的操作；

• 其他专门定义的可审计事件。

典型日志信息举例如下：

• 事件的性质：数据的输入/输出，文件的更新、改变或修改，系统的使用等；

• 全部相关组件的标识，包括人、设备以及程序等；

• 有关事件的信息：时间及日期，成功或失败，涉及因素的授权状态，转换次数，系统响应，地址更新，建立、更新和删除信息的内容，使用的程序，兼容结果等。

通常，对于单一的事件，日志应包括事件发生的日期和时间、引发事件的用户（地址）、事件和源/目的位置、事件类型、事件成败等信息。

每次审计进程开启后，都会按照已经设定好的路径和命名规则产生日志文件。这些日志文件对于更好地实现系统安全审计非常重要，需要进行很好地管理。进行日志管理是确保记录长期稳定和有用的过程，各类信息系统中应包含与日志保存、审计日志调阅、审计信息管理与维护相关的制度。日志管理最典型的方法是日志轮转法，即将旧的日志文件转移，用空的新日志文件占用原来的位置，轮转后的日志需要备份。同时，日志管理还应考虑如何快速地查阅审计记录以及如何维护审计信息等内容。

由于审计系统是追踪、恢复的直接依据，甚至是司法依据。因此，其自身的安全性十分重要。审计系统的安全性主要是查阅、存储的安全。审计日志的查阅应该受到严格的限制，不能篡改日志。通常通过以下不同层次保证查阅的安全：

• 审计查阅：审计系统以可理解的方式为授权用户提供查阅日志和分析结果的功能。

• 有限审计查阅：审计系统只能提供对内容的读权限，应拒绝具有读以外权限的用户访问审计系统。

• 可选审计查询：在有限审计查阅的基础上限制查阅的范围。

### 4.3.4 其他需要考虑的问题

1. *确定审计策略*

审计是信息系统安全的一个重要方面，安全的信息系统都要求用审计方法监视安全相关的活动。美国国防部橘皮书、我国 GB 17859—1999 中明确指出的安全审计的要求见 4.1.1 节。

确定审计策略对于保障审计机制的实现非常重要。如果将审计和报警功能结合起来，就可以做到每当有违反系统安全的事件发生或者有涉及系统安全的重要操作进行时，就及时向安全操作员终端发送相应的报警信息。

在审计策略实施时，应考虑审计过程应是一个独立的过程，它应与系统其他功能相隔离。同时，还要考虑信息系统必须能够生成、维护及保护审计过程，使其免遭修改、非法访问及毁坏，特别要保护审计数据，严格限制未经授权的用户对它的访问。

2. 确定审计点

实现审计机制,首先要解决的问题是系统如何才能保证所有安全相关的事件都能够被审计。

下面以多用户、多进程操作系统(例如,UNIX、Linux 等)为例,介绍确定审计点应考虑哪些问题:

用户程序与操作系统的唯一接口是系统调用。也就是说,当用户请求系统服务时,必须经过系统调用。因此,如果能够找到系统调用的总入口,在此处(这里被称作审计点)增加审计控制,就可以成功地审计系统调用,也就成功地审计了系统中所有使用内核服务的事件。

系统中有一些特权命令应当属于可审计事件。通常一个特权命令需要使用多个系统调用。逐一地审计所用到的系统调用,会使审计数据复杂而难于理解,审计员很难判断出命令的使用情况。因此,虽然系统调用的审计已经十分充分,但特权命令的审计仍然必要进行。

在被审计的特权命令的每个可能的出口处应增加一个新的系统调用,专门用于该命令的审计。当发生可审计事件时,要在审计点调用审计函数并向审计进程发消息,由审计进程完成审计信息的缓冲、存储、归档工作。虽然审计事件及审计点处理可能各不相同,但审计信息都要经过写缓冲区、写盘、归档,这部分操作过程是相同的。因此,可把它放在审计进程内完成,其余工作在审计点完成。另外,审计机制应当提供灵活的选择手段,使审计员可以开启/关闭审计机制,增加/减少系统审计事件类型,增加/减少用户审计事件类型,修改审计控制参数等。

可审计事件是否被写入审计日志,需要进行判定,所以可在有关事件操作的程序入口处、出口处设置审计点。在入口处审计点进行审计条件的判断,如果需要审计,则设置审计状态和分配内存空间。在程序的出口处审计点收集审计内容,包括操作的类型、参数、结果等。审计过程如图 4.10 所示。

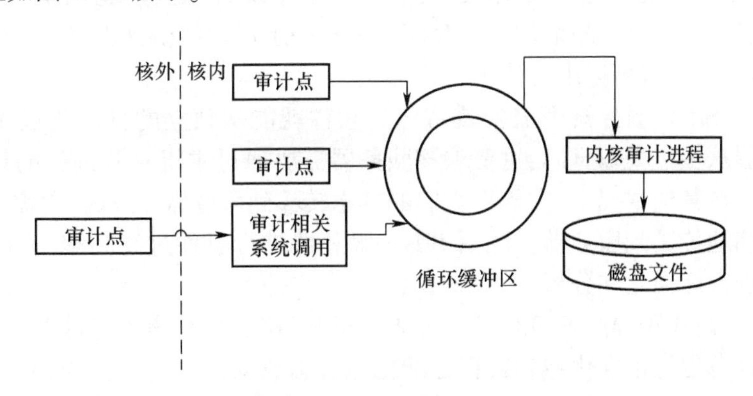


图 4.10　审计过程

一般情况下,审计在系统开机引导时就会自动开启,审计管理员可以随时关闭审计功能。审计功能被关闭后,任何用户的任何动作就不再处于审计系统的监视之下,也不再记录任何审计信息。

3. 降低审计所带来的系统开销

1) 要选择最主要的事件加以审计,不能设置太多的审计事件显然审计过程会增大系统的开销(例如,CPU时间和存储空间等)。如果设置的审计事件过多,势必使系统的性能相应地下降很多(如,响应时间、运行速度等),所以在实际设置过程中,审计机制应是对用户在系统中行为的一种有选择的记载。要选择最主要的事件加以审计,不能设置太多的审计事件,以免过多影响系统性能。系统审计员可以通过设置审计事件标准,确定对系统中哪些用户或哪些事件进行审计,审计的结果存放于审计日志文件中,审计的结果也可以按要求的报表形式打印出来。

2) 在系统中开辟一片审计缓冲区

系统在记录用户的审计信息时,要将这些信息写入审计日志文件之中,这自然也会给系统带来一些时间上的开销,影响系统的性能。为了将这种时间开销减少到最低程度,审计系统不必每次有一条记录时就立即写入审计日志文件中,可在系统中开辟一片审计缓冲区。系统在大多数情况下只需将审计信息写入审计缓冲区中,只是在缓冲区已经写满或者其中容量达到规定的限度时,审计进程才一次性地将审计缓冲区中的有效内容全部写入日志文件中。

3) 设法节省审计所占用的磁盘空间

系统审计员可以文档或报告的形式打印出审计信息,供各种分析需要。这种信息可以由审计员根据自己的需要进行选择。同时,可以在认为没有必要保留的前提下,删除任何一个审计日志文件,也可以将这些日志文件转存在除硬盘之外的存储媒体上,以节省系统磁盘空间。

## 4.4 审计系统实例

1. SIEM系统

SIEM系统是一个集中化日志的软件包,类似于系统日志但是比系统日志更加复杂。SIEM系统提供集中化、统一的审计踪迹存储工具和一组审计数据分析程序。通常有两种配置方法,但许多产品两者可以组合使用:

(1) 无代理:SIEM服务器无需安装特殊的软件就能从独立的日志生成主机接受的数据。有些服务器从主机提取日志,这要求该服务器需要通过主机对其进行的认证才能定期地检索其日志。在其他情况下,主机将它们的日志转移到服务器。此时,也需要进行认证才能将其日志定期地传送到服务器。随后SIEM服务器进行事件过滤和聚集,以及对收集的日志中的日志进行标准化和分析。

(2) 基于代理:代理程序安装在日志生成主机上,用于进行事件过滤和聚集,以及对一种特殊类型的日志进行标准化;然后,将标准化的日志数据传送给一台SIEM服务器。对分析和存储来说,这种传送通常是实时的或接近实时。如果主机有多种类型的日志,那么有必要安装多个代理。某些SIEM产品也提供诸如syslog和SNMP的普通格式的代理。

SIEM软件能识别各种各样的日志格式,包括那些来自各种各样操作系统、安全软件(例如,IDS和防火墙)、应用服务器(例如,Web服务器,电子邮件服务器),甚至包括物理安全控制设备(例如,标记阅读器)的日志。SIEM软件将这些各种各样的日志记录标准化,以便在所有日志记录中的同一个数据项(例如,IP地址)使用同一种格式。该软件可以删除日志记录中安全功能不需要的某些域,以及不相关的某些日志记录,这样在很大程度上减少了中央日志的数据量。SIEM 服务器分析来自多个日志源的联合数据,关联日志记录中的事件,识别并对重要事件进行优先排序。如果需要,则启动对事件的响应。SIEM 产品通常包含几个特点对用户很有用,例如:

(1) 特别设计的图形用户接口,用于协助分析员确定潜在问题、复核与每个问题相关的有效数据。

(2) 安全知识库包含已知漏洞的信息、某些日志消息的可能含义和其他技术数据,日志分析员能经常按照需要定制知识库。

(3) 事件跟踪和报告的功能,具有鲁棒性工作流特征。

(4) 评估信息存储和关联(例如,为目标是有漏洞的操作系统或一个更加重要的主机的攻击设定更高的威胁级别)。

2. 安全监控、分析和响应系统(MARS)

思科公司开发的 MARS 产品是一个集安全监控、分析和响应为一体的审计系统,它支持多种操作系统,并提供了大量分析工具包和一个有效的图形用户接口。该产品有很好的兼容性,所有的思科产品与该产品都兼容。另外,MARS 可以采集几乎所有启动 SNMP 和系统日志服务设备的数据,也可以从各种有漏洞的系统和反病毒系统、主机操作系统、Web 服务器、Web 代理设备和数据库服务器采集数据。

3. SNARE 审计系统

SNARE(System iNtrusion and Reporting Environment)审计系统是一款开源的安全审计与事件日志软件。该系统将审计从内核中分离出来,构成一个独立内核的模块,可以审计 44 个系统调用。它重新编写要审计的系统调用,在新的系统调用中加入了收集审计信息和将审计记录放入缓冲池的代码。而系统的调用功能仍通过调用原系统调用函数实现。加载模块后,新的具有审计功能的系统调用代替原有的系统调用。由于该系统采用替代系统调用来分离审计系统的方式,因此在系统升级时存在一定的困难。

4. 操作系统中的审计实现

1) Linux 的日志机制

目前,现有的审计都以日志机制为原型。日志所记录的操作主要有两类:系统管理工具通过进程间通信主动向日志后台进程 syslogd 发送重要操作信息,该后台进程将信息记录在日志文件/var/log/messages 中;系统核心在运行过程中通过调用函数 pintk 在核心缓冲区中记录一些信息,后台进程 klogd 通过系统调用 syslog 读出这些信息,记录在日志文件中。该方式能够对很多重要的事件(例如,用户登录、注销等)进行审计,但缺乏对资源访问方面的记录,且以用户态的后台进程将审计记录存入磁盘,易受到攻击。

2) 红旗安全操作系统的审计模块

红旗安全操作系统是专门为系统安全要求较高的应用而定制的服务器操作系统。它采用灵活的审计方式,分为全局审计、主体审计、客体审计、安全范围审计、无条件审计等五种审计方式。该系统采用了 Linux 内核。

3) Trusted XENIX 4.0 审计模块

Trusted XENIX 是基于 UNIX 的安全操作系统,该系统达到了 TCSEC 标准 B2 级,它的审计功能能够实现对所有系统调用的审计,可以审计利用隐蔽信道时可能被使用的事件。该模块为非开源模块。

## 4.5 本章小结

安全审计是信息系统重要的安全机制,它有助于了解系统安全机制的工作状态,有助于分析系统中出现的问题或受到的攻击,有助于辅助系统从异常状态中恢复,它是信息系统安全的最后一道防线。本章首先介绍了安全审计的基本概念、主要作用以及实现要求;然后,介绍了安全审计系统模型的有关内容,包括审计系统的功能需求、X. 816 标准定义的审计系统模型以及基于审计数据应用层次的系统模型;其次,围绕安全审计系统的实现,介绍了实现中涉及的关键问题,包括审计事件的生成,审计踪迹的生成、存储及分析,审计日志的生成、管理,审计策略、审计点的确定以及审计系统开销的降低等;最后,对典型的审计系统实例进行了简要介绍。

## 习　题

1. 什么是安全审计? 安全审计的目的是什么?
2. 审计系统的目标是什么? 如何实现?
3. 审计的主要内容包括哪些?
4. 从性能和效能的角度来看,信息系统安全审计机制实现应当达到怎样的要求?
5. 什么是审计事件? 审计事件通常被分为哪几类?
6. 什么是审计踪迹? 审计踪迹包含哪些内容?
7. 什么是审计日志? 应该依据怎样的原则选择日志的内容?
8. 降低审计系统开销的方法有哪些?

# 第5章　信息系统安全测评与网络安全等级保护

信息系统安全评测是对信息系统安全功能及特性进行验证、测试、评价以及定级的过程,它是信息安全保障的一个重要而有效的措施。世界各国对信息安全产品的测试评估高度重视,先后制定了一系列评估标准,为信息系统安全产品的标准化以及规范化信息系统安全建设提供了重要的依据和支撑。本章着重对信息系统安全测评的概念、方法、经典测评准则以及最新网络安全等级保护2.0标准进行介绍。

## 5.1　信息系统安全测评概述

### 5.1.1　基本概念

信息系统安全测评是指通过静态的安全模型、安全标准或特殊的安全规程检测系统,从而评定系统的安全等级。实现信息安全保障的一种有效措施是建立完善的信息技术安全测评标准和认证体系,规范信息技术产品及系统安全特性。完善科学的测评标准化体系能够对产品研发、系统集成、顾客采购以及安全性测试评估等方面形成科学的指导。

信息系统安全性主要是指系统能够满足给定的安全策略。系统的安全性与系统策略设计密切相关,只有保证从设计者到用户都相信设计准确地表达了模型,以及代码准确地表达了设计时,系统才能够称为安全。目前,评测信息系统安全性的方法主要有三种类型:形式化验证、非形式化确认及入侵分析。这些方法各自可以独立使用,也可以将它们综合起来评估系统的安全性。

1. 形式化验证

形式化验证是分析操作系统安全性最精确的方法。在形式化验证中,系统安全性可被简化成要证明的"定理",并基于定理综合验证系统的安全特性。该方法虽然严谨,但证明整个信息系统是安全的工作量非常大。形式化验证是一个复杂的过程,对于某些大型实用系统,试图描述及验证它十分困难,特别是那些在设计时并未考虑形式化验证的系统要通过形式化方法对其安全性进行认证就更加困难。

2. 非形式化确认

确认是比验证更为普遍的术语。它包含验证,但也包含其他不太严格的,但能让人们确信程序正确性的方法。完成一个信息系统安全性确认有如下几种方法:

安全需求检查:通过源代码或系统运行时所表现的安全功能,交叉检查操作系统的每个安全需求,其目标是验证系统所做的每件事是否都在功能需求表中列出。这个过程有助于说明系统仅做了它们应该做的每件事,但不能保证系统没有做它不应该做的事情。

设计及代码检查:设计者及程序员在系统开发时通过仔细检查系统设计或代码,发现设计或编程错误。例如,是否存在不正确的假设、错误逻辑等。

模块及系统测试：在程序开发期间，程序员或独立测试小组挑选数据，检查信息系统的安全性，组织测试数据以便检查每条运行路线、每个条件语句、产生的每种类型的报表以及每个变量的更改等。

3."老虎"小组入侵测试

该方式是一种入侵性的检测方式，"老虎"小组成员使用"摧毁性"测试的方法，寻找系统可能存在的安全缺陷。系统在入侵测试中失效，则说明它内部有错。但是，入侵测试不失效，并不能保证系统中没有任何错误。入侵测试在确定系统存在错误方面非常有用。

### 5.1.2 系统安全评测分类

目前，系统安全评测主要分为两类：一类是基于系统安全漏洞扫描等方法对系统的安全性进行综合评估，这样的方法主要包括漏洞扫描、入侵测试、基线安全分析等。虽然这类方法可以及时查找系统的漏洞，从而降低系统的安全风险。但由于这类方法大多处于零散的状态，且基于经验的评估方式，因此，这些方法存在一定的片面性，缺乏系统性。另一类基于统一的评测标准对系统进行安全测评，该方式是从安全功能及其设计的角度出发，由权威的第三方实施。信息系统安全评测标准的一般构成如图 5.1 所示，涉及的内容主要包括：安全保证需求、安全功能需求以及信任级别等。本章我们主要介绍基于标准的系统安全测评的有关内容。

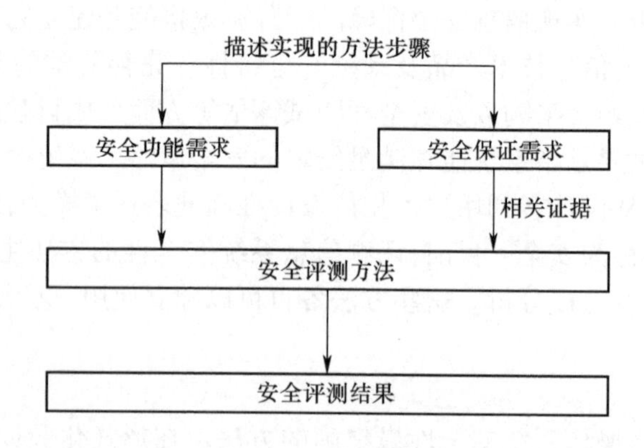


图 5.1　信息系统安全评测标准的一般构成

### 5.1.3 系统安全评测标准发展历程

信息系统安全评测标准经历了很长的发展历程（如图 5.2 所示）。系统安全测评最早起源于美国，20 世纪 60 年代后期，美国国防部（DoD）成立了一个研究组，针对当时计算机使用环境中的安全策略进行研究，并发布了"Defense Science Board Report"。70 年代的后期，DoD 对当时流行的操作系统 KSOS、PSOS、KVM 进行了安全方面的研究。80 年代后，美国国防部发布了"可信计算机系统评估准则"（Trusted Computer System Evaluation Criteria，TCSEC）（即橘皮书），该准则是历史上第一部计算机安全评价标准。而后 DoD 又发布了可信数据库解释（Trusted Database Interpretation，TDI）、可信网络解释（Trusted Network Interpretation，TNI）等一系列相关的说明和指南。90 年代初，英、法、德、荷等四国针对

TCSEC 准则的局限性,提出了包含保密性、完整性、可用性等概念的“信息技术安全评估准则”(ITSEC),定义了从 E0 级到 E6 级的七个安全等级。加拿大 1988 年开始制定《The Canadian Trusted Computer Product Evaluation Criteria》(CTCPEC)。1993 年,美国对 TCSEC 作了补充和修改,制定了“组合的联邦标准”(简称 FC)。国际标准化组织(ISO)从 1990 年开始开发通用的国际标准评估准则。在 1993 年 6 月,CTCPEC、FC、TCSEC 和 ITSEC 的发起组织开始联合起来,将各自独立的准则组合成一个单一的、能被广泛使用的 IT 安全准则,即《信息技术安全性评估通用准则》(简称“CC 标准”),发起组织包括六国七方:加拿大、法国、德国、荷兰、英国、美国 NIST 及美国 NSA,他们的代表建立了 CC 编辑委员会(CCEB)来开发 CC。同样,我国也制定了相应的强制性国家标准。例如,《计算机信息系统安全保护等级划分准则》(GB 17859—1999)、推荐标准《信息技术—安全技术—信息技术安全性评估准则》(GB/T 18336—2001)、《信息安全技术信息系统安全等级保护测评要求》、《信息安全技术信息系统安全等级保护测评过程指南》。

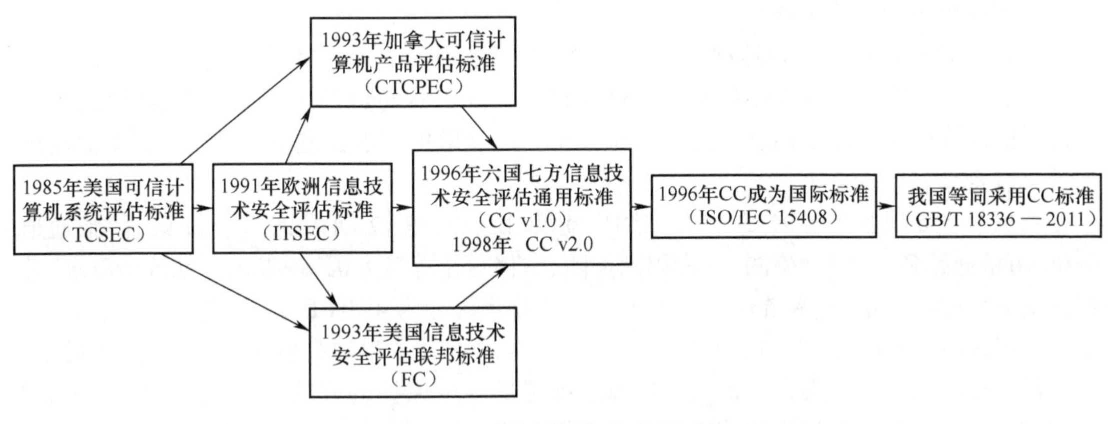


图 5.2　系统测评标准发展历程

# 5.2　可信计算机系统评价准则

可信计算机系统评价准则(TCSEC)是美国国防部根据国防信息系统的保密需求制定的,而后在美国国防部国家计算机安全中心(NCSC)的主持下制定了一系列相关准则。由于每本书使用了不同颜色的书皮,人们将它们称为彩虹系列。1985 年,TCSEC 再次修改后发布,沿用至今。直到 1999 年以前,TCSEC 一直是美国评估操作系统安全性的主要准则,其他子系统(例如,数据库和网络)的安全性也一直是通过橘皮书来解释评估。

## 5.2.1　TCSEC 简介

信息系统安全评测的基础是安全需求说明,即描述信息系统“安全”的真实含义。美国国防部基于这个基本的目标,给出了可信任计算机信息系统的 6 项基本需求,其中 4 项涉及信息的存取控制,2 项涉及安全保障。

需求 1:安全策略。要求系统必须实现一个良好定义的安全策略。已知标识的主体和对象,必须有一组规则用于确定一个已知主体能否允许存取指定对象。根据安全策略,计算机系统可以实施强制存取控制,有效实现处理敏感信息的存取规则。此外,还需要建立自主存取控制机制,确保只有所选择的用户或用户组才可以存取指定数据。

需求2:标记。要求存取控制标签对应于对象。为了控制对存储在计算机中信息的存取,按照强制存取控制规则,必须合理地为每个对象加一个标签,从而可靠地标识该对象的敏感级,以及与可能存取该对象的主体相符的存取方式。

需求3:标识。每个主体都必须予以标识。对信息的每次存取都必须通过系统决定。标识和授权信息必须由计算机系统安全地维护。

需求4:审计。可信任系统必须能将与安全有关的事件记录到审计记录中。必须有能力选择所记录的审计事件,减少审计开销。审计数据必须予以保护,避免遭受修改、破坏或非授权访问。

需求5:保证。为保证安全策略、标记、标识和审计这4个需求被正确实施,必须有某些硬件和软件实现这些功能。这组软件或硬件在典型情况下被嵌入操作系统中,并设计为以安全方式执行所赋予的任务。

需求6:连续保护。实现这些基本需求的可信任机制必须受到连续保护,避免篡改和非授权改变。如果实现安全策略的基本硬件和软件机制本身易遭到非授权修改或破坏,则任何这样的计算机系统都不能被认为是真正安全。连续保护需求在整个计算机系统生命周期中均具有意义。

根据上述6项基本需求,TCSEC在用户登录、授权管理、访问控制、审计跟踪、隐蔽通道分析、可信通路建立、安全检测、生命周期保障、文档写作等各方面,均提出了规范性要求,并根据所采用的安全策略、系统所具备的安全功能将系统分为4类(D类、C类、B类、A类),7个安全级别(D1、C1、C2、B1、B2、B3、A1),其中A类中的A1为最高安全级别,D类中的D1是最低安全级别。这些类别可被用来度量系统提供安全保护的程度,每一个级别和类别都是在前一个基础上增加相应的约束。在每个级别内,准则分为4个主要部分。前3部分叙述满足安全策略、审计和保证的主要控制目标。第4部分是文档,描述文档的种类,以及编写用户指南、手册、测试文档和设计文档的主要要求。TCSEC还给出了与安全政策、责任、保障和文档相关的27条明确可操作的评估准则,并给出了TCSEC的测试需求。

TCSEC准则原理是:在C1级设立基本安全要求,在高安全级别每一层加入新的安全需求,其安全等级划分如下:

1) D类是安全性最低的级别

不满足任何较高安全可信性的系统全部划入D级。该级别说明整个系统都是不可信任的,对硬件来说,没有任何保护作用,操作系统容易受到损害,不提供身份验证和访问控制。例如,MS-DOS、Macintosh System 7.x等操作系统属于这个级别。

2) C类为自主保护类(discretionary protection)

该类的安全特点在于系统的对象(例如,文件、目录)可由其主体(例如,系统管理员、用户、应用程序)自定义访问权限。自主保护类依据安全需求从低到高又分为C1、C2两个安全等级:

• C1级:又称自主安全保护(discretionary security protection)系统,实际上描述了一个典型的UNIX系统上可用的安全评测级别。对硬件来说,存在某种程度的保护。用户必须通过用户注册名和口令系统识别,这种组合用来确定每个用户对程序和信息拥有什么样的访问权限,这些访问权限是文件和目录的许可权限(permission)。在该级别中,存在一定的自主存取控制机制(DAC),这些自主存取控制使得文件和目录的拥有者或者系统管理员,能够阻止某个人或某组人访问程序或信息。UNIX 的"owner/group/other"存取控制机制,就是一种典型的实例。但需要强调的是:这一级别没有提供阻止系统管理账户行为的方法,这样会导致系统管理员在无意中损害系统的安全。另外,在这一级别中,许多日常系统管理任务只能通过超级用户执行。由于系统无法区分哪个用户以 root 身份注册系统执行了超级用户命令,因而容易引起系统不安全问题,且出了问题以后也难以追究责任。

• C2 级:又称受控存取控制系统。它具有以用户为单位的 DAC 机制,且引入了审计机制。除 C1 包含的安全特征外,C2 级还包含其他受控访问环境(controlled - access environment)的安全特征。该环境具有进一步限制用户执行某些命令或访问某些文件的能力,这不仅基于许可权限,而且基于身份验证级别。另外,这种安全级别要求对系统加以审计,包括为系统中发生的每个事件编写一个审计记录。审计用来跟踪记录所有与安全有关的事件(例如,那些由系统管理员执行的活动)。

3) B 类为强制保护类(mandatory protection)

该类的安全特点在于由系统强制的安全保护。在强制保护模式中,每个系统对象(例如,文件、目录等资源)及主体(例如,系统管理员、用户、应用程序)都有自己的安全标签(security label),系统则依据主体和对象的安全标签赋予访问者对访问对象的存取权限。强制保护类依据安全需求,从低到高又分为 B1、B2、B3 这 3 个安全等级:

• B1 级:标记安全保护(labeled security protection)级。该级要求具有 C2 级的全部功能。同时,引入强制存取控制(MAC)机制,以及相应的主体、客体安全级标记和标记管理。它支持多级安全(例如,秘密和绝密)的第一个级别,这一级别说明一个处于强制访问控制之下的对象,不允许文件的拥有者改变其存取许可权限。

• B2 级:结构保护(structured protection)级。该级要求具有形式化的安全模型、描述式顶层设计说明(DTDS)、更完善的 MAC 机制、可信通路机制、系统结构化设计、最小特权管理、隐蔽通道分析和处理等安全特征。它要求计算机系统中所有的对象都加标记,而且给设备(例如,磁盘、磁带或终端)分配单个或多个安全级别。这是提供较高安全级别的对象与另一个较低安全级别的对象相互通信的第一个级别。

• B3 级:安全域(security domain)级。该级要求具有全面的存取控制机制,严格的系统结构化设计及 TCB 最小复杂性设计,审计实时报告机制,更好地分析和解决隐蔽通道问题等安全特征。它使用安装硬件的办法增强域的安全性。例如增加内存管理硬件用于保护安全域,从而避免无授权访问或对其他安全域对象的修改。该级别要求用户的终端通过可信途径连接到系统上。

4) A 类为验证保护类(verify design)

A 类是当前橘皮书中最高的安全级别,它包含了一个严格的设计、控制和验证过程。设计要求必须得到数学上验证,且必须进行隐蔽通道和可信任分布(trusted distribution)的分析。所谓可信任分布是指硬件和软件在传输过程中已经受到保护,不可能破坏安全系统。验证保护类只有一个安全等级,即 A1 级。

• A1 级要求具有系统形式化顶层设计说明(FTDS),且需形式化验证 FTDS 与形式化模型的一致性,以及用形式化技术解决隐蔽通道等问题。

美国国防部采购的系统要求其安全级别至少达到B类,商业用途的系统也追求达到C类安全级别。然而,TCSEC B类以上系统出口在很多国家是受到限制的。因此,自主开发符合TCSEC中B类安全功能的安全操作系统一直是我国安全系统研究、开发者追求的目标。这里需要说明的是:TCSEC从B1到B2的升级,在美国被认为是安全操作系统设计开发中,单级增强最为困难的一个阶段。

### 5.2.2 TCSEC的B2级安全需求详解

在符合TCSEC的B2级安全系统中,TCB基于清晰定义和编制成文档的安全模型,它要求将B1级建立的自主存取控制和强制存取控制的实现扩充到系统的所有主体和对象中。在该级别中,系统鉴别机制被加强,并强制建立严格的配置管理机制;隐蔽通道分析更加明确;TCB接口得到更加严格的定义;TCB设计和实现使其能进行详细的测试和更完备的复查。B2级系统的最低要求介绍如下:

1)自主存取控制

TCB定义和控制系统中命名用户和命名对象(例如,文件和程序)之间的存取。实施机制(例如,用户/用户组/公用控制表)允许用户指定和控制命名用户(或定义的用户组,或二者)共享命名对象,并提供控制限制存取权限的扩散。自主存取控制机制,能在单个用户粒度下进行存取或取消存取。

2)客体重用

在释放一个客体时,将释放它目前保存的所有信息;当它被再次分配时,新主体将不能从客体保存的信息中获得原主体的任何信息。

3)标记

由TCB之外的主体可直接或间接存取的每个系统资源(例如,主体、存储对象、ROM),与这些资源相关联的敏感标记由TCB进行维护。这些标记可作为强制存取控制决策的依据。同样,也存在无标记数据。此时,TCB请求并从授权用户接收该数据的安全级。当然所有这样的活动都必须经过TCB审计。

4)标记完整性

敏感标记应准确表示指定主体和对象的完整性级别。当由TCB输出时,敏感标记要准确而无二义地表示内部标记,并与所输出的信息相对应。

5)输出有标记的信息

对于每个通信通道和I/O设备,TCB要将其标记成单级或多级设备。这种标记的任何改变均要由人工完成,并要通过TCB审计。与通信通道或I/O设备对应的安全级(一级或几级)的任何改变,TCB也应能审计。

6)输出到多级设备

当TCB将一个对象输出到多级I/O设备时,与此对象对应的敏感标记也要输出,并驻留在与输出信息相同的物理介质上。当TCB将一个对象在多级通信通道上输出或输入时,为使敏感标记与被发送或接收的信息之间进行准确无二义的对应,应提供该通道所使用的协议。

7)输出到单级设备

单级I/O设备和单级通道不要求保持它们所处理的信息的敏感标记。然而,TCB要提供一种供 TCB 和授权用户可靠通信的机制,以便经过单级通信通道或 I/O 设备输入/输出后,对信息加上单安全级的标记。

8）可读输出标记

系统管理员应能指定与输出敏感标记相对应的可打印标记名。对所有可读输出的开始和结束处,TCB 都加上可读敏感标记,以正确表示该输出的敏感性。默认的情况,对可读输出各页的顶部和底部,TCB 都需加上可读敏感标记,以正确表示该输出的整体敏感性或正确表示该页上信息的敏感性。这些标记都需 TCB 审计。

9）主体敏感标记

TCB 应能立即观察到终端用户在交互会话期间,与用户对应的安全级的任何改变。

10）设备标记

TCB 支持为所有已连接的物理设备设置安全级,并加上设备安全标记。

11）强制存取控制

TCB 对 TCB 以外的主体直接或间接访问的所有资源实施强制存取控制策略。强制存取策略要求对这些主体和对象要赋予敏感标记,标记是有层次的安全级别和无层次的范畴的组合,这些是强制存取控制进行决策的依据。具体要求如下:一个主体能够读一个对象,当且仅当主体的安全级中有层次的级大于或等于对象安全级中有层次的级,并且主体安全级中无层次的范畴包含对象安全级中所有无层次的范畴。一个主体能够写一个对象,当且仅当主体的安全级中有层次的级小于或等于对象安全级中有层次的级,并且主体安全级中无层次的范畴被对象安全级中无层次的范畴包含。

12）标识和鉴别

TCB 要求用户先进行自身识别,之后才开始执行需 TCB 控制的任何其他活动。TCB 要维护鉴别数据,不仅包括各个用户的许可证和授权信息,还包括为验证各用户标识所需的信息(例如,口令)。这些数据由 TCB 使用,对用户标识进行鉴别,并且确保 TCB 之外的用户创建的主体的安全级别和授权受到创建者的支配。TCB 要保护鉴别数据不被任何非授权用户存取,并且 TCB 还要提供关于标识和鉴别的审计功能。

13）可信通路

TCB 要支持它本身与用户之间的可信任通信路径,以便进行初始登录和鉴别。

14）审计

TCB 对于它所保护的对象,要能够建立和维护对其进行存取的审计踪迹,并保护该踪迹不被修改或非授权存取和破坏,且审计数据要受 TCB 保护。TCB 应记录下列类型的事件:标识和鉴别机制的使用;对象引用用户地址空间;删除对象;计算机操作员和系统管理员或系统安全员进行的活动;其他与安全有关的事件。TCB 还应能对可读输出标记的任何覆盖进行审计。对所记录的每一个事件,审计记录要标识出:该事件的日期和时间、用户、事件类型、事件的成功或失败。对于标识/鉴别事件,请求的来源(例如,终端 ID)要包括在该审计记录中。对于将对象引进用户地址空间事件和对象删除事件,审计记录要包括该对象的安全级。系统管理员应能根据各用户标识和对象安全级,对任一个或几个用户的活动有选择地进行审计。对于可用于隐蔽存储通道使用的标识事件,TCB 应能进行审计。

15）系统体系结构

TCB 应保护其自身执行的区域,使其免受外部干预。TCB 应能提供不同的地址空间保证进程隔离。TCB 应被构造成独立的模块,有效地利用可用硬件,将属于临界保护的元素与非临界保护元素区分开来。TCB 模块的设计应遵循最小特权原则。硬件特性(例如,分段)将用于支持具有不同属性的逻辑上不同的存储对象。对 TCB 的用户接口定义要完全,且 TCB 的全部元素要进行标识。

16) 隐蔽通道分析

系统开发者要对隐蔽存储通道进行全面搜索,并确定每个被标识通道的最大带宽。

17) 可信任机构管理

TCB 要支持单独的操作员和管理员功能。

18) 安全测试

系统的安全机制要经过测试,并确认其可以依据系统文档的要求进行工作;由充分理解该 TCB 特定实现的人员组成测试小组,对设计文档、源代码和目标代码进行全面的分析和测试。他们的目标是:纠正所有被发现的缺陷,并对 TCB 进行重新测试,确认缺陷已被消除且没有引入新的缺陷。测试将说明,该 TCB 的实现符合描述性顶层规范。

19) 设计规范和验证

在系统的生命周期内,TCB 支持的安全策略形式模型始终有效,TCB 的描述性顶层规范(DTLS)始终有效。

20) 配置管理

在 TCB 的开发和维护期间,配置管理系统要保持与当前 TCB 版本对应的所有文档与代码之间映射关系的一致性。要提供由源代码生成新版 TCB 的工具,还要可对新生成的 TCB 版本与前一版本进行比较的工具,以便肯定实际使用的新版 TCB 代码中只进行了所要求的改变。

21) 安全特性用户指南

在用户文档中应有单独的一节、一章或手册,对 TCB 提供的保护机制和使用方法进行描述。

22) 可信任机制手册

系统管理员手册应当说明在运行安全机制时以及应用有关功能和特权时的注意事项,每种类型审计事件的详细审计记录结构,以及检查和维护审计文件的过程。该手册还要说明与安全有关的操作员和管理员的能力(例如,改变用户的安全特性)。如何安全地生成新的 TCB,也要予以说明。

23) 测试文档

系统开发人员要向评测人员提供一个文档,说明测试计划,描述安全机制的测试过程,以及安全机制功能测试的结果。测试文档还应包括为减少隐蔽通道带宽所用的方法以及测试的结果。

24) 设计文档

设计文档提供生产厂商关于系统保护原理的描述,并且说明如何将该原理转换成 TCB。设计文档应当说明,由 TCB 实施的安全策略模型可以实施该安全策略。文档要描述 TCB 如何防篡改;TCB 如何进行构造以便于测试和实施最小特权等。此外,描述性顶层规范(DTLS)应准确描述 TCB 接口。

### 5.2.3 通过 TCSEC 评测的部分系统

美国国家计算机安全中心(NCSC)、美国国家安全局(NSA)依据 TCSEC 评估准则,对部分安全系统进行了评测。

1. 由 NCSC 评测的安全系统

HFS 公司开发的 UNIX 操作系统 XTS-200B 版本 STOP3.1E 被评测为 B3 级;TIS 公司开发的可信 XENIX3.0 操作系统被评测为 B2 级,UNIX 操作系统 V/MLS Release 1.2 被评测为 B1 级;SW 公司开发的 CMW1.0 系统被评测为 B1 级;并行计算机公司开发的可信 OS/32 Release08-03.3s 系统被评测为 C2 级;Convex 公司开发的 OS/Secure V10.0 UNIX 操作系统被测评为 C2 级;HP 公司开发的 MPE V/E Release GO3.04 系统被测评为 C2 级;波音公司开发的 MLS LAN 安全网络服务器被测评为 A1 级;控制数据公司开发的网络操作系统(NOS)被测评为 C2 级。

2. 由 NSA 评测的安全系统

波音公司开发的 MLS LAN OS 系统被测评为 A1 级;Wang Federal. Inc 开发的 XTS-200 STOP 3.1E,3.2E,4.1,4.1a 系统被测评为 B3 级;TIS. Inc 开发的 Trusted XENIX 3.0, Trusted XENIX 4.0 被评测为 B2 级;General Kinnetics 公司开发的 VSLAN5.0, VSLAN5.1, VSLAN6.0 被测评为 B2 级;Aedahl 公司开发的 UTS/MLS 2.1.5+被测评为 B1 级别;Digital Equipment 公司开发的 SEVMS VAX 6.0, SEVMS VAX 6.1 被测评为 B1 级,ULTRIX MLS+ 2.1 on VAX Station 3100 被测评为 B1 级;Harris Computer System 公司开发的 CX/SX6.1.1, 6.2.1,CX/SX with LAN /SX6.1,6.2 被测评为 B1 级;Unisys 公司开发的 OS 1100 Security Release I, OS 1100/2200 Release SB3R6, SB3R8, SB4R2, SB4R7 被测评为 B1 级;Crar Reseach Inc. 公司开发的 Trusted UNICOS 8.0 系统被测评为 B1 级;Data General 公司 AOS/VS II Release3.01, 3.10 被测评为 C2 级;Microsoft 公司 Windows NT 3.5 被测评为 C2 级。

## 5.3 计算机信息系统安全保护等级划分准则

近年来,我国制定了强制性国家标准 GB 17859—1999《计算机信息系统安全保护等级划分准则》和推荐标准 GB/T18336—2001《信息技术安全技术信息技术安全性评估准则》。我国国标 GB 17859—1999 参照美国 TCSEC 制定,将计算机信息系统安全保护能力划分为 5 个等级,第一级是最低安全等级,第五级是最高安全等级。一般认为我国 GB 17859—1999 的第四级对应于 TCSEC B2 级,第五级对应于 TCSEC B3 级。具体分级如下:

第一级:用户自主保护级

第二级:系统审计保护级

第三级:安全标记保护级

第四级:结构化保护级

第五级:访问验证保护级

1. 第一级:用户自主保护级

每个用户对属于自己的客体具有控制权(例如,可以自主地实现不允许其他用户写他的文件而允许其他用户读他的文件)。存取控制的权限可基于 3 个层次:客体的属主、同组用户、其他任何用户。另外,系统中的用户必须用一个注册名和一个口令验证其身份,目的在于标明主体是以某个用户的身份进行工作,避免非授权用户登录系统。同时,要确保非授权用户不能访问和修改"用来控制客体存取的敏感信息"和"用来进行用户身份鉴别的数据"。

具体内容如下:

(1) 可信计算基要定义和控制系统中命名用户对命名客体的访问,并且进行自主存取控制。

(2) 具体实施自主存取控制的机制应能控制客体属性,同组用户、其他任何用户对客体的共享以及如何共享。

(3) 实施自主存取控制机制的敏感信息要确保不被非授权用户读取、修改和破坏。

(4) 系统在用户登录时,通过鉴别机制对用户进行鉴别。

(5) 鉴别用户的数据信息,确保不被非授权用户访问、修改和破坏。

2. 第二级:系统审计保护级

与第一级"用户自主保护级"相比,增加了以下 4 项内容。

(1) 自主存取控制的粒度更细,要达到系统中的任一单个用户。

(2) 审计机制。审计系统中受保护客体被访问的情况(包括增加、删除等),审计用户身份鉴别机制的使用,审计系统管理员、系统安全管理员、操作员的对系统的操作以及其他与系统安全有关的事件。要确保审计日志不被非授权用户访问和破坏。对于每一个审计事件,审计记录包括事件的时间和日期、事件的用户、事件类型、事件是否成功等;对身份鉴别事件,审计记录包含请求的来源(例如,终端标识符);对客体引用用户地址空间的事件及客体删除事件,审计记录包含客体名;对不能由 TCB 独立分辨的审计事件,审计机制提供审计记录接口,可由授权主体调用。

(3) TCB 对系统中的所有用户进行唯一标识(例如,ID 号),系统能通过用户标识号确认相应的用户。

(4) 客体重用。释放一个客体时,将释放其目前所保存的信息;当它再次分配时,新主体将不能据此获得其原主体的任何信息。

3. 第三级:安全标记保护级

在第二级"系统审计保护级"的基础上增加了下述安全功能:

(1) 强制存取控制机制。TCB 对系统的所有主体及其控制的客体(例如,进程、文件、段、设备)指定敏感标记(即安全级),这些敏感标记由级别和类别组成:级别是线性的(例如,公开、秘密、机密和绝密等),类别是一个集合(例如,外交、人事、干部调配等)。两个敏感标记之间可以是支配关系、相等关系和无关,仅当主体的敏感标记支配客体的敏感标记时,主体才可以读取客体;仅当客体的敏感标记支配主体的敏感标记时,主体才可以写客体。

(2) 在网络环境中,要使用完整性敏感标记确保信息在传送过程中没有受损。

(3) 系统要提供有关安全策略模型的非形式化描述。

(4) 在系统中,主体对客体的访问要同时满足强制访问控制检查和自主访问控制检查。

(5) 在审计记录的内容中,对客体增加和删除事件要包括客体的安全级别。另外,TCB 对可读输出记号(例如,输出文件的安全级标记等)的更改要能审计。

4. 第四级：结构化保护级

该保护级明确要求具备以下安全功能：

(1) TCB 建立于一个明确定义的形式化安全策略模型之上。

(2) 对系统中的所有主体和客体实行自主访问控制和强制访问控制。

(3) 进行隐蔽存储信道分析。

(4) 为用户注册建立可信通路机制。

(5) TCB 必须结构化为关键保护元素和非关键保护元素。TCB 的接口定义必须明确，其设计和实现要能经受更充分的测试和更完整的复审。

(6) 支持系统管理员和操作员的职能划分，提供可信功能管理。

具体内容如下：

• 自主访问控制。同第三级"安全标记保护级"。

• 强制访问控制。TCB 对外部主体能够直接或间接访问的所有资源实施强制访问控制。

• 身份鉴别。同第三级"安全标记保护级"。

• 客体重用。同第三级"安全标记保护级"。

• 审计。同第三级"安全标记保护级"，但增加了审计隐蔽存储信道事件。

• 隐蔽通道分析。系统开发者应彻底搜索隐蔽存储信道，并确定每一个被标识信道的最大带宽。

• 可信路径。对用户的初始登录(例如，login)，TCB 在它与用户之间提供可信通信路径，使用户确信与 TCB 进行通信。

5. 第五级：访问验证保护级

该保护级的关键功能要求如下：

(1) TCB 满足引用监视器需求，它仲裁主体对客体的全部访问，其本身足够小，能够被分析和测试。在构建 TCB 时，要清除那些对实施安全策略不必要的代码。在设计和实现时，从系统工程角度将其复杂性降低到最小程度。

(2) 扩充审计机制，当发生与安全相关的事件时能发出信号。

(3) 系统具有很强的抗渗透能力。

具体内容如下：

• 自主访问控制。同第四级"结构化保护级"。

• 强制访问控制。同第四级"结构化保护级"。

• 客体重用。同第四级"结构化保护级"。

• 审计。同第四级"结构化保护级"，但增加了报警机制和中止事件的能力。如果这些与安全相关的事件继续发生或积累，系统应能以最小的代价中止它们。

• 隐蔽通道分析。系统开发者要彻底搜索隐蔽通道，并估算确定每一个被标识信道的最大带宽。

• 可信路径。当连接用户时，TCB 在它与用户之间提供可信通信路径，使用户确信与 TCB 进行通信。另外，确保可信路径在逻辑上与其他路径上的通信相隔离，且能正确加以区分。

• 可信恢复。TCB 要提供过程和机制，保证计算机信息系统失效或中断后，可以进行不损害任何安全保护性能的恢复。

## 5.4 信息技术安全性评估通用准则

### 5.4.1 CC 标准概述

信息技术安全性评估通用准则(即 CC 标准)是北美和欧盟联合推出的一个统一的国际互认的安全准则,是在美国、加拿大、欧洲等国家和地区分别自行推出的评估准则。该准则在具体实践的基础上,通过相互间的总结和互补发展起来,成为通用的国际安全评估标准。

CC 标准的逐步形成经历了较长的过程。1991 年 1 月,美国联合荷、法、德、英、加等国宣布了制定通用安全评价准则(Common Criteria for IT Security Evaluation,CC)的计划。1996 年六国七方签署了《信息技术安全评估通用准则》即 CC1.0 版。它的基础是欧洲的 ITSEC,美国的 TCSEC,加拿大的 CTCPEC,以及国际标准化组织 ISO SC27 WG3 的安全评测标准。CC2.0 版于 1998 年 5 月正式发布,1999 年发行了 2.1 版,1999 年 12 月,国际标准化组织 ISO 将其作为国际标准——ISO/IEC 15408 公布,2005 年发布了 2.3 版,同年颁布为 ISO/IEC 15408—2005 国际标准,取代了 ISO/IEC 15408—1999。2009 年 7 月发布了 3.1 版。该版本中很多生效的变更来自于最终用户、开发者、评估者和其他专家小组的反馈。CC 标准吸收了各国制订信息系统安全评测标准的经验,对信息安全系统和产品的研究、应用与评测带来重大影响,版本变化如表 5.1 所示。

表 5.1 CC 的版本

<table>
<tr><th>制定年份</th><th>版 本 号</th><th>制定年份</th><th>版 本 号</th></tr>
<tr><td>1995 年</td><td>V0.9</td><td>1996 年</td><td>V1.0</td></tr>
<tr><td>1997 年</td><td>V2.0 Beta</td><td>1998 年</td><td>V2.0</td></tr>
<tr><td>1999 年</td><td>V2.1 ISO/IEC 15408 GB/T 18336—2001</td><td>2004 年</td><td>V2.2</td></tr>
<tr><td>2005 年</td><td>V2.3</td><td rowspan="2">2006 年</td><td rowspan="2">V3.1 Revision 1</td></tr>
<tr><td>2009 年</td><td>V3.1 Revision 3 Final</td></tr>
</table>

通用准则 CC 内容分三部分:第一部分是“简介和一般模型”;第二部分是“安全功能要求”;第三部分是“安全保证要求”。

第一部分是对 CC 的总体简介。定义信息技术安全性评估的一般概念和原则,提出评估的一般模型,还定义了表示安全目标的结构,选择和定义安全要求以及撰写产品和系统的高层规范。另外,第一部分还描述了 CC 的每一部分对每一目标读者的用途。

第二部分是安全功能要求。这部分包含良好定义的且较易理解的安全功能要求的目录,它将作为一个表示产品和系统安全要求的标准方式。安全功能要求的目录被组织为类、子类和组件的形式。这里需要强调:在 CC 标准中,安全要求(包括,安全功能要求和安全保证要求)均以类、子类、组件的形式进行定义,这给出了对安全要求进行分组归类的方法。首先,对安全要求的全集,根据不同的侧重点划分成若干大组,每个大组就称为一个类。每个类的安全要求,根据不同的安全目标,又划分成若干小组,每个小组就称为一个子类。每个子类的安全要求,根据不同的安全强度或能力,再进一步划分成更小的组,每一个这样的更小的组用一个组件来表示。这样,安全要求由类构成,类由子类构成,子类由组件构成。组件是 CC 标准中最小的可选安全要求集,是安全要求的具体表现形式。CC 准则定义了 11 个功能类。

第三部分是安全保证要求。这部分包含建立一组保证组件所用到的安全保证要求的目录,它可被作为表示 IT 产品和系统保证要求的标准方式。此部分还定义了对保护轮廓(Protection Profile, PP)和安全目标(Security Target, ST)的评估标准。安全保证要求的目录也被组织为与第二部分同样的"类—子类—组件"结构。CC 准则定义了 7 个公认的安全保证要求类、2 个评估保证类和 1 个保证维护类。除此以外,第三部分还给出了评价 IT 产品或系统安全可信等级的 CC 尺度——评估保护级(Evaluation Assurance Level, EAL)。EAL 是由 CC 中定义的安全保证要求组件构成的一种特定组合,是度量保证措施的一个尺度,这种尺度表示了所获得的保证类以及达到该保证级所需的代价和可行性。EAL 通过配置管理、交付和运行、开发、指导性文档、生命周期支持、测试和脆弱性评估等方面所采取的措施来确立产品的安全可信度。

通用准则 CC 内容的三个部分相互依存。第一部分介绍 CC 的基本概念和基本原理;第二部分提出了技术要求;第三部分提出了非技术要求和对开发过程、工程过程的要求。

### 5.4.2 CC 总体简介

1. CC 的开发目的及应用范围

CC 准则制定的目的是确定适用于一切 IT 安全产品和系统的评估准则,具有普适性和通用性,这些决定了它必须具备足够的灵活性和可扩充性,以便适用于各种产品和系统。CC 只规定准则,不涉及评估方法。评估方法的选择留给其具体的评估体制确定。一个评估体制既可选用"通用评估方法(CEM)",也可选择其他评估方法。CC 仍将信息安全的三性(保密性、完整性和可用性)作为整个准则的出发点。为不受特定技术的限制,CC 准则中的安全要求不涉及具体的技术。采用 CC 准则和 CEM 方法进行的评估,为不同评估间评估结果的可比性提供了基础。

CC 的使用对象:系统的消费者、开发者或集成商、评估者以及审核员、认证人员及授权人员等。

不属于 CC 范围的有:人员和物理的安全措施;CC 的应用,例如,行政、法律、程序上的规定;认可与认证过程;密码算法的定义等。

2. CC 需求表达

CC 中的安全需求表达通常会涉及以下概念:保护轮廓(Protection Profile, PP)、安全目标(Security Target,ST)、包(Package)、评估目标(Target Of Evaluation, TOE)。

1) PP

PP 是 CC 中最关键的概念,它是一类产品或系统的安全需求描述,是安全性评估的依据,它与产品的具体实现无关。PP 就是关于要搭建的 IT 安全产品的一组安全要求的一个独立实施的表述,是抽象层次较高的安全需求说明书,可以由产品的用户或开发者或其他的第三方来定义,它为用户陈述特定的安全需要提供了一种方法。在 PP 的定义中,通常都使用 CC 中定义好的需求组件或由这些组件构成的组件包。同时,也可以使用自行定义的需求组件。在安全产品的开发过程中,PP 通常是在 ST 的定义中被引用。在标准体系中 PP 相当于产品标准,这样的规定有助于过程规范性标准的开发。PP 的结构由以下几个部分组成:PP 简介、TOE 描述、TOE 安全环境、安全目标、安全要求、PP 应用注释和基本原理等。PP 简介部分给出 PP 的标识和概述信息;TOE 描述部分描述将要实现 PP 所定义的安全需求的安全产品的类型和一般特性;TOE 安全环境部分描述安全产品使用环境中的有关安全因素,包括产品可能面临的安全威胁和产品的使用机构要实施的安全策略等;安全目标部分定义为解决安全环境中的各种安全问题所应确立的安全目标;安全要求部分定义安全产品为达到已确立的安全目标而应该满足的安全需求,包括安全功能要求和安全保证要求;PP 应用注释部分为附加部分,它可以包含安全产品的研制、评价和使用等方面的附加支持信息;基本原理描述了 PP 是如何实现的,以及一个产品如何依据它去构建对满足目标才是有效的相关论据。

2) ST

ST 就是关于一个特殊的 IT 安全产品或系统所需的安全要求的陈述,它与产品的具体实现有关。ST 的安全需求定义与 PP 非常相似,不同的是 ST 的安全需求是为某一特定的安全产品而定义。ST 的安全需求可通过引用某个或多个 PP 来定义,也可采用与定义 PP 相同的方法从头定义。ST 除了包含 PP 所具有的内容外,还包含产品的概要说明。ST 的结构由以下几个部分组成:ST 简述、TOE 描述、TOE 安全环境、安全目标、安全要求、产品概要说明、PP 引用声明和理论依据等。其中 ST 简述、TOE 描述、TOE 安全环境、安全目标、安全要求等部分与 PP 中的相应部分相似。产品概要说明部分对安全需求给出定义:一方面,针对安全功能要求定义满足这些需求的安全功能;另一方面,针对安全保证需求定义满足这些需求的安全保证措施。安全功能以非形式化的方式定义,描述要达到一定的详细程度,能把有关的实现情况表达清楚;安全保证措施可适当结合有关质量计划、生命周期计划和管理计划等加以定义。如果 ST 中有对 PP 的引用,则 PP 引用声明部分陈述有关引用 PP 的情况,包括:ST 与 PP 间需求的一致性、ST 中对 PP 需求的进一步限定、ST 中在 PP 基础上的需求扩展等。

3) 包

包是安全要求组件的一个中间集合。包允许对满足一些特殊需要的一组功能要求或保证要求的表述以一组安全目的的形式来表示。包被规定为可重用,且是用来定义已知在满足可识别的目的上是有用的和有效的要求。一个包可以被用在更复杂的包或 PP 和 ST 上。包含在第三部分中的七个 EAL 就是预定义的保证包。

4) TOE

TOE 就是一个将被评估的产品或系统,通过一个相应的 ST 用特定的条款,或通过一个 PP 用较一般条款所描述的安全特性。TOE 是用于安全性评估的信息技术产品、系统或子系统(例如,防火墙产品、计算机网络、密码模块以及相关的管理员指南、用户指南、设计方案等文档)。

3. CC 的思想

CC 是评估信息技术产品和系统安全特性的基础准则,是信息技术安全性评估的通用准则。通用准则 CC 主要保护的是信息的机密性、完整性和可用性,其次也考虑了可控性、责任可追查性以及信息系统的可用性等方面。该标准适用于对信息技术产品或系统的安全进行评估，不论其实现方式是硬件、固件还是软件；还可用于指导产品或系统的开发、生产、集成、运行、维护等。通用准则使得其评估结果能被更多的人理解，更多的人信任，并且有可比较性，从而达到互相认可的目的。CC 标准的制定思想主要体现在以下两方面：

1）安全功能与安全保证相互独立的思想

CC 标准的核心思想之一是信息安全技术提供的安全功能本身和对信息安全技术的保证承诺之间独立：一方面信息系统的安全功能和安全保证措施相独立，并且通过独立的安全功能需求和安全保证需求来定义一个产品或系统的完整的信息安全需求。CC 安全功能需求定义了期望的安全行为，而保证需求则是对宣称的安全措施的有效性和实现的正确性信任的基础。另一方面，信息系统的安全功能及说明与对信息系统安全性的评价完全独立。信息系统的安全功能需求和实现的安全功能说明仅仅表明了这个系统自己声称满足的安全需求，而评价则是评价这个声明的可信性。虽然厂商可以评价自己实现的功能，但不能作为对产品安全性的最终评价，仅能作为 TOE 评价的参考。

2）安全工程的思想

安全工程的思想是 CC 标准的另一个核心思想，即通过对信息安全产品的开发、评价、使用全过程的各个环节实施安全工程来确保产品的安全性。对于开发过程，CC 定义了一套行之有效的 IT 安全需求，可以用它们来创建未来产品和系统的安全需求。CC 还定义了 PP 说明书，消费者和开发者可以用它来书写对产品和系统的安全需求。对于评价过程，主要的输入是 ST 说明、关于 TOE 的说明和 TOE 自身，评价结果是 ST 是否满足 TOE，以及一个或多个关于评价说明的报告。最后，一旦 TOE 开始使用，TOE 的脆弱性就可能暴露出来，环境假设也可能发生变化，这时将向开发者报告需要对 TOE 进行修改，修改之后，还需要重新评价，这个过程就称为“信任维护”。

4. CC 的特点

与早期的主要评估准则相比，通用准则 CC 具有以下特点：

1）CC 源于 TCSEC，但已经完全改进 TCSEC

TCSEC 更适合于操作系统的评估，不支持安全功能的裁减且不支持商业评测。随着信息技术的发展，CC 全面地考虑了与信息技术安全性有关的所有因素，以“安全功能要求”和“安全保证要求”的形式提出了这些因素。

2）CC 具有保密性、完整性和可用性等安全特性

正如 ITSEC 所做，CC 专注于一个保密性、完整性和可用性的延伸，其目的在于更明确地对军用和商用的定位。信息安全，从前更多关注的是政府和军用，而随着互联网的出现，它已成为所有类型的打算进行电子商务的商业组织的最大关注点。商业企业也能从同类型的政府对商业软件产品和系统的形式评估要求的保证中获益。

3）CC 分离了功能与保证

CC 分离了功能与保证，即把安全要求分为规范产品和系统安全行为的功能要求以及解决如何正确有效地实施这些功能的保证要求。功能和保证要求又以“类-族-组件-元素”的结构表述，元素是安全要求的最小构件块。

### 5.4.3 CC 的安全功能需求描述

在明确用户需求后，需要在产品或系统中采取相应的技术安全措施满足这些需求，安全

功能要求就是规范这些技术安全措施。

安全功能组件是PP或ST中表达TOE的安全功能要求的基础。安全功能要求描述了TOE所期望的安全行为,目标是PP或ST中陈述的安全目标。这里的安全功能要求并不是要为所有安全问题提供确定的答案,而是提供一组可供广泛理解的安全功能要求。另外,CC的本部分只是包含了发布时已知并认为有价值的那些要求,不包括所有可能的安全要求。这些安全功能要求体现了当时评估技术的发展水平。由于用户的理解和需求可能会变化,这些功能要求需要不断进行维护。PP或ST的作者也可以考虑使用本部分以外的功能要求。

1. 功能要求的结构组成

安全功能要求以类、族和组件来表达。这里定义了CC标准中安全功能要求的内容和形式,并可为需要向ST中添加新组件的组织提供指南。

- 类结构:每个功能类包括类名、类介绍和一个或多个功能族。
- 族结构:每个功能族包括族名、族行为、组件层次、管理、审计和一个或多个组件。
- 组件结构:每个组件包括组件标识、依赖关系和一个或多个功能元素。
- 允许的功能组件操作:用于PP、ST或包的功能组件,可以经剪裁满足特定的安全目标。

2. 功能类描述

CC提出了11个功能类,包括安全审计类(FAU)、通信类(FCO)、密码支持类(FCS)、用户数据保护类(FDP)、标识和鉴别类(FIA)、安全管理类(FMT)、隐私类(FPR)、TSF保护类(FPT)、资源利用类(FRU)、TOE访问类(FTA)和可信路径/通道类(FTP)。安全功能要求类及其包含子类如表5.2所示。

表5.2 安全功能要求类及其包含子类

| 类名称 | 字母代码 | 包含的子类 |
| --- | --- | --- |
| 安全审计 | FAU | 安全审计自动应答;安全审计数据产生;安全审计分析;安全审计事件选择;安全审计事件存储 |
| 通信 | FCO | 原发抗抵赖;接受抗抵赖 |
| 密码支持 | FCS | 密钥管理;密码运算 |
| 用户数据保护 | FDP | 访问控制策略;访问控制功能;数据鉴别;输出到TSF控制之外;信息流控制策略;信息流控制功能;从TOE控制之外输入;TOE内部传送;残余信息保护;反转;存储数据的完整性;TSF间用户数据传送的保密性保护;TSF间用户数据传送的完整性保护 |
| 标识与鉴别 | FIA | 鉴别失败;用户属性定义;用户鉴别;用户标识;用户主体绑定 |
| 安全管理 | FMT | TSF中功能的管理;安全属性的管理;TSF数据的管理;撤销;安全属性到期;安全管理角色 |
| 隐私 | FPR | 匿名/假名;不可关联性;不可观察性 |
| TSF保护 | FPT | 根本抽象机测试;失败保护;输出TSF数据的可用性;输出TSF数据的保密性;输出TSF数据的完整性;TOE内TSF数据的传送;TSF物理保护;可信恢复;重放检测;参照仲裁;域分离;状态同步协议;时间戳;TSF间TSF数据的一致性;TOE内TSF数据复制的一致性;TSF自检 |

续表

| 类名称 | 字母代码 | 包含的子类 |
| --- | --- | --- |
| 资源使用 | FRU | 容错;服务优先级;资源分配 |
| 评估目标访问 | FTA | 可选属性范围限定;多重并发会话限定/会话锁定;TOE 访问旗标;TOE 访问历史;TOE 会话建立 |
| 可行路径/通道 | FTP | TSF 间可信信道;可信路径 |

功能类的简单描述如下:

(1) 安全审计类(FAU)。安全审计包括识别、记录、存储和分析与安全活动有关的信息。

(2) 通信类(FCO)。在数据交换中,本类用于确保信息传输发起者的身份(原发证明)和确保信息传输接收者的身份(接收证明)。

(3) 密码支持类(FCS)。TSF 可以应用密码功能满足一些安全目的,例如标识和鉴别、抗抵赖、可信路径、可信信道和数据分离等。该类可用硬件、固件和/或软件来实现,在 TOE 执行密码功能时使用。FCS 类由两个族组成:FCS_CKM 密钥管理和 FCS_COP 密码运算。FCS_CKM 族解决密钥管理方面的问题,而 FCS_COP 族则与密钥在运算中的使用情况有关。

- 密钥管理(FCS_CKM)

族行为:密钥在其整个生存期内都必须进行管理。为此,该族定义了以下几种操作:密钥产生、密钥分配、密钥访问和密钥销毁。凡是存在对密钥进行管理的功能要求时,都必须包含该族。

- 密码运算(FCS_COP)

族行为:为了保证密码运算的功能正确,必须按照特定的算法和一定长度的密钥来运算。只要有执行密钥运算的要求,都需包含该族。典型的密码运算包括:数据加密和/或解密、数字签名产生和/或验证、针对完整性的密码校验和产生和/或校验和检验、保密 Hash(信息摘要)、密钥加密和/或解密,以及密钥协商。

(4) 用户数据保护类(FDP)。本类规定了与保护用户数据相关的 TOE 安全功能要求和 TOE 安全功能策略。FDP 分为若干族,这些族分为 4 个组(即用户数据保护安全功能策略组;用户数据保护形式组;脱机存储、输入和输出组;TSF 间通信组),用于处理 TOE 内部在输入、输出和存储期间的用户数据,以及与用户数据直接相关的安全属性。

- 访问控制策略(FDP_ACC)

族行为:该族确定了访问控制安全功能策略(Security Function Policy, SFP)(通过名字),并定义了组成安全策略 TSP 的被确定的访问控制部分的策略控制范围。这一范围包括三部分:策略控制下的主体,策略控制下的客体,以及由策略覆盖的被控制的主体和客体间的操作。本准则允许有多个策略存在,其中每条策略有一个独一无二的名字。这可以通过从该族为每一个命名的访问控制策略迭代组件一次来实现。定义访问控制 SFP 功能性的规则将由其他的族定义,如 FDP_ACF 和 FDP_SDI。这里 FDP_ACC 中所确定的访问控制 SFP 的名字对所有余下的有“访问控制 SFP”赋值或选择操作的功能组件都起作用。

- 访问控制功能(FDP_ACF)

族行为:该族描述了可以实现在 FDP _ACC 中命名的一条访问控制策略的特定功能的

规则。

• 数据鉴别(FDP_DAU)

族行为:数据鉴别允许一个实体承担信息真实性的责任(例如,通过数字签名)。该族提供了一种方法,利用此方法可以保证特定的数据单元的有效性,进而可用其验证信息内容没有被伪造或篡改。与 FCO 类不同,该族用于"静态"数据而不是正在传输的数据。

• 向 TSF 控制范围之外输出(FDP_ETC)

族行为:该族确定从 TOE 输出用户数据的功能,使得数据在输出时可以保留它的安全属性和保护措施,也可以在一旦输出后就被忽略掉。这涉及对输出的限制和安全属性输出的用户数据的联系。

• 信息流控制策略(FDP_IFC)

族行为:该族确定了信息流控制 SFP(通过名字)并定义了组成 TSP 的信息流控制部分的策略的控制范围。该控制范围包括以下三个集合:策略控制下的主体,策略控制下的信息,以及引起受控信息流出流入策略覆盖的受控主体的操作。

• 信息流控制功能(FDP_IFF)

族行为:该族描述了可以实现在 FDP_IFC 中命名的信息流控制 SFP 的特定功能的规则,还规定了策略的控制范围。族中包含两种要求:一是针对通用的信息流功能问题,二是针对非法的信息流(即隐蔽信道)。

• 从 TSF 控制范围之外输入(FDP_ITC)

族行为:该族定义了引入用户数据到 TOE 内的机制,使得数据在输入时有合适的安全属性和保护措施。

• TOE 内部传输(FDP_ITT)

族行为:该族提供了当用户数据通过内部信道在一个 TOE 的各部分之间传递时,对数据进行保护的要求。和 FDP_ UCT 与 FDP_ UIT 不同在于,后两者为数据经外部信道在不同的 TSF 间传递时提供保护;而与 FDP_ ETC 和 FDP_ ITC 不同则在于,它们描述的是数据进出 TSF 时的控制。

• 剩余信息保护(FDP_RIP)

族行为:该族针对如下需要,即确保已经被删除的信息不再是可访问的,并且,新生成的客体确实不包含不可访问的信息。该族要求保护在逻辑上已被删除或被释放的信息,但信息仍旧可以保留在 TOE 内部。

• 反转(FDP_ROL)

族行为:反转操作涉及因受某种限制,如时间长短而撤销上一次或一系列操作,并返回到某个以前的已知状态。反转提供了消除上一次或一系列操作结果的能力以保持用户数据的完整性。

• 存储数据的完整性(FDP_SDI)

族行为:该族提供了对存储在 TSC(TSF Scope of Control)内部的用户数据保护的要求。完整性错误可能会影响存放在内存中的,或存储设备中的数据。该族不同于 TOE 内部传输 FDP_ITT 在于,后者保护的是数据在 TOE 内部传输时的完整性。

• TSF 间用户数据保密性的传输保护(FDP_UCT)

族行为:该族定义了当用户数据通过外部信道在不同的 TOE 之间,或是在不同 TOE 上的用户之间传递时,确保用户数据的保密性的要求。

• TSF 间用户数据完整性的传输保护(FDP_UIT)

族行为:该族定义了当用户数据在 TSF 和其他可信产品间传输时,提供完整性,并且从可检测的错误中恢复的要求。该族最少监视着用户数据的完整性以防篡改,此外,还支持纠正检测到的完整性错误的不同方法。

(5) 标识与鉴别类(FIA)。授权用户的无歧义的标识,以及安全属性与用户和主体的正确关联是实施预定安全策略的关键。该类中的族解决建立和验证一个声称用户身份的功能要求。需要通过标识和鉴别确保用户联接上了正确的安全属性(例如,身份、组、角色、安全级,或是完整性类)。授权用户的明确标识以及为用户和主体联接正确的安全属性是实施预定安全策略的关键。该类中的族实现对用户身份的判断和验证,判断是否授权与 TOE 交互,授权用户是否联接了正确的安全属性。其他的类(例如,用户数据保护、安全审计)要想有效,就要建立在对用户的正确标识和鉴别基础上。

• 鉴别失败(FIA_AFL)

族行为:该族要求为不成功的鉴别尝试次数定义一个值,鉴别尝试失败出现 TSF 动作。其参数包括但不限于失败的鉴别尝试数目和时间阈值。

• 用户属性定义(FIA_ATD)

族行为:所有授权用户都可能除了用户身份外,还有一组用来执行 TSP 的安全属性。该族定义了按支持 TSP 的需要,将用户安全属性与用户联系起来的要求。

• 秘密的规范(FIA_SOS)

族行为:该族定义了有关对提供的秘密执行确定的品质量度和产生满足确定量度秘密的机制的要求。

• 用户鉴别(F1A_UAU)

族行为:该族定义了 TSF 支持的用户鉴别机制的类型。另外,也定义了用户鉴别机制所基于的属性。

• 用户标识(FIA_UID)

族行为:该族定义了要求用户在实施任何其他有待 TSF 促成的动作之前先识别自己的条件,以及要求用户标识的条件。

• 用户主体绑定(FIA_USB)

族行为:一个已鉴别了的用户,为了使用 TOE,一般要先激活一个主体。用户的安全属性全部或部分地与该主体相关联。该族定义了产生和维护用户的安全属性与代表用户活动的主体间的关联的要求。

(6) 安全管理类(FMT)。安全管理类的目的在于管理 TSF 数据;管理安全属性,例如访问控制表和能力表;管理 TSF 功能,例如功能的选择,影响 TSF 行为的规则或条件;定义安全角色。该类试图规定 TSF 几个方面的管理:安全属性、TSF 数据和功能,也可规定不同的管理角色和它们之间的交互,如分离能力。该类有几个目的:TSF 数据的管理,例如标志;安全属性的管理,例如访问控制表和能力列表;TSF 功能的管理,例如功能的选择,影响 TSF 行为的规则或条件;安全角色的定义。

• TSF 中功能的管理(FMT_MOF)

族行为:该族允许授权用户控制 TSF 中功能的管理。TSF 中的功能的例子包括审计功能和多鉴别功能。

• 安全属性的管理(FMT_MSA)

族行为:该族允许授权用户控制安全属性的管理。这种管理可能包括查看和修改安全属性的能力。

• TSF 数据的管理(FMT_MTD)

族行为;该族允许授权用户(角色)控制 TSF 数据的管理。这里的 TSF 数据包括审计信息、时钟、系统配置和其他的 TSF 配置参数。

• 取消(FMT_REV)

族行为:该族针对 TOE 内各种实体的安全属性的取消。

• 安全属性到期(FMT_SAE)

族行为:该族针对执行安全属性的有效期限的能力。

• 安全管理角色(FMT_SMR)

族行为:该族试图控制对用户以不同角色的配置。这些角色的安全管理能力将在该类的其他族中描述。

(7) 隐私类(FPR)。本类规定隐私要求,这些要求为用户提供其身份不被其他用户发现或滥用的保护。

• 匿名(FPR_ANO)

族行为:该族确保用户在使用资源或服务时不暴露其用户身份。匿名需要对用户的身份提供保护。匿名并不保护主体的身份。

• 假名(FPR_PSE)

族行为:该族确保用户在使用资源或设备时不暴露其用户身份,但仍能对该次使用负责。

• 不可关联性(FPR_UNL)

族行为:该族确保用户可多次使用资源和服务,但任何人都不能将这些使用关联在一起。

• 不可观察性(FPR_UNO)

族行为:该族确保用户在使用资源和服务时其他人尤其是第三方不能观察到该资源和服务正被使用。

(8) TSF 保护类(FPT)。本类一方面与提供 TSF 的机制的完整性和管理有关,另一方面与 TSF 数据的完整性有关。在某种意义下,FPT 类的族可能出现与 FDP 类无关(用户数据保护)中完全相同的组件;它们甚至用相同的机制来实现。

• 根本抽象机测试(FPT_AMT)

族行为:该族定义了 TSF 执行用来验证所作的安全假定而进行测试的要求,这些安全假定是针对 TSF 所依赖的根本抽象机。"这种'抽象的'"机器既可以是硬件/固件平台,也可以是某些已知的未经评价的软硬件相结合的虚拟机器。

• 失败保护(FPT_FLS)

族行为:该族要求确保当 TSF 中确定的失败类型出现时,该 TOE 不会违背其 TSP。

• 输出 TSF 数据的可用性(FPT_ITA)

族行为:该族定义了一些规则,这些规则防止 TSF 数据在该 TSF 与远程可信 IT 产品间移动时失去其可用性。这些数据可以是 TSF 的关键数据,如口令、密钥、审计数据,或 TSF 可执行的代码。

• 输出 TSF 数据的保密性(FPT_ITC)

族行为:这一族定义了保护 TSF 数据在 TSF 与远程可信 IT 产品之间传输时,不被未经授权者窃取的规则。这些数据可以是 TSF 的关键数据,如口令、密钥、审计数据,或 TSF 的可执行代码。

• 输出 TSF 数据的完整性(FPT_ITI)

族行为:该族定义了一些保护规则,防止 TSF 数据在 TSF 与远程可信 1T 产品的传输过程中被未授权者修改。这些数据可以是 TSF 的关键数据,如口令、密钥、审计数据,或 TSF 的可执行代码。

• TOE 内 TSF 数据传输(FPT_ITI)

族行为:这一族提供了旨在保护 TSF 数据在其通过内部信道在 TOE 内部传输时受到保护的要求。

• TSF 物理保护(FPT_PHP)

族行为:TSF 物理保护组件指限制对 TSF 的未授权的物理访问,阻止并抵抗 TSF 未授权的物理修改及替换。该族组件的要求确保了 TSF 不被物理篡改干扰。如果没有这些组件,在物理危险无法避免的环境中 TSF 的保护功能就失效。这一族同时还提供了关于 TSF 对企图的物理篡改如何响应的要求。

• 可信恢复(FPT_RCV)

族行为:这一族要求确保 TSF 能决定在没有减弱保护的状况下启动 TOE,并在运行中断后,能不减弱保护的情况下恢复。因为 TSF 的启动状态决定了对后续卷的保护,故这一族是很重要的。

• 重放检测(FPT_RPL)

族行为:这一族解决对各种类型的实体(如消息、服务请求及响应)重放的检测及检测后的改正行动。凡是能检测出重放,也就可有效地避免重放。

• 引用仲裁(FPT_RVM)

族行为:该族要求解决传统引用监控器的“始终被激活”这一方面的问题。其目的就是要确保对一个给定的 SFP,要求策略强制执行的所有行动,都要由 TSF 确认。如果 TSF 中执行该 SFP 的部分也满足 FPT_ SEP(分离域)和 ADV_INT(内部 TSF)中合适组件的要求,那么 TSF 的该部分就为 SFP 提供了一个“引用监视器”。当且仅当不可信主体所请求的有关 SFP 任何部分或全部的所有可执行(例如,访问客体)在成功前都要被 TSF 确认,实现该 SFP 的 TSF 才是提供了有效的抵抗非授权操作的保护。如果一个可被 TSF 强制执行的操作,被不正确地执行或旁路,则该 SFP 的总的强制措施将受危害。主体可通过多种未授权的途径旁路掉该 SFP(例如,逃避对主体或客体的存取校验,旁路掉对受应用假定保护的客体校验,将存取权保留到超过其预定的生存期,旁路掉对被审计行动的审计,或旁路掉鉴别)。注意,某些主体,如“可信主体”,他们自己执行该 SFP 或许是可信的,并旁路掉该 SFP 的仲裁。

• 域分离(FPT_SEP)

族行为:这一族的组件确保至少有一个安全域,在 TSF 执行时是可用的,以及该 TSF 受保护不被不可信主体从外部干扰篡改(如,修改 TSF 编码或数据结构)。满足该族要求的

TSF 具有自我保护能力,即不可信主体将不能修改或破坏该 TSF。

这一族的要求如下:

➢ TSF 的安全域(“保护域”)的资源和该域外的主体及不受约束的实体分离开,使得保护域外的实体不能观察或修改保护域内的 TSF 数据或 TSF 编码。

➢ 域间的传输是受控的,不能随意地进入或退出保护域。

➢ 通过其地址传到保护域的用户或应用参数,受有关保护域地址空间的确认。

➢ 除了通过 TSF 控制的共享部分,主体的安全域也是不同的。

• 状态同步协议(FPT_SSP)

族行为:分布式系统在系统各部分间潜在的状态差别及通信延迟方面都比单一系统复杂得多。大多数情况下,分布式功能间的状态同步涉及交换协议,而不是一个简单的操作。当在这些协议的分布式环境中存在蓄意的危害时,就需要更为复杂的防御协议。FPT_SSP 对 TSF 的某些关键安全功能使用该可信的协议建立了要求。FPT_SSP 确保 TOE 的分布式的两部分(如,主机)在与安全有关的活动后,状态保持同步。

• 时间戳(FPT_STM)

族行为:这一族专注于 TOE 内可靠的时间戳功能的要求。

• TSF 间的 TSF 数据的一致性(FPT_TDC)

族行为:在分布式或复合系统环境下,TOE 或许需要与别的可信 IT 产品交换 TSF 数据(例如,与数据有关的 SFP 属性、审计信息、标识信息等)。这一族定义了一些要求,这些要求是关于 TOE 的 TSF 及不同的可信 IT 产品间共享这些属性并对其做出一致的解释。

• TOE 内 TSF 数据复制的一致性(FPT_TRC)

族行为:要确保 TSF 数据复制到 TOE 内部的一致性,这一族的要求必不可少。当 TOE 的各部分间的内部信道不能工作时,这些 TSF 数据就会不一致,如果 TOE 内部构造成网络,且各部分之间网络连接断开,则当那些部分丧失能力时,也会发生这种不一致的情况。

• TSF 自检(FPT_TST)

族行为:该族定义了一些关于 TSF 自检的要求,这些测试与期待的正确操作有关,如强制功能接口、TOE 关键部分的抽样算术操作。这些测试可在启动时进行,或周期性地,或应授权用户的请求或满足别的条件时进行。TOE 在自检完成后采取的行动在其他族定义。为检测 TSF 可执行码(例如,TSF 软件)及 TSF 数据多种失败造成的错误,这些失败并不需要 TOE 停止工作(这将由别的族处理)。因为这些失败不可避免,故必须执行这些检查。这些失败可能是由不可预见的失败方式或硬件、固件、软件设计的某些忽略所造成,或由于逻辑的和/或物理保护的不适当导致的 TSF 的严重错误所造成。

(9)资源利用类(FRU)。本类包括容错族(FRU_FLT)、服务优先级族(FRU_PRS)和资源分配族(FRU_RSA),并通过它们来支持资源的处理或存储。容错族提供保护,防止由 TOE 失败引起的资源不可用。服务优先级族确保资源将被分配到更重要的和时间要求更苛刻的任务中,而且不能被优先级低的任务所独占。资源分配族提供可用资源的使用限制,从而防止用户独占资源。

• 容错(FRU_FLT)

族行为:该族的要求确保 TOE 即便出现故障事件时也将维持正常的运转。

• 服务优先级(FRU_PRS)

族行为:该族的要求允许 TSF 控制用户和主体对 TSC 资源的使用,使得 TSC 内高优先级任务的完成总是不受低优先级的任务造成的过分的干扰或延迟影响。

• 资源分配(FRU_RSA)

族行为:该族的要求允许 TSF 控制用户和主体对资源的使用,使得不因未授权者独占资源而出现拒绝服务。

(10) TOE 访问类(FTA)。本类规定用于控制建立用户会话的功能要求。

• 可选属性范围限定(FTA_LSA)

族行为:该族定义了限制用户用于会话且可以选择的会话安全属性的范围的要求。

• 多重并发会话限定(FTA_MCS)

族行为:该族定义了属于同一用户的并发性会话的次数的限制要求。

• 会话锁定(FTA_SSI)

族行为:该族为 TSF 定义了提供交互式会话的 TSF 原发的和用户原发的锁定和解锁定能力的要求。

• TOE 访问旗标

族行为:该族定义了向用户显示有关适当使用 TOE 的可配置的警告信息的要求。

• TOE 访问历史(FTA_TAH)

族行为:该族定义了 TSF 在成功的会话建立的基础上显示用户级访问该用户账号的成功的和不成功的访问历史的要求。

• TOE 会话建立(FTA_TSE)

族行为:该族定义了拒绝允许用户与 TOE 建立会话的要求。

(11) 可信路径/通道类(FTP)。本类的族提供用户和 TSF 之间可信通信路径,以及 TSF 和其他可信 IT 产品之间可信通信信道的功能。可信路径和信道有以下一般特点:

• 通信路径使用内部的和外部的通信信道构成(对组件而言是适当的),它将 TSF 数据与命令的确定子集与余下的 TSF 数据和用户分隔开。

• 通信路径的启用可由用户和/或 TSF 来原发(对组件而言是适当的)。

• 通信路径有能力保证用户正在和正确的 TSF 通信,并且 TSF 也正在和正确的用户通信(对组件而言是适当的)。一条可信路径为用户提供通过有保证的直接与 TSF 的交互来实施其功能的一种方法。可信路径通常用于诸如最初的标识和/或鉴别的用户操作中,但也可能用于用户会话过程中的其他时刻。可信路径交换可由用户或 TSF 原发。用户的反应通过可信路径确实受到保护,而不被不可信应用所修改或泄露。

• TSF 间可信信道(FTP_ITC)

族行为:该族定义了为执行关键的安全操作,在 TSF 和其他可信 IT 产品之间建立一可信信道的要求。任何时候,只要在 TOE 和其他可信 IT 产品之间有用户数据或 TSF 数据的保密通信的要求,该族就应被包括在内。

• 可信路径(FTP_TRP)

族行为:该族定义了建立与维护出入用户和 TSF 的可信通信的各种要求。可信路径对任何与安全有关的交互活动可能都是需要的。可信路径交换可以由用户在其和 TSF 之间的交互期间原发,或者 TSF 可由一条可信路径与用户建立通信。

### 5.4.4 CC 的安全保证需求描述

安全产品或系统应该具备安全功能,安全保证就是采用软件工程、开发环境控制、交付运行控制、自测等措施使用户、开发者和评估者对这些功能正确有效地实时获得信息。

CC 安全保证要求包括衡量保证尺度的评估保证级(EAL)、组成保证级别的每个保证组件,以及 PP 和 ST 的评估准则。

1. 保证要求的结构组成

安全保证要求中最抽象的集合称作类,每一个类包括多个保证族,每个族又包括多个保证组件,每个组件又包括多个保证元素。类和族提供对保证要求分类的分类法,而组件用来指明 PP 和 ST 中的保证要求。

• 类结构。每个保证类包括类名、类介绍和一个或多个保证族。

• 族结构。每个保证族包括族名、目标、组件分级、应用注释和一个或多个保证组件。

• 组件结构。每个组件包括组件标识、目标、应用注释、依赖关系和一个或多个保证元素。

2. 安全保证类描述

CC 标准定义了 7 个公认的安全保证要求类、2 个评估保证类和 1 个保证维护类,即保护轮廓评估准则类(APE)、安全目标评估准则类(ASE)、配置管理类(ACM)、交付和运行类(ADO)、开发类(ADV)、指导性文件类(AGD)、生命周期支持类(ALC)、测试类(ATE)、脆弱性评定类(AVA)和保证维护类(AMA)。

(1) 保护轮廓评估准则类(APE)。PP 评估的目的是阐明 PP 是完备的、一致的,技术上是完善的。因此,评估过的 PP 适合作为 ST 开发的基础。这样的 PP 符合注册条件。

• TOE 描述(APE_DES)

TOE 描述有助于理解 TOE 安全要求。评估 TOE 描述需要说明它是连贯的、内在一致的并且与 PP 的其他部分是一致的。

• 安全环境(APE_ENV)

为了确定在 PP 中的 IT 安全要求是否充足,对所有评估者而言,清楚明白地了解所要解决的安全问题是很重要的。

• PP 介绍(APE_INT)

介绍包括了文件管理和为进行一个 PP 注册操作所必需的综合信息。对 PP 介绍的评估需要阐明 PP 已经正确标识,并且它与 PP 的所有其他部分是一致的。

• 安全目的(APE_OBJ)

安全目的是对安全问题意向性反应的一段简明陈述。对安全目的的评估需要阐明所述的目的足以表达安全问题。安全目的分为 TOE 安全目的和环境安全目的两种。

• IT 的安全要求(APE_REQ)

本族提出了一个评估要求,它允许评估者确定一个 PP 确实适合作为一个可评估 TOE 的要求陈述。在评估明确陈述的要求时,必要的附加准则应包含在 APE_SRE 族中。

• 明确陈述的 IT 安全要求

本族提出这样一个评估要求,它允许评估者确定,明确陈述要求其表达是清晰的,没有歧义。APE_REQ 族描述了从 CC 中引用的要求评估,该评估结合了有效且明确说明的安全要求。

(2) 安全目标评估准则类(ASE)。安全目标(ST)的评估要求被视为保证类,并且被表示为其他保证类相似的结构。

• TOE 描述(KSE_DES)

TOE 的描述有助于理解 TOE 的安全要求。TOE 描述的评估,需要能够表明它是连贯的、内在一致的并且与 ST 的其他部分是一致的。

• 安全环境(ASE_ENV)

为了确定在 ST 中的 IT 安全要求是否充分,有必要让所有评估者清楚地了解所要解决的安全问题。

• ST 介绍(ASE_INT)

ST 介绍包括识别和索引材料。ST 介绍的评估需要阐明 ST 是被正确标识的,并且与 ST 的其他部分是相一致的。

• 安全目的(ASE_OBJ)

安全目的是对安全问题的意向反应的一段简明描述。安全目标的评估需要阐明,所陈述的目的足以表述安全问题。安全目的分为 TOE 的安全目的和环境的安全目的。

• PP 声明(ASE_PPC)

对安全目标的 PP 声明进行评估,其目的是确定安全目标(ST)是否是 PP 的一个正确的示例。

• IT 安全要求(ASE_REQ)

本族提出了这样一个评估要求:它允许评估者确定一个 PP 确实适合作为一个相应的 TOE 的要求陈述。在评估明确陈述的要求时,必要的附加准则应包含在 ASE_SRE 族中。

• 明确陈述的 IT 安全要求(ASE_SRE)

本族提出这样一个评估要求,它允许评估者确定,明确陈述要求其表达是清晰的,且没有歧义。APE_REQ 族描述了将从 CC 中引用要求的评估,和明确陈述安全要求的有效评估相结合的情况。

• TOE 概要规范(ASE_TSS)

TOE 概要规范,在一个高层次上定义了声称满足功能要求的安全功能的和为满足保证要求而采取的保证措施。

(3) 配置管理类(ACM)。配置管理类通过细化和修改 TOE 及其他有关信息,进行规范和控制,确保 TOE 的完整性。配置管理(CM)阻止对 TOE 进行非授权的修改、添加或删除,这保证了 TOE 和评估所用的文档确实是为分发做准备。

• CM 自动化(ACM_AUT)

配置管理自动化建立了一定程度的自动化来控制一些配置项。

• CM 能力(ACM_CAP)

配置管理能力定义了配置管理系统的一些特性。

• CM 范围(ACM_SCP)

配置管理范围指出需要由配置管理系统控制的 TOE 条目。

(4) 交付和运行类(ADO)。交付和运行类定义有关安全交付、安装、运行 TOE 的措施、程序和标准的要求,确保 TOE 提供的安全保护在传递、安装、启动和运行时不会被削弱。

• 分发(ADO_DEL)

分发包含了在将 TOE 传递给用户的过程中用以维护其安全的程序,既包括初始的分发也包含后来的修改。它包括用来阐明已分发的 TOE 真实性的特殊程序或操作。确保 TOE 提供的安全保护没有在传递过程中被削弱,正是基于这些程序和措施。然而在评估一个 TOE 时,并非总是能够决定是否遵照了分发要求,因而只能评估开发者开发出来的将 TOE 分发给用户的程序。

• 安装、生成和启动(ADO_IGS)

安装、生成和启动需要管理员配置和激活 TOE 的副本,以展示同 TOE 的主副本相同的保护特性。安装、生成和启动程序确信管理员明白配置参数以及它们对 TSF 的影响。

(5) 开发类(ADV)。开发类定义 ST 从 TOE 概要规范到实际 TSF 的逐步细化的一系列要求。每一个有结果的 TSF 表示都提供信息以帮助评估员决定 TOE 的功能要求是否已经满足。

• 功能规范(ADV_FSP)

功能规范描述了 TSF,而且它一定是 TOE 安全功能要求的一个完整而精确的示例。功能规范也详细描述了 TOE 的外部接口。TOE 的用户希望通过此接口同 TSF 交互信息。

• 高层设计(ADV_HLD)

高层设计是一个顶层的设计规范,它将 TSF 功能规范细化成 TSF 的一些组成部分。高层设计指明了 TSF 的基础结构和主要的硬件、固件和软件元素。

• 实现表示(ADV_IMP)

实现表示是 TSF 最不抽象的表示。它用源代码、硬件图等可用的方式掌握具体的内部工作。

• TSF 内部(ADV_INT)

TSF 内部要求指明了 TSF 必需的内部结构。

• 低层设计(ADV_LLD)

低层设计是具体化的设计规范,它将高层设计细化成具体的一层,作为编程和/或硬件构造的基础。

• 表示对应性(ADV_RCR)

表示对应性表述了所有相邻的 TSF 表示组对之间的对应关系,这些表示组包括了从 TOE 概要规范一直到所提供的最具体的 TSF 表示对应关系。

• 安全策略模型(ADV_SPM)

安全策略模型是 TSP 的安全策略的结构化描述,不断保证功能规范和 TSP 的安全策略相符合,并且最终和 TOE 的安全功能要求相符合。这是通过功能规范、安全策略模型和所模拟的安全策略之间的对应来实现的。

(6) 指导性文件类(AGD)。指导性文件类对操作文档的易懂性、覆盖范围和完整性等方面定义了指导性要求。该文档提供两种类型的信息,一种是对用户,另一种是对管理员,这是 TOE 安全操作的一个重要因素。

• 管理员指南(AGD_ADM)

对管理员指南的要求有助于确保 TOE 的管理员和操作员理解环境的约束。管理员指南是开发者可获得的主要途径,来为 TOE 管理员提供如何安全地管理 TOE 和如何高效地利用 TSF 的优点和保护功能等详细精确的信息。

• 用户指南(AGD_USR)

对用户指南的要求有助于确保用户能够安全地操作 TOE(例如,必须清楚地解释和说明 PP 或 ST 所假设的使用约束)。用户指南是开发者可获得的主要媒体,来为 TOE 用户提供必要的背景知识以及如何正确使用 TOE 的保护功能这一特定信息。用户指南必须包含两方面的内容:首先,它必须解释那些用户可见的安全功能做些什么以及如何使用,这样用户可以协调地有效地保护他们的信息;其次,它必须解释在维护 TOE 的安全时用户的作用。

(7) 生命周期支持类(ALC)。生命周期支持类通过一个为 TOE 开发的所有步骤制定的生命周期模型,明确保证要求。生命周期支持类包括纠正缺陷的程序和策略以及保护开发环境的工具、技术和安全措施。

• 开发安全(ALC_DVS)

开发安全涉及了在开发环境中使用的物理上的、程序上的、人员上的和其他方面的安全措施。它包括开发场地的物理安全和对开发人员的选择和雇用的控制。

• 缺陷纠正(ALC_FLR)

缺陷纠正确保开发者支持 TOE 时,将记录和纠正被 TOE 客户发现的缺陷。但是在评估 TOE 时,不能决定将来是否仍遵从缺陷纠正要求,因而有可能评估开发者已有的用来记录跟踪、修补缺陷和分发给用户的补丁程序和策略。

• 生命周期定义(ALC_LCD)

生命周期定义确定,开发者用以制造 TOE 的工程实践包括了在开发过程和运作支持要求中已明确的想法和操作。当安全分析和证据生成作为开发过程和运作支持活动中的一个完整的部分,且在一个有规则的基础上执行时,要求和 TOE 之间的符合程度的信任度将不断提高。这并不是本组件规定任何特定研制过程的目的。

• 工具和技术(ALC_TAT)

工具和技术指出,需要定义一些用于分析和实现 TOE 开发的工具,它包括与开发工具有关的要求,以及这些工具依赖于实现的选项的要求。

(8) 测试类(ATE)。测试类陈述了论证 TSF 满足 TOE 安全功能要求的测试要求。

• 覆盖面(ATE_COV)

覆盖面涉及开发者针对 TOE 而进行功能测试的完整性。它描述了所要测试的 TOE 安全功能的范围。

• 深度(ATE_DPT)

深度涉及开发者测试 TOE 的详细程度。安全功能测试是基于从 TSF 要求分析中导出的信息逐步增加其深度而进行的测试。

• 功能测试(ATE_FUN)

功能测试确定 TSF 表现出满足 ST 要求所需的特性。功能测试提供了 TSF 应满足所选功能组件最低要求的保证。然而,功能测试并没有明确规定 TSF 不会有未曾预料的表现。这个族关注开发者自己进行的功能测试。

• 独立性测试(ATE_IND)

独立性测试规定 TOE 的功能测试必须由一个除开发者之外的团体(例如,第三方)执行。这个族通过引入非开发者所进行的测试来提高其利用价值。

(9)脆弱性评定类(AVA)。脆弱性评定类定义表示脆弱性的指导性要求,它指出构造、运行、误用或错误配置 TOE 时引入的脆弱性。

• 隐蔽信道分析(AVA_CCA)

隐蔽信道分析主要用来引导发现和分析未预料到的一些通信通道,这些通信通道可用来违反预期的 TSP。

• 误用(AVA_MSU)

误用分析调查管理员或用户在理解指导性的文档后,确定 TOE 是否已配置,并且确定运作是否处于一个非安全的状态。

• TOE 安全功能强度(AVA_SOF)

功能强度分析说明了靠一个概率或变换的机制(如,口令字或哈希函数)实现的 TOE 安全功能。即使不会避开它,使其无效或破坏它,仍然可用直接攻击的办法来击败它。对于每个功能强度,可以要求一个级别或一个特殊的度量。执行功能强度分析来决定该功能是否满足或超出这个要求。例如,对口令机制的功能强度分析,可以通过说明口令空间有足够大来指出口令字功能满足强度要求。

• 脆弱性分析(AVA_VLA)

脆弱性分析包括辨认在开发过程的不同细化步骤引入的潜在缺陷。它通过对以下有关的必要信息的收集来导出渗透性测试的定义:①TSF 的完备性(该 TSF 是否可以抵抗所有假设的威胁?);②所有安全功能之间的依赖关系。这些潜在的脆弱性将通过渗透性测试来评估,以决定它们在实际应用中是否会被利用来削弱 TOE 的安全。

(10)保证维护类(AMA)。保证维护类涉及提出的要求旨在确保 TOE 或其环境变更后,继续满足安全目标。该维护保证级别,即当 TOE 或其环境发生改变时,TOE 可以继续满足它的安全目标。在这个类中的每个族都标识了在成功地评估 TOE 之后开发者和评估者应有的行为,虽然有些要求可能是在评估的时候执行。

• 保证维护计划(AMA_AMP)

保证维护计划标识了开发者将实施的计划和程序,当 TOE 或其环境改变时,开发者实现这些计划和程序,以确保能够维护已评估了的 TOE 基础上建立的保证。

• TOE 组件分类报告(AMA_CAT)

TOE 组件分类报告,根据 TOE 组件(如,TSF 子系统)相对于安全的重要性,提供了对它们进行分类的方法,这个分类将作为开发者进行安全影响分析的重点。

• 保证维护证据(AMA_EVD)

保证维护证据旨在寻求建立一种信任关系,以确保开发者将根据保证维护计划来维护 TOE。

• 安全影响分析(AMA_SIA)

安全影响分析旨在寻求建立一种信任关系,以确保在 TOE 经过评估之后,开发者将通过实施所有影响 TOE 的变化,进行安全影响分析来维护 TOE。

综上所述,配置管理类涉及确保产品的功能需求和规格说明在最终的安全产品中得以实现方面的需求;交互和运行类涉及安全产品的正确发行、安装、生成和投入运行等方面的需求;开发类涉及三方面的需求:一是安全功能件在不同抽象层次上的表示,二是不同抽象层次上的安全功能件表示之间的一致性,三是安全策略模型的建立及安全策略、安全策略模型与功能描述之间的一致性；指导性文档类涉及产品的用户指南、管理员指南等文档资料方面的需求；生命周期支持类涉及产品的开发、维护过程中有关开发、维护模式以及安全措施等方面的需求；测试类涉及产品测试方面的需求；脆弱性评估类涉及对产品可能存在的脆弱性进行分析等方面的需求；保护轮廓评估类涉及论证 PP 的完备性、一致性和技术上的合理性；安全目标评估类涉及论证 ST 的完备性、一致性和在技术上的合理性；保证维护类涉及提出的要求旨在确保 TOE 或其环境变更后，继续满足安全目标。表 5.3 给出了安全保证要求类以及它们分别包含的子类。

表 5.3 安全保证要求类及其对应包含子类

| 类名称 | 字母代码 | 包含的子类 |
|---|---|---|
| 配置管理 | ACM | CM 自动化；CM 能力；CM 范围 |
| 交付和运行 | ADO | 交付；安装、生成和启动 |
| 开发 | ADV | 功能规范；高层设计；实现表示；TSF 内部；低层设计；表示对应性；安全策略模型 |
| 指导性文档 | AGD | 管理员指南；用户指南 |
| 生命周期支持 | ALC | 开发安全；缺陷纠正；生命周期定义；工具和技术 |
| 测试 | ATE | 覆盖范围；深度；功能测试；独立性测试 |
| 脆弱性评估 | AVA | 隐蔽信道分析；误用；TOE 安全功能强度；脆弱性分析 |
| 保护轮廓评估 | APE | TOE 描述；安全环境；PP 引言；安全目的；IT 安全要求；明确陈述的 IT 安全要求 |
| 安全目标评估 | ASE | TOE 描述；安全环境；ST 引言；安全目的；PP 声明；IT 安全要求；明确陈述的 IT 安全要求；IT 概要规范 |
| 保证维护 | AMA | 保证维护计划；TOE 组件分类报告；保证维护证据；安全影响 |

3. 评估保证级描述

评估保证级(EAL)提供一个递增的尺度，衡量所获的保证级别与达到此级别的代价和可行性。结构上，评估保证级包括 EAL 名称、目标、应用注释和保证组件。CC 对 TOE 的保证等级定义了 7 个逐步增强的 EAL，这些 EAL 由保证组件的一个适当组合组成。每个 EAL 只包含每个保证族的一个组件，以及它们的所有保证依赖关系。这种增强是通过将低等级 EAL 中某保证组件替换成保证族中更高级别的保证组件，或添加另一保证族的保证组件来实现。按安全可信度由低到高依次递增的顺序，CC 定义的 EAL1、EAL2、EAL3、EAL4、EAL5、EAL6 和 EAL7 这七个安全可信度级别如下：

- EAL1：功能测试(没有安全评估)

EAL1 级表示信息保护问题得到了适当的处理，适用于对正确运行需要一定信任，但安全威胁不严重的场合。

- EAL2：结构测试

EAL2 在设计和测试时需要与开发者合作，但不需要增加过多的投入，适用于低到中等级别的安全系统。该级提供低中级的独立安全保证。

- EAL3：系统测试和检查

EAL3 级要求在设计阶段实施积极的安全工程思想，提供中级的独立安全保证。该级可使一个尽职尽责的开发者在设计阶段就能从正确的安全工程中获得最大程度的保证，而不需要对现有的合理的开发实践做大规模的改变,适用于中等级别的安全系统。

- EAL4:系统设计、测试及评价

EAL4 级要求按照良好的商业化开发惯例实施积极的安全工程思想,提供中高级的独立安全保证。EAL4 可使开发者从正确的安全工程中获得最大程度的保证,这种安全工程基于良好的商业开发实践,这种实践虽然很严格,但并不需要大量专业知识、技巧和其他资源。在通常情况下,对一个已存在的系统进行改造时,EAL4 是所能达到的最高安全级别。

- EAL5:半形式化设计及测试

EAL5 级要求按照严格的商业化开发惯例、应用专业安全工程技术实施安全工程思想,提供高等级的独立安全保证。EAL5 需要应用适度的专业工程技术来支持。

- EAL6:半形式化验证的设计及测试

EAL6 级通过在严格的开发环境中应用安全工程技术来获取高的安全保证,使产品能在高度危险的环境中使用它,适用于高风险环境下的安全 TOE 的开发,这里受保护的资源值得花费很大的额外开销。

- EAL7:形式化验证的设计及测试

EAL7 级的目标是使产品能在极端危险的环境中使用。EAL7 适用于安全 TOE 的开发,该 TOE 应用在风险非常高的场合或有高价值资产值得保护的地方。目前,EAL7 的实际应用只是局限于一些安全功能能够经受起形式化分析的 TOE。

EAL 的各个级别都涉及了 CC 中定义的安全保证要求的各个类的内容。然而,EAL1 和 EAL2 不涉及生命周期支持类,以及 EAL1 不涉及脆弱性评估类。

EAL 被开发的目的在于保留从源标准(TCSEC、ITSEC 及 CTCPEC)中所抽取出的保证的概念,从而使得与以前的评估结果之间存在对应关系。但是需指出,这种等价应该被谨慎地使用。因为,这些级别不是源于相同方式的保证,且严格的对应并不存在。

CC 与 TCSEC、TCSEC 及其他几个标准的保证等级的对应关系如表 5.4 所示。

表 5.4 CC、TCSEC、FC、CTCPEC、ITSEC 保护等级对应关系

| TCSEC | FC | CTCPEC | ITSEC | CC2.0 |
|---|---|---|---|---|
| D | | | E0 | EAL1 |
| C1 | | | E1 | EAL2 |
| C2 | T-1 | T-1 | E2 | EAL3 |
| B1 | T-2 | T-2 | E3 | EAL4 |
| | T-3 | T-3 | | |
| | T-4 | | | |
| B2 | T-5 | T-4 | E4 | EAL5 |
| B3 | T-6 | T-5 | E5 | EAL6 |
| A1 | T-7 | T-6 | E6 | |
| | | T-7 | | EAL7 |

### 5.4.5 CC 的应用

CC 标准强调在 IT 产品和系统的整个生命周期确保安全性,CC 标准同时面向消费者、开发者、评价者三类用户,同时支持他们的应用。对应三类不同的用户,CC 标准有三种主要应用方式:描述安全需求、辅助安全产品开发、评估产品安全性。

1. 描述安全需求

描述安全需求可以使用 CC 标准定义的三种结构:PP、ST 和安全组件包中的任何一种。定义安全需求是 CC 标准应用的基础,用户可以自己定义特定的安全需求。而对于一些公共的安全需求标准化组织,则将制定相应的标准文档,例如,操作系统的 PP。用户可以直接使用这些 PP,这样不仅有利于标准的推广应用,也有利于用户之间信息的共享、交换和互相承认。在所有这些安全需求结构中,PP 和 ST 是最常用的形式。其中 PP 一般用来定义与实现无关的通用的产品类的需求;而 ST 一般用来定义与具体产品和系统相关的需求。PP 定义一类产品应该具有的安全需求,ST 定义一个具体的产品实现的安全需求,ST 以 PP 为基础,但不仅仅局限于 PP。

2. 辅助安全产品的开发

CC 标准可以用于辅助安全产品的开发。按照标准定义的安全工程模型,安全产品的开发首先从安全环境分析开始,安全环境分析的结果可以用来陈述应对确认的安全威胁并提出组织安全策略和假设的安全目标。然后,再将安全目标细化成一组对 TOE 的安全需求和对环境的安全需求,并形成对 TOE 的总结规范。最后,再基于 ST 中的安全功能要求和 TOE 总结规范实现 TOE,最终开发出来的安全产品经过安全评价后,再投入实际使用。对应安全产品开发的每个阶段,标准都定义了相应的标准文档、辅助管理和开发过程。无论是标准本身的安全模型,还是标准中提供的各种工具,都对一个安全产品的开发具有重要意义,无论从产品的分析、设计,还是对产品的开发指导都具有实际的意义。

3. 评估产品安全性

按照 CC 标准,评估产品安全性的方法有三种,按照评价的先后次序分别为:PP 评价、ST 评价和 TOE 评价。对于一个产品,可以按照标准提供的三种评价工具进行相应的评价。标准中对于产品评价得到的安全保证专门定义了七个评估保证级 EAL,这些等级对产品安全保证进行了不同程度的说明。EAL 可以被三种评价的任何一种引用。PP 评价、ST 评价和 TOE 评价(其中包含了 EAL)共同构成了完整的产品安全性评估。

## 5.5 网络安全等级保护

### 5.5.1 网络安全等级保护概述

网络安全等级保护 2.0 国家标准(简称,网络安全等级保护 2.0),是我国网络安全领域的基本国策、基本制度。等级保护标准在网络安全等级保护 1.0 国家标准(简称,网络安全等级保护 1.0 标准)时代标准的基础上,注重主动防御,从被动防御到事前、事中、事后全流程的安全可信、动态感知和全面审计,实现了对传统信息系统、基础信息网络、云计算、大数据、物联网、移动互联网和工业控制信息系统等级保护对象的全覆盖。

网络安全等级保护是指对国家安全、法人和其他组织及公民的专有信息以及公开信息和存储、传输、处理这些信息的信息系统分等级实行安全保护，对信息系统中使用的信息安全产品实行按等级管理，对信息系统中发生的信息安全事件分等级响应、处置。

1994年，《中华人民共和国计算机信息系统安全保护条例》（国务院令第147号）第一次提出“计算机信息系统实行安全等级保护”的概念，此后一直到2007年，网络安全等级保护制度在起步和探索阶段。2008年，在GB 17859—1999《计算机信息系统安全保护等级划分准则》的基础上，GB/T 22239—2008《信息安全技术 信息系统安全等级保护基本要求》被建立，它明确了对于各级信息系统的安全保护基本要求，标志着等级保护制度的标准化，网络安全等级保护1.0标准时代正式到来。

十几年来，在金融、能源、电信、医疗卫生等多个行业都已深耕落地，但是随着云计算、大数据、物联网、移动互联以及人工智能等新技术的发展，网络安全等级保护1.0标准已无法有效地应对新技术带来的信息安全风险，为了满足新的技术挑战，有效防范和管理各种信息技术风险，提升国家层面的安全水平，网络安全等级保护2.0应时而生。

2016年11月7日，第十二届全国人民代表大会常务委员会第二十四次会议通过《中华人民共和国网络安全法》，其中，第二十一条规定国家实行网络安全等级保护制度，明确网络安全等级保护制度的法律地位。2019年5月，网络安全等级保护核心标准《信息安全技术 网络安全等级保护测评要求》《信息安全技术 网络安全等级保护基本要求》《信息安全技术 网络安全等级保护安全设计技术要求》正式发布，并于2019年12月1日正式实施，标志着中国进入了网络安全等级保护2.0时代。

建立和落实网络安全等级保护制度是形势所迫、国情所需。随着中国信息化进程的全面加快，全社会特别是重要行业、重要领域对基础信息网络和重要信息系统的依赖程度越来越高，基础信息网络和重要信息系统的安全性直接关系到国家安全、公共安全、社会公众利益。网络安全等级保护是党中央、国务院在网络安全领域实施的基本国策，作为中国非涉密领域的网络安全基本防护框架，在应对新形势、满足新要求、针对新风险、扩大新内容方面，从政策、标准体系层面都迈入了2.0时代。

网络安全等级保护是当今发达国家保护关键信息基础设施、保障网络安全的通行做法，也是中国多年来网络安全工作经验的总结。通过开展网络安全等级保护工作，有限的财力、物力、人力投入到国家关键信息基础设施安全保护中，可有效地保护基础信息网络和关系国家安全、经济命脉、社会稳定等方面的重要信息系统。网络安全等级保护2.0的适时推出，体现了国家积极应对新技术引发的新风险，变被动防御为主动保障，解决了中国网络安全存在的主要问题。

近年来，中国国力明显提升，信息化发展迅速，在信息安全需求、新信息技术应用、国家网络安全等方面将面临更为复杂的形势。

1. 信息化应用发展迅速，信息安全需求提升

中国互联网络信息中心（CNNIC）于2020年4月28日发布第45次《中国互联网络发展状况统计报告》。2019年是中国全功能接入国际互联网25周年。25年来，中国互联网从无到有、由弱到强，深刻改变着人们的生产和生活方式。2019年下半年以来，中国互联网发展呈现8个特点。

1）基础资源状况持续优化，安全保障能力稳步提升

截至2019年12月，中国IPv6地址数量为50 877块/32，较2018年年底增长15.7%，稳居世界前列；域名总数为5094万个，其中"CN"域名总数为2243万个，较2018年年底增长5.6%，占中国域名总数的44.0%；网站数量为497万个，其中"CN"下网站数量为341万个，占网站总数的68.6%。2019年6月，首届中国互联网基础资源大会成功举办，"基于共治链的共治根新型域名解析系统架构""2019中国基础资源大会全联网标识与解析共识"等成果发布。2019年，中国先后引入F、I、L、J、K根镜像服务器，使域名系统抗攻击能力、域名根服务器访问效率获得极大提升，降低了国际链路故障对中国网络安全的影响。

2）互联网普及率达64.5%，数字鸿沟不断缩小

截至2020年3月，中国网民规模达9.04亿人，较2018年年底增长7508万人，互联网普及率达64.5%，较2018年年底提升4.9个百分点。其中，农村地区互联网普及率为46.2%，较2018年年底提升7.8个百分点，城乡之间的互联网普及率差距缩小5.9个百分点。在《2019年网络扶贫工作要点》的要求下，网络覆盖工程深化拓展，网络扶贫与数字乡村建设持续推进，数字鸿沟不断缩小。随着中国"村村通"和"电信普遍服务试点"两大工程的深入实施，广大农民群众逐步跟上互联网时代的步伐，同步享受信息社会的便利。

3）网络零售持续稳健发展，成为消费增长重要动力

截至2020年3月，中国网络购物用户规模达7.10亿人，较2018年年底增长16.4%，占网民整体规模的78.6%。2019年，全国网上零售额达10.63万亿元，其中实物商品网上零售额达8.52万亿元，占社会消费品零售总额的20.7%。2020年1—2月，全国实物商品网上零售额同比增长3.0%，实现逆势增长，占社会消费品零售总额的21.5%，比2019年同期提高5个百分点。网络消费作为数字经济的重要组成部分，在促进消费市场蓬勃发展方面正在发挥着日趋重要的作用。

4）网络娱乐内容品质提升，用户规模迅速增长

2019年，网络娱乐类应用内容品质不断提升，逐步满足人民群众日益增长的精神文化需求。2020年年初，受新型冠状病毒的影响，网络娱乐类应用用户规模和使用率均有较大幅度提升。截至2020年3月，网络视频（含短视频）、网络音乐和网络游戏的用户规模分别为8.50亿人、6.35亿人和5.32亿人，使用率分别为94.1%、70.3%和58.9%。网络视频（含短视频）已成为仅次于即时通信的第二大互联网应用类型。短视频平台在努力扩展海外市场的同时，与其他行业的融合趋势愈发显著，尤其在带动贫困地区经济发展上作用显著。

5）用户需求充分释放，在线教育爆发式增长

截至2020年3月，中国在线教育用户规模达4.23亿人，较2018年年底增长110.2%，占网民整体的46.8%。2020年年初，全国大、中、小学校推迟开学，2.65亿在校生普遍转向线上课程，用户需求得到充分释放。面对巨大的在线学习需求，在线教育企业通过发布免费课程、线上线下联动等方式积极应对，行业呈现爆发式增长态势。数据显示，疫情期间多个在线教育应用的日活跃用户数达到千万以上。

6）数字政府加快建设，全国一体化政务服务平台初步建成

截至2020年3月，我国在线政务服务用户规模达6.94亿人，较2018年年底增长76.3%，占网民整体规模的76.8%。2019年以来，全国各地纷纷加快数字政府建设工作，其

中,浙江、广东、山东等多个省级地方政府陆续出台了与之相关的发展规划和管理办法,进一步明确了数字政府的发展目标和标准体系,为政务数据开放共享提供了依据。2019 年 11 月,全国一体化在线政务平台上线试运行,推动了各地区各部门政务服务平台互联互通、数据共享和业务协同,为全面推进政务服务“一网通办”提供了有力支撑。截至 2019 年 12 月,平台个人注册用户数量达 2.39 亿人,较 2018 年年底增加 7300 万人。

7) 上市企业市值普遍增长,独角兽企业发展迅速

截至 2019 年 12 月,中国互联网上市企业在境内外的总市值达 11.12 万亿元,较 2018 年年底增长 40.8%,创历史新高。2019 年年底在全球市值排名前 30 的互联网公司中,美国占据 18 个,中国占据 9 个,其中,阿里巴巴和腾讯稳居全球互联网公司市值前十强。截至 2019 年 12 月,中国网信独角兽企业总数为 187 家,较 2018 年年底增加 74 家,面向 B 端市场提供服务的网信独角兽企业数量增长明显。从网信独角兽企业的行业分布来看,企业服务类占比最高,达 15.5%。

8) 核心技术创新能力不断增强,产业融合加速推进

2019 年,中国在区块链、5G(第五代移动通信技术)、人工智能、大数据、互联网基础资源等领域,核心技术自主创新能力不断增强,产业融合加速推进。在区块链领域,区块链技术被政府、企业与各类社会组织作为驱动创新发展的重要工具之一;在 5G 领域,5G 商用环境持续完善,标准技术取得新突破,应用孵化进入全面启动期,产业总体发展迅速,达到世界领先水平;在人工智能领域,关键技术应用日趋成熟,引领各行业数字化变革;在大数据领域,产业布局持续加强,技术创新不断推进,带动产业持续发展。

2. 信息技术的不断革新对网络安全的需求

云计算、大数据、移动互联网及社交网络的迅速发展给信息系统架构带来了巨大变化,信息安全也随之迎来挑战。基础架构的变化要求信息安全建设能够适应新的 IT 基础架构,从而满足新的安全需求。

1) 云计算、大数据等新应用的自身安全问题

云计算是继互联网、计算机在信息时代的一种新的革新,云计算是信息时代的一个大飞跃,未来的时代可能是云计算的时代。虽然目前有关云计算的定义有很多,但从总体上来说,云计算的基本含义是一致的,即云计算具有很强的扩展性,可以为用户提供一种全新的体验。云计算的核心是可以将很多的计算机资源协调在一起,因此,用户通过网络就可以获取无限的资源,同时不受时间和空间的限制。

在云计算的架构下,云计算开放网络和业务共享场景更加复杂多变,安全性方面的挑战更加严峻,一些新型的安全问题变得更加突出,如多个虚拟机租户间并行业务的安全运行,公有云中海量数据的安全存储等。主要安全问题包括用户身份安全问题、共享业务安全问题、用户数据安全问题。

2) 工业 4.0 的发展,控制系统面临重大安全隐患

工业 4.0(Industry4.0)是基于工业发展的不同阶段划分的。按照目前的共识,工业 1.0 是蒸汽机时代,工业 2.0 是电气化时代,工业 3.0 是信息化时代,工业 4.0 则是利用信息化技术促进产业变革的时代,也就是智能化时代。工业 4.0 的本质是增加对工厂中设备控制的访问权限和可访问性。这意味着对数据的访问权限增加以扩大透明度,减少网络规划,缩减资本支出,降低运营支出,提高带宽并优化机器互通。增加对设备控制的访问权限和可访

问性意味着工厂系统的网络安全风险评估正在发生变化。网络安全解决方案需要适应不断变化的风险,而传统的防范措施(如设置防火墙和将设备置于闭锁门之后)与工业 4.0 的目标相背。这意味着需要对设备进行安全加固,以便在确保安全的方法中实现更多功能。为了实现可信数据和安全操作,身份和完整性将成为此领域中每个设备的核心。

3) 网络技术的发展带来新的风险和挑战

以 IPv6 为基础的下一代互联网和 5G 网络、物联网及移动互联网、无线局域网,使上网行为更加丰富,网络技术的迅猛发展对网络安全保障也提出了更高的要求。新的网络技术应用加快了数据的聚集,对网络海量数据资源的安全带来了更大的风险和挑战,网络安全等级保护 1.0 标准时代的信息安全技术手段已无法满足信息产业发展的需要。

3. 中国面临复杂的网络安全环境

在全球网络黑客等犯罪活动频繁和少数国家网络战略威慑日益升级的情况下,中国网络安全和国家安全面临威胁。近年来世界上发生的重大安全事件再一次为我们敲响了警钟。

2016 年 10 月,恶意软件 Mirai 控制的僵尸网络对美国域名服务器管理服务供应商 Dyn 发起 DDoS 攻击,从而导致许多网站在美国东海岸地区宕机,如 GitHub、Twitter、PayPal 等,用户无法通过域名访问这些站点。

根据国外媒体的报道,此次攻击背后的始作俑者竟然是黑客组织 NewWorldHackers 和 Anonymous(匿名者)。

2015 年 12 月 23 日,乌克兰电网遭到黑客攻击,导致超过 3 个地区的变电站控制系统遭到破坏,圣诞节前夜超过 140 万户的家庭发生大面积停电事故,电力中断 3~6h。

2010 年 10 月,多家媒体报道,美国曾利用"震网"蠕虫病毒攻击伊朗的铀浓缩设备,造成伊朗核电站推迟发电,当时国内已有近 500 万网民及多个行业的领军企业遭到此病毒的攻击。这种病毒可能是新时期电子战争中的一种武器。截至 2011 年,"震网"蠕虫病毒感染了全球超过 4.5 万个网络和 60%的个人计算机。

### 5.5.2 网络安全等级保护 2.0 标准主要变化

近年来,随着信息技术的发展和网络安全形势的变化,传统的网络安全等级保护安全要求已无法有效应对安全风险和新技术应用所带来的新威胁,以被动防御为主的防御已经落后了,亟须建立主动保障体系。网络安全等级保护 2.0 标准适时而出,应对新形势、新风险,满足新要求,扩大新内容。

如此"新"的网络安全等级保护 2.0 标准,从法律法规、标准要求、安全体系、实施环节等方面都有了"变化"。

1. 法律法规

从条例法规提升到法律层面。网络安全等级保护 1.0 标准的最高国家政策是《中华人民共和国计算机信息系统实行安全保护条例》,而网络安全等级保护 2.0 标准的最高国家政策是《中华人民共和国网络安全法》。

《中华人民共和国网络安全法》第二十一条要求,国家实行网络安全等级保护制度;第二十五条要求,网络运营者应当制定网络安全事件应急预案;第五十九条明确了,网络运营者不履行本法第二十一条、第二十五条规定的网络安全保护义务的,由有关主管部门责令改正,给予警告。

2. 标准要求

网络安全等级保护 2.0 标准在对网络安全等级保护 1.0 标准基本要求进行优化的同时,针对云计算、物联网、移动互联网、工业控制、大数据新技术提出了新的安全扩展要求。也就是说,使用新技术的信息系统需要同时满足"通用要求和安全扩展"的要求。并且,针对新的安全形势提出了新的安全要求,标准覆盖度更加全面,安全防护能力有很大提升。

通用要求方面,网络安全等级保护 2.0 标准的核心是"优化"。删除了过时的测评项,对测评项进行合理性改写,新增对新型网络攻击行为防护和个人信息保护等要求,调整了标准结构,将安全管理中心从管理层面提升至技术层面。

安全扩展要求是网络安全等级保护 2.0 标准的"亮点",在原有要求的基础上增加了云计算扩展要求、大数据扩展要求、物联网扩展要求、移动互联网扩展要求 4 个新技术要求。

3. 安全体系

网络安全等级保护 2.0 标准依然采用"一个中心、三重防护"的理念,从网络安全等级保护 1.0 标准以被动防御为主的安全体系向事前预防、事中响应、事后审计的动态保障体系转变。

建立安全技术体系和安全管理体系,构建具备相应等级安全保护能力的网络安全综合防御体系,开展组织管理、机制建设、安全规划、通报预警、应急处置、态势感知、能力建设、监督检查、技术检测、队伍建设、教育培训和经费保障等工作。

4. 实施环节

在等级保护定级、备案、建设整改、等级测评、监督检查的实施过程中,网络安全等级保护 2.0 标准进行了优化和调整。

定级对象的变化:网络安全等级保护 1.0 标准定级的对象是信息系统,网络安全等级保护 2.0 标准定级的对象扩展至基础信息网络、工业控制系统、云计算平台、物联网、移动互联网、其他网络以及大数据等多个系统平台,覆盖面更广。

定级级别的变化:公民、法人和其他组织的合法权益产生特别严重损害时,相应系统的等级保护级别从 1.0 的第二级调整到了第三级。

定级流程的变化:网络安全等级保护 2.0 标准不再自主定级,而是通过"确定定级对象、初步确定等级、专家评审、主管部门审核、公安机关备案审查、最终确定等级"这种线性的定级流程,系统定级必须经过专家评审和主管部门审核,才能到公安机关备案,整体定级更加严格。

相较于网络安全等级保护 1.0 标准,网络安全等级保护 2.0 标准测评周期、测评结果评定有所调整。网络安全等级保护 2.0 标准要求,第三级以上的系统每年开展一次测评,测评达到 70 分以上才算基本符合要求。基本分高了,要求更严苛了。

### 5.5.3 网络安全等级保护 2.0 标准体系

1. 基础标准

2009 年国家质量技术监督局发布的《计算机信息系统安全保护等级划分准则》(GB 17859—1999)是强制性国家标准,也是等级保护的基础标准,以此为基础制定了网络安全等级保护技术类、管理类和产品类等标准,是其他相关标准的基石。

2019 年更新的《信息安全技术 网络安全等级保护实施指南》(GB/T 25058—2019)是网络安全等级保护 2.0 的核心标准之一。本标准说明了网络安全等级保护实施的基本原则、参与角色以及在信息系统定级、总体安全规划、安全设计与实施、安全运行维护、信息系统终止等主要阶段中应按照网络安全等级保护政策、标准要求实施等级保护工作内容。

2. 系统定级标准

《信息安全技术 网络安全等级保护定级指南》(GB/T 22240—2020)替代了《信息安全技术 信息系统安全等级保护定级指南》(GB/T 22240—2008),给出了非涉及国家秘密的等级保护对象的安全保护等级定级方法和定级流程,适用于指导网络运营者开展非涉及国家秘密的等级保护对象的定级工作。

定级是信息安全等级保护实施的首要环节,该标准综合考虑保护对象在国家安全、经济建设、社会生活中的重要程度,以及保护对象遭到破坏后对国家安全、社会秩序、公共利益以及公民、法人和其他组织合法权益的危害程度等因素,提出确定保护对象安全保护等级的方法。《信息安全技术 网络安全等级保护定级指南》(GA/T 1389—2017)标准为公共安全行业标准,对《信息安全技术 信息系统安全等级保护定级指南》(GB/T 22240—2008)进行修改完善,将对公民、法人和其他组织的合法权益产生特别严重损害,调整到第三级;增加了云计算平台、大数据平台、物联网、工业控制系统、大数据的定级方法。

3. 建设标准

《信息安全技术 信息系统安全管理要求》(GB/T 20269—2006)标准对信息和信息系统的安全保护提出分等级安全管理的要求,阐述了安全管理要素及其强度,并将管理要求落实到信息安全等级保护所规定的 5 个等级上,有利于安全管理的实施、评估和检查。

《信息安全技术 信息系统安全工程管理要求》(GB/T 20282—2006)标准规定了信息系统安全工程的管理要求,是对信息系统安全工程中所涉及的需求方、实施方以及第三方工程实施的指导性文件,各方可根据此文件建立安全工程管理体系。

2019 年更新的《信息安全技术 网络安全等级保护基本要求》(GB/T 22239—2019)是网络安全等级保护 2.0 的核心标准之一。该标准在网络安全等级保护制度中非常关键,被广泛应用于各个行业的用户开展网络安全等级保护的等级测评、建设工作。该标准的主要内容包括网络安全等级保护技术通用要求、云计算安全扩展要求、移动互联网安全扩展要求、物联网安全扩展要求和工业控制系统安全扩展要求。

此外,2019 年更新的《信息安全技术 网络安全等级保护安全设计技术要求》(GB/T 25070—2019)是网络安全等级保护 2.0 的核心标准之一。本标准针对等级保护对象突出安全计算环境设计技术要求、安全区域边界设计技术要求、安全通信网络设计要求、安全管理中心设计技术要求,以及针对无线移动接入、云计算、大数据、物联网和工业控制系统等新技术、新应用领域增加相应的安全设计要求等内容。

4. 等级测评标准

2019 年更新的《信息安全技术网络安全等级保护测评要求》(GB/T 28448—2019)是网络安全等级保护 2.0 的核心标准之一。该标准依据《信息安全技术 网络安全等级保护基本要求》规定了网络进行等级保护测试评估的内容和方法,用以规范和指导测评人员的等级测评活动。

《信息安全技术信息系统安全等级保护测评过程指南》(GB/T 28449—2012)标准以测

评机构为第三级网络的首次等级测评活动过程为主要线索，定义等级测评的主要活动和任务，包括测评准备活动、方案编制活动、现场测评活动、分析与报告编制活动4项工作，为等级测评机构、网络运营者在等级测评工作中提供指导。

5. 运行维护及其他标准

《信息技术 安全技术 信息安全事件管理指南》(GB/Z 20985—2007)标准描述了信息安全事件管理的全过程，提供了规划和制定信息安全事件管理策略和方案的指南，给出了管理信息安全事件和开展后续工作的相关过程和规程。

《信息安全技术信息安全事件分类分级指南》(GB/Z 20986—2007)标准为信息安全事件的分类分级提供指导，用于信息安全事件的防范与处置，为事前准备、事中应对、事后处理提供一个基础指南，可供信息系统和基础信息传输网络的运营和使用单位以及信息安全主管部门参考使用。

《信息安全技术信息系统灾难恢复规范》(GB/T 20988—2007)标准规定了信息系统灾难恢复应遵循的基本要求，可用于指导信息系统灾难恢复的规划和实施工作，也可用于信息系统灾难恢复项目的审批和监督管理。

《信息安全技术信息安全风险评估规范》(GB/T 20984—2007)标准提出风险评估的基本概念、要素关系、分析原理、实施流程和评估方法，以及风险评估在信息系统生命周期不同阶段的实施要点和工作形式。本标准适用于规范组织开展的风险评估工作。

《信息安全技术信息系统物理安全技术要求》(GB/T 21052—2007)标准规定了信息系统物理安全分级技术的要求，适用于按GB 17859—1999的安全保护等级要求所进行的等级化的信息系统物理安全的设计和实现，按GB 17859—1999的安全保护等级的要求对信息系统物理安全进行的测试、管理可参照使用。

《信息安全技术网络基础安全技术要求》(GB/T 20270—2006)标准根据GB 17859—1999的5个安全保护等级划分，根据网络系统中的作用，规定各个安全等级的网络系统所需要的基础安全技术要求。本标准适用于按等级化的要求进行的网络系统的设计和实现，按等级化要求进行的网络系统安全的测试和管理可参照使用。

### 5.5.4 网络安全等级保护2.0实施步骤和测评流程

1. 网络安全等级保护2.0实施步骤

(1) 确定信息系统的个数、每个信息系统的网络安全等级保护级别、信息系统的资产数量(主机、网络设备和安全设备等)、机房的模式(自建、云平台和托管等)。

(2) 对每个目标系统，按照《信息系统定级指南》的要求和标准，分别进行等级保护的定级工作，填写《系统定级报告》《系统基础信息调研表》。

(3) 对所定级的系统进行专家评审(二级系统也需要专家评审)。

(4) 向属地公安机关网监部门提交《系统定级报告》《系统基础信息调研表》和信息系统其他系统定级备案证明材料，获取《信息系统等级保护定级备案证明》(每个系统一份)，完成系统定级备案阶段工作。

(5) 依据确定的等级标准，选取网络安全等级保护测评机构，对目标系统开展等级保护工作。

(6) 完成等级测评工作，获得《信息系统等级保护测评报告》(每个系统一份)后，将《测评报告》提交网监部门进行备案。

(7) 结合《测评报告》整体情况,针对报告提出的待整改项,制定本单位下一年度的"等级保护工作计划",并依照计划推进下一阶段的信息安全工作。

2. 等级评测流程

1) 测评准备活动阶段

首先,被测评单位在选定测评机构后,双方签订《测评服务合同》,合同中对项目范围、项目内容、项目周期、项目实施方案、项目人员、项目验收标准、付款方式、违反条款等内容逐一进行约定。

同时,测评机构应签署《保密协议》。《保密协议》一般分两种:一种是测评机构与被测单位(公对公)签署,约定评测机构在评测过程中的保密责任;另一种是评测机构项目组成员与被测单位之间签署。

项目启动后测评方开展调研,通过填写《信息系统基本情况调查表》,掌握被测系统的详细情况,为编制测评方案做好准备。

2) 测评方案编制阶段

该阶段的主要任务是确定与被测信息系统相适应的被测对象、测评指标和评测内容等,并根据需要重用或开发测评实施手册,形成测评方案。方案编制活动为现场测评提供最基本的文档依据和指导方案等。

3) 现场测评阶段

现场测评活动是开展等级测评工作的核心活动,包括技术测评和管理测评。其中技术测评包括物理安全、网络安全、主机安全、应用安全、数据安全和备份恢复。

4) 分析与报告编制阶段

此阶段主要任务是根据现场测评结果,通过单项测评结果判定、单元测评结果判定、整体测评和风险分析等方法,找出整个系统的安全保护现状与相应等级的保护要求之间的差距,并分析这些差距导致被测系统面临的风险,从而给出等级测结论,形成测评报告文本。

5) 整改阶段

主要根据测评机构出具的差距测评报告和整体建议进行整改,此阶段主要由备案单位实施,测评机构协助,客户可以根据自身的实际情况,把整改分为短期、中期和长期。

6) 验收测评阶段

测评流程与之前的流程相同,主要是检查整改的效果。

### 5.5.5 网络安全等级保护 2.0 应用

1. 网络安全等级保护 2.0 在应急指挥综合管理平台的应用

1) 建立起安全通信网络

网络安全等级保护 2.0 中关于安全通信网络有自身的网络构架,关于通信传输、可信验证等多方面的要求,现如今应急指挥综合管理平台已经形成了完善的系统。

当前通信传输的主要安全需求在于传输数据的完整性和保密性,来满足通信安全需求,特定密码支持下建立起的通信防护手段和数据流量监测手段,使得告警信息不被盗窃和破坏,并针对异常的通信行为,进行及时的干预和防护。在网络安全等级保护 2.0 应用过程中可以针对应急指挥综合管理平台的综合应急指挥平台建立起来实现。应急指挥综合管理平台数据传输缺少完整性，导致容易被安全侵袭，通过网络安全等级保护 2.0 应用 HTTPS 协议，能够在原有的基础上做好信息的加密保护和身份认证工作，来促进应急指挥平台管理的安全性。虚拟专用网的建设和镜像流量分析技术是借助加密和认证手段实现网络控制和远程连接功能，能够在互联网环境下安全地进行企业内网的连接，防范黑客入侵和恶意指挥的工作。

2）建立数据库安全管控系统

应急指挥综合管理平台中包含了大量的数据信息，建立起了应急管理模块，运用此模型可以在遭遇突发事件之后，迅速有效地完成应急工作。除此之外，数据库系统中还建立起了案例库，对近年来发生的突发事件情况进行备案，在确立案例库时方便调查了历年的备案信息，进行及时编排。网络安全等级保护 2.0 的技术促进以数据为中心、以可信接入代理系统为核心的安全访问平台建设，将访问控制逻辑部署在数据库中，打破网络边界防护的概念，只要有访问者发起数据中心的访问，都可以做到实时的认证和可信化的认证。当前在省市应急指挥综合管理平台中，由于代码的入侵或是病毒的入侵，很容易造成管理故障问题，无法接收报警信息和事件，因此会出现数据丢失问题。在网络安全等级保护 2.0 的基础上借助应急故障问题检测，建立起及时的告警设施和告警接收，能够支持网管服务的循环和流量的全程监控，针对通信流量存在的异常进行管理。同时也可以借助拓扑模块对设备接口信息进行监管。借助网络安全等级保护 2.0 体系，可以对信息建立起报警的迅速定位和查询，检测实际出现的故障和存在的侵害问题。尤其是面对当前网络攻击事件频繁、安全形势严峻的环境下，为了避免出现高危级的问题和漏洞，在网络安全等级保护 2.0 的“一个中心，三重防护”的理念下，建立起防御系统管理。

3）明确安全区域

等级保护 2.0 中关于区域安全有边界防护、访问控制、入侵防范等多种内容，结合上述分析在应急指挥平台建设时，针对边界防护进行设计，首先建立起防火墙，对于相关数据入侵行为进行控制，采取防火墙策略审计技术和非外联检测技术，解决安全区域边界和隔离安全区域。通过网络协议地址和服务端口识别技术，对访问相应的信息建立防火墙，拦截病毒的入侵。非外联检测目的是限制企业内网用户使用违规的设备，并对外联设备进行有效拦截和防范。在系统入侵防范中可以借助抗 DDoS 和入侵检测来实现外部的防御。DDoS 攻击是拒绝服务攻击，是一种网络计算机进行的攻击方式，本质上运用大量的服务请求来占据被攻击者的网络宽带、计算资源，造成被攻击者的服务无法响应。应急系统是应对突发事件的，如果遭遇了拒绝服务攻击，会影响到实际工作的安全性，因此需要升级宽带网运营、流量信息服务和部署相应的抵抗系统。在实际运营过程中可以采取流量异常攻击检测，利用 DDoS 攻击产生的异常流量特征进行检测。通常，可以对日常流量建模得到流量阈值。如果出现流量反常，则判定有可能遭受 DDoS 攻击。

4）建立起入侵防御机制

传统的入侵防御机制可以对入侵行为进行识别监测，虽然能够避免 IDS 本身设备的故障导致的网络中断，但发现的攻击行为只能作出告警提示，无法做到第一时间阻拦，会导致安全防护落后。网络安全等级保护 2.0 基础的应用下，针对入侵防御可以实施监听模块来捕捉经由 IPS 的数据包，对捕捉的数据包进行 IPv6 协议的解析，对重组后的数据报文进行分析，并与特征库相对比。通过入侵防御系统的防范，能够发现各类入侵行为并及时阻断。

现如今入侵防御系统能够对漏洞攻击、蠕虫病毒、木马后门数据库攻击等进行防御,并建立深层次的防御体系。

2. 网络安全等级保护 2.0 在医疗信息安全管理中的应用

与网络安全等级保护 1.0 标准相比,网络安全等级保护 2.0 的安全通用要求管理细节有强有弱。所以医院在开展信息安全管理时,也应该根据网络安全等级保护 2.0 提出的新要求而进行灵活调整。为此,医院管理人员应该对标网络安全等级保护 2.0 三级标准,基于网络安全等级保护 1.0 标准和现有安全管理方案,进一步开展优化,从而为提升医院网络安全等级保护测评效果提供辅助。

1) 安全管理制度与机构

为了满足网络安全等级保护 2.0 安全通用要求中的管理要求,医院在开展信息安全管理时应该积极构建安全管理制度体系,从而让安全管理制度变得更具系统性和科学性,为安全管理工作的顺利开展提供制度保障。同时,在安全管理机构建设方面,医院也应该进行更为科学地规划。比如,建立专门的网络安全管理领导小组和逐级审批制度,明确安全管理人员岗位职责与工作内容;定期开展全面安全检查与审批信息更新,开展安全检查报告和结果通报等。

2) 安全管理人员

在网络安全等级保护 2.0 实行以后,安全管理人员也面临着新的工作要求。在实践中,医院信息安全管理人员必须具备专业能力和敬业态度,无论是在职还是离职,都必须严守工作机密,保护医院信息安全。比如,强化入职前的政审以及专业技能考核,确保安全管理人员的能力、心理素质以及思想道德观念足以胜任本职工作;同时,还需要与安全管理人员签署保密协定,通过合同条款明确规定岗位工作权责,从而为确保安全管理人员工作尽职、保守机密奠定基础。当然,在安全管理人员工作环节,还应该不断提升安全意识,若有外部人员意图访问系统,则必须严格检查他们的访问授权,若无授权则不允许访问且安全管理人员需立刻向上级汇报异常情况。此外,开展人力资源管理时,相关工作人员也需要重视离职人员管理。比如,制定严谨的离职手续办理流程、与离职人员签署保密协定等,为避免因离职而泄密做好准备。

3) 安全建设管理

在安全建设管理中,医院应该做好整体安全保护方案的规划和设计工作,同时还应通过专家审核确定计划可行,从而为满足网络安全等级保护 2.0 要求做好准备。在实践中,相关工作人员应该开展更为全面的审核和监督工作。比如,应用第三方监理制度,全面审核监督服务供应商能力,基于选型测试结果确定外部产品供货渠道等。

4) 安全运维管理

安全运维管理同样是医院信息安全管理的重要内容,网络安全等级保护 2.0 也对此方面工作提出了许多新的要求。比如,专门分析网络日志与报警信息;对变更性运维进行严格审批与管控;提高授权管理严谨性,保证内外连接均获得授权;定期开展安全检查,验证恶意代码攻击技术的应用有效性和网络安全性;完善变更处理程序,保证其申报、审批、管理、记录与反馈等程序的完整性和有序性;加强合同管理,与外包运维服务商签订内容明确、权责分明的运维管理协议。

3. 网络安全等级保护2.0在高校网络安全建设中的应用

1）建立科学有效的主动安全防御体系

“网络安全等级保护2.0”制度在网络安全工作思路上由被动的、分层的防御向主动的集中防御及综合防控转变。建立注重统一策略的安全管理，主动防护的控制机制。以往是采用独立的安全设备组合，将防火墙、入侵防御系统、安全网关等安全设备集中到一起构建被动防御体系。等级保护2.0，高校注重“统一规划、新旧结合”的原则，对新旧安全设备进行统一部署，并采用态势感知系统进行预警，将反馈的威胁数据与网络实际信息进行分析比对，做好威胁定位及切断威胁工作环节，以保障发现威胁源头并进行及时解决。在整体安全建设方案架构中考虑到校园网安全检查、监测、预警和通报等防御过程，并设立以检测为主、预警和通报为辅的防御安全体系。

2）落实网络安全责任制，制定科学的安全防护制度

加强学校网络安全工作，建立组织制度，成立网络安全工作领导小组，由高校领导任组长，各相关部门负责人为组员，统筹规划校园网络安全工作。

高校日常安全的保护通过定期巡检及实时监测相结合，制定《网络安全监测制度》并落实执行。做到及时发现并修补系统漏洞，对操作系统和基于Web的应用应及时更新升级，甚至网络架构层面也应根据实际情况与技术发展情况及时应对，综合排除网络安全隐患。依据本校信息系统的实际情况，落实《教育系统网络安全应急预案》的要求，定期进行应急演练。

3）落实“网络安全等级保护2.0”，加强网络安全教育培训

高校对网络安全管理员组织开展交流学习活动，强化专业技术人员的安全意识，拓展业务素质和能力，在对新的行业知识的不断学习中，全面提升网络安全防范技能和水平，避免不法分子从内部局域网实施网络侵害。

4）建立适合高校的运维方案

高校信息管理部门在网络安全工作方面面临诸多的问题：人员短缺、技术人员的知识结构不完善，技术力量不足，导致无法解决新出现的网络安全问题；人员工作繁忙，导致无法保持对新的网络安全问题的创新和研究。然而高校作为安全责任的主体，技术人员要起到主导作用，且要做好日常运维工作。一种主要方式是部署统一规范、高效的安全运维管理平台对校园网中的网络设备和安全设备进行管理，方便院校管理人员随时了解网络安全状况。另一种主要方式是购买安全运维服务，针对高校的网络及系统定期进行漏洞扫描、策略检查、安全加固及日志分析等，通过安全运维服务，及时发现潜在的安全隐患，寻找有无被黑客攻击的痕迹，及时查漏补缺。以下两种方案能够有效弥补学校在人员紧缺技术薄弱等方面的不足。

4. 网络安全等级保护2.0在电力企业网络安全体系建设的应用

电力企业已广泛应用了云计算、大数据、工业互联网等各项新兴技术，等级保护2.0下的电力企业网络安全体系建设运用风险评估、搭建网络安全防护体系、实施安全监测等诸多措施，科学构建防治结合的网络安全防控体系。

1）电力企业网络信任体系建设

网络信任体系作为网络安全等级保护非常关键的一项内容，基于等级保护2.0的要求，需要严格控制电力企业系统可信认证、身份认证等环节。而通过建设认证体系，则可以满足

这一需求。其中,CA 认证体系得到了较为广泛的应用,其既可以对用户信息统一管理,又能够优化控制登录操作、网络接入操作等环节,促使信息管理安全、业务经营安全等得到实现。此外,CA 认证体系还将身份认证服务内置于业务系统访问过程中,这样网络信息系统遭受恶意攻击的可能性将会大大降低。

2）电力企业网络安全技术体系建设

在电力企业网络安全技术体系构建过程中,需积极应用先进的安全技术,包括安全审计、边界防护、访问控制等。为保证电力监控系统中控制大区的网络安全,需依照"安全分区、网络专用、横向隔离、纵向认证"的方针构建控制系统的安全防护体系。而针对电力监控系统管理系统大区则将超融合、虚拟化技术,将身份认定、数据加密等诸多技术综合运用于数据访问路径之中,促使安全防御目标得到实现。网络边界部署主动防御、防病毒网关与态势感知联动的一体化防护系统。这样既能够做到网络间的安全隔离,又能做到主动监测各种威胁行为、抵御 APT 攻击,合理预判系统整体安全态势,规避各种安全问题的出现。

3）电力企业网络安全管理体系建设

电力企业网络安全管理体系建设,需建立网络安全管理组织机构,制定科学有效全面的网络安全管理制度,涵盖管理制度、流程规范、安全策略等诸多方面的内容,且严格贯彻与执行。合理配备网络安全管理人员,以便促使网络安全日常管理工作得到有序开展。积极培训业务人员、安全管理人员,促使其安全意识、技能水平等得到提升。开展网络安全事件应急演练,以便有效应对与处置各种突发事件。在系统安全建设规划实践中,需将等级保护制度要求、系统实际需求等充分纳入规划与建设范围,做到"同步规划、同步建设、同步投入运行"。组建安全运维团队,或聘请有资质的安全服务机构。在运维中,加强巡检工作,严格检查系统运行状态、安全策略配置状况,扫描信息系统,及时查找漏洞及修复存在的安全风险。要借助日志审计、堡垒机、入侵检测设备对用户异常行为、网络攻击行为及时发现,进而对安全策略针对性地调整。同时,基于各种突发事件的处置情况,构建相应的应急管理体系。要基于渗透测试全面模拟黑客的攻击方式,通过技术和管理手段,有针对性地修补薄弱环节。通过上述措施的落实,促使信息系统安全性得到整体提升。

## 5.6 本章小结

信息系统安全测评是信息安全保障的一个重要而有效的措施。为了实现系统安全性的统一评价,制造商通常利用权威的评测标准对系统进行检测,从而实现系统安全等级划分。世界各国的评测标准经历了很长的演化过程,TCSEC 是一个经典的操作系统安全评测准则,作为历史上第一个计算机安全评价标准,它推动了国际计算机评测准则的研究。CC 标准在国际通用标准需求的推动下制定,有效地避免了 TCSEC 准则使用中的不足,是目前使用最广泛的国际通用评测准则。我国在借鉴国际成熟的评测标准的基础上,也制定了强制性国家标准 GB 17859—1999《计算机信息系统安全保护等级划分准则》和推荐标准 GB/T 18336—2001《信息技术安全技术信息技术安全性评估准则》。在相关标准的基础上,我国推进网络安全等级保护工作,标准也从 1.0 版本升级到 2.0 版本。本章着重对以上测评准则和网络安全等级保护标准进行了详细介绍。

# 习　题

1. 操作系统安全评估与操作系统安全评测有怎样的区别？

2. 简述操作系统安全的评测方法。

3. TCSEC 的主要内容是什么？

4. 对比分析我国 GB 17859—1999 的第四级要求与 TCSEC 的 B2 级的异同点。

5. CC 标准与 TCSEC、FC 和 CTCPEC 标准的关系是什么？

6. CC 主要分为哪几个部分？并简要描述。

7. 与 TCSEC 相比，CC 主要作了哪些改进？

8. PP、ST、包的含义分别是什么？

9. 什么是类、族、组件？它们具有怎样的关系？

10. 可否用 CC 的保护轮廓定义书来对应编写美国 TCSEC 相应评价级的安全要求？

11. 一般认为从 TCSEC 的 B1 级到 B2 级是单级安全性增强最为困难的一个阶段，为什么？

12. 网络安全等级保护 2.0 的实施主要分几步，每一步具体操作是什么？

# 第 6 章 Windows 操作系统安全

微软公司的视窗(Windows)系列操作系统在当前的个人桌面计算机操作系统中占据了最大的份额,其安全性受到了用户的极大关注。在 Windows 操作系统的发展过程中,安全性增强一直是其重要的一方面,各种安全机制和技术在系统中不断得到集成和实现,它的安全性直接关系到信息系统的安全性。本章主要从本地安全和网络安全两个方面出发,详细介绍 Windows 操作系统的安全特性,并针对近年来 Windows 操作系统采用的一些新的安全技术进行介绍。

## 6.1 Windows 安全概述

### 6.1.1 Windows 体系结构

Windows 系列操作系统由美国微软公司开发,是目前世界上使用最广泛的图形化操作系统。随着电脑硬件和软件系统的不断升级,微软的 Windows 操作系统也在不断升级。下面以目前使用最多的 Windows XP 为例,分析其体系结构。

Windows XP 的结构是层次结构和客户机/服务器结构的混合体,如图 6.1 所示。

从图中可以看出,Windows 操作系统采用的是模块化的设计。所谓“模块”,就是一组被称为执行程序服务(Executive Service)的软件,这些“模块”运行在核心模式(Kernel Mode)。核心模式属于特权模式,只有对系统性能影响很大的操作系统组件(如内存管理器、高速缓存管理器、对象及安全管理器、网络协议、文件系统、线程和进程管理等)才在核心模式下运行。核心模式中的软件构成了操作系统的核心,可以分为以下几种:

(1) 执行体(Executive):由一系列实现基本系统服务的模块组成。它们执行的系统任务包括输入/输出、文件管理、虚拟内存管理、资源管理以及进程内部通信等,模块之间的通信是通过定义在每个模块中的函数实现的。

(2) 设备驱动层(Device Drivers):将组件的调用(例如打印机请求)翻译为硬件操作。

(3) 硬件抽象层(Hardware Abstraction Layer,HAL):将 Windows 执行体的其他部分与特定的硬件分离开来,使操作系统与多处理器平台相兼容。

(4) 微内核(Microkernel):管理微处理器,执行一些重要的功能,例如调度、中断,以及多处理器同步等。

核心模式之上是用户模式,用户模式下的软件在没有特权的状态下运行,对系统资源只有有限的访问权限,例如,软件不能直接访问硬件。Windows 基础的应用程序和被保护的子系统(有时被称为服务器或被保护服务)工作在用户模式下,并且被保护的子系统运行在自己的空间内,二者不会相互干涉。

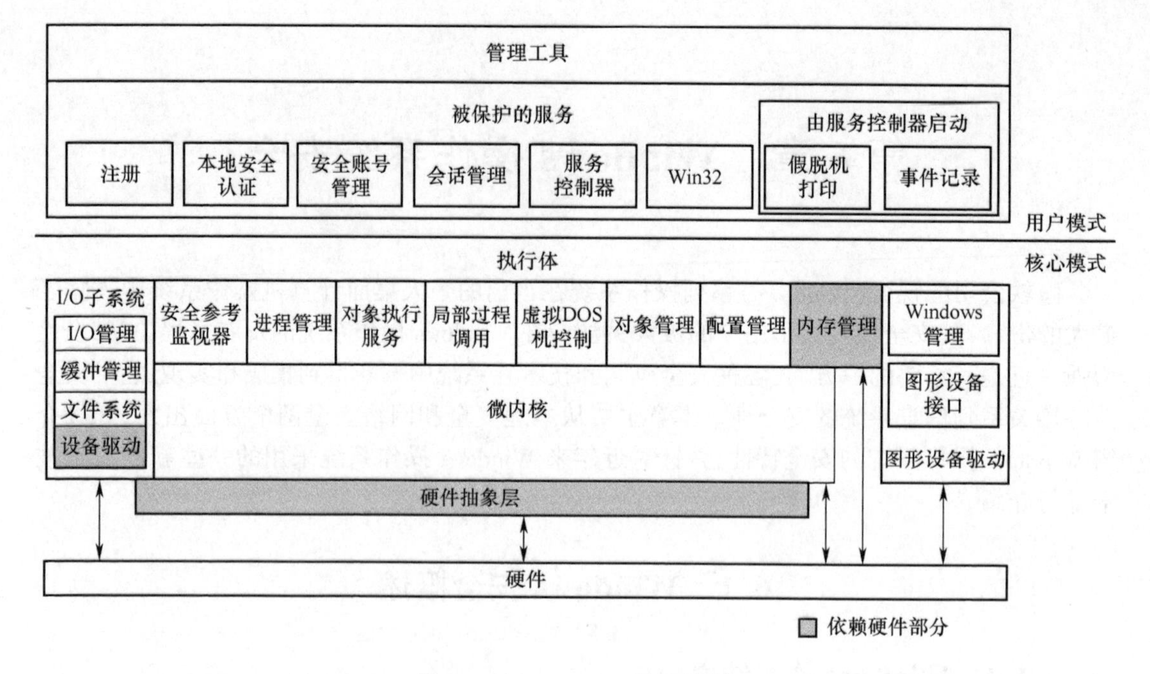


图 6.1　Windows XP 体系结构

Windows 操作系统采用用户模式和核心模式分离的体系结构保证了失控的用户进程不会破坏处于核心模式下的低层次的系统驱动程序，所有对核心模式的访问都是受保护的。被保护的子系统提供了应用程序接口（API），当一个用户程序对位于核心模式下的系统服务提出请求时，这个请求必须通过一个 API，然后该 API 通过局部过程调用（LPC）将该请求发送给核心模式下对应的系统服务，最后该 API 会将响应信息发送给服务调用者。

### 6.1.2　Windows 安全子系统

Windows 操作系统在安全设计上有专门的安全子系统，安全子系统主要由活动目录（Active Directory）、Winlogon 进程、Netlogon 进程、Kerberos 身份验证、MSV1.0 身份验证、本地安全认证（Local Security Authority，LSA）、安全账户管理器（Security Account Manager，SAM）、安全参考监视器（Security Reference Monitor，SRM）等组成，如图 6.2 所示。

- 活动目录模块：是一个包含网络资源（如计算机、用户和打印机）的数据库，也是一个目录服务系统，使得数据库中的信息通过目录服务提供给用户和程序使用，其主要的安全管理单元是域，域中的所有用户和计算机执行相同的域安全策略。
- Winlogon 进程：主要负责管理用户登录和注销过程，加载登录界面并监视安全认证的顺序。
- Netlogon 进程：主要作用是维护计算机到其所在域内的域控制器的安全信道。
- Kerberos 身份验证：Windows 的域身份验证协议，用于使用 Windows 操作系统的计算机之间以及支持 Kerberos 身份验证的客户之间的身份验证。
- MSV1.0 身份验证：主要为不支持 Kerberos 的 Windows 客户提供基于局域网管理器的身份验证。

• 本地安全认证 LSA：LSA 是 Windows 安全子系统的核心组件，通过确认 SAM 中的数据，控制各种类型的用户进行本地和远程登录，并提供用户存取许可确认及产生访问令牌，同时 LSA 还管理本地的安全策略、控制审计方案，并将 SRM 产生的审计信息保存在日志文件中。

• 安全账户管理器 SAM：SAM 是一个保存本地账号信息的模块，负责在用户登录认证时，将用户输入的信息与 SAM 数据库（包含所有组和用户的信息，由 SAM 管理维护）中的信息进行比对。

• 安全引用监视器 SRM：SRM 以核心模式运行，负责检查对象访问合法性并为用户账号提供访问权限。用户在要求访问对象时，不能直接访问对象，而必须通过 SRM 的有效校验。SRM 还负责审核生成策略，在验证对象的访问和检查用户账号权限时生成必要的审核信息。

• 事件记录器（Eventlog）模块：它是有关系统、安全和应用程序的记录，是以特定的数据结构存储的文件。每个记录事件的数据结构中包含了 9 个元素（可以理解成数据库中的字段）：日期/时间、事件类型、用户、计算机、事件 ID、来源、类别、描述、数据。

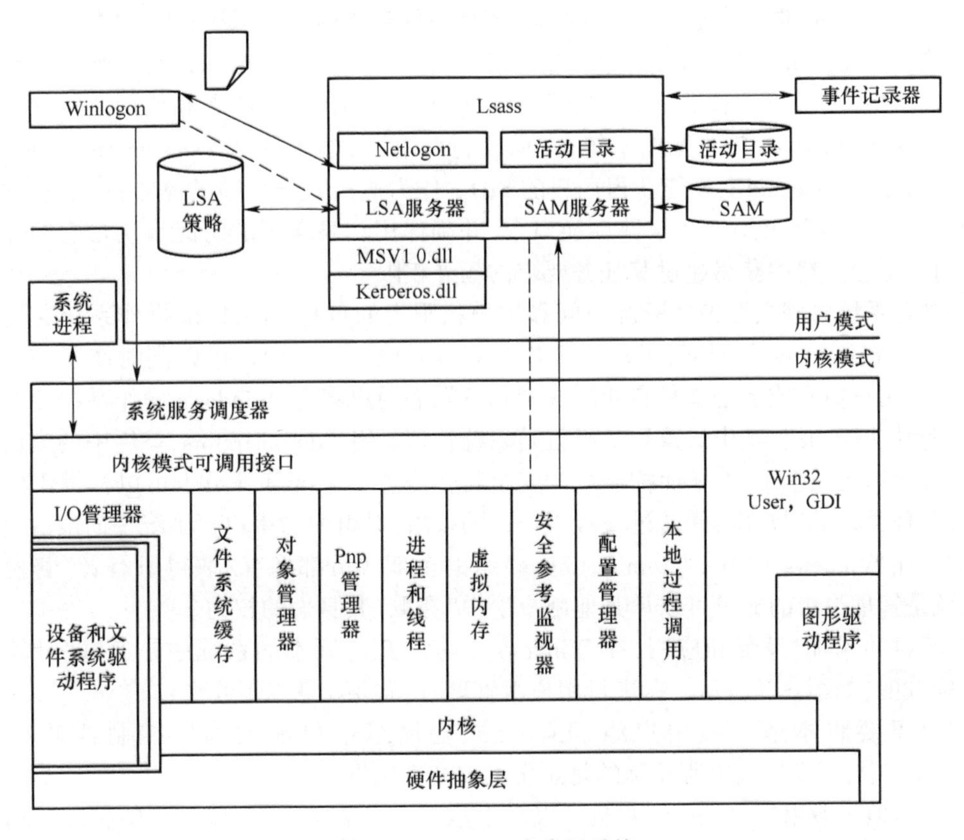


图 6.2　Windows 安全子系统

## 6.2　Windows 本地安全机制

### 6.2.1　用户管理机制

Windows 操作系统的安全性在很大程度上取决于对每个用户所设置的权限，错误的授权有可能导致灾难性的后果,因此用户账号的安全管理是建立安全的 Windows 系统环境的重要内容。

在 Windows 操作系统中,一般有两种类型的账号:管理员账号(Administrator Accounts)和普通用户账号(User Accounts)。在安装 Windows 操作系统时,会自动产生一个系统管理员账号。系统管理员账号可以被更名,但不能被删除,在 Windows 操作系统中可以进行任何操作,对系统的安全性存在重大的影响,故对系统管理员账号的分配和使用应格外谨慎,避免误用和盗用。保护系统管理员账号的常用措施是更换管理员默认的账号名 Administrator,或新建一个拥有系统域管理员权限的账号,再将 Administrator 的权限设置为最低,减少管理员账号被盗用后的损失。

Windows 操作系统中,只有系统管理员才能创建其他用户账号(包括系统管理员账号),并通过用户的配置文件存储每个账号的唯一安全标识 SID(Security identifier)和其相应的权限,用以保证用户能有效利用本地或者网络中的资源。安全标识符 SID 是标识用户、组和计算机账户(主体)的唯一号码。由计算机名、当前时间和当前用户态线程的 CPU 耗费时间的总和来唯一确定。SID 唯一且删除后不能还原。Windows 使用安全标识符来唯一表示安全主体和安全组。SID 在主体账户和安全组创建时生成。SID 的创建者和作用范围依赖于账户类型。对于 Windows 7 的操作系统,在命令行状态下,输入指令"whoami/user"或"wmic useraccount get name,sid",均能获得用户的 SID。作为避免安全风险的基本措施,在建立新用户账号时,可以要求用户经常性更换口令,并确保用户隶属于的组能够满足它的任务要求,同时又不会从组中获得超过其任务要求的额外权限。

为减轻系统管理员在控制资源访问和用户权限上的负担,Windows 操作系统通过采用"用户组"的机制提供了一种管理多个用户的有效手段。一个用户可以同时属于一个或多个用户组,用户组实质上是指具有相同权利和权限的用户集合,Windows 操作系统预置了一些涵盖各种功能的组,其中最重要的组就是系统管理员组 Administrators,该组中的成员可以完全管理计算机及整个域,从而控制域的安全特性设置。系统管理员也可以根据不同的需求设置各种类型的用户组,并通过设置用户组的权限,对组中的用户实施统一简洁的资源访问控制。在 Windows 10 中,"Administrators"组的全部成员都拥有"取得所有者"身份的权力,也就是管理员组的成员可以从其他用户手中"夺取"其身份的权力。

对于组的添加、设置和应用,在 Windows 2000/XP 等版本的系统中是通过"计算机管理"来完成的,如图 6.3 所示。在进行用户组管理时,需要注意以下几点:

(1) 不要将本地一般用户组(Users)或全局组用户加入到域控制器的复制组(Replicator)中,因为复制组所复制的是系统的安全性数据库;

(2) 本地一般用户(User)的成员可以产生他们自己的用户组,但并不能扩大其访问权限,其成员不能从组中获得超过其任务要求的额外权限;

(3) 可以用组来将具有相同安全策略的用户组织在一起,使它们在登录时间、权限和密码等方面保持一致;

(4) Guests 组和 Domain Guests 组并不像 Guests 账号一样有独特的性质,他们与普通的用户组一样,如何运用取决于其中的成员;

(5) 系统管理员应清楚成员是否设置得当。

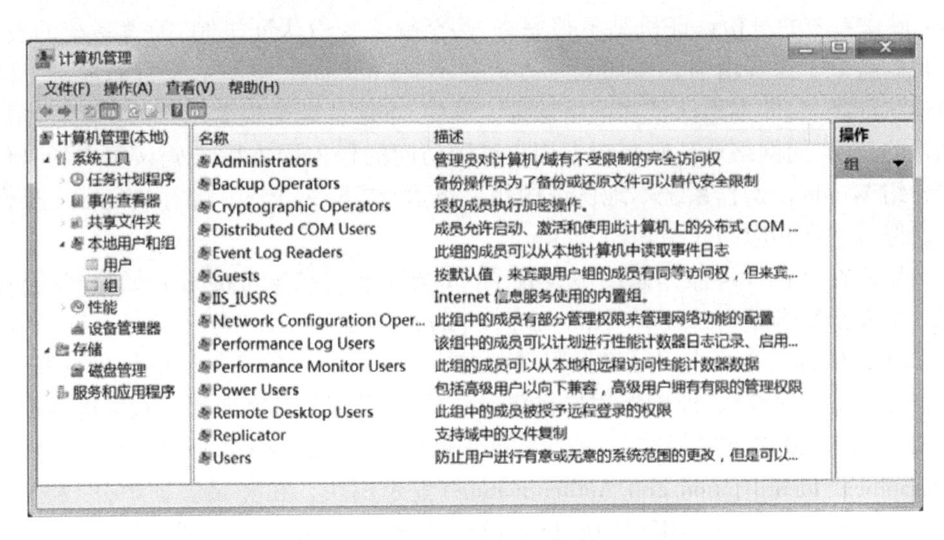


图 6.3　Windows 系统中的用户组管理

需要指出的是，由于系统账号的口令密码经常成为攻击者的攻击目标，因此系统管理员应该为各账号制定严格的密码安全策略。Windows 2000/XP 等系统的账号规则设置可以通过“本地安全策略”中的“账号策略”选项进行设定，如图 6.4 所示。在“账号策略”选项下，可以分别设置账号的密码策略和账号锁定策略，例如，为提高密码的安全性，可以设置账号密码必须满足一定的复杂性要求，密码保存的时长等，也可以设置复位账号锁定计数器、账号锁定时间、锁定阈值等参数。

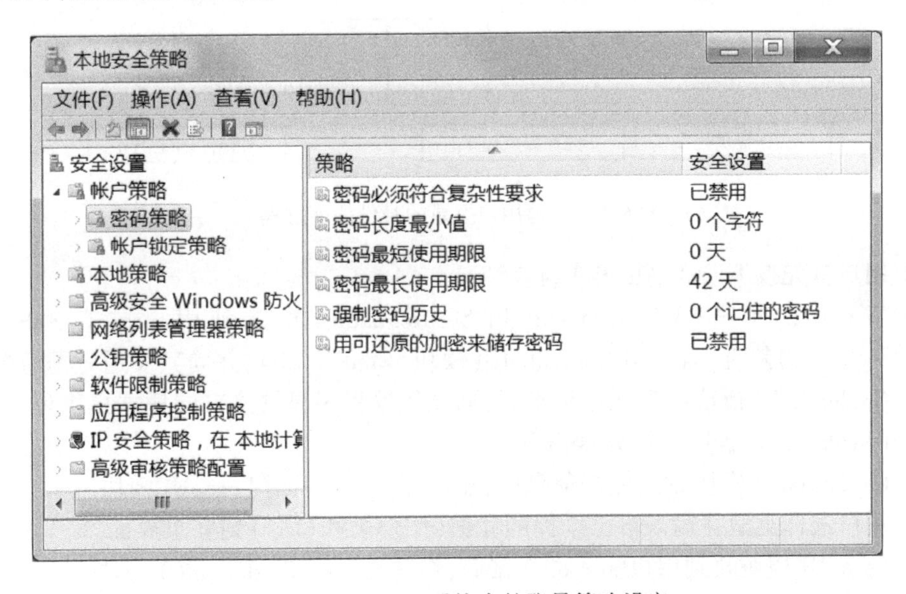


图 6.4　Windows 系统中的账号策略设定

### 6.2.2　身份认证机制

用户在登录 Windows 操作系统时，需要对其进行身份认证，或者称为身份验证。早期

Windows 操作系统的身份认证机制不很完善,甚至缺乏身份认证机制,随着系统的发展,身份认证机制得到了逐步增强。按照登录方式的不同,Windows 操作系统目前提供了两种基本的身份认证类型,即本地认证和网络认证。其中,本地认证是根据用户的本地计算机账户确认用户的身份,而网络认证则是根据用户试图访问的任何网络服务确认用户的身份。本节主要介绍 Windows 操作系统本地认证的相关技术,在下一小节中将对 Windows 操作系统的网络认证技术做相应的介绍。

如果用户在 Windows 操作系统中设置了"安全登录",在 Winlogon 初始化时,会在系统中注册一个安全警告序列(Secure Attention Sequence,SAS)。SAS 是一组组合键,默认情况下为 Ctrl+Alt+Delete,主要作用是确保用户在进行登录时输入的身份认证信息被系统接收,并且不会被其他程序获取,即确保用户在登录系统时,其账号和密码不会被黑客盗取。

在 Windows 7 及以上的版本中,采用凭据提供(Credential provider)登录模块取代传统的 GINA(Graphical Identification and Authentication)登录模块。在登录验证中,涉及 Winlogon 模块、LogonUI 模块、CredentialUI 模块、LSA 模块、SAM 模块和第三方开发的凭据提供程序。本地用户登录的身份认证过程如图 6.5 所示:

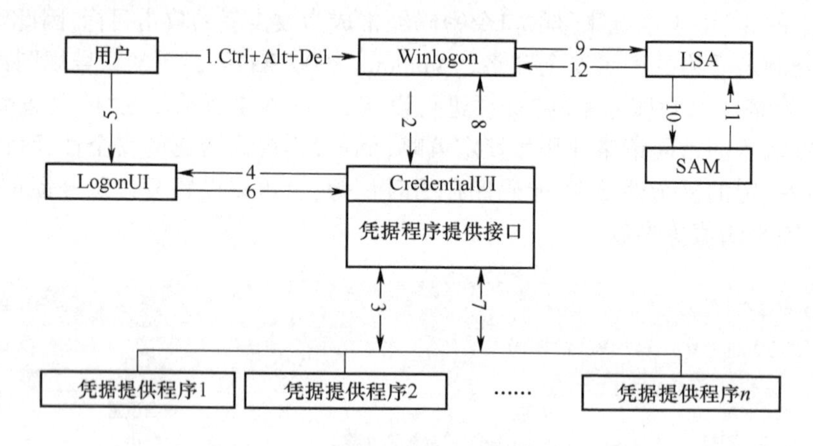


图 6.5 本地用户登录的身份认证过程

(1) 用户首先按下 Ctrl+Alt+Del 组合键。

(2) Winlogon 模块(Winlogon.exe 和 Secure32.dll)检测到用户按下 SAS(Secure Attention Sequence)热键,就调用 CredentialUI 模块(CredUI.dll),并向其发送凭据请求。

(3) CredentialUI 模块收到凭据请求后,通过凭据程序提供接口向凭据提供程序发送凭据请求,并从凭据提供程序获得凭据信息。

(4) CredentialUI 模块收到凭据信息后,显示登录 UI 界面(LogonUI 模块)。

(5) 用户选择类型并输入自己掌握的凭据(用户名和口令)到登录界面。

(6) LogonUI 模块收到用户输入的凭据后,将其发送给 CredentialUI 模块。

(7) CredentialUI 模块通过凭据程序提供接口将处理后的用户输入请求发送给凭据提供程序,然后凭据提供程序将凭据通过凭据程序提供接口返回给 CredentialUI 模块。

(8) CredentialUI 模块将凭据发送给 Winlogon 模块。

(9) Winlogon 模块将收到的凭据发送给 LSA 模块进行验证。

(10) LSA 模块收到用户登录的凭据后,将调用 Msc1_0 模块(Msc1_0.dll 是验证程序包)，将用户凭据生成 Hash 值，发送给 SAM 模块。

(11) SAM 模块将收到的 Hash 值与存储的 Hash 值进行比对。如果比对后，发现用户身份合法，SAM 将用户安全标识 SID、用户所属用户组的 SID 和其他一些相关信息发送给 LSA 模块。

(12) LSA 将收到的 SID 信息创建安全访问令牌，然后将安全访问令牌和登录信息发送给 Winlogon 模块。Winlogon 模块对用户登录稍作处理后，完成整个本地身份认证过程。

从以上过程看出，用户在进行本地身份认证时，SAM 数据库起着非常重要的作用。SAM 数据库一般保存在"C:\Windows\system32\config"文件夹下的 SAM 文件中，在 Windows 2000(未安装 Services Pack)及其之前的版本，用户可以通过删除 SAM 文件的方式来清空账户登录密码，但在后续版本的 Windows 操作系统中，已经对该漏洞进行了修复，删除 SAM 文件将直接导致无法进入系统。SAM 文件记录的数据很多，包含所有组、账户的信息、口令 Hash 值、账户的 SID 等。该文件在系统运行时受操作系统的保护，因此，即便是超级用户也无法直接打开它。需要注意的是，尽管 SAM 数据库文件受到了操作系统的保护，但并不是说就没有办法访问 SAM 了。黑客仍然可以利用 SAM 数据库的安全隐患，对本地计算机进行攻击。通过破解 SAM，获得用户口令，或者将其删除，让 SAM 文件失效，使用户无法进入系统。

### 6.2.3 访问控制机制

1. Windows 访问控制的实现方式

访问控制机制是指在保障授权用户能获取所需资源的同时拒绝非授权用户的安全机制，在对用户进行身份认证和授权后，访问控制机制将根据预先设定的规则对用户访问某项资源(目标)进行控制，只有规则允许时才能访问，违反预定的安全规则的访问行为将被拒绝。

访问控制一般包括 3 种类型，分别为自主访问控制、强制访问控制，以及基于角色的访问控制。目前使用最广泛的 Windows XP，其安全性达到了橘皮书 C2 级，实现了用户级自主访问控制，根据对用户进行的授权，来决定用户可以访问哪些资源以及对这些资源的访问能力，以保证资源合法、受控地使用。

用户在登录过程通过身份认证后，将得到他的 SID，以及所在组的 SID，LSA 将根据 SID 信息创建安全访问令牌，包括用户名、所在组、安全标识等信息，此后，用户每新建一个进程，都将复制该安全访问令牌作为该进程的访问令牌。当用户或者用户生成的进程要访问某个对象时，SRM 将用户/进程访问令牌中的 SID 与对象安全描述符中的自主访问控制表进行比较，从而决定用户是否有权访问该对象。而且进程在访问某个对象时，并不直接访问该对象，而是需要通过系统用户模式中的 Win32 模块访问对象。这样不仅可以使进程无须知道直接控制每类对象的具体方式，避免了程序的复杂性，而且由操作系统统一完成对象的访问控制，也使得对象更加安全。如果用户想共享某个对象，他需要首先为该对象选择唯一的名字，然后为其他的用户和组分配访问权限。此时，系统会为该共享对象创建安全描述符。一个没有访问控制表的对象可以被任何用户以任何方式访问。共享资源的访问权限共有 4 种，分别为"完全控制""拒绝访问""读"和"更改"。下面，分别对 Windows 中实现访问控制相关的主要实体作简要介绍。

### 2. 安全访问令牌

安全访问令牌是 LSA 模块收到登录用户的 SID 信息后创建的,它相当于用户访问系统资源的票据。令牌有两类:主令牌和模拟令牌。主令牌是由 Windows 内核创建并分配给进程的默认访问令牌,每一个进程有一个主令牌,它描述了与当前进程相关的用户账户的安全上下文。同时,一个线程可以模拟一个客户端账户,允许此线程与安全对象交互时用客户端的安全上下文,即模拟令牌。访问令牌包含进程和线程的安全上下文的完整描述,其内容如下:

• 用户账户的 SID:若用户利用一个账号登录到本地计算机,则它的 SID 来自于本地 SAM 维护的账号数据库;若用户利用一个域账号登录,则它的 SID 来自于活动目录里用户对象的 Object-SID 属性。

• 用户所在组账户的 SID:一个用户可能是多个组的成员,所以这里可能有多个,同时,表中也包含活动目录里用户账号下用户对象的 SID-History 属性里的 SID。

• 用户或组在本地计算机上拥有的特权列表。

• 所有者安全标识符:这些用户或安全组默认成为用户所创建或拥有的任何对象的所有者。

• 用户的主安全组的安全标识符:这个信息只由 POSIX 子系统使用。

• 默认的自主访问控制列表(DACL):一组内置许可权。在没有其他访问控制信息存在时,操作系统将其作用于用户所创建的对象。默认 DACL 向创建所有者和系统赋予完全控制权限。

• 访问控制令牌的源:导致访问令牌被创建的进程,例如会话管理器、LAN 管理器或远程过程调用(RPC)服务器。

• 令牌类型:访问令牌是主令牌或模拟令牌。主令牌代表一个进程的安全上下文,而模拟令牌是服务进程里的一个线程,用来临时接受一个不同的安全上下文(如服务的一个客户的安全上下文)的令牌。

• 模拟令牌的级别:是指服务对该访问令牌所代表的客户的安全上下文的接受程度。

• 访问令牌自身的统计信息:操作系统在内部使用这个信息。

• 限制 SID 列表:由一个被授权创建受限令牌的进程添加到访问令牌里的可选的 SID 列表。限制 SID 列表可以将线程访问限制到低于用户被允许的级别。

• 会话 ID:指访问令牌是否与终端服务的客户会话相关。

访问令牌主要的用途包括以下两个方面:

(1) 负责协调所有必需的安全信息,从而加速访问确认,当试图访问一个与用户关联的进程时,安全子系统使用与该进程关联的访问令牌来确定用户的访问特权。

(2) 允许每个进程以一种受限的方式修改自己的安全特性,而不会影响代表用户进行的其他进程。

### 3. 安全描述符

安全描述符与每个被访问对象相关联,描述一个安全对象的安全信息,访问控制表是安全描述符的主要组件,为访问对象确定了各用户和用户组的访问权限。安全描述符的构成如图 6.6 所示,一个安全描述符主要包含以下安全信息:

(1) 标记:一组控制位集合,说明安全描述符的含义或它的每个成员。

(2) 用户 SID:与安全描述符关联的安全对象的所有者的 SID。

(3) 工作组 SID:与用户 SID 对应的所有者所在组的 SID。

(4) 自主访问控制表(Discretionary Access Control List,DACL):确定哪些用户和组可以为哪些操作访问该对象。

(5) 系统访问控制表(System Access Control List,SACL):确定该对象上的哪些操作可以产生审核信息。

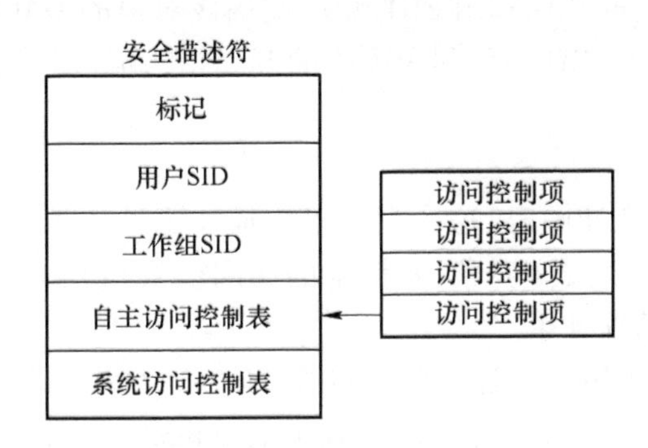


图 6.6　安全描述符的结构

4. 访问控制列表

当某个进程要访问一个对象时,进程的 SID 将与对象的访问控制列表相比较,决定是否可以访问该对象,因此访问控制表是 Windows 访问控制机制的核心。访问控制列表实际上是附加到可保护对象上的访问控制项(ACE)顺序列表,每个 ACE 标识用户和工作组对该对象的访问权限。

一般情况下,访问控制列表有 3 个访问控制项,分别代表:拒绝对该对象的访问、允许对该对象读取和写入、允许执行该对象。访问控制列表中的每个 ACE 都有一个 SID,用来标识允许、禁止或审计访问的用户和组。标识某个特定账号或组的 SID 是在创建该账号或组时由系统生成的。其中本地账号或组的 SID 由计算机上的 LSA 生成,并与其他账号一起存储在注册的一个安全域里。每个本地的 SID 在创建它的计算机上是唯一的,机器上的不同账号或组不能共享同一个 SID,也不能重用已删除账号的 SID。

系统利用访问控制表进行访问控制操作时,分别根据以下 3 种情况实施:

(1) 如果访问对象没有访问控制表,则系统允许所有用户访问该对象;

(2) 如果访问对象有访问控制表,但访问控制项 ACE 为空,则拒绝所有用户访问该对象;

(3) 如果访问对象有访问控制表且 ACE 不为空,系统将根据用户 SID 及访问控制表的判断规则控制用户访问该对象的操作。

访问控制列表的判断规则如下:

(1) 从访问控制列表的头部开始,检查每个访问控制项,判断是否拒绝用户或工作组的访问;

(2) 继续检查,判断进程所要求的访问类型是否授予用户或工作组;

(3) 重复前两个步骤,直到遇到拒绝访问,或是累计到所请求的权限均被满足为止;

(4) 如果对某个请求的访问权限在访问控制列表中既没有授权也没有拒绝,则拒绝访问。

从安全描述符的构成中可以知道，Windows 中的访问控制列表可以分为自主访问控制表(DACL)和系统访问控制表(SACL)两类。

1) DACL

DACL 由对象的所有者控制，每个表由表头和许多访问 ACE 组成，ACE 决定了用户或用户组可以对该对象执行的操作类型。当一个进程试图访问某个对象时，系统中该对象的管理程序从访问令牌中读取 SID 和组 SID，然后扫描该对象的 DACL。若发现有一项匹配，也就是找到了一个 ACE，其 SID 与访问令牌中的 SID 相匹配，则该进程就具有该 ACE 所确定的访问权限。

2) SACL

SACL 实际上是一个审计中心，这个列表里面描述了哪些类型的访问请求需要被系统记录。一旦有用户访问一个安全对象，其请求的访问权限和 SACL 中的一个 ACE 符合，那么系统会记录该用户的请求结果。

需要指出的是，当一个用户进程需要访问 Windows 系统中的某个资源对象时，用户进程并不是直接访问该对象，而是由系统用户模式中的 Win32 代表进程访问对象，如图 6.7 所示。这样做的主要原因是为了使程序更加简单和安全。程序不必知道如何直接控制每类对象的具体方式，而是交由操作系统去完成，且由操作系统负责实施进程对对象的访问，也可使对象更加安全。

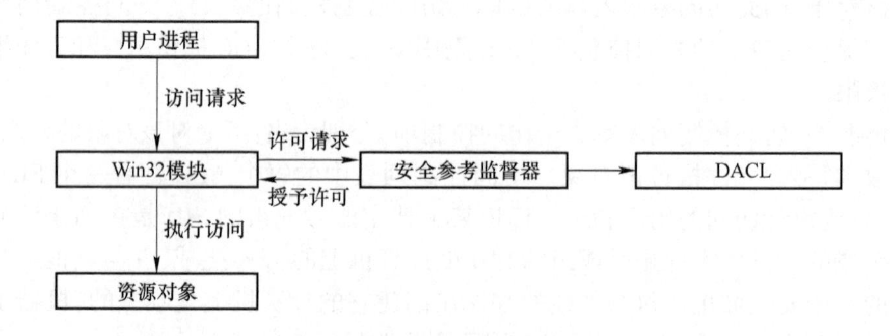


图 6.7 Windows 资源访问

### 6.2.4 安全审计机制

1. Windows 中的安全审计

通过对安全性事件进行审计(又称审核)，并在计算机的安全日志中写入相关条目，就可以跟踪用户所选定的操作。Windows 系统所有的审计进程都是默认关闭的，必须通过手动操作打开审计进程来审计目标对象，并指定审计失败还是成功的事件，或是两者都审计。对于对象存取事件类型的事件的审计，管理员还可以在资源管理器中进一步指定各文件和目录的具体审计标准，如读、写、修改、删除、运行等操作，也分为成功和失败两类进行选择，对注册表项及打印机等设备的审计类似。

在 Windows“控制面板”中双击“管理工具”图标，运行“管理工具”，并在窗口中进一步双击“本地安全策略”图标，打开“本地安全设置”窗口。在左边窗格中选择“本地策略”中的“审核策略”,系统管理员可以根据各种用户事件的成功和失败选择审计策略,如图 6.8 所示。

2. 审计事件类型

在 Windows 中,审计事件可以分为两类:成功事件和失败事件。成功事件表示一个用户成功地获得了访问一种资源的权限,而失败事件则表明用户尝试过但失败了。失败事件对于跟踪对计算环境企图进行的攻击非常有用。尽管绝大多数成功的审计事件仅表明活动是正常的,但设法获得了对系统的访问权的攻击者也会生成一个成功事件。Windows 提供了多种安全事件审计类别,包括登录事件、账号登录事件、对象访问、目录服务访问、特权使用、进程跟踪、系统事件和策略修改。

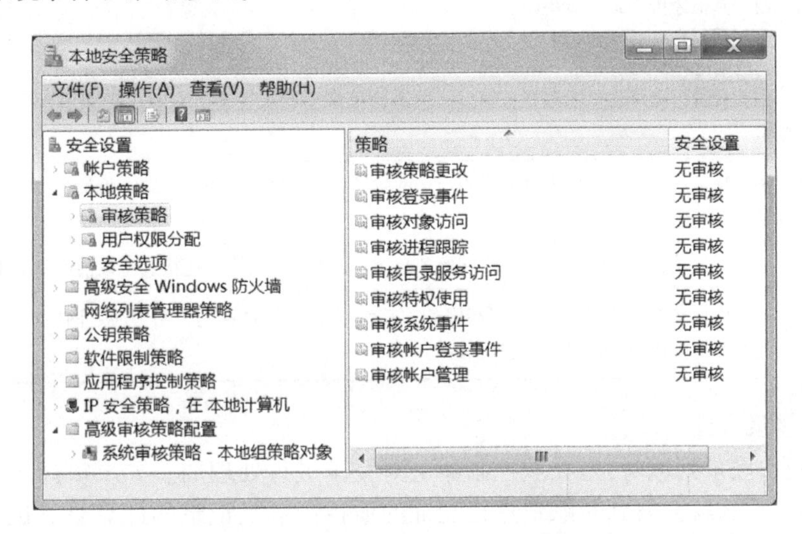


图 6.8 Windows 安全审计策略设置

1) 登录事件

如果对登录事件进行审计,那么每次用户在计算机上登录或注销时,都会在进行了登录尝试的计算机的安全日志中生成一个事件。此外,在用户连接到远程服务器后,也会在远程服务器的安全日志中生成一个登录事件。在创建或者销毁登录会话和令牌时也会分别创建登录事件。

登录事件包括计算机登录和用户登录两种。在有人试图从基于 Windows 的计算机上建立网络连接的情况下,就会看到针对计算机账户和用户账户的两种不同的安全事件日志项。登录事件对于跟踪以交互方式登录服务器的尝试或者对于调查从特定计算机发起的攻击十分有用,表 6.1 列出了登录事件的事件 ID 及其含义。

表 6.1 登录事件 ID 及其含义

| 事件 ID | 说明 |
| --- | --- |
| 528 | 用户成功地登录到计算机 |
| 529 | 有人用未知的用户名进行了登录尝试,或者用已知的用户名进行了登录尝试,但密码不正确 |
| 530 | 用户账户试图在不允许的时间进行登录 |
| 531 | 有人使用一个被禁用的账户进行登录尝试 |

续表

| 事件 ID | 说　明 |
|---|---|
| 532 | 有人使用一个过期的账户进行登录尝试 |
| 533 | 未允许该用户登录此计算机 |
| 534 | 用户试图用不允许使用的登录类型(如网络登录、交互登录、批登录、服务登录或远程交互登录)进行登录 |
| 535 | 指定账户的口令已经过期 |
| 536 | "网络登录"服务没有处于活动状态 |
| 537 | 由于其他原因登录尝试失败 |
| 538 | 一个用户被注销 |
| 539 | 在有人进行登录尝试时账户被锁定。此事件可表明有人发动口令攻击但未成功,因而导致账户被锁定 |
| 540 | 网络登录成功。此事件表明远程用户从网络成功地连接到服务器上的本地资源,并为该网络用户生成了一个令牌 |
| 682 | 一个用户重新连接到已断开的终端服务会话。此事件表明有人连接到了以前的终端服务会话 |
| 683 | 一个用户没有注销就断开了"终端服务"会话连接。此事件在一个用户通过网络连接到终端服务会话的情况下生成,它出现在终端服务器上 |

2）账户登录事件

在一个用户登录到域时,是在域控制器上对登录进行处理的。如果审计域控制器上的账户登录事件,那么就会看到对账户进行验证的域控制器上记录的此登录尝试。账户登录事件是在身份验证程序包对用户凭据进行验证时创建的。在使用域凭据的情况下,账户登录事件只在域控制器的事件日志中生成。如果出示的凭据是本地 SAM 数据库凭据,那么就会在服务器的安全事件日志中创建账户登录事件。

由于账户登录事件可以记录在域中的任何有效的域控制器上,因此应当确保将各个域控制器上的安全日志合并,再来分析域中的所有账户登录事件。与登录事件一样,账户登录事件也包括计算机登录事件和用户登录事件两种。作为成员服务器和域控制器基本策略的组成部分,对成功和失败账户登录事件的审核已启用。因此,对于网络登录和终端服务身份验证,可以看到表 6.2 列举的登录 ID。

表 6.2　账户登录事件的事件 ID 及其含义

| 事件 ID | 说　明 |
|---|---|
| 672 | 成功地发出并验证了身份验证服务(AS)票证 |
| 673 | 授予了票证授予服务(TGS)票证 |
| 674 | 安全主体更新了 AS 票证或 TGS 票证 |
| 675 | 域身份验证失败 |
| 676 | 身份验证票据请求失败 |
| 677 | 未授予 TGS 票证 |

续表

| 事件 ID | 说　明 |
| --- | --- |
| 678 | 账户已成功地映射到域账户 |
| 680 | 标识成功登录的账户。此事件还指出了验证账户的身份验证程序包 |
| 681 | 有人进行了域账户登录尝试 |
| 682 | 一个用户重新连接到已断开的终端服务会话 |
| 683 | 一个用户没有注销就断开了"终端服务"会话连接 |

3）账户管理事件

账户管理事件是指用户或组的创建、更改或删除事件，对该事件进行审计可用于确定何时创建了安全主体，以及什么人执行了该任务。

作为成员服务器和域控制器基本策略的组成部分，账户管理中的对成功和失败的审计已启用。以此可以在安全日志中查看表 6.3 所列举的账户管理事件。禁用了安全性的组不能授予访问权限检查的权限。而在域控制器上，每隔 60 分钟就会有一个后台线程搜索管理员组的所有成员，并对这些成员使用固定的安全标识符，并记录此事件。

表 6.3　账户管理事件的事件 ID 及其含义

| 事件 ID | 说　明 | 事件 ID | 说　明 |
| --- | --- | --- | --- |
| 624 | 创建了用户账户 | 647 | 计算机账户已删除 |
| 625 | 更改了用户账户类型 | 648 | 禁用了安全性的本地安全组已创建 |
| 626 | 启用了用户账户 | 649 | 禁用了安全性的本地安全组已更改 |
| 627 | 尝试了口令更改 | 650 | 成员已添加到禁用了安全性的本地安全组 |
| 628 | 设置了用户账户口令 | 651 | 成员已从禁用了安全性的本地安全组中删除 |
| 629 | 禁用了用户账户 | 652 | 禁用了安全性的本地组已删除 |
| 630 | 删除了用户账户 | 653 | 禁用了安全性的全局组已创建 |
| 631 | 创建了启用安全的全局组 | 645 | 禁用了安全性的全局组已更改 |
| 632 | 添加了启用安全的全局组成员 | 655 | 成员已添加到禁用了安全性的全局组 |
| 633 | 删除了启用安全的全局组成员 | 656 | 成员已从禁用了安全性的全局组中删除 |
| 634 | 删除了启用安全的全局组 | 657 | 禁用了安全性的全局组已删除 |
| 635 | 创建了禁用安全的全局组 | 658 | 启用了安全性的通用组已创建 |
| 636 | 添加了启用安全的本地组成员 | 659 | 启用了安全性的通用组已更改 |
| 637 | 删除了启用安全的本地组成员 | 660 | 成员已添加到启用了安全性的通用组 |
| 638 | 删除了启用安全的本地组 | 661 | 成员已从启用了安全性的通用组中删除 |
| 639 | 更改了启用安全的本地组 | 662 | 启用了安全性的通用组已删除 |
| 641 | 更改了启用安全的全局组 | 663 | 禁用了安全性的通用组已创建 |
| 642 | 更改了用户账户 | 664 | 禁用了安全性的通用组已更改 |
| 643 | 更改了域策略 | 665 | 成员已添加到禁用了安全性的通用组 |
| 644 | 用户账户被锁定 | 666 | 成员已从禁用了安全性的通用组中删除 |
| 645 | 计算机账户已创建 | 667 | 禁用了安全性的通用组已删除 |
| 646 | 计算机账户已更改 | 668 | 组类型已更改 |
| 684 | 设置管理组成员的安全描述符 | | |

4）对象访问

在 6.2.3 节中已经介绍，可以用 SACL 对基于 Windows 的网络中的所有对象启用审计。SACL 包含一个将要审计其对象进行操作的用户和组的列表。在 Windows 中几乎所有用户可以操作的任何对象都有一个 SACL。SACL 由访问控制项（ACE）组成。每个 ACE 都包含三部分信息：

（1）要对其进行审计的安全主体；

（2）要审计的特定访问类型，称为"访问掩码"；

（3）一个指示要审计失败访问、成功访问还是两种访问都审计的标志。

如果希望让事件出现在安全日志中，则必须首先启用审计对象的访问控制，然后对每个希望对其进行审计的对象定义 SACL。

由于在 Windows 中内核存储空间是与用户模式应用程序相分离的，因此应用程序通过一种称为"句柄"的数据结构来对对象进行引用。而对象访问事件则是在打开一个对象的句柄时生成的。一个对象访问事件日志的生成可以简要地分为如下过程：

（1）调用程序对对象进行访问（例如打开、写入、删除文件）。

（2）该程序从系统中请求句柄，并指定需要哪一种访问（读取、写入等）。

（3）安全子系统将被请求的对象上的 DACL 与用户的令牌进行比较，在 DACL 中查找匹配该用户或匹配该用户所属的组是否具有该程序请求的访问权限项。

（4）系统将被请求的对象上的 SACL 与用户的令牌进行比较，在 SACL 中查找匹配返回到该程序的有效权限或该程序所请求的权限的项。如果一个匹配的成功审计 ACE 与允许的访问匹配，则会生成一个成功审计事件。

（5）如果任何访问都被允许，那么系统就会向该程序返回一个句柄，该程序就可以使用该句柄对对象进行访问。

表 6.4 列出了对象访问事件的事件 ID 及其含义。

表 6.4　对象访问事件的事件 ID 及其含义

| 事件 ID | 说　明 |
|---|---|
| 560 | 授予了对现有对象的访问权 |
| 562 | 关闭了一个对象的句柄 |
| 563 | 进行了一次打开一个对象以便将它删除的尝试（这在指定了 FILE_DELETE_ON_CLOSE 标志的情况下供文件系统使用） |
| 564 | 删除了一个受保护的对象 |
| 565 | 授予了对现有对象类型的访问权 |

5）目录服务访问

Windows 中的活动目录对象也有与其关联的 SACL，因此也可以对它们进行审计。对于目录服务访问事件的审核项是在 Active Directory 对象的 SACL 列出的用户试图访问该对象时生成的。

由于会发生大量的事件，很难找到目录访问的特定事件。因此，对于目录服务访问，成员服务器和域控制器的基本策略只审计失败的目录服务访问事件。这将有助于识别一个攻击者试图对活动目录进行未授权的访问。

尝试的目录访问将在安全日志中显示为 ID 是 565 的目录服务事件，只有通过查看安全事件的详细信息才能确定该事件对应于哪一个对象。

6）特权使用

用户在系统和网络环境中工作时，就会行使所规定的用户权限。如果启用审计"特权使用"的成功和失败事件策略，那么每次一个用户尝试使用用户权限都会生成一个事件。但是即使特权使用审计策略被启用，默认情况下，下列用户权限仍会被排除在外：

- 绕过遍历检查；
- 调试程序；
- 创建令牌对象；
- 替换进程级别的令牌；
- 生成安全审计；
- 备份文件和目录；
- 还原文件和目录。

对特权使用成功的审计将会在安全日志中生成大量的日志项。因此，成员服务器和域控制器基本策略通常只对特权使用失败进行审计。如果启用了对特权使用的审计，则会生成表 6.5 所列举的事件。

表 6.5 特权使用事件的事件 ID 及其含义

| 事件 ID | 说　明 |
| --- | --- |
| 576 | 向用户的访问令牌中添加了指定的特权（在用户登录时生成此事件） |
| 577 | 一个用户试图执行一个特权系统服务操作 |
| 578 | 有人在受保护对象的已打开句柄上使用了特权 |

7）进程跟踪

进程跟踪审计可以详细审计计算机上运行进程的跟踪信息，该审计项被启用后，事件日志将显示创建进程和结束进程的尝试。此外，事件日志还会记录一个进程尝试生成一个对象的句柄或尝试获取对一个对象的间接访问权的时间。

由于会产生大量的审计事件，因此成员服务器和域控制器基本策略通常不启用对进程跟踪的审计。不过，如果选择审计成功和失败的进程跟踪，将会在事件日志中记录表 6.6 所列举的事件 ID。

表 6.6 进程跟踪事件的事件 ID 及其含义

| 事件 ID | 说　明 |
| --- | --- |
| 592 | 创建了一个新进程 |
| 593 | 一个进程已退出 |
| 594 | 复制了一个对象的句柄 |
| 595 | 获得了对一个对象的间接访问权 |
| 596 | 数据保护的主密钥已备份 |

续表

| 事件 ID | 说　明 |
| --- | --- |
| 597 | 数据保护主密钥已从恢复服务器中恢复 |
| 598 | 审核的数据已受到保护 |
| 599 | 审核的数据未受到保护 |
| 600 | 分配给进程一个主令牌 |
| 601 | 用户已尝试安装服务 |
| 602 | 一个计划作业已创建 |

8）系统事件

在一个用户或进程改变计算机环境的某些方面时会生成系统事件。可以审计对系统进行更改的尝试,如关闭计算机或更改系统时间。

表 6.7 列出了系统事件的事件 ID 及其含义。

表 6.7　系统事件的事件 ID 及其含义

| 事件 ID | 说　明 |
| --- | --- |
| 512 | Windows 正在启动 |
| 513 | Windows 正在关闭 |
| 514 | 本地安全机构加载了一个身份验证程序包 |
| 515 | 一个受信任的登录进程已向本地安全机构注册 |
| 516 | 为了对安全事件消息进行排队而分配的内部资源已经用尽,导致一些安全事件消息丢失 |
| 517 | 安全日志被消除 |
| 518 | 安全账户管理器加载了一个通知程序包 |

9）策略更改

由于攻击者可以设法改变审计策略本身,以使他们进行的任何更改不会被系统审计到,因此对审计策略被更改的事件也进行更改,将有助于确定用户的行为是否有攻击环境的企图。

表 6.8 列出了策略更改的事件 ID 及其含义。

表 6.8　策略更改事件的事件 ID 及其含义

| 事件 ID | 说　明 |
| --- | --- |
| 608 | 授予了用户权限 |
| 609 | 删除了用户权限 |
| 610 | 与另一个域建立了信任关系 |
| 611 | 删除了与另一个域的信任关系 |
| 612 | 更改了审计策略 |
| 768 | 在一个目录林中的命名空间元素和另一个目录林中的命名空间元素之间检测到了冲突(在一个目录林中的命名空间元素与另一个目录林中的命名空间元素重叠时发生) |

3. 日志文件

系统的审计信息会以二进制结构形式记录在系统物理磁盘的日志文件(Event Log)中,其每条记录都包含有发生事件、事件源、事件号和所属类别、机器名、用户名和事件本身的详细描述。日志文件是审计的基础,如果没有有效的工具和方法帮助处理日志记录,那么就很难利用好审计进程来进行审计。Windows 使用一种特殊的格式来存放它的日志文件,这种格式的文件可以被"事件查看器"所读取。在"控制面板"的"管理工具"窗口中双击"事件查看器"图标,打开"事件查看器"窗口,如图 6.9 所示。

Windows 的日志文件主要是系统日志、应用程序日志和安全日志 3 个,它们是审计 Windows 系统的核心,Windows 中所有可被审计的事件都存入了其中的一个日志:

1) 系统日志

记录由 Windows NT/2000 操作系统组件产生的事件,主要包括驱动程序、系统组件和应用软件的崩溃即数据丢失错误等。系统日志中记录的时间类型由 Windows NT/2000 操作系统预先定义。

2) 应用程序日志

记录由应用程序产生的事件。例如,某个数据库程序可能设定为每次成功完成备份操作后都向应用程序日志发送事件记录信息。应用程序日志中记录的时间类型由应用程序的开发者决定,并提供相应的系统工具帮助用户使用应用程序日志。

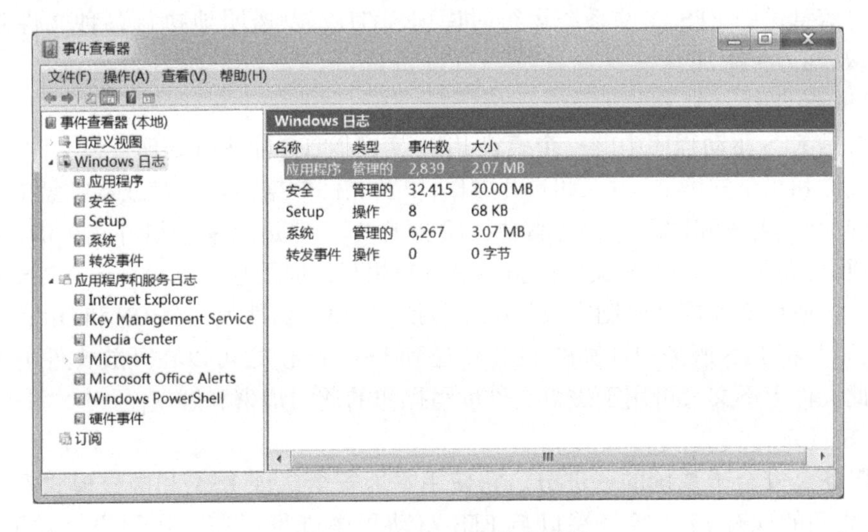


图 6.9 Windows 事件查看器

3) 安全日志

记录与安全相关事件,包括成功和不成功的登录或退出、系统资源使用事件等。与系统日志和应用程序日志不同,安全日志只有系统管理员可以访问。

由于性能方面的原因,在 Windows 系统中对所有的事件进行审计不太现实,为确保系统的安全性,推荐可以开启以下事件的审计:

- 登录及注销;
- 用户及组管理;
- 安全性规划更改;

• 系统重新启动和关机。

### 6.2.5 文件加密机制

1. 加密文件系统 EFS 结构组成

在操作系统正常工作的情况下,操作系统的访问控制机制能够有效地保护在操作系统控制范围之内的信息免遭非法访问,但是,一旦信息离开了某个操作系统的控制范围,该操作系统的访问控制机制就无法保证信息的安全性,为防止因信息载体落入他人之手而导致信息泄露,可以采取对信息进行加密的措施。在操作系统中,具有对文件进行加密和解密功能的文件系统称为加密文件系统(Encrypting File System,EFS)。

由于移动计算和在异地使用计算机的需要,Windows 2000 及以上版本提供了 EFS,用户可以在 NTFS 磁盘格式分区中对系统中的目录或文件进行加密。在打开和读取文件的时候,EFS 能够自动为文件解密,并且在文件保存时自动对文件加密。除了对文件进行加密的用户,以及拥有 EFS 恢复证书的用户,其他用户都无法读取 EFS 加密的文件。

EFS 的结构如图 6.10 所示,EFS 主要由以下组件组成:

1) EFS 驱动程序

EFS 驱动程序在 NTFS 的上面一层,与 EFS 服务通信,请求文件加密密钥、数据加密字段(Data Decryption Field,DDF)、数据恢复字段(Data Recovery Field,DRF)和其他密钥管理服务。它将信息送到 EFS 文件系统运行时库(FSRTL),以透明地执行各种文件系统操作(打开、读取、写入和附加)。

2) EFS FSRTL

FSRTL 是 EFS 驱动程序中的一个模块,用于实现 NTFS 标注以处理各种文件系统操作,如对加密文件和目录的读取、写入和打开操作,以及文件数据写入磁盘或从磁盘中读取时对文件数据的加密、解密和恢复。EFS 驱动程序和 FSRTL 都是以单个组件实现的,它们之间从不直接通信,而是使用 NTFS 文件控制标注机制相互传递消息。这保证了 NTFS 参与所有的文件操作。使用文件控件机制完成的操作包括,将 EFS 属性数据(DDF 和 DRF)作为文件属性写入,以及将 EFS 服务中计算的 FEK 传送到 FSRTL,使之可以在开放文件上下文中建立起来。此文件上下文又可用于磁盘文件读写操作的透明加密和解密。

3) EFS 服务

EFS 服务是安全子系统的一部分。它使用本地安全认证 LSA 和内核模式安全参考监视器 SRM 之间的现有 LPC 通信端口与 EFS 驱动程序进行通信。在用户模式下,它针对 CryptoAPI 提供文件加密密钥并生成 DDF 和 DRF。EFS 服务也支持 Win32 API 的加密、解密、恢复、导入和导出。

4) Win32 API

该 API 为加密明文文件、解密和恢复密文文件、导入和导出加密文件(没有先解密)提供了编程接口。在 Windows 系统中,advapi32. dll(一个标准的系统动态链接库)提供对这些 API 的支持。

2. EFS 加解密过程

EFS 使用对称密钥加密和公开密钥加密两种加密技术相结合的方法提供文件的保护。对称密钥用于加密文件,公开密钥中的公钥用于加密保护对称密钥。EFS 发生在文件系统

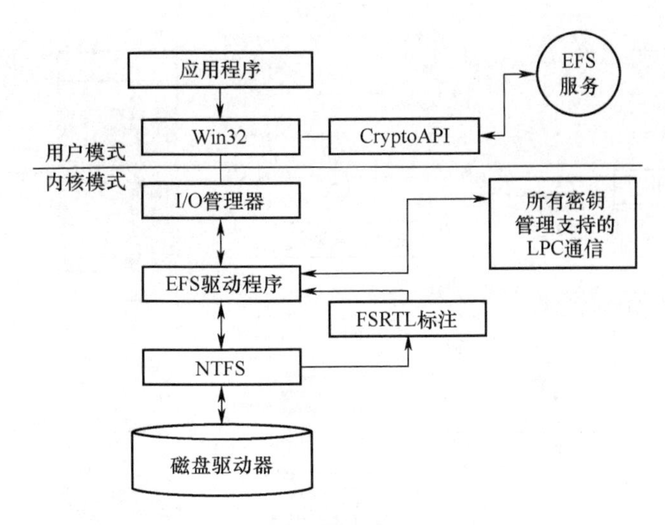


图 6.10　EFS 的结构图

层而不在应用层，因此，EFS 的加解密过程对用户和应用程序是透明的。用户在使用加密文件时，感觉与普通文件一样。为对一个文件进行加密，用户只要在文件属性的“高级”属性对话框中勾选上“加密内容以便保护数据”即可完成加密。Windows 默认设置下加密文件是以彩色文件名显示的，在未设置故障恢复代理的情况下，其他用户无法打开和移动。而取消文件加密只需用户在“高级”属性对话框中取消勾选“加密内容以便保护数据”，或者将加密文件剪切到 FAT32 格式的分区中即可，下面简要介绍一下 EFS 的加解密过程。

1）EFS 加密过程

EFS 的加密过程如图 6.11 所示，具体步骤解释如下：

（1）当一个文件被 EFS 加密时，EFS 调用 CryptoAPI 生成一个对称密钥 FEK。FEK 既用于加密文件，又用于解密文件。Windows 最初采用的是 DES X 算法利用 FEK 对文件数据进行加解密，在 Windows XP SP1、Windows Server 2003 以上版本中则改为 AES 加密算法。

（2）FEK 一旦生成，需要对其进行加密保护。用户第一次对文件进行加密，EFS 会为其自动产生一对新的 RSA 算法的公私密钥对。EFS 使用 RSA 算法的公钥加密保护 FEK，然后将加密后的 FEK 存放在已加密文件的文件头的数据加密字段 DDF，EFS 可以在文件头中存储多个 DDF，这样多个用户可以解密此文件，每个 DDF 包含不同用户的公钥加密的同一个密钥。

（3）如果系统设置了恢复代理，EFS 同时会创建一个数据恢复字段 DRF，然后把使用恢复代理公开密钥加密过的 FEK 放在 DRF。恢复代理其实就是为了防止用户的密钥丢失、损坏等导致不能解密文件时可以有其他的密钥来进行解密。恢复代理可以有多个，每设置一个就会存在一个 DRF。

（4）最后，EFS 将 DDF、DRF 作为加密文件头和经 FEK 加密的数据组合在一起得到加密文件。

经过加密后的文件结构如图 6.12 所示：

2）EFS 解密过程

EFS 的解密过程如图 6.13 所示，具体步骤为：

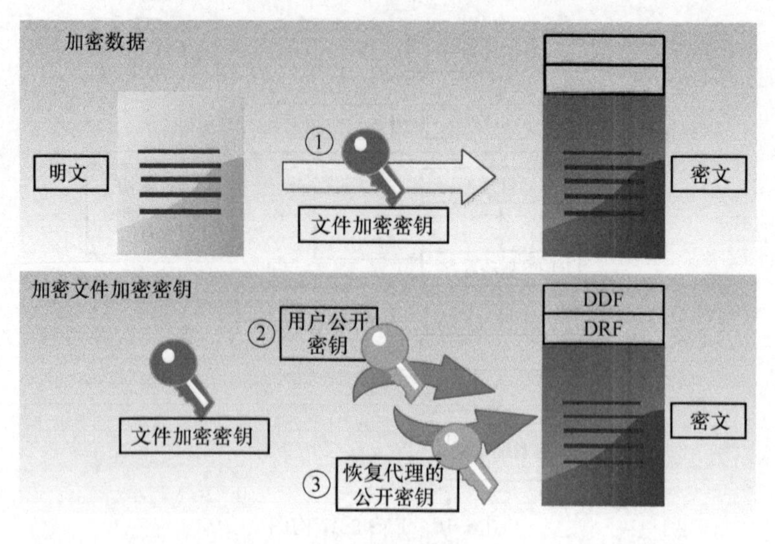


图 6.11　EFS 加密过程

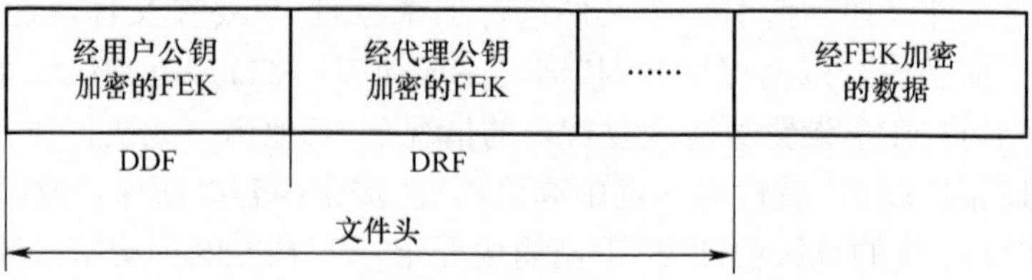

| 经用户公钥加密的FEK | 经代理公钥加密的FEK | …… | 经FEK加密的数据 |
|---|---|---|---|
| DDF | DRF | | |
| 文件头 | | | |

图 6.12　加密文件结构

(1) 使用 DDF 和用户的私钥解密 FEK;

(2) 使用 FEK 解密文件。

在恢复代理恢复文件的过程中，将产生同样的操作，只是在第(1)步中是 DRF 而不是 DDF。

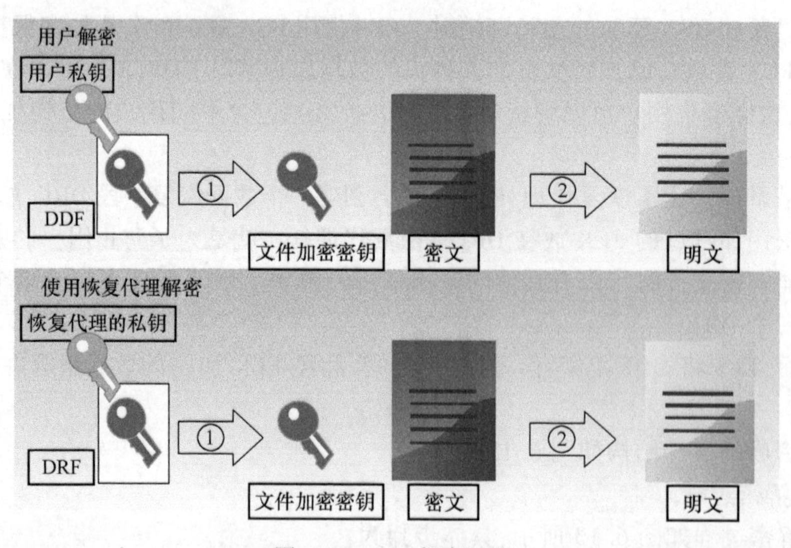


图 6.13　EFS 解密过程

3. EFS 故障恢复

使用 EFS 后,可能遇到一些情况导致加密后的文件无法恢复,例如:如果一个用户采用 EFS 存储了公司的重要资料,但在他离开公司时没有将账号信息交接;管理员不慎将用户账号或是用户的安全密钥删除了;操作系统崩溃,需要重新安装新的操作系统。

此时,可以通过实施 EFS 故障恢复策略来解决以上这些问题。为了能够恢复数据,EFS 在加密文件的时候生成了两份 FEK,并把它们都存储在本地机器的硬盘上。第一份 FEK 采用用户提供的公钥加密,第二份 FEK 采用恢复代理公钥加密,由此就可以保证在必要时可以通过恢复代理获得 FEK 并对文件进行解密。故障恢复代理是指获得授权解密由其他用户加密的数据的个人。

在默认情况下,域的默认恢复项被存储在域的第一台域控制器上,域管理员是默认的恢复代理;本地系统的管理员是单机系统的恢复代理。此外,还可以采用组策略来指定另外的恢复代理。管理员也可以导出用户的私钥证书,只需把该用户的证书导入给新的用户,就可以提供新的 EFS 恢复代理。

4. 使用 EFS 的注意事项

在使用 EFS 加密文件和文件夹时,以下几点事项需要特别注意:

- 只有 NTFS 文件系统上的文件或文件夹才能被加密。
- 不能加密压缩的文件或文件夹。
- 如果将加密的文件复制或移动到非 NTFS 格式的卷上,该文件将会被解密。
- 如果将非加密文件移动到加密文件夹中,则这些文件将在新文件夹中自动加密。然而,反向操作则不能自动解密,文件必须明确解密。
- 无法加密标记为"系统"属性的文件,并且位于%SYSTEMROOT%目录结构中的文件也无法加密。
- 加密文件或文件夹不能防止删除或列出文件或目录。具有合适权限的人员可以删除或列出已加密文件或文件夹。因此,建议结合 NTFS 权限来使用 EFS。
- 在允许进行远程加密的远程计算机上可以加密或解密文件和文件夹。然而,如果通过网络打开已加密文件,通过此过程在网络上传输的数据并未加密。必须使用诸如 SSL/TLS 或 IPSec 等其他协议在线加密传输数据。但 WebDAV(Web 分布式创作和版本控制)可在本地加密文件并采用加密格式发送文件。

## 6.3 Windows 网络安全技术

### 6.3.1 活动目录

活动目录是 Windows 操作系统网络体系结构中一个基本且不可分割的部分,在本章第一节中对其基本概念有过介绍。活动目录是一种在 Windows NT 4.0 操作系统的域结构基础上改进而成,并提供了一套分布式网络环境设计的目录服务,是 Windows 2000 及后续版本的 Windows 操作系统进行分布式联网的基础,同时也简化了包括组策略和远程安装在内的集中和分散管理技术的使用。活动目录按照层次式的、面向对象的方式存储信息,并且提供支持分布式网络环境的多主复制机制,在实施一个组织的网络,规划网络的安全中占有非常重要的地位。

1. 活动目录概述

活动目录技术主要是为了满足网络分布式计算和远程办公的爆炸式需求而产生的。活动目录是一个包含网络资源(如计算机、用户、文件、打印机等)的数据库,也是个目录服务系统,使得数据库中的信息通过目录服务提供给用户和程序使用。同时活动目录还为管理和保护这些网络资源的信息提供了一致的方法,以此确保只有合法的用户才可以访问某一网络资源。活动目录以中心授权机构的形式工作,管理、沟通网络上的这些分布式实体之间的关系,以使它们能够很好地协同工作。活动目录的主要作用有以下几个方面:

(1) 允许通过用户对象的名称或者属性就能搜索到相应的网络资源;

(2) 目录可以分布在网络中的多台计算机上,而无须考虑地理位置;

(3) 目录可以复制,更能防止访问失败;

(4) 目录可以分割保存,这就允许存储大量的对象;

(5) 目录的安全性可由管理员统一定义和实施。

作为 Windows 的一种目录服务,活动目录允许在网络资源与用户之间分配信息,对网络安全起到中心授权机构的作用。这一功能允许 Windows 系统验证用户身份,并用访问控制列表来控制用户对网络资源的访问。活动目录起到管理任务结合点的作用,并把系统合并为一个整体,让组织机构可以使用标准的业务规则来分配应用程序、网络资源和用户,而不需要管理员维护不同的特殊目录。

2. 活动目录相关概念

以下是活动目录的有关名词或术语:

1) 名字空间

从本质上讲,活动目录就是一个名字空间,我们可以把名字空间理解为任何给定名字的解析边界,这个边界就是指这个名字所能提供或关联、映射的所有信息范围。通俗地说就是我们在服务器上通过查找一个对象可以查到的所有关联信息总和,如一个用户,如果在服务器已给这个用户定义了例如:用户名、用户密码、工作单位、联系电话、家庭住址等,那上面所说的总和广义上理解就是“用户”这个名字的名字空间,因为只输入一个用户名即可找到上面所列的一切信息。名字解析是把一个名字翻译成该名字所代表的对象或者信息的处理过程。

2) 对象

对象是活动目录中的信息实体,也即通常所说的“属性”,但它是一组属性的集合,往往代表了有形的实体,比如用户账户、文件名等。对象通过属性描述它的基本特征,比如,一个用户账号的属性中可能包括用户姓名、电话号码、电子邮件地址和家庭住址等。

3) 容器

容器是活动目录名字空间的一部分,与目录对象一样,它也有属性,但与目录对象不同的是,它不代表有形的实体,而是代表存放对象的空间,因为它仅代表存放一个对象的空间,所以它比名字空间小。比如一个用户,它是一个对象,但这个对象的容器就仅限于从这个对象本身所能提供的信息空间,如它仅能提供用户名、用户密码,其他的如:工作单位、联系电话、家庭住址等就不属于这个对象的容器范围。

4）目录树

在任何一个名字空间中，目录树是指由容器和对象构成的层次结构。树的叶子、节点往往是对象，树的非叶子节点是容器。目录树表达了对象的连接方式，也显示了从一个对象到另一个对象的路径。在活动目录中，目录树是基本的结构，从每一个容器作为起点，层层深入，都可以构成一棵子树。一个简单的目录可以构成一棵树，一个计算机网络或者一个域也可以构成一棵树。

5）域

域是 Windows 网络系统的安全性边界。一个计算机网最基本的单元就是“域”，活动目录可以贯穿一个或多个域。在独立的计算机上，域即指计算机本身。一个域可以分布在多个物理位置上，同时一个物理位置又可以划分不同网段为不同的域，每个域都有自己的安全策略以及它与其他域的信任关系。当多个域通过信任关系连接起来之后，活动目录可以被多个信任域共享。

6）组织单元

组织单元可将用户、组、计算机和其他单元放入活动目录的容器中，但不能包括来自其他域的对象。组织单元是可以指派组策略设置或委派管理权限的最小作用单位。使用组织单元，可在组织单元中代表逻辑层次结构的域中创建容器，这样就可以根据组织模型管理账户、资源的配置和使用，可使用组织单元创建可缩放到任意规模的管理模型。可授予用户对域中所有组织单元或对单个组织单元的管理权限，组织单元的管理员不需要具有域中任何其他组织单元的管理权。

7）域树

域树由多个域组成，这些域共享同一表结构和配置，形成一个连续的名字空间。树中的域通过信任关系连接起来，活动目录包含一个或多个域树。域树中的域层次越深级别越低，一个“.”代表一个层次，如域 child. Microsoft. com 就比 Microsoft. com 这个域级别低，因为它有两个层次关系，而 Microsoft. com 只有一个层次，同理，域 Grandchild. Child. Microsoft. com 又比 Child. Microsoft. com 级别低。域树中的域通过双向可传递信任关系连接在一起。由于这些信任关系是双向且可传递的，因此在域树或树林中新创建的域可以立即与域树或树林中每个其他的域建立信任关系。这些信任关系允许单一登录过程，在域树或树林中的所有域上对用户进行身份验证，但这不一定意味着经过身份验证的用户在域树的所有域中都拥有相同的权利和权限。因为域是安全界限，所以必须在每个域的基础上为用户指派相应的权利和权限。

8）域林

域林由一个或多个没有形成连续名字空间的域树组成，它与上面所讲的域树最明显的区别就在于这些域树之间没有形成连续的名字空间，而域树则是由一些具有连续名字空间的域组成。但域林中的所有域树仍共享同一个表结构、配置和全局目录。域林中的所有域树通过 Kerberos 信任关系建立起来，所以每个域树都知道 Kerberos 信任关系，不同域树可以交叉引用其他域树中的对象。域林都有根域，域林的根域是域林中创建的第一个域，域林中所有域树的根域与域林的根域建立可传递的信任关系。

9）站点

站点是指包括活动目录域服务器的一个网络位置，通常是一个或多个通过 TCP/IP 连接起来的子网。站点内部的子网通过可靠、快速的网络连接起来。站点的划分使得管理员可以很方便地配置活动目录的复杂结构,更好地利用物理网络特性,使网络通信处于最优状态。当用户登录到网络时,活动目录客户机在同一个站点内找到活动目录域服务器,由于同一个站点内的网络通信是可靠、快速和高效的,所以对于用户来说,他可以在最短的时间内登录到网络中。因为站点是以子网为边界的,所以活动目录在登录时很容易找到用户所在的站点,进而找到活动目录域服务器完成登录工作。

10）域控制器

域控制器是使用活动目录安装向导配置的 Windows Server 的计算机。活动目录安装向导安装和配置为网络用户和计算机提供活动目录服务的组件供用户选择使用。域控制器存储着目录数据并管理用户域的交互关系,其中包括用户登录过程、身份验证和目录搜索,一个域可有一个或多个域控制器。为了获得高可用性和容错能力,使用单个局域网的小单位可能只需要一个具有两个域控制器的域。具有多个网络位置的大公司在每个位置都需要一个或多个域控制器以提供高可用性和容错能力。

3. *活动目录结构及工作方式*

1）活动目录的层次结构

活动目录使用“对象”来代表诸如用户、组、主机、设备及应用程序这样的网络资源,而目录就是存储各种“对象”的一个容器,从静态的角度来理解,“目录”和“文件夹”没有本质的区别。类似于 Windows 系统用文件夹机制管理文件信息一样,活动将网络资源信息组织为由这些对象和容器组成的树结构,如图 6.14 所示。在活动目录中,容器可以被嵌套(在一个容器中创建另一个容器),从而可以精确反映某一公司或组织内部的结构。此外,活动目录还通过提供单一、集中、全面的视图来管理对象集合和容器集合间的联系,即不管用户从何处访问或者信息处在何处,都提供给用户统一的视图,这样就更容易在高度分布的网络中搜索、管理和使用资源。活动目录的层次式结构具有灵活性并且可以进行配置,因此,组织机构能够按照一种优化自身可用性和管理能力的方法对资源进行组织。

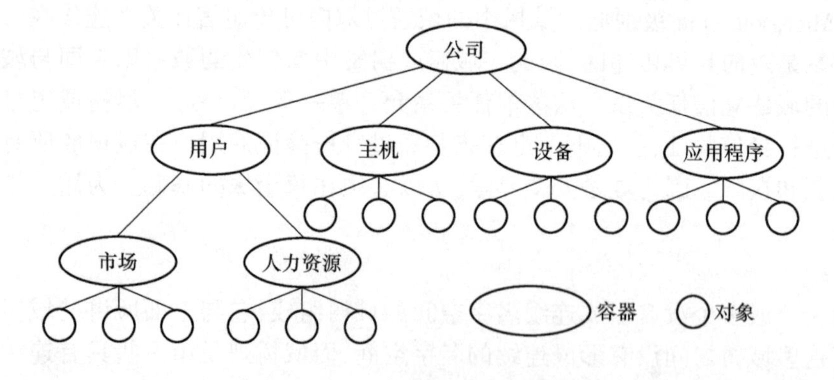


图 6.14 活动目录的树结构

活动目录中除了目录,还有一个重要的内容就是与目录相关的服务。目录服务既是目录信息源,又是使信息对管理员、用户、网络服务和应用程序有效并可用的服务。理想情况下,目录服务会使物理拓扑和协议(即两个服务间传输数据所用的格式)透明化。这样,即使用户不知道资源的物理位置和连接方式,也能访问该资源。

2）面向对象的存储

如前所述，活动目录用对象的形式存储有关网络元素的信息，这些对象的特征可以通过其属性来描述，从而可以有效地使用活动目录对相关网络资源及用户信息进行共享和集中式的管理。如图 6.15 所示，对象的属性级安全性允许管理员以自主访问控制的方式精确地控制对存储在目录中的信息访问，例如，一个为 Bob 创建的存储在目录中的用户对象拥有用于记录 Bob 的姓名、电子邮件地址、电话号码和工资奖金的属性。活动目录允许管理员为对象的每一个属性和对象自身分配访问权限。在这个例子中，系统管理员允许用户对 Bob 对象进行全局访问，却封闭了对其工资奖金的访问。

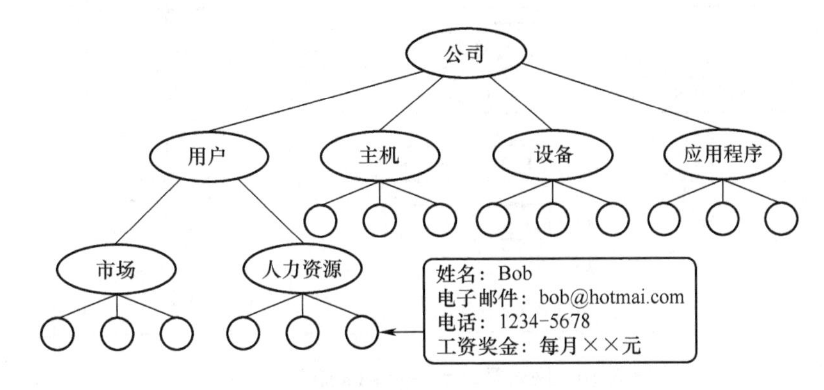


图 6.15　活动目录的对象和属性访问控制

3）多主复制

为了在分布式环境中提供高性能、可用性和灵活性，活动目录使用多主复制。这种机制允许组织机构创建被称作目录复制的多个目录副本，并把它们放置在网络中的各个位置上。网络中任一位置上的变更都将自动被复制到整个网络上（这与单主复制机制相反，在单主复制中，所有变更必须针对单一的、授权的目录复制）。

### 6.3.2　网络身份认证

Windows 安全子系统中的相关组件赋予了用户通过网络登录系统的能力，在用户通过网络登录系统时，必须经过基于网络的身份认证。在 Windows 中网络身份认证可以用于网络登录、域账户的登录，也可以用于特定的网络服务登录。域账户的身份认证一般使用 Kerberos 协议，而在规模更大的网络中，在登录某一个网络服务时，可以使用基于 PKI 的身份认证方式。

1. 网络登录

登录到网络上的 Windows 计算机（例如 Windows 系统的服务器），过程如图 6.16 所示，具体步骤解释如下：

（1）用户将用户名和口令输入到网络客户机软件的登录窗口；

（2）该客户机软件打开 NetBIOS，连接到服务器上的 Netlogon 服务上，客户机软件对口令加密，发送登录证书到服务器的 Winlogon 进程；

（3）服务器的 Winlogon 进程发送账号名和加密口令到 LSA，如果用户账号是 Windows 计算机的本地账号，则 LSA 访问 SAM，否则 LSA 将通过 Netlogon 服务建立一条安全信道访

问主域服务器的SAM,对登录事件进行认证;

(4) 如果用户具有有效的用户名和口令,则LSA产生一个访问令牌,包括用户SID和用户组SID,访问令牌也得到用户的特权(LUID),然后该访问令牌传回Winlogon进程;

(5) Winlogon进程将访问令牌传送到Windows的Server服务,他将访问令牌与客户机打开的NetBIOS连接联系起来,在具有访问令牌所建证书的服务器上,可完成任何在NetBIOS连接时所发送的其他操作(如读文件、打印请求等)。

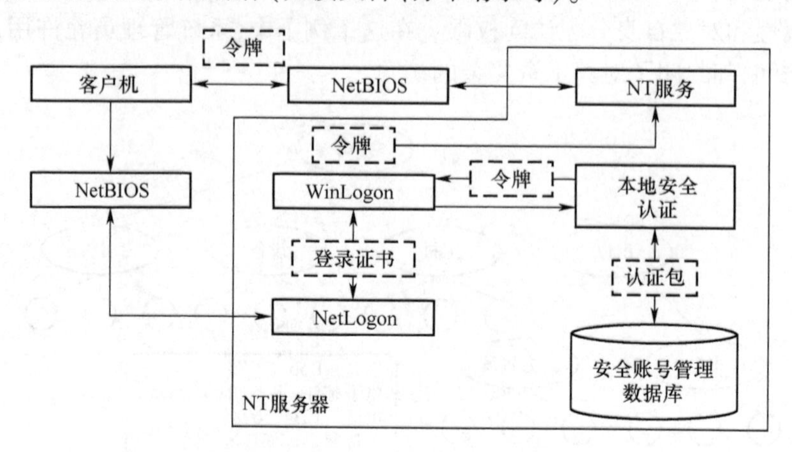


图6.16 网络登录到Windows服务器的过程

这种网络登录认证方式与6.2.1节中介绍的本地登录认证通常统称为Windows的交互式认证。

2. 域账户的登录

域账户的信息存储在域的活动目录服务中。因此,当用户从一台Windows计算机登录到域账户时,实质上是在请求允许使用那台计算机上的本地系统服务。任何请求使用域服务的用户都必须在获得访问权限之前首先向域验证自己的身份。

默认情况下,域账户的登录和身份认证使用Kerberos v5协议。Kerberos很好地解决了攻击者可能来自某个服务器所信任的工作站的问题,如果该攻击者没有通过相应的Kerberos认证,则他将被拒绝访问该服务器。交互式域账户的登录过程具体的步骤说明如下:

(1) 用户按下SAS键后,将立即引起硬件中断,并被操作系统捕获,操作系统将激活Winlogon进程。

(2) Winlogon进程立刻调用GINA,由GINA显示登录对话框,用户此时可以选择域登录的方式,并提示用户输入用户名、口令和域名称。

(3) 当LSA接收到用户的登录信息之后,将口令使用单向Hash函数转换成不可逆的密钥形式,然后将其存储在以后还可以检索到的证书缓存区中,然后LSA通过Kerberos验证程序包与域控制器的密钥分发中心(Key Distribution Center,KDC)进行通信,发送一个含有用户信息和验证预处理数据的验证服务请求。

(4) KDC一旦收到这个验证请求之后,就用自己的密钥对其进行解密来验证用户是否知道口令。

(5) 一旦KDC证实用户身份合法,就会为用户返回一个登录会话密钥(使用用户密钥加密),并向 Kerberos 验证程序包返回一个票据授予票据(Ticket Granting Ticket,TGT)。该TGT(用 KDC 自己的密钥加密)允许用户为获得包括目录计算机上的系统服务在内的域服务而申请票据。Kerberos 验证程序包会将会话密钥解密并将它与 TGT 一起存储在证书缓存区中以备用。

(6) Kerberos 验证程序包为本地计算机向 KDC 发送一个票据请求,KDC 则会用会话票据响应。用户此时可以用这个会话票据请求访问计算机上的系统服务。

(7) LSA 确定用户是否为任何本地安全组的一部分,以及用户在这台计算机上是否拥有任何特权,据此而得到的 SID 与来自会话票据的 SID 一起被 LSA 用来创建会话令牌。该令牌句柄和登录确认信息返回到 Winlogon,至此用户就可以进入 Windows 桌面,域账户登录过程完成。

在默认情况下,每个域控制器都向域提供了一个 Kerberos v5 的 KDC。当 Windows 计算机上的 Kerberos 用户想要向域验证自己的身份时,系统会从域名服务系统中找出最近可用的域控制器来进行密钥分配。在用户登录会话期间,如果首选的 KDC 失效,那么可以继续寻找一个新的 KDC 进行验证,如果客户找不到任何可用于身份验证的域控制器,那么就会尝试使用 MSV1_0 来对用户进行身份认证。

如果一个 Windows 主机不支持 Kerberos 身份认证,如装有 Windows 95、Windows 98 和 Windows NT 的计算机,则可以使用 NTLM 安全协议进行身份认证。有关 NTLM 协议的具体内容由于篇幅的关系在此不再详细介绍,感兴趣的读者可以查询相关的资料。

3. 基于 PKI 的身份认证

公钥基础设施(Public Key Infrastructure,PKI)是一个采用非对称密码算法原理和技术实现并提供安全服务的、具有通用性的安全基础设施。PKI 作为一种标准的密钥管理平台,通过一个可信任机构——认证中心(Certificate Authority,CA),把用户的公钥和用户的其他标识信息(如名称、E-mail、身份证号等)捆绑在一起,在网络上验证用户的身份,为网络应用提供可靠的安全服务。

基于公钥密码体制的身份认证一般有两种思路来实现:

一种是验证方 A 发出一个明文挑战信息(一般为随机数)给被验证方 B;B 在收到挑战信息后,用自己的私钥对明文信息进行加密,并发送给 A;A 收到加密的信息后,利用 B 的公钥对加密信息进行解密,如果解密得到的挑战信息与之前发送给 B 的挑战信息相同,则可以确定 B 身份的合法性。

另一种是在认证开始时,A 将挑战信息利用 B 的公钥加密并发送给 B;B 再利用自己的私钥进行解密,获得挑战信息的内容,并将其返回给 A;A 可以根据收到的挑战信息的正确性来确定 B 身份的合法性。

由于使用公钥方式进行身份认证时需要事先知道对方的公钥,从安全性、使用方便性和可管理性出发,需要一个可信的第三方来分发公钥,并且一旦出现问题也需要权威中间机构进行仲裁,在实际的网络环境中,一般采 PKI 的方式来实现公钥的管理与分发,在下一小节将对 Windows 系统中的 PKI 应用进行一个详细的描述。

### 6.3.3 公钥基础设施

Windows 从 Windows 2000 版本起对公钥基础设施(PKI)做了全面支持,将 PKI 与操作系统进行了紧密集成,并作为操作系统的一项基本服务而存在,避免了购买第三方 PKI 所带来的额外开销。图 6.17 给出了组成 Windows PKI 的基本逻辑组件,其中最核心的为微软证书服务系统(Microsoft Certificate Services),它允许用户配置一个或多个企业 CA。CA 通过发布证书来确认用户公钥和其他属性的绑定关系,以提供对用户身份的合法性证明。证书服务创建的 CA 可以接收证书请求、验证请求信息和请求者身份、发行和撤销证书,以及发布证书废除列表 CRL(Certificate Revocation List),并与活动目录和策略配合,共同完成证书和废除信息的发布。

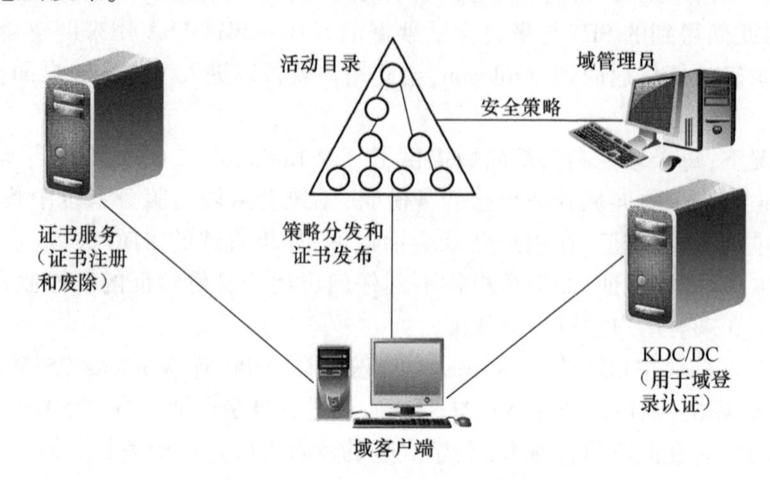


图 6.17　Windows PKI 逻辑组件示意图

Windows 用来支持 PKI 的特性包括:

1) 证书

Windows 中基于证书的进程所使用的标准证书格式是 X.509 V3。X.509 证书的内容包括:版本、序列号、签名算法标识、签发者、有效期、主体、主体公开密钥信息、CA 的数字签名、可选项等,如表 6.9 所示。

表 6.9　X.509 证书格式

| 域 | 含　义 |
|---|---|
| Certificate Format Version | 证书版本号 |
| Certificate Serial Number | 证书序列号 |
| Signature Algorithm ID for CA | 签名算法标识 |
| Issuer X.500 Name | 签发机构名 |
| Validate Period | 有效期 |
| Subject X.500 Name | 证书用户名 |
| Subject Public Key Information | 证书持有者公开密钥信息 |
| Issuer unique identifier | 签发者唯一标识符 |
| Subject unique identifier | 证书持有者唯一标识符 |
| CA Digital Signature | 数字签名 |

- 证书版本号。该域定义了 X.509 证书的版本,版本号可以是 V1、V2、V3 和 V4,在实

际使用中,V3 还是占据主流。

- 证书序列号。由 CA 分配给证书的唯一的数字型标识符。当证书被取消时,将此证书的序列号放入由 CA 签发的 CRL 中。
- 签名算法标识。签名算法域指出 CA 在证书上签名使用的算法。算法标识符指定 CA 签名证书使用的公钥算法和散列算法(例如,RSA 和 MD5)。
- 签发者。发证 CA 的名称,名称必须符合 X. 500 格式。
- 证书有效期。起始至结束的一段日期,证书在这段日期之内有效。
- 主体。证书持有者的 X. 500 名称。
- 主体公钥。标识了两个重要的信息:(a)主体拥有的公钥的值;(b)公钥所应用的算法的标识符。算法标识符指定公钥算法和散列算法(例如,RSA 和 SHA-1)。
- 证书颁发者唯一标识符。这是一个可选域,含有颁发者的唯一标识符。
- 证书持有者唯一标识符。证书持有者的唯一标识符,也是可选项。
- 证书扩展部分。可选项,内容可以是可供选择的标准和扩展包括证书颁发者的密钥标识、证书持有者密钥标识符、公钥用途、CRL 分布点、证书策略、证书持有者别名、证书颁发者别名和主体目录属性等。

2) Windows 服务器上的证书服务

证书服务是 Windows 用来创建和管理 CA 的组件。CA 负责建立和确定证件持有者的身份。如果证书不再有效,CA 会吊销证书并公布由证书核对者使用的 CRL。最简单的 PKI 设计只有一个根 CA。然而实际上,部署 PKI 的大部分组织会使用多个 CA ,这些 CA 被组织成称为证书层次结构的信任组。证书服务的个别组件是 CA Web 注册页面。这些 Web 页是在安装 CA 时默认安装的,并允许证书申请者使用 Web 浏览器递交证书申请。另外,也可以在未安装证书颁发机构的 Windows 服务器上安装 CA Web 页面。在这种情况下,系统使用 Web 页直接将证书申请递交给 CA,而不管是什么原因,都不希望申请者直接访问。用户可以使用证书颁发机构的 Microsoft 管理控制台(MMC)管理证书服务。

3) 智能卡支持

Windows 支持通过智能卡上的证书登录,以及使用智能卡存储用于 Web 身份验证、安全的电子邮件以及与公钥加密相关的其他活动的证书。

4) 公钥策略

在 Windows 中可以使用组策略自动给计算机指派证书、建立证书信任表和公用的信任证书颁发机构,以及为 EFS(文件加密系统)管理恢复策略。

### 6.3.4 IPSec

1. IPSec 简介

在 Windows 中已经集成了对 Internet 协议安全 IPSec 的支持。IPSec 是一组 Internet 标准协议,可以在非安全网络之间建立安全通道,对传输的信息进行安全处理。IPSec 的加密技术应用于网络的 IP 层,所以,对于大部分使用特定网络通信协议的上层应用来说都是透明的。IPSec 提供了端到端(end-to-end)的安全性,也就是说由发送端计算机加密的 IP 包只能被接收端计算机解密,中间截获的数据都是不可读的。

IPSec 协议提供所有在网络层上的数据保护和透明的安全通信,协议可以设置成在两种模式下运行:一种是隧道模式,一种是传输模式。IPSec 提供了两种安全机制:认证和加密。认证机制使 IP 通信的数据接收方能够确认数据发送方的真实身份以及数据在传输过程中是否遭篡改。加密机制通过对数据进行编码来保证数据的机密性,以防数据在传输过程中被窃听。

IPSec 协议组包含认证头协议(Authentication Header, AH)、封装安全载荷协议(Encapsulating Security Payload,ESP)和因特网密钥交换协议(Internet Key Exchange,IKE)。其中 AH 协议定义了认证的应用方法,提供数据源认证和完整性保证;ESP 协议定义了加密和可选认证的应用方法,提供可靠性保证。在实际进行 IP 通信时,可以根据实际安全需求同时使用这两种协议或选择使用其中的一种。AH 和 ESP 都可以提供认证服务,不过,AH 提供的认证服务要强于 ESP;IKE 用于密钥交换。

由于篇幅所限,在此不再对 IPSec 的具体工作方式进行介绍,感兴趣的读者可自行查阅相关资料学习。

2. Windows 中的 IPSec

在 Windows 系统中,实现了对 IPSec 协议的支持,并与 Windows 域和活动目录服务集成。Windows 与 IPSec 协议集成的一个最大优点就是具有保护来自内部和外部攻击的能力。另外,该操作是透明完成的,不会给单个用户增加任何麻烦或额外的开销。Windows 系统中的 IPSec 结构如图 6.18 所示。

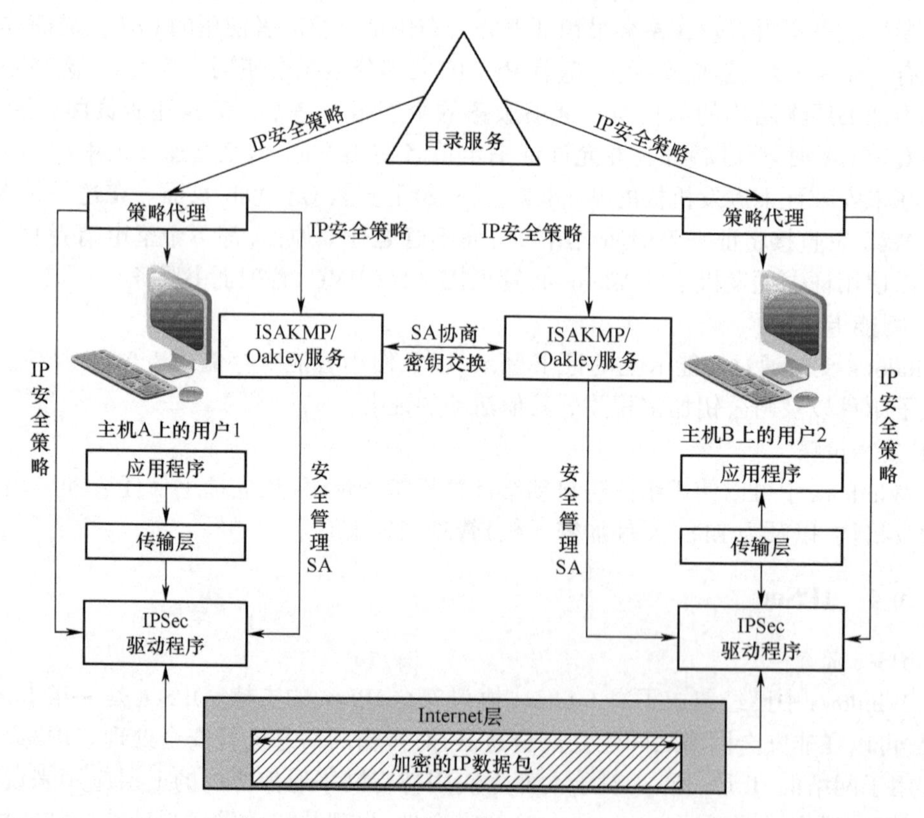


图 6.18　Windows 系统中的 IPSec 结构

IPSec 结构中包括以下组件。

1）IPSec 策略

IPSec 使用策略来存储它所提供的各种安全服务的配置信息。这些策略使得管理员能够通过选择允许的通信类型以及决定如何保护哪些通信来实现 IPSec 安全。然后，管理员可以把策略与用户、组或其他的活动目录服务的结构对象关联起来。

2）IPSec 策略管理（IPSec Policy Management）

这是用于 MMC 应用的一个管理单元，通过这个管理单元可以建立和管理 IPSec 策略。

3）IPSec 策略代理服务

在支持 IPSec 的各个系统上运行的这一服务，访问存储在活动目录或本地系统注册表中的 IPSec 策略信息并把这些信息转发到 IPSec 驱动程序中。

4）Internet 密钥交换（IKE）

IKE 是一种建立安全关联（Security Association，SA）和在两个系统之间交换密钥的协议。RFC 2409 为 IKE 定义了一个两阶段的过程。第一阶段包括建立第一阶段的 SA，即系统之间的一个安全身份验证方法的协商，经验证的通信隧道。建立第一阶段的 SA 包括对系统将要使用的加密算法、散列算法和身份验证方法的协商，接下来便是身份验证过程本身。第二阶段是为 IPSec 服务建立两个 IPSec 协议（AH、ESP）、Hash 算法（MD5 或 SHA1）和加密算法（DES 或 3DES）的协商，以及身份验证和加密密钥的交换与刷新。

IKE 的实现提供三个身份验证方法以在计算机之间建立信任：

• 基于 Windows 域基础结构提供的 Kerberos v5 身份验证，用于在一个域中或在几个受信任域中的计算机之间部署安全通信；

• 使用证书的公钥/私钥签名，与多个证书系统兼容，包括 Microsoft、Entrust、VeriSign 和 Netscape；

• 密码，用术语表示为"预先共享的身份验证密钥"，严格用于建立信任，不用于应用程序数据包保护。

一旦对等计算机互相进行了身份验证，它们就会产生大量密钥以便对应用程序数据包加密。这些密钥只为这两台计算机所知，因此它们的数据能得到很好的保护，免受可能在网络上的攻击者的修改或破译。每一台对等计算机都使用 IKE 来协商使用什么类型和强度的密钥，以及采用什么安全方式来保护应用程序通信。这些密钥根据 IPSec 策略的设置自动刷新，以在管理员的控制下提供固定的保护。

5）IPSec 驱动程序

驱动程序接收来自当前有效的并且监视网络通信的 IPSec 策略的过滤清单。当驱动程序检测到与过滤清单中的某一项相匹配的出站数据包时，驱动程序就命令 IKE 开始与目标系统进行密钥交换。一旦与其他系统建立了 SA，驱动程序就在 IPSec 协议报头中插入适当的值，并执行任何必要的加密任务。对于入站的数据包，如果必要的话，驱动程序就通过重复发送系统所执行的计算来校验签名，并且解密数据包。

所以，一旦 IPSec 策略发挥作用，一个典型的数据交换就会按照下列步骤进行：

（1）工作站 A 上的用户产生一个报文并把它发送给工作站 B 上某一特定用户的应用程序中；

（2）工作站 A 上的 IPSec 驱动程序将报文的目的 IP 地址或协议与当前有效的 IPSec 策略中的 IP 过滤清单中的相比较；

（3）如果 IPSec 策略规定系统间的通信是安全的，那么 IPSec 驱动程序就指示 IKE 开始与工作站 B 协商；

（4）工作站 B 的 IKE 收到一条来自工作站 A 的 IKE 请求安全协商的报文；

（5）两个系统协商第一阶段的 SA 和第二阶段的两个 SA（入站 SA 和出站 SA）；

（6）工作站 A 上的 IPSec 驱动程序使用为第二阶段出站 SA 而商定的参数，为输出数据计算完整性签名，加密数据，并通过给 IP 数据包增加适当的报头字段来构造 IPSec 数据包；

（7）工作站 A 把完成的数据包传送到工作站 B，工作站 B 再把它们传给自己的 IPSec 驱动程序；

（8）工作站 B 的 IPSec 驱动程序使用入站 SA 的参数，解密数据，并通过重复计算签名和比较签名与数据包中的结果来验证数据包的完整性；

（9）工作站 B 上的 IPSec 驱动程序把解密过的数据传送到 TCP/IP 协议栈，TCP/IP 协议栈再依次把它上传到报文原来的目的地，即应用程序。

### 6.3.5 IIS 安全

如今，在 Internet 上使用 Windows 作为服务器操作系统的网站越来越多，IIS（Internet Information Server）作为当今流行的 Web 服务器之一，提供了强大的 Internet 和 Intranet 服务功能，加强 IIS 安全性已成为 Windows 网络安全管理的重要组成部分。为保证 IIS 的安全性，应尽量采取如下措施：

1）IIS 安装安全

在进行 IIS 安装时，将会在安装的计算机上生成 IUSR_Computername 匿名账号，该账号被添加到域用户组中，从而把应用于域用户组的访问权限提供给访问 Web 服务器的每个匿名用户，这不仅会给 IIS 带来巨大的潜在危险，而且还可能牵连整个域资源的安全，因此要尽可能避免将 IIS 安装在域控制器上，尤其是主域控制器上。此外，将 IIS 安装在系统所在的分区上会使系统文件与 IIS 同样面临非法访问，容易使非法用户侵入系统分区，因此 IIS 也要避免安装在系统分区上。

2）用户控制安全

安装 IIS 后产生的匿名用户 IUSR_Computername，其匿名访问给 Web 服务器带来潜在的安全性问题，应对其权限加以控制，如无匿名访问需要，可取消 Web 的匿名服务。对于一般用户的安全管理，则可以通过使用数字与字母混合的口令、提高修改密码的频率、封锁失败的登录尝试及账号的生存期等安全策略来进行。

3）登录认证安全

IIS 服务器提供了对用户的 3 种形式的身份认证，分别是匿名访问、基本验证和请求/响应方式。匿名访问不需要与用户之间进行交互，允许任何人匿名访问站点，在这 3 种身份认证中的安全性是最低的；在基本验证方式中，用户输入的用户名和口令以明文方式在网络上传输，没有任何加密，非法用户可以通过网上监听来拦截数据包，并从中获取用户名及密码，安全性能一般；在请求/响应方式中，浏览器通过加密方式与 IIS 服务器进行认证信息交换，从而有效防止了窃听者，是安全性比较高的认证方式。如对 IIS 服务器的安全需求较高，应采用请求/响应方式进行登录认证。

4）访问权限控制

IIS 服务器访问权限控制主要涉及文件夹/文件的访问权限和 Web 目录的访问权限。安装在 NTFS 文件系统的文件夹和文件，一方面要对其权限加以控制，对不同的用户组和用户进行不同的权限设置；另一方面，还应利用 NTFS 的审核功能对某些特定用户组成员读文件的企图等方面进行审核。通过监视文件访问、用户对象的使用等，有效地发现非法用户进行非法活动的前兆，及时加以预防和制止。在 Web 目录访问权限方面，对于已经设置成 Web 目录的文件夹，可以通过操作 Web 站点属性页实现对 Web 目录访问权限的控制，而该目录下的所有文件和子文件夹都将继承这些安全性。

5）IP 地址控制

IIS 可以设置允许或拒绝从特定 IP 发来的服务请求，有选择地允许特定节点的用户访问服务，可以通过设置来阻止除指定 IP 地址外的整个网络用户来访问 Web 服务器。

6）端口安全

对于 IIS 服务，无论是 Web 站点、FTP 站点，还是 NNTP 服务、SMTP 服务等，都有各自监听和接收浏览器请求的 TCP 端口号。一般常用的端口号为：Web 是 80，FTP 是 21，SMTP 是 25，可以通过修改端口号来提高 IIS 服务器的安全性。如果修改了端口设置，只有知道端口号的用户才可以访问，但用户在访问时需要指定新端口号。

7）IP 转发的安全性

IIS 服务可提供 IP 数据包转发功能，在开启该功能时，IIS 服务器可充当路由器将从 Internet 接口收到的 IP 数据包转发到内部网中。因此，如无此需求，为保证 IIS 服务器和内网的安全性，也可以将该功能禁用。

8）SSL 安全机制

IIS 的身份认证除了匿名访问、基本验证和请求/响应方式外，其实还有一种安全性能更高的认证，就是通过加密套接字协议层（Security Socket Layer，SSL）安全机制使用数字证书。

SSL 位于 HTTP 层和 TCP 层之间，建立用户与服务器之间的加密通信，确保所传递信息的安全性。SSL 是工作在公开密钥算法的基础上，任何用户都可以获得公钥来加密数据，但解密数据必须通过相应的私钥。使用 SSL 安全机制时，首先客户端与服务器建立连接，服务器把它的数字证书与公共密钥一并发送给客户端，客户端随机生成会话密钥，再用从服务器得到的公钥对会话密钥进行加密，并把会话密钥传递给服务器，而会话密钥只有在服务器端用私钥才能解密。这样，客户端和服务器端就建立了一个唯一的安全通道，只有 SSL 允许的客户才能与 SSL 允许的 Web 站点进行通信，并且在使用 URL 资源定位器时，输入的是“https://”，而不是“http://”。

需要指出的是，SSL 安全机制的实现将增大系统开销，增加服务器 CPU 的额外负担，从而降低了系统性能，在使用时建议仅考虑为高敏感的 Web 目录使用。

### 6.3.6 Windows 防火墙

Windows 防火墙又称 Internet 连接防火墙（Internet Connection Firewall，ICF），已经具备个人防火墙的基本功能。它是一种基于主机的状态防火墙，它能够阻截所有传入的未经请求的流量，即那些既没有对应于为响应计算机的某个请求而发送的流量（请求流量），也没有对应于事先指定允许传入的未经请求的流量（异常流量）。这有助于使计算机更加安全，使用户可以更好地控制计算机上的数据。此外，和 Windows 良好的兼容性及可靠性，也是其他个人防火墙所不能比拟的。

Windows 防火墙与个人防火墙最大的区别在于，个人防火墙对双向流量都进行审核过滤，拥有更复杂的控制列表，而 Windows 防火墙却只能对进入计算机的报文进行过滤，而不对计算机向外发出的报文进行过滤，它不对应用程序向外发送报文做任何限制。Windows 防火墙使用全状态数据包监测技术会把所有由本机发起的网络连接生成一张表，并用这张表跟所有的入站数据包作对比，如果入站的数据包是为了响应本机的请求，那么就被允许进入。除非有实施专门的过滤器以允许特定的非主动请求数据包，否则所有其他数据包都会被阻挡。但是，对于某些应用程序的出站流量，Windows 防火墙也会对其进行审查，这类应用程序通常试图在本地开后门端口等待远程请求连接，这种不安全行为将被 Windows 防火墙拦截并做出安全提示。

由于早期 Windows 防火墙只提供简单、初级的功能，仅仅保护入站流量，所以很多用户都会选择关闭 Windows 防火墙，并使用功能更齐全的个人防火墙。随着 Windows 操作系统版本的不断升级，Windows 防火墙功能逐步得到增强和改进，不仅具备了过滤出站流量的能力，使其更具可用性，而且更加灵活且便于使用，我们将在接下来的小节中对其进行介绍。

## 6.4 Windows 安全新技术

微软公司分别在 2007 年、2009 年、2012 年和 2015 年推出了 Windows Vista、Windows 7、Windows 8 和 Windows10 四款操作系统，在微软这些全新的操作系统中，对于安全问题更加重视，使得 Windows 系统的安全功能焕然一新，不仅融入了更多的安全特性，而且原有的安全功能也得到改进和加强，以下将对 Windows 主要安全新技术作简要介绍。

### 6.4.1 用户账户控制

用户账号控制（User Account Control，UAC）是微软为提高系统安全性而在 Windows Vista 中引入的新技术，它要求用户在执行可能会影响计算机运行的操作或执行更改影响其他用户的设置的操作之前，提供权限或管理员密码。通过在这些操作启动前对其进行验证，UAC 可以帮助防止恶意软件和间谍软件在未经许可的情况下在计算机上进行安装或对计算机进行更改。

和老版本的 Windows 有很大的不同，在 Windows 7 版本等操作系统中，当用户使用管理员账号登录时，系统会为该账号创建两个访问令牌：一个标准令牌和一个管理员令牌。大部分时候，当用户试图访问文件或允许程序时，系统都会自动使用标准令牌进行，只有在权限不足（如果程序宣称需要管理员权限的时候）时，系统才会使用管理员令牌。这种将管理员权限区分对待的机制称为 UAC，UAC 体现了最小特权原则，即在执行任务时使用尽可能少的特权。

在进行需要管理员权限的操作时，系统首先会弹出“UAC”对话框要求用户确认（如果当前登录的是管理员账号），或者输入管理员用户的密码（如果当前登录是普通用户）。只有在提供了正确的登录凭据后，系统才允许使用管理员令牌访问文件或运行程序。这个要求确认或者输入管理员账户密码的过程叫作“提示”。

根据以管理员身份运行的程序不同,“提示”对话框顶部一栏的底色不同,一般来说,底色和对应的含义如表 6.10 所示。

表 6.10 UAC 对话框背景含义

| 背景颜色 | 含 义 |
| --- | --- |
| 红色背景,带有红色盾牌图标 | 程序的发布者被禁止,或者被组策略禁止。遇到这种对话框的时候要万分小心 |
| 橘黄色背景,带有红色盾牌图标 | 程序不被本地计算机信任(主要是因为不包含可信任的数字签名或数字签名损坏) |
| 蓝绿色背景 | 程序是微软自带的,带有微软的数字签名 |
| 灰色背景 | 程序带有可信任的数字签名 |

通常,能够触发 UAC 的操作包括:

- 修改 Windows Update 配置;
- 增加或删除用户账号;
- 改变用户的账号类型;
- 改变 UAC 设置;
- 安装 ActiveX;
- 安装或卸载程序;
- 安装设备驱动程序;
- 修改和设置家长控制;
- 增加或修改注册表;
- 将文件移动或复制到 Program Files 或 Windows 目录;
- 访问其他用户目录。

由于在 Windows Vista 中,UAC 经常会弹出安全警告提示,并会造成屏幕锁定,极大地影响用户的操作便利性,故很多用户往往选择将 UAC 功能关闭,而这又将导致操作系统暴露在更大的安全风险下。基于此,微软在 Windows 7 版本中对 UAC 进行了进一步的优化,加入了 UAC 的等级设置功能,分别对应 4 个级别:

- 最高级别。在该级别下,用户安装应用程序、对软件进行升级、应用程序在任何情况下对操作系统进行更改、更改 Windows 设置等情况,都会弹出提示窗口(并启用安全桌面),请求用户确认。该级别是最安全的级别,但同时也是最“麻烦”的级别,适用于多人共用一台电脑的情况下,限制其他标准用户,禁止其随意更改系统设置。
- 默认级别。在默认级别下,只有在应用程序试图改变计算机设置时才会提示用户,而用户主动对 Windows 进行更改设置则不会提示。同时,在该模式下将启用安全桌面,以防绕过 UAC 更改系统设置。可以看出,默认级别可以既不干扰用户的正常操作,又可以有效防范恶意程序在用户不知情的情况下修改系统设置。一般的用户都可以采用该级别设置。
- 比默认级别稍低的级别。与默认级别稍有不同的是该级别将不启用安全桌面,也就是说有可能产生绕过 UAC 更改系统设置的情况。不过一般情况下,如果使用用户启动某些程序而需要对系统进行修改,可以直接运行,不会产生安全问题。但如果用户没有运行任何程序却弹出提示窗口,则有可能是恶意程序在试图修改系统设置,此时应果断选择阻止。该级别适用于有一定系统经验的用户。

• 最低的级别。最低的级别则是关闭 UAC 功能(必须重新启动后才能生效)。在该级别下,如果是以管理员登录,则所有操作都将直接运行而不会有任何通知,包括病毒或木马对系统进行的修改。在此级别下,病毒或木马可以任意连接访问网络中的其他计算机,甚至与互联网上的计算机进行通信或数据传输。可见,如果完全关闭 UAC 并以管理员身份登录,将严重降低系统安全性。此外,如果是以标准用户登录,那么安装、升级软件或对系统进行修改和设置,将直接被拒绝而不弹出任何提示,用户只有获得管理员权限才能进行。故完全关闭 UAC 并以标准用户登录,各种操作和设置也非常不方便,因此建议不要选择该级别。

### 6.4.2 改进的 Windows 防火墙

Windows 防火墙是自 Windows XP 系统开始内置的一个安全防御系统,用于帮助用户保护电脑,免遭黑客和恶意软件的攻击。但是在发布之初,Windows 防火墙仅仅保护入站流量。在经历了 Windows Vista 的过渡之后,从 Windows 7 开始,Windows 防火墙功能得到很大改进,不仅具备过滤外发信息的能力,使其更具可用性,而且更加灵活和易于使用。

打开控制面板里的“系统和安全”就可以看到 Windows 防火墙,它最大特点就是内外兼防,通过“专用网络”和“公用网络”两个方面来对计算机进行防护,如图 6.19 所示。用户可以根据不同的网络情况切换配置文件,选择不同级别的网络保护措施。如果用户处于家庭或办公等专用网络中,其他的计算机和设备都是用户所熟悉的,此时的配置文件就允许传入连接,可以方便地互相共享图片、音乐、视频和文档库,也可以共享硬件设备,如打印机等;而当用户的计算机在一个公共的网络环境中时,则必须更加重视连接安全,可能需要中断一些传入连接,通过 Windows 防火墙,用户可以方便地将网络位置切换为“公用网络”,以获得更有保障的安全防护。

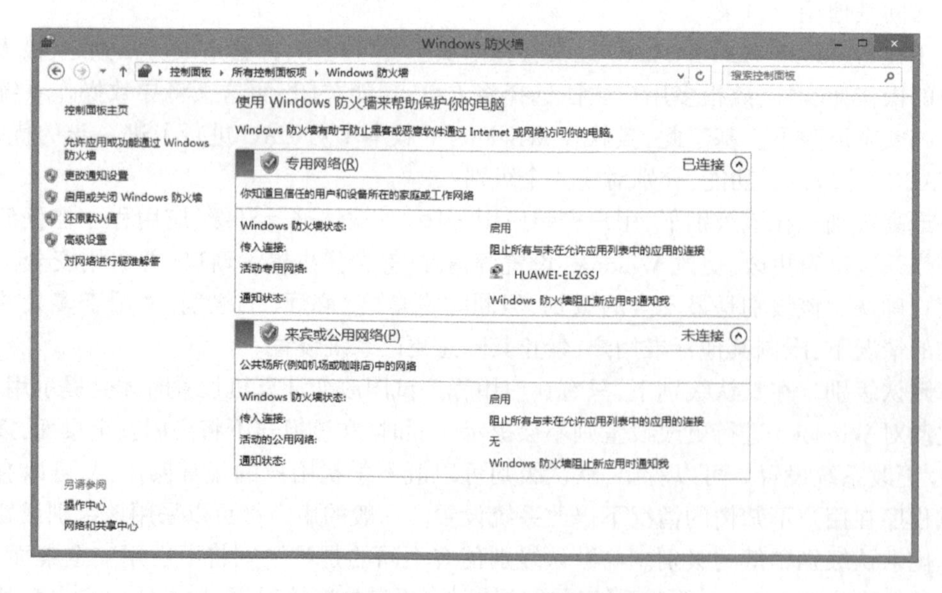


图 6.19 Windows 防火墙

当启用防火墙后，有两个复选框可以选择，分别为“阻止所有传入连接”和“Windows 防火墙阻止新应用时通知我”。其中“阻止所有传入连接”勾选上后，系统禁止一切外部连接，即使是 Windows 防火墙设为“例外”的服务也会被阻止，这就为处在较低安全性的环境中的计算机提供了较高级别的保护。

选择 Windows 防火墙的“允许应用通过 Windows 防火墙”项，用户也可以设置单独允许某个程序通过防火墙进行通信。如图 6.20 所示，在设置窗口中可以看到常用的网络软件都显示在列表中，如果想添加其他的程序，只需要单击右下角“允许其他应用”来设置需要通过防火墙的程序。

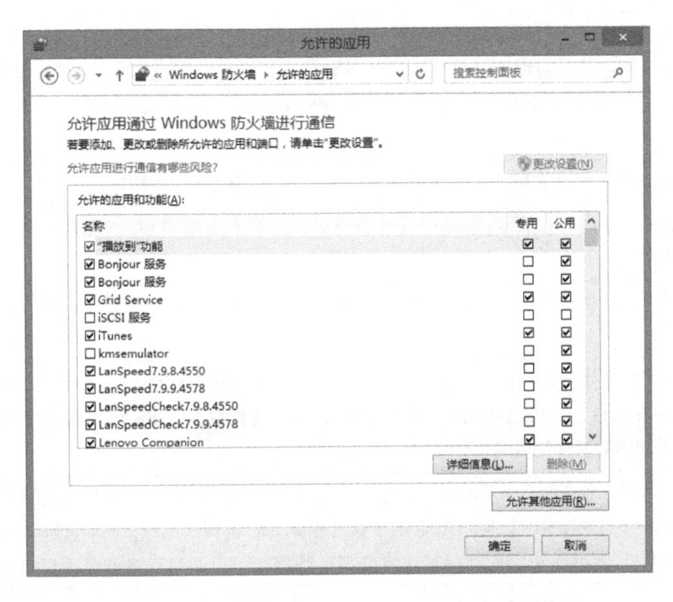


图 6.20 “允许应用通过 Windows 防火墙”设置

单击“高级设置”，进入防火墙高级安全设置控制台，如图 6.21 所示。几乎所有的防火墙设置都可以在这个高级设置里完成，而 Windows 防火墙的诸多优秀特性都在此得到体现。

图 6.21 Windows 防火墙高级设置

在 Windows 防火墙高级安全设置控制台，用户可以进一步详细地设置防火墙规则，具体的规则配置说明如表 6.11 所示。

表 6.11 Windows 防火墙高级安全规则配置

| 规则名称 | 规则配置 |
| --- | --- |
| 入站规则 | 可以为入站通信创建或修改规则。可配置规则以指定计算机或用户、程序、服务或者端口和协议；可以指定要应用规则的网络适配器类型：局域网(LAN)、无线、远程访问，例如虚拟专用网络(VPN)连接或者所有类型；还可以将规则配置为使用任意配置文件或仅使用指定配置文件时应用 |
| 出站规则 | 为出站通信创建或修改规则，功能同入站规则 |
| 连接安全规则 | 使用新建连接安全规则向导，创建 Internet 协议安全性(IPSec)规则，以实现不同的网络安全目标，向导中已经预定义了四种不同的规则类型(隔离、免除身份验证、服务器到服务器和隧道)，当然也创建自定义的规则，为了便于管理，请在创建连接规则时指定一个容易识别和记忆的名称，方便在命令行中管理 |
| 监视 | 监视计算机上的活动防火墙规则和连接安全规则，但 IPSec 策略除外 |
| 防火墙 | 仅显示活动的防火墙规则，可以通过右键单击选项卡选择属性，查看每个选项卡的常规、程序、端口和高级特性 |
| 连接安全规则 | 显示当前活动的连接安全规则，属性查看可以通过鼠标右键选择属性或单击右侧工具栏的属性进行查看 |
| 安全关联下的主模式 | 主模式协商是通过确定一个加密保护套件集、交换密钥材料建立共享密钥以及验证计算机和用户身份，最终在两台计算机之间建立一个安全的通道。监视主模式 SA 可以查看哪些对等计算机连接到本机，以及该 SA 正在使用的保护套件 |
| 安全关联下的快速模式 | 快速模式协商在两台计算机之间建立安全通道，以保护在两台计算机之间交换的数据。一对计算机之间只有一个主模式 SA，但可以有多个快速模式 SA，监视快速模式 SA 可以查看当前哪些对等计算机连接到本机，哪些保护套件在保护正在交换的数据。可以通过双击列表项目查看快速 SA 信息 |

### 6.4.3 Windows Defender

Windows Defender，曾用名 Microsoft AntiSpyware，是一个用来移除、隔离和预防间谍软件的程序，已内置在 Windows Vista、Windows 7 和 Windows 8 中。在 Windows10 中，系统还提供了“病毒和威胁防护”以及“内核隔离”等新功能。Windows Defender 不像其他同类免费产品一样只能扫描系统，它还可以对系统进行实时监控，移除已安装的 ActiveX 插件，清除大多数微软的程序和其他常用程序的历史记录。

Windows Defender 提供的扫描类型分为三种，分别是完全扫描、快速扫描、自定义扫描。在工具(Tools)页面里，用户可以通过选项(Options)对 Windows Defender 的实时防护(Real-time Protection)、自动扫描计划(Automatic Scanning)进行设置修改，或进行高级的设置。用户可以在工具(Tools)页面中决定加入 Microsoft SpyNet 社区，以及对已隔离程序的处理操作。通过单击“检查更新”(Check for Updates)或是使用 Windows Update，可以对 Windows Defender 进行升级。在 Windows 中，Windows Defender 会配合操作中心防范恶意软件以维护 Windows 稳定安全运行，特别是在 Windows 8 中，Windows Defender 与 MSE(Microsoft Security Essentials)进行了融合，加入了 MSE 的杀毒功能，成为 Windows 操作系统历史上首次内置的杀毒软件，除了传统的可以防止恶意软件对系统的侵袭外，还可以主动检测并清除病毒程序。需要特别指出的是，Windows Defender 只会在电脑中没有其他杀毒软件时才启用，即如果系统检测到有杀毒软件，那么 Windows Defender 就不会激活。

### 6.4.4 BitLocker 驱动器加密

BitLocker 驱动器加密是在 WindowsVista 版本开始新增的另一种数据保护功能，主要用于解决一个人们越来越关心的问题：由于计算机设备的物理丢失导致的数据失窃或恶意泄露。BitLocker 驱动器加密能够同时支持 FAT 和 NTFS 两种磁盘格式，用来加密保护用户数据。在 Windows 7 之后，该功能命名为 BitLocker to go，实现了对可移动设备的加密。

BitLocker 会将 Windows 的安装分区进行加密，并将密钥保存在硬盘之外的地方，这样，要想启动 Windows，就必须先提供密钥，随后引导程序才会使用提供的密钥解密系统文件，并加载和运行 Windows。

BitLocker 主要有两种工作模式：TPM 模式和 U 盘模式。

- 使用 TPM 模式，要求计算机中必须带有不低于 1.2 版的 TPM 芯片，这种芯片是通过硬件方式提供的，一般只出现在对安全性要求较高的商用计算机或工作站上；
- 使用 U 盘模式，只需要计算机上有 USB 接口，计算机的 BIOS 支持在开机的时候访问 USB 设备，并且能提供一个专用的 U 盘即可。使用 U 盘模式后，用于解密系统盘的密钥文件会保存在 U 盘上，每次重启系统的时候，必须在开机之前将 U 盘连接在计算机上。

为了实现更高程序的安全，可以同时启用这两种模式。

如果要顺利地使用 BitLocker 功能，硬盘上必须至少有两个活动分区，除了系统盘外，额外的活动分区必须保持未加密状态，且必须是 NTFS 文件系统，同时，可用空间不能少于 100MB。

为预防如果使用 BitLocker 加密后，因为各种原因导致系统无法启动的情况，例如，保存了启动密钥的 U 盘丢失或损坏。在 Windows 启用 BitLocker 时，需要由用户决定恢复密钥的处理方式，例如，可以将恢复密钥保存在 U 盘上或者保存在某个文件中，也可以将其打印在纸上。在系统无法启动时，只要还保留该恢复密码，就可以将系统恢复出来。经过恢复操作，可以重新创建一个启动密钥盘，同时，之前创建的密钥盘将会自动作废。

### 6.4.5 其他安全新技术

1. SmartScreen 过滤器

SmartScreen 过滤器技术最初出现在 IE 浏览器中，而如今正式被加入到新一代的 Windows 操作系统中。SmartScreen 功能具备一个基于 URL 的信誉系统以及一个基于文件/应用的信誉系统。URL 信誉系统可以防止用户遭受钓鱼网站以及社交引擎攻击，而文件信誉系统可以监视通过浏览器下载的文件，确保文件是安全可靠的。如果某个下载的文件被认定为可疑文件或恶意文件，SmartScreen 过滤器会阻止该文件的下载活动，并将相关信息反馈给用户。

2. 图片密码

图片密码功能是 Windows 8 系统新增加的基于触摸屏的安全登录方案。图片密码由两部分组成：图片和用户在上面绘制的手势。图片可由用户自己提供，也可以是系统内的某一张图片；手势包括点、线和圈三种。“图片密码”登录的方式是用户在其指定的图片上用手指画一个手势组合作为手势密码，手势的大小、位置和方向都将成为手势密码的一部分。系统记录下用户的手势密码，登录时用户只需要按顺序重复做出正确的手势组合即可。

3. Applocker

Applocker 是 Windows 针对应用程序控制推出的解决方案。该方案最早出现在 Windows 7 系统中，通过黑名单和白名单的方式实现对应用程序的控制。通过 Applocker，管理员可以建立适当的策略，限制或允许用户在电脑上安装某些应用程序。新的 Windows 8 操作系统中的 Applocker 可以同时管理传统的桌面应用程序和新的 Metro apps。

4. 安全启动功能

安全启动功能（Secure Boot）是 Windows 8 系统中新加入的一项非常重要的安全功能，启用 Secure Boot 功能后，操作系统可以有效抵御底层恶意软件的攻击，如 rootkits 的攻击。在带有 Secure Boot 功能的操作系统中，系统会将所有启动组件的数字签名提交给系统的反恶意软件驱动部分进行审核，从而发现可疑的启动组件。

5. Windows Reader

Windows Reader 是从 Windows 8 开始内置的一种全新的文档阅读器，支持 PDF 格式的文档，而 PDF 正是目前被攻击频率最高的文档格式之一。在操作系统中内置一个轻量级的 PDF 阅读器，并通过 Windows Update 进行定期更新，将有助于系统防范基于 PDF 格式文件的各种攻击行为，降低系统的安全盲区。

6. 地址空间布局随机化技术

地址空间布局随机化技术（Address Space Layout Randomization，ASLR）最早出现在 Windows Vista 中，它的本质是一种通过将内存中的代码和数据进行随机存放来避免缓存溢出漏洞的技术。在 Windows 8 中，这种随机化技术得到了进一步的加强，从而避免了已知的绕过 ASLR 技术的攻击对系统进行破坏。

7. 域名系统安全

微软从 Windows 7 开始支持 DNS 安全扩展（Domain Name System Security Extensions，DNSSec）。DNS 的最大缺陷是解析的请求者无法验证它所收到的应答信息的真实性，而 DNSSec 给解析服务器提供了一种可以验证应答信息真实性和完整性的机制。利用密码技术，域名解析服务器可以验证它所收到的应答（包括域名不存在的应答）是否来自真实的服务器，或者是否在传输过程中被篡改过。通过 DNSSEC 的部署，可以增强对 DNS 域名服务器的身份认证，进而帮助防止 DNS 缓存污染等攻击。

8. Direct Access

Direct Access 称为直接访问，它是 Windows 7 和 Windows Server 2008 R2 之后添加的一项新功能。凭借这个功能，外网的用户可以在不需要建立 VPN 连接的情况下，高速、安全地从 Internet 直接访问公司防火墙之后的资源。

9. 生物特征识别架构

在 Windows 7 之前，指纹等生物特征识别方式都是通过第三方软件实现的，从 Windows 7 开始，Windows 操作系统内置了生物特征识别架构（Windows Biometric Framework）。系统将生物特征识别整合入操作系统中，变成系统登录的一种标准方式，并且可以通过系统对识别设备和特征库进行管理，这无疑将提升系统的安全性和稳定性。

## 6.5 本章小结

微软公司的 Windows 操作系统以其完善的功能和便利的使用,在个人桌面计算机领域得到了广大用户的认可,是目前最主流的操作系统。由于操作系统的安全直接决定着信息是否安全,因此 Windows 系统的安全性也受到用户的极大关注。Windows 操作系统在不断的版本更新过程中,逐步完善了安全机制,各种安全增强技术和功能在 Windows 系统中得到了集成和增强。本章较系统地介绍了 Windows 系统的安全体系结构和构成组件,主要分为本地安全和网络安全两个方面。在本地安全方面,内容包括了用户管理机制、身份认证机制、访问控制机制、安全审计机制、文件加密机制等 Windows 最主要的本地安全性增强机制;在网络安全方面,涵盖了活动目录、网络身份认证、PKI、IPSec、IIS 安全、防火墙等 Windows 中集成的主要网络安全技术。最后,特别针对 Windows 最新版本中出现的一些新的安全性增强技术做了较为详细的介绍,主要包括用户账户控制、防火墙、Windows Defender、BitLocker,以及其他一些安全新技术。需要指出的是,由于 Windows 系统是一种不开放源代码的系统,其代码级别的安全性无法得到用户的验证,因此,如果在安全等级要求较高的环境中使用 Windows 操作系统,建议与其他安全软硬件产品(如防火墙、恶意代码防护软件、信息加密产品)配合使用。

## 习　题

1. Windows 安全子系统由哪些组件构成?各自有什么作用?
2. 请描述 Windows 进行本地身份认证的过程。
3. 请简要对 Windows 中的“用户组”的机制进行说明。
4. 请分别回答安全标识、安全访问令牌、访问控制项、访问控制表的定义和作用。
5. Windows 如何利用访问控制表实现访问控制操作?简述访问控制列表的判断规则。
6. 在哪些情况下,会在服务器的安全日志中生成登录事件日志?
7. 什么是 SACL?它由什么组成?在 Windows 审计中起到什么作用?
8. 请简述 Windows EFS 的组成结构,以及其加解密过程。
9. 活动目录的主要作用是什么?请简要对活动目录的结构进行描述。
10. 请简要回答 Windows 进行交互式认证、本地认证和网络认证的联系和区别。
11. 请简要描述改进的 Windows 防火墙与原有防火墙的主要区别。

# 第7章　Linux操作系统安全

Linux是一种优秀的开源操作系统,由于其具有支持多用户、多进程及多线程,实时性好,功能强大而稳定等特点,得到了广泛的应用。然而随着互联网的发展以及Linux应用的日益普及,Linux系统的安全问题也日益突出。为了对Linux系统的安全有一个较为深入的了解,本章主要从Linux操作系统本地安全和网络安全两个方面入手,详细介绍Linux系统安全技术的原理、技术及应用方法。

## 7.1　Linux安全概述

### 7.1.1　Linux简介

当前,虽然Windows系列的操作系统在个人桌面计算机占据了较大的份额,但在工作站和服务器领域,UNIX/Linux操作系统仍然具有无可替代的地位。与Windows系统比较,UNIX操作系统的历史更长,经过长期的发展演变,形成了多种具有不同特色的操作系统版本,例如UNIX操作系统就有Solaris、AIX、HP-UNIX、Free BSD等版本。Linux操作系统的出现是UNIX发展过程中的一个重要事件。1991年,芬兰大学生Linus Torvalds在学习操作系统的设计时,花费几个月时间在一台Intel 386微机上完成了一个类UNIX操作系统,这是Linux最早的版本。随后,Linus Torvalds将Linux源代码发布在因特网上,由于其结构清晰、功能简洁,许多大专院校的学生和专业研究人员纷纷把它作为学习和研究的对象,在更正原有Linux版本中出现的错误的同时,也不断为Linux增加新的功能,Linux逐渐成为一个稳定可靠且功能完善的操作系统。一些软件公司,如RedHat、InfoMagic等也陆续推出了以Linux为核心的操作系统版本,大大推动了Linux的商品化,使Linux的影响日益广泛。

虽然Linux有不同的类型和版本,但它们在技术原理和系统设计结构上是相似的。一般的Linux操作系统由内核、Shell、文件系统3个主要部分组成,如图7.1所示。

1）内核

内核是Linux系统运行程序和管理各种硬件设备的核心程序,是系统的心脏。Linux内核主要包括:存储管理、中断异常和系统调用、进程与进程调度、文件系统、进程间通信、设备驱动、多处理器系统结构、系统引导和初始化几大部分。

传统的UNIX内核是全封闭的,即如果要往内核中加一个设备,早期一般的做法是编写这个设备的驱动程序,并改变内核源程序中的某些数据结构,再重新编译整个内核并重新引导系统。而在Linux中,既可以与传统的驱动程序一样,允许把设备驱动程序在编译时静态地连接在内核中,也可以允许动态地在运行时安装,成为“模块”,还可以在运行状态下当需要用到某一模块时由系统自动安装。这样的模块仍然在内核中运行,而不是像在微内核中作为单独的进程运行,所以其运行效率较高。

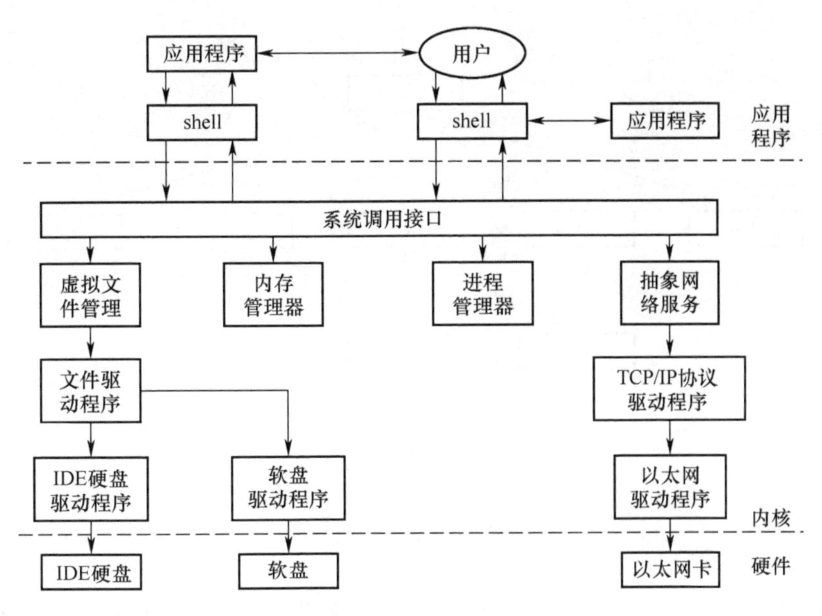


图 7.1　Linux 各主要组成部分

2）Shell

Shell 是系统的用户界面，提供了用户与内核进行交互操作的一种接口。它接收用户输入的命令并把它送入内核去执行。Shell 实际上是一个命令解释器，它解释由用户输入的命令并且把它们送到内核。不仅如此，Shell 还有自己的编程语言用于对命令的编辑，允许用户编写由 Shell 命令组成的程序。

与 Windows 一样，Linux 也提供了一种称为 X Window 的图形用户界面，并提供了很多窗口管理器，其操作就像 Windows 操作一样，有窗口、图标和菜单，所有的管理都是通过鼠标控制。目前，在 Linux 中比较流行的窗口管理器是 KDE 和 GNOME。每个 Linux 系统的用户可以拥有他自己的用户界面或 Shell，用以满足特定的 Shell 需要。与 Linux 本身一样，Shell 也有多种版本，主要的有以下几种：

（1）Bourne Shell：由贝尔实验室开发；

（2）BASH：意为“Bourne Again Shell”，是 GNU 操作系统上默认的 Shell；

（3）Korn Shell：是对 Bourne Shell 的发展，大部分内容与 Bourne Shell 兼容；

（4）C Shell：是 Sun 公司 Shell 的 BSD 版本。

3）文件结构

文件结构指的是文件存放在磁盘等存储设备上的组织方法，主要体现在对文件和目录的组织上。目录提供了管理文件的一个方便而有效的途径。用户能够从一个目录切换到另一个目录，而且可以设置目录和文件的权限，设置文件的共享程度。在 Linux 中，用户可以设置目录和文件的权限，以便允许或拒绝其他人对其进行访问。

Linux 目录采用多级树型结构，如图 7.2 所示。Linux 用户可以浏览整个系统，可以进入任何一个有访问授权的目录。文件结构的相互关联性使共享数据变得容易，几个用户可以访问同一个文件。Linux 系统作为一个多用户的操作系统，操作系统本身的驻留程序存放在以根目录开始的专用目录中，有时被指定为系统目录。

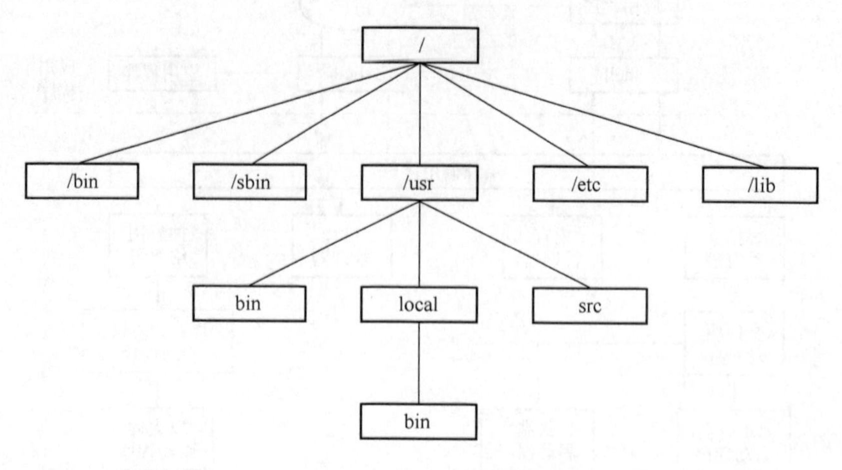


图 7.2　Linux 目录结构

在 Linux 系统上,任何软件和 I/O 设备都被视为文件。Linux 中的文件名最大支持 256 个字符,分别可以用 A~Z、a~z、0~9 等字符来命名。和 Windows 不同,Linux 中文件名是区分大小写的,所有的 UNIX 系列操作系统都遵循这个规则。Linux 下没有盘符的概念(如 Windows 下的 C 盘、D 盘),而只有目录,不同的硬盘分区是被挂载在不同目录下的。此外,Linux 的文件没有扩展名,所以 Linux 下的文件名称和它的种类没有任何关系。例如,abc.exe 可以是文本文件,而 abc.txt 也可以是可执行文件。

### 7.1.2　Linux 的安全威胁

与 Windows 操作系统不同,Linux 操作系统是一种开源的操作系统,因此,可以较好地防止和检测故意设置的后门,但这不一定就代表 Linux 是一种绝对安全的操作系统,其仍存在一些不安全因素,主要有以下几个方面:

1）特权软件漏洞

在 Linux 操作系统中,管理工作需要由管理员完成,但有时某些用户也需要进行一些属于管理员范畴的操作,如挂载移动存储设备、更改自己的口令等,这些操作一般是通过特权程序实现,特权程序是可以暂时获得管理员权限并执行一些管理员特权功能的程序。如果特权程序编写时没能确保对使用环境的完全控制,或对一些错误处理考虑不周,导致程序退出到特权环境中,或可以被攻击者采用缓冲区溢出攻击等手段将程序流程转到恶意代码上,即可使用户或入侵者获取管理员权限,从而取得系统的绝对控制权。

2）病毒和特洛伊木马

在 Linux 操作系统中,特洛伊木马是比文件病毒更常见的攻击方式。常见的特洛伊木马往往取代系统登录程序和 ls、cp 等基本工具程序,在实现这些程序正常功能的同时加入恶意代码。Linux 操作系统的病毒数量和破坏性远比 Windows 少,这些病毒往往也是木马型病毒,通过设置木马来进一步对系统进行破坏。

3）网络监听和数据截取

网络上传输的数据可以很容易被截取,有许多现成的软件可以监视网络上传输的数据。

通过截取网络数据,攻击者可以窃取远程登录的口令、截获通信中传输的敏感信息,甚至通过篡改通信数据来进行破坏活动。

4) 软件的设置和相互作用

Linux 操作系统中很多大型软件需要复杂的设置,错误的设置方法可能会导致隐藏的安全问题。另外,编写者可能无法准确预测软件各部分的相互作用,从而使软件在接收到一些非法参数时,可能出现意外的反应,如使普通用户具有系统用户特权等。

### 7.1.3 Linux 安全机制

总体来说,Linux 操作系统提供了如下几种常见的安全机制:

1. 标识(Identification)

在 Linux 操作系统中,每一个文件和程序都归属于一个特定的“用户”。每一个用户都由一个唯一的身份来标识,这个标识叫作用户 ID(UserID 或 UID)。并且,系统中的每一个用户也至少需要属于一个“用户分组”,也就是由系统管理员所建立的用户小组,而用户小组则由组 ID(GroupID 或 GID)来标识。

2. 鉴别(Authentication)

用户名作为标识,它在登录时向 Linux 系统表明自己的身份,用户通过输入与用户名对应的口令实现用户身份鉴别。当用户输入口令时,Linux 系统通过加密算法对其进行加密,并将结果与存储在/etc/passws 中的加密用户口令进行对比,若两者匹配,则允许用户正常登录,否则拒绝。

3. 访问控制(Access Control)

在 Linux 操作系统中,每个文件都属于一个特定的账号,该账号即为文件的属主。每个文件都可对属主、属主所在组以及其他用户规定读、写和可执行的权限。该权限可由属主或根用户设置。通过这种自主访问控制机制,可以控制每个用户访问何种信息及如何访问的权限,它表现为一组访问控制规则,用来确定一个主体是否可以存取一个指定客体,这种访问控制是通过文件系统来实现的。

4. 审计(Audit)

没有任何一种防护手段可以保障系统的绝对安全,因此,在遭到攻击时记录攻击者行踪、发现攻击、找出系统漏洞、提供对攻击者的追查能力以及攻击的证据就显得很重要。Linux 系统可以通过审计机制监控系统中发现的事件,并将审计结果写在系统的日志文件中。日志文件将记录所有系统、内核信息、用户的登录和使用、网络连接以及源地址、远程用户访问等信息,且仅有系统管理员有权改写,以防止这些信息被普通用户无意或故意破坏。

5. 网络安全防护(Network Security Defence)

随着互联网的发展以及 Linux 应用的日益普及,Linux 越来越受到来自网络的安全威胁,在实际的网络应用中也遭遇到了层出不穷的网络攻击。由于受到大量的组织和个人的支持,Linux 发展出了众多相关的网络安全防护机制和技术,许多网络安全防护工具也以集成或可选组件的方式运行于 Linux 操作系统之上,如防火墙、入侵检测、安全传输等,有效的保护了 Web 服务、DNS 服务、DHCP 服务、文件传输等网络服务的安全。

## 7.2 Linux 本地安全技术

### 7.2.1 用户和组安全

1. Linux 中的用户和组

Linux 是一个多用户多任务的分时操作系统,如果要使用系统资源,就必须向系统管理员申请一个用户账户,然后通过这个账户进入系统。通过建立不同属性的用户,一方面可以合理地利用和控制系统资源,另一方面也可以帮助用户组织文件,提供对用户文件的安全性保护。

用户和组是 Linux 操作系统进行操作、文件管理和资源使用的主体。用户组是具有相同特征用户的逻辑集合,有时管理员需要让多个用户具有相同的权限,如果有用户数量较多,单独对每一个用户分别授权显然不太合理,通过将用户编入到用户组,并通过对该用户组进行一个整体的权限设置,那么所有用户就具有了和组一样的权限。将用户分组是 Linux 系统中对用户进行管理及控制访问权限的一种手段,通过定义用户组,在很大程度上简化了管理工作。一般来说,用户和组有如下几种对应关系:

(1) 一对一:即一个用户可以存在一个组中,也可以是组中的唯一成员;

(2) 一对多:即一个用户可以存在多个用户组中,那么此用户具有多个组的共同权限;

(3) 多对一:多个用户可以存在一个组中,这些用户具有和组相同的权限;

(4) 多对多:多个用户可以存在多个组中,其实就是上面三个对应关系的扩展。

在通常的安全威胁中,攻击者常常会通过创建一些非法用户获取非法权限,从而对系统资源和数据进行滥用和破坏。因此,保护用户和组管理安全是 Linux 安全非常重要的一个方面。

在之前已经介绍过,在 Linux 操作系统中,每一个文件和程序都归属于一个特定的"用户"。每一个用户都由一个唯一的 UID 来标识。并且,系统中的每一个用户也至少需要属于一个"用户分组",用户分组则是由 GID 来标识。Linux 文件和程序的访问就是以 UID 和 GID 为基础的,一个执行程序继承了调用它的用户的权力和访问权限。

每位用户的权限可以被定义为普通用户或根用户。普通用户只能访问其拥有的或者有权限执行的文件。根用户能够访问系统全部的文件和程序,而不论根用户是不是这些文件和程序的所有者。根用户的权限是系统中最大的,可以执行任何操作,因此也被称为"超级用户"。

2. 用户和组文件

Linux 操纵系统采用 UNIX 传统的方法,将全部的用户信息保存为普通的文本文件。管理员可以通过对这些文件进行修改来管理用户和组。下面对这些文件进行一个简要的介绍:

1) 系统用户配置文件——/etc/passwd

/etc/passwd 文件是用户管理中最重要的一个文件,记录了 Linux 系统中每个用户的一些基本属性,并且对所有用户可读。该文件用于用户登录时校验用户的登录名、加密的口令数据项、用户 ID、默认的用户分组 ID、用户信息、用户登录子目录以及登录后使用的

Shell。这个文件的每一行记录对应一个用户，每行记录又被冒号分隔，其格式为：

LOGNAME：PASSWORD：UID：GID：USERINFO：HOME：SHELL

即：

用户名：口令：用户标识号：组标识号：注释性描述：主目录：默认 Shell

下面是每个字段的详细含义：

- 用户名：是代表用户账号的字符串；
- 口令：存放着加密后的用户口令；
- 用户标识号：就是用户的 UID，每个用户都有一个 UID，并且应该是唯一的；
- 组标识号：就是组的 GID，与用户的 UID 类似，这个字段记录了用户所属的用户组，它对应着/etc/group 文件中的一条记录；
- 注释性描述：字段是对用户的描述信息，比如用户的住址、电话、姓名等；
- 主目录：也就是用户登录到系统之后默认所处的目录，也可以叫作用户的主目录、家目录、根目录等；
- 默认 Shell：就是用户登录系统后默认使用的命令解释器，Shell 是用户和 Linux 内核之间的接口，用户所做的任何操作，都是通过 Shell 传递给系统内核的。Linux 下常用的 Shell 有 sh、bash、csh 等，管理员可以根据用户的习惯，为每个用户设置不同的 Shell。

用户的登录名由用户自行选定，所有用户的口令都是加密存放。当用户在登录提示符输入他们的口令时，输入的口令将由系统进行加密，然后再将加密后的数据与机器中用户的口令数据项进行比较，如果这两个加密数据匹配，就可以让这个用户进入系统。

在/etc/passwd 文件中，UID 信息也很重要，系统使用 UID 而不是登录名区别用户。通常 UID 号的取值范围是 0~65535，0 是超级用户 root 的标识号，具有根用户（系统管理员）的访问权限。1~99 由系统保留，作为管理账号，普通用户的标识号从 100 开始。而在 Linux 系统中，普通用户 UID 默认从 500 开始。UID 是 Linux 下确认用户权限的标志，用户的角色和权限都是通过 UID 来实现的，因此多个用户公用一个 UID 是非常危险的，会造成系统权限和管理的混乱，例如将普通用户的 UID 设置为 0 后，这个普通用户就具有了 root 用户的权限，这是极度危险的操作。因此要尽量保持用户 UID 的唯一性。如果在/etc/passwd 文件中有两个不同的入口项有相同的 UID，则这两个用户对文件具有相同的存取权限。

每一个用户都使用其主目录保存自己专属的配置文件，以定制操作环境，并可避免改变其他用户定制的操作环境。在用户主目录中，用户不仅可以保存自己的配置文件，还可以保存自己日常工作用到的各种文件。出于一致性的考虑，大多数站点都是从/home 开始安排用户主目录，并将每个用户的子目录名改为其使用的登录名。其实系统并不关心到底把用户主目录放在什么地方，因为每个用户的主目录都可以在/etc/passwd 中定义说明，所以用户可以自行调整。

在 Linux 中，大多数 Shell 是基于文本的。Linux 操作系统带有好几种 Shell 供用户选择，用户可以在/etc/shells 文件中看到其中的绝大多数。按照最严格的定义，在/etc/passwd 文件中，每个用户并没有定义需要运行某个特定的 Shell，其中列出的是该用户上机后第一个运行的 Shell 程序。

2）用户影子文件——/etc/shadow

Linux 通常使用 MD5 或 DES 算法对口令进行加密，由于加密算法公开，且/etc/passwd

文件对所有用户都可读,恶意用户取得/etc/passed 文件后,极有可能破解口令,而且随着计算机性能日益提高,对账号文件进行字典攻击的成功率和速率都会极大提升。因此,现在许多 Linux 版本都使用了 shadow 技术,把真正加密后的用户口令存放到/etc/shadow 文件中,将加密口令转移到/etc/shadow 文件中,只有 root 超级用户可读。而在/etc/passwd 文件的口令字段中只存放一个特殊的字符,例如用“x”或者“ * ”来表示,从而最大限度地减少密文泄露的概率。

/etc/shadow 文件的每行是 8 个冒号分隔的 9 个域,格式如下:

username:passwd:lastchg:min:max:warn:inactive:expier:flag

其中,每个域的含义如表 7.1 所示:

表 7.1　/etc/shadow 文件域名含义

| 域名 | 含　义 |
|---|---|
| username | 用户登录名 |
| passwd | 加密的用户口令 |
| lastchg | 上次修改口令所经过的天数 |
| min | 表示两次修改口令之间至少经过的天数 |
| max | 表示口令还会有效的最大天数,如果是 99999 则表示永不过期 |
| warn | 表示口令失效前多少天内系统向用户发出警告 |
| inactive | 表示禁止登录前用户名还有效的天数 |
| expire | 表示用户被禁止登录的时间 |
| flag | 保留域,暂未使用 |

3）系统组账号配置文件——/etc/group

/etc/passwd 文件中包含每个用户默认的分组 ID(GID),这个 GID 在组账号文件——/etc/group中会被映射到该用户分组的名称以及同一分组中的其他成员中去。

/etc/group 文件含有关于小组的信息,其中每个 GID 在文件中都应有相应的入口项,入口项中列出了小组名和小组中的用户,这样可以方便地了解每个小组的用户,否则必须根据 GID 在/etc/passws 文件中从头至尾地寻找同组用户,所以/etc/group 文件提供了一个比较快捷的寻找同组用户的方式。

/etc/group 文件对小组的许可权限的控制并不是必要的,因为系统用来自/etc/passwd 文件的 UID、GID 来决定文件存取权限,即使/etc/group 文件不存在于系统中,具有相同 GID 的用户也可以以小组的存储许可权限共享文件。/etc/group 文件中每一行的内容依次为:

- 用户分组名;
- 加密过的用户分组口令;
- 用户分组 ID 号;
- 以逗号分隔的成员用户清单。

如同系统用户账号配置一样,组账号为了加强组口令的安全性,也采用了一种将组口令与组的其他信息相分离的安全机制。组口令存储在/etc/gshadow 文件中,其格式如下:

- 用户组名;

- 加密的组口令；
- 组成员列表。

4）/etc/login. defs 配置文件

/etc/login. defs 配置文件主要用来定义创建一个用户时的默认设置，比如指定用户的 UID 和 GID 的范围，用户的过期时间、是否需要创建用户主目录等。

5）/etc/default/useradd 文件

该文件主要是定义默认主目录、环境配置文件目录、登录执行首个程序等。/etc/default/useradd 文件主要包括以下信息：用户组 ID、用户的主目录、是否启用账号过期停权标志、账号终止日期、所有 Shell 类型、默认添加用户的目录默认文件存放位置、为用户建立的邮箱账户等。

3. 用户和组文件验证

Linux 提供了 pwck 和 grpck 两个命令分别验证用户以及组文件，以保证这两个文件的一致性和正确性。

pwck 主要用来验证系统用户配置文件（/etc/passwd）和影子文件（/ect/shadow）的一致性，其验证文件中的每一个数据项中每个域的格式以及数据的正确性。若发现错误，该命令会提示用户删除出现错误的数据项。该命令主要验证每个数据项是否具有：

- 正确的域数目；
- 唯一的用户名；
- 合法的用户和组标识；
- 合法的主要组群；
- 合法的主目录；
- 合法的登录 Shell。

如果检查发现域数目与用户名错误，则该错误是致命的，需要用户删除整个数据项。其他的错误均为非致命的，需要用户修改，而不一定要删除整个数据项。

与 pwck 命令类似，grpck 命令主要用来验证系统组账号配置文件（/etc/group）和影子文件（/etc/gshadow）的一致性和正确性。该命令验证文件中的每一个数据项中每个域的格式以及数据的正确性，主要有：

- 正确的域数目；
- 唯一的组群标识；
- 合法的成员和管理员列表。

如果检查发现域数目与组名错误，则该错误是致命的，需要用户删除整个数据项。其他的错误均为非致命的，需要用户修改，而不一定要删除整个数据项。

4. 口令加密函数

Linux 采用的用户口令的加密函数为

```
char *crypt(const char *key,const char *salt)
```

该函数可提供两种算法：MD5 和 DES。该函数的两个参数中，第一个参数 key 是指真正的明文密码，salt 参数是作为扰乱用的辅助加密字串。因为采用的是两种算法，所以 salt 有两种选择：

1) 用 MD5 算法

当选择使用 MD5 算法进行加密时,salt 参数应该以"$ 1 $"三个字符开头,后跟 8 个字符,这 8 个字符应在字符集[a~z,A~Z,0~9,/]中选择,最后一个字符$是可选的,可加可不加,这样整个 salt 会是 11 个或 12 个字符。

2) 用 DES 算法

当选择使用 DES 算法进行加密时,salt 仅由两个字符组成,这两个字符也应在字符集[a~z,A~Z,0~9,/]中选择。

Crypt 函数就是根据 salt 的不同来选择不同的算法。这两种算法有本质的区别。MD5 的结果是把 12 个字符放在开始,后跟加密的字串。而 DES 则是把 salt 的两个字符放在首部,然后加上 11 个加密后的字串组成 13 位的字串。这些结果就是放在/etc/passwd 或/etc/shadow 里第二个字段的加密字串,同时把 salt 也放进去,这样做的目的是验证时把 salt 取出来与用户输入的口令再加密一次,然后经过比较判断是否是合法的口令。

现在 Linux 一般使用 MD5 加密算法,而早期的 UNIX 操作系统多采用 DES 加密算法。

5. 用户和组管理工具

为实施安全的用户和组管理,除了以上文件外,Linux 操作系统还提供了相应的工具来进行用户和组的管理操作,主要的工具及其说明如表 7.2 所示。

表 7.2 用户和组管理工具

| 命 令 | 用 法 | 格 式 |
| --- | --- | --- |
| useradd | 添加或更新用户默认信息,这些默认信息包括前面所讲的系统用户配置文件(/etc/passwd)所存储的用户相关信息 | useradd 选项用户名 |
| usermod | 修改使用者账号,具体修改信息与 useradd 命令所添加的信息一致 | usermod 选项用户名 |
| userdel | 删除系统中的永恒信息 | userdel 选项用户名 |
| groupadd | 指定群组名称来创建新的组账号 | groupadd 选项用户名 |
| groupmod | 修改用户组信息 | groupmod 选项用户名 |
| groupdel | 删除系统中存在的用户组 | groupdel 用户名 |

### 7.2.2 文件系统安全

Linux 文件系统是 Linux 系统模块。通过使用文件系统,用户可以很好地管理各项文件及目录资源。然而,Linux 文件系统面临着关键文件易被非法用户篡改、删除等威胁。并且,由于访问权限设置不当等问题,很多重要文件也有可能被低权限的用户浏览、窃取甚至删除和篡改。下面主要介绍 Linux 中实现文件系统安全的主要技术和措施。

1. Linux 中的文件系统

随着 Linux 的不断发展,新的功能得到不断增加,其支持的文件系统也在迅速扩充。Linux2.4 内核推出后,Linux 系统核心可以支持十多种文件系统类型,包括 JFS、ReiserFS、Ext、Ext2、Ext3、ISO9660、XFS、Minix、MSDOS、UMSDOS、VFAT、NTFS、HPFS、NFS、SMB、SysV、PROC 等。下面重点介绍 Linux 中一种重要的文件系统类型 Ext。

Ext 的全称是扩展文件系统(Ext File System),是随着 Linux 不断成熟而引入的,包含几个重要的扩展,但提供的性能不太令人满意,于是在 1994 年,Linux 引入了第二扩展文件系统 Ext2。Ext3 是由开放资源社区开发的日志文件系统,被设计成 Ext2 的升级版本。Ext3 在 Ext2 的基础上加入了记录元数据的日志功能,尽量做到保持向前和向后兼容性,还支持异步的日志,意味着性能比 Ext2 有所提高。Ext4 的出现则是 Linux 文件系统的一次革命,在很多方面,Ext4 相对于 Ext3 的进步要远超过 Ext3 相对于 Ext2 的进步。Ext3 的改进主要在日志方面,但 Ext4 的改进层次更深,是文件系统数据结构方面的优化。

Ext2 和 Ext3 都支持自动修复损坏的文件系统,且都是在开机时进行。两种文件系统在默认情况下每间隔 21 次挂载文件系统,或每 180 天就要自动检测一次。Ext2 和 Ext3 对于意外关机和断电,可能会导致文件系统损坏,所以在使用过程中,必须是合法关机。此外,Ext2 文件系统支持反删除,而在 Ext3 中,文件一旦删除将难以恢复,从此角度来看,如果用户的工作性质注重保密,使用 Ext3 比较好,因为反删除能恢复相应的秘密资料造成敏感信息泄露。

Ext4 目前并未在所有的 Linux 发行套件中完全普及,相对于之前的版本,它具有以下几方面的特性:

(1) 任何 Ext3 文件系统都可以轻松迁移到 Ext4 文件系统,不会损害用户硬盘上的数据和资料,仅会在新的数据上使用,而基本不会改动原有数据。

(2) Ext4 最大支持 1EB(1024TB)的文件系统,而 Ext3 只支持最大 16TB 的文件系统。

(3) Ext4 可以创建无限多个子目录,而在 Ext3 中,单个目录下的子目录数量设置了上限 32000 个。

(4) Ext4 引入了一个新的概念,称为 Extent,一个 Extent 是一个地址连续的数据块集合。比如一个 100MB 的文件将被分配给一个单独的 Extent,而超大型文件会被分解在多个 Extent 中,提高了文件系统的性能,减少了文件碎片的产生。

(5) 在 Ext3 中,"将新的数据写入磁盘的哪些空闲块"是由块分配器来控制的,一次只能分配一个数据块(4KB),而 Ext4 使用了"多块分配器",一次调用可以分配多个数据块,提高了系统的性能,而且使得分配器有了充足的优化空间。

(6) Ext4 引入了延迟分配机制,尽可能地积累更多的数据块再分配出去,这些特性与 Extent 特性和多块分配器结合,会使磁盘 I/O 性能得到显著提高。

(7) 在 Ext3 中,修复磁盘的 fsck 操作因为要检查文件系统里的每一个 i 节点,所以速度很慢。而 Ext4 会维护一个未使用的 i 节点表,在进行 fsck 操作时,会跳过表中节点,只检查正在使用的 i 节点,从而大大提高了 fsck 操作的效率。

(8) Ext4 提供了校验日志数据的功能,可以查看潜在错误,并将 Ext3 日志机制中的"两阶段提交"动作合并为一个步骤,从而使文件系统的操作性能提升 20%。

(9) 虽然 Extent、多块分配和延迟分配有助于减少磁盘碎片,但是磁盘碎片的产生仍然是不可避免的,为此,Ext4 支持在线磁盘整理,e4defrag 工具也具有更智能的磁盘碎片整理功能。

(10) Ext3 支持自定义 i 节点大小,默认的 i 节点大小是 128B,而 Ext4 提升到了 256B,增加的空间用来存储更多的节点信息,有助于提升磁盘性能。

(11) 在 Ext4 中,当新建一个目录时,若干 i 节点会被预留下来,等新的文件在此目录中创建,这些预留的 i 节点就可以立即被使用,这使得文件的建立和删除变得更加高效。

(12) Ext4 极大提升了时间戳的精度级别,在 Ext3 中,时间精度是秒,而 Ext4 则提升到了纳秒。

(13) Ext4 支持可持续预分配机制,允许应用程序去预分配磁盘空间,文件系统会据此预分配必要的空数据块,直到应用程序向里面写入数据为止。

2. 文件权限管理

Linux 操作系统能够支持 5 种基本的文件类型:普通文件、目录文件、设备文件、链接文件和管道文件。

(1) 普通文件分为文本文件和二进制文件两种,是最基本的文件。文本文件以文本 ASCII 码形式存储在计算机中,是以"行"为基本结构的一种信息组织和存储方式;二进制文件以文本的二进制形式存储在计算机中,用户一般不能直接读懂它们,只有通过相应的软件才能将其显示出来。二进制文件一般是可执行程序、图形、图像、声音等。

(2) 目录文件。主要用于管理和组织系统中的大量文件,其存储一组相关文件的位置、大小等与文件有关的信息。

(3) 设备文件。Linux 系统把每一个 I/O 设备都看作一个文件,与普通文件一样处理,这样可使文件与设备的操作尽可能统一,从用户角度看,不必了解 I/O 设备的细节,而与普通文件一样地使用。设备文件可以细分为块设备文件和字符设备文件,前者的存取是以字符块为单位的,后者则是以单个字符为单位的。

(4) 链接文件。是一种特殊的文件,它指向一个真实存在的文件的链接,类似于 Windows 的快捷方式,又可以细分为硬链接文件和符号链接文件。

(5)管道文件。是一种很特殊的文件,主要用于进程间的信息传递。

Linux 系统中的每个文件和目录都有访问许可权限,通过其确定谁可以通过何种方式对文件和目录进行访问和操作。文件或目录的访问权限分为只读、只写和可执行三种。以文件为例,只读权限表示只允许读其内容,而禁止对其做任何的更改操作;只写权限允许对文件进行任何的修改操作;可执行权限表示允许将该文件作为一个程序执行。文件被创建时,文件所有者自动拥有对该文件的读、写和可执行权限,以便于对文件的阅读和修改。用户也可根据需要把访问权限设置为需要的任何组合。

有 3 种不同类型的用户可对文件或目录进行访问:文件所有者、同组用户、其他用户。所有者一般是文件的创建者。它可以允许同组用户有权访问文件,还可以将文件的访问权限赋予系统中的其他用户。在这种情况下,系统中的每一位用户都能访问该用户拥有的文件或目录。

每一个文件或目录的访问权限都有 3 组,每组用 3 位表示,分别为文件属主的读、写和执行权限;与属主同组的用户的读、写和执行权限;系统中其他用户的读、写和执行权限。当用 ls-l 命令显示文件或目录的详细信息时,最左边一列为文件的访问权限,例如:

-rw-r--r--

横线代表空许可(即表示不具有该权限),r 代表制度,w 代表写,x 代表执行。代表访问权限的这部分共有 10 个位置。第一个字符指定了文件类型。在通常意义上,一个目录也是一个文件。如果第一个字符是横线,表示是一个非目录文件。如果是 d,表示是一个目录。后面的 0 字符每三个构成一组,依次表示文件主用户、组用户、其他用户对该文件的访问权限。确定一个文件的访问权限后,用户可以利用 Linux 系统提供的 chmod 命令重新设定不同的访问权限,也可以使用 chown 命令来更改某个文件或目录的所有者。

1) chmod 命令的使用

Linux 可以使用 chmod 命令改变文件或目录的访问权限,这是一条非常重要的系统命令,用户可用其控制文件或目录的访问权限。

该命令有两种用法,一种是包含字母和操作符表达式的文字设定法,另一种是包含数字的数字设定法。

(1) 文字设定法。

文字设定法的一般使用格式为:chmod [who] [+ | - | =] [mode] 文件名。

操作对象 who 是下述字母中的任一个或它们的组合:

- u 表示“用户(user)”,即文件或目录的所有者;
- g 表示“同组(group)用户”,即和文件属主有相同组 ID 的所有用户;
- o 表示“其他(others)用户”;
- a 表示“所有(all)用户”,是系统默认值。

操作符号可以是以下几种:

- +添加某个权限;
- -取消某个权限;
- =赋予给定权限并取消其他所有权限(如果有的话)。

设置 mode 所表示的权限可用下述字母的任意组合:

- r 可读;
- w 可写;
- x 可执行;
- X 只有目标文件对某些用户是可执行的或该目标文件是目录时才追加 X 属性;
- s 在文件执行时把进程的属主或组 ID 置为该文件的文件属主。方式“u+s”设置文件的用户 ID 位,“g+s”设置组 ID 位;
- t 保存程序的文本到交换设备上;
- u 和文件属主拥有相同的权限;
- g 和文件属主同组的用户拥有相同的权限;
- o 和其他用户拥有相同的权限。

在一个命令行中可给出多个权限方式,其间用逗号隔开。

例如,设定文件 text 的属性为:文件属主(u)增加写权限,与文件属主同组用户(g)增加写权限,其他用户(o)删除执行权限:

```
#chmod ug+w,o-x text
```

(2) 数字设定法。

数字设定法是与文字设定法功能等价的设定方法,但比文字设定法更加简便。数字表示的属性的含义为:

- 0 表示没有权限;
- 1 表示可执行权限;
- 2 表示可写权限;

• 4 表示可读权限。

将这四个数字属性相加，所以数字属性的格式应为 3 个从 0 到 7 的八进制数，其顺序是(u)、(g)、(o)。其他的与文字设定法基本一致。

例如：设定文件 text 的属性为：文件属主(u)拥有读、写权限，与文件属主同组用户(g)拥有读权限，其他人(o)拥有读权限：

#chmod 644 text

2）chown 命令的使用

该命令用来更改某个文件或目录的属主或属组。格式为

chown [选项] 用户或组文件

chown 的功能是将指定文件的拥有者改为指定的用户或组。用户可以是用户名或 UID，组可以是组名或 GID。文件是以空格分开的要改变权限的文件列表，并支持通配符。该命令的选项为：

• R：递归地改变指定目录及其下面的所有子目录和文件的拥有者；
• v：显示 chown 命令所做的工作。

例如，把文件 lesson. c 的所有者改为 chen：

#chown chen lesson. c

又例如：把目录/his 及其下面的所有文件和子目录的属主改为 chen，属组改成 users：

#chown - R chen. users /his

3）使用 setuid/setgid 改变执行权限

在一般情况下，用户可以通过设定对文件的权限来控制对其的相关操作。如果对象是一个可执行文件，那么在执行时，一般该文件只拥有调用该文件的用户具有的权限，而 setuid/setgid 可以改变这种设置。具体功能介绍如下：

(1) setuid：设置使文件在执行阶段具有文件所有者的权限。

(2) setgid：该权限只对目录有效。目录被设置该位后，任何用户在此目录下创建的文件都具有和该目录所属组相同的组权限。

(3) stcky bit：该位可以理解为防删除位。一个文件是否可以被某个用户删除，主要取决于该文件所属的组是否对该用户具有写权限。如果没有写权限，则这个目录下的所有文件都不能被删除，同时也不能添加新的文件。如果希望用户能够添加文件的同时不能删除文件，则可以对文件使用 sticky 位。

操作这些标志与操作文件权限的命令是一样的，都要使用 chmod 命令，例如：

• 为文件 filename 加上 setuid 标志：

#chmod u+s filename

• 为 dirname 目录加上 setgid 标志：

#chmod g+s dirname

• 为文件 filename 加上 sticky 标志：

#chmod o+t filename

3. 加密文件系统

与 Windows 一样，Linux 也可以通过加密文件系统保护用户数据安全。在 Liunx 操作系统中可以使用的加密文件系统有 CFS、TCFS、eCryptfs、ReiserFS 等，这些加密文件系统有的

属于实验性质的文件系统,有的则属于商业软件,在此不做过多介绍,以下以 Linux 平台下的一种重要的企业级加密文件系统 eCryptfs 为例,对 Linux 加密文件系统作一个简单介绍。

eCryptfs 是一种堆栈式的文件系统(Stackable File System)。堆栈式文件系统是利用堆栈式原理开发的一种具有良好可扩展性的文件系统。它根据目标文件系统的特性,在内核中通过把要实现的文件系统功能加载到原有文件系统之上实现了“递增”式开发,即在不影响底层具体文件系统功能的同时,将需要实现的新功能都交由堆栈式文件系统层来提供,从而有效地缩短了系统的开发周期。其结构如图 7.3 所示。

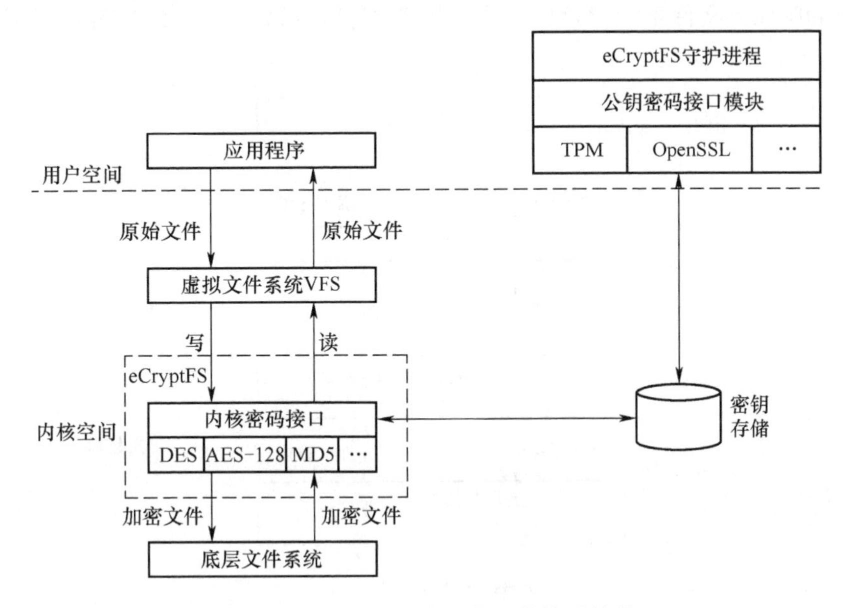


图 7.3　eCryptfs 加密文件系统体系结构

它的下 eCryptfs 挂接在下层文件系统上,符合 POSIX 规则的文件系统都可以作为层文件系统,如 EXT2、JFFS2 等。它的加密/解密操作在虚拟文件系统(VFS)层中进行,加密/解密的过程对于应用程序来说是透明的。

eCryptfs 加密文件系统中的每个文件都只有唯一的一个文件加密密钥 FEK(File Encryption Key)。FEK 是在文件创建时,eCryptfs 利用 Linux 内核的 get_random_bytes()函数随机产生的,它的长短取决于加密算法,默认的加密算法为 AES-128,当然用户也可以任意选择内核加密 API 支持的任何算法。

加密文件的头部有一块区域存储使用对称密钥加密后的 FEK,称为 EFEK。加密 FEK 的密钥称为 UEK,它是用户的一对公/私密钥(公钥加密,私钥解密)。每个用户都有一个特定的认证特征,它是在挂接 eCryptfs 时根据用户公/私密钥对产生的,不同用户的认证特征是不同的。同时,用户在挂接 eCryptfs 时为每个认证特征生成了一个对应的鉴别标识,eCryptfs 将认证特征和 UEK 存入用户空间的密钥链中,并将鉴别标识存入到加密文件的文件头中,通过该鉴别标识就能在密钥链中找到相应的认证特征和 UEK。

密钥链(Keyring)是 Linux 中的一种密钥保留服务(Linux Key Retention Service),是在 Linux2.6.10 后引入的一项密钥管理机制,用以保存与安全相关的信息,并让 Linux 内核可以快速地访问这些信息。通过 Linux 密钥保留服务,内核能够快速访问所需的密钥,并能够将密钥操作(比如添加、更新和删除)委托给用户空间。

eCryptfs 加密文件系统的工作原理如图 7.4 所示。eCryptfs 加密文件系统工作在 VFS 和底层具体文件系统之间,eCryptfs 加密文件系统和底层具体的文件系统都需要在内核 VFS 中进行注册。当对文件进行操作时,由底层具体文件系统负责对文件的读、写操作,由 eCryptfs 加密文件系统负责完成文件的加/解密和完整性校验等操作。对于 VFS 而言,eCryptfs 加密文件系统同样是一个普通的文件系统,它接收 VFS 发送过来的命令和数据,并将接收到的数据加密后传递给底层的具体文件系统进行存储;对于底层文件系统返回的密文数据,eCryptfs 加密文件系统对这些数据进行解密,然后返回给 VFS,VFS 再返回给用户。

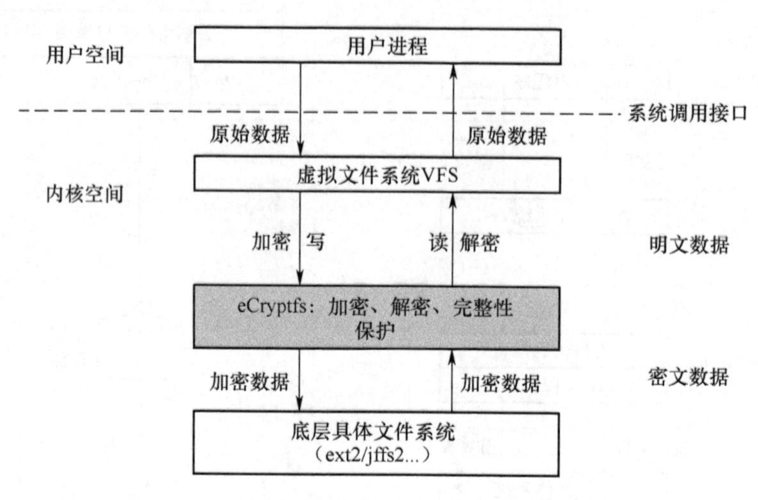


图 7.4　eCryptfs 工作原理

以下是 eCryptfs 在 VFS 层的具体操作：

1）eCryptfs 挂接

在挂接时,根据用户的选项,eCryptfs 将根据用户的公/私密钥对产生一个认证特征,eCryptfs 将这个验证记号存储在用户的密钥链中。挂接时的一个参数包含认证特征的鉴别标识,eCryptfs 可以利用这个鉴别标识从密钥链中获得相应的认证特征。

2）打开文件

当在 eCryptfs 打开一个文件时,eCryptfs 首先读取该文件的文件头(文件的具体格式在稍后将详述),判断文件头中是否有 eCryptfs 的特定标识,之后再解析文件头中的各标志位和包集合。eCryptfs 利用包集合的鉴别标识从密钥链中找到匹配的认证特征,如果该认证特征与 eCryptfs 挂接时产生的认证特征匹配,则利用该认证特征获得对应的 UEK 解密 EFEK 得到 FEK,具体过程是:eCryptfs 首先将验证记号与 EFEK 打包传递给用户空间的后台进程,然后用户空间的后台进程利用 PKI 子系统解密 EFEK,如果解密失败将返回一个 EIO 错误标记。

在头文件中可能还含有 HMAC 数据包和数字签名包(HMAC 用于文件的完整性校验)。如果发现 HMAC 数据包,eCryptfs 将解析节点上的 HMAC 树。如果发现数字签名包,eCryptfs 将重新计算根 HMAC 的签名并与该签名包校验,校验失败将返回 EIO 错误标记。

eCryptfs 利用 MD5 算法计算验证记号的摘要,该摘要的前 $N$ 位成为根初始向量,$N$ 的大小等于文件加密算法所需的初始向量的字节数。

eCryptfs 对文件头操作时，将填充文件 eCryptfs 节点目标的加密统计信息结构体 ecryptfs_crypt_stat，并利用这个结构体来执行接下来的 VFS 层的一系列操作。当 eCryptfs 打开一个不存在的文件时，它将利用 eCryptfs 挂接时的信息对 ecryptfs_crypt_stat 进行填充。当 ecryptfs_crypt_stat 结构体填充完毕，eCryptfs 将初始化节点上的内核加密 API，随后的文件页面读或写操作将用 CBC 模式进行链接。

3）读页面

在读页面时，考虑到文件存在文件头页和 HMAC 页，eCryptfs 首先将加密文件系统的页索引内插值为低层文件系统的页索引。通过将某页偏移量的 ASCII 文本表示与节点根初始向量连接并计算它们的 MD5 摘要，得到该页的初始向量。

eCryptfs 为了解密页面内容，首先建立密钥结构并调用内核加密 API 来执行页面解密操作，然后将解密后的页面通过 VFS 层返回给用户空间的应用程序。

另外，如果文件头中包含 HMAC 数据包，eCryptfs 将在返回页面内容之前对 HMAC 进行校验，如果计算得到的 HMAC 值与存储的 HMAC 值不一致，eCryptfs 将返回一个 EIO 错误标记。

4）写页面

eCryptfs 在写页面是读页面的逆操作，步骤基本相似，只是数据是加密而不是解密，低层文件系统的页索引被插值。

5）文件截取

当文件被截断或扩充时，eCryptfs 首先确定是否需要对底层文件系统的文件进行截取。如果需要的话，通过对整个页面的复用就可以对底层文件系统的文件进行截断或扩充，eCryptfs 将相应地改变文件头中的文件大小信息。

6）关闭文件

文件关闭时，VFS 层的标准资源分配进程将释放关联的文件、目录和节点对象。如果文件需要 HMAC 完整性校验，在关闭文件前，eCryptfs 在写磁盘时将重新计算所有的 HMAC 值并写入低层文件中。

以上就为 eCryptfs 在 VFS 层的具体操作，接下来将分析 eCryptfs 具体的文件格式。eCryptfs 的文件格式基于规范 RFC 2440 定义的 openPGP 文件格式，并做了一些扩展。eCryptfs 文件格式分为加密文件格式和 HMAC 文件格式，HMAC 格式的文件提供完整性校验的功能，具体生成哪种格式的文件由用户在挂接 eCryptfs 时的选项决定。

1）加密文件格式

eCryptfs 的加密文件格式如图 7.5 所示。eCryptfs 将文件内容按内核页大小分成块区域，使用内核加密 API 对文件以块为单位进行加密。加密上下文包集合中包含一个 Tag1 包或 Tag3 包，Tag1 包是公钥加密的 FEK，Tag3 包是对称密钥加密的 FEK，Tag1 或 Tag3 包后都有一个或 2 个 Tag11 包，Tag11 包是字符数据包，内容根据它前面的包决定。每个块区域包含一个唯一的初始向量（IVs）和多个加密数据区域（Encrypted Data Extent）。每个块区域的大小固定为内核页的大小（4096B），eCryptfs 加密文件的文件头大小是主机内核页和 2 倍块区域（8192B）两种中的较大者。eCryptfs 文件系统与低层文件系统进行页对齐，将提高 eCryptfs 文件系统的执行效率。

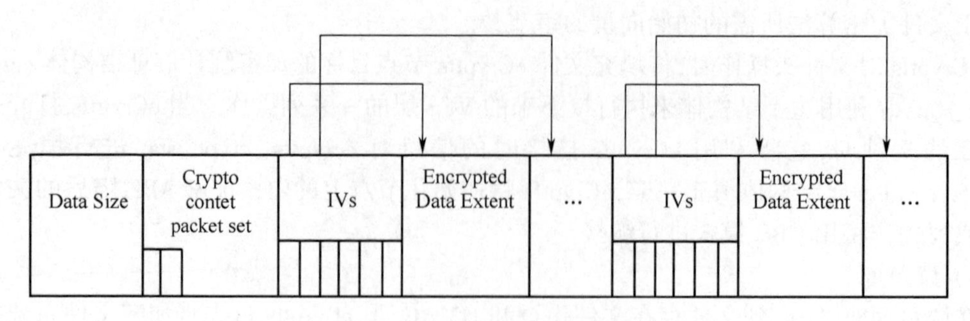


图 7.5 eCryptfs 的加密文件格式

2）HMAC 文件格式

eCryptfs 在挂接时,可以设置加密文件系统提供 HMAC 文件完整性校验选项。设置该选项后,eCryptfs 的加密文件就增加了 HMAC 完整性校验功能。

HMAC 文件格式如图 7.6 所示,HMAC 文件格式将文件分成块区域,eCryptfs 计算一组块区域固定长度 $L$ 上的 HMAC 值,并将这些 HMAC 值存入这些块区域前,称为第 2 级 HMAC 头。eCryptfs 再计算第 2 级 HAMC 头的 HMAC 值,并将其放入第 1 级 HMAC 头中。最后 eCryptfs 计算所有的第 1 级 HMAC 头的 HMAC 值,并将其存入文件头中的根 HMAC 中。每个 HMAC 头存储 $x$ 个 HMAC 值, $x=\frac{\text{HMAC 头长度}}{\text{HMAC 值长度}}$ ,跟随在每个第 2 级 HMAC 头后的是长度为 $x \times L$ 的文件数据。跟随在每个第 1 级 HMAC 头后的所有第 2 级 HMAC 头称为一个 HMAC 组。

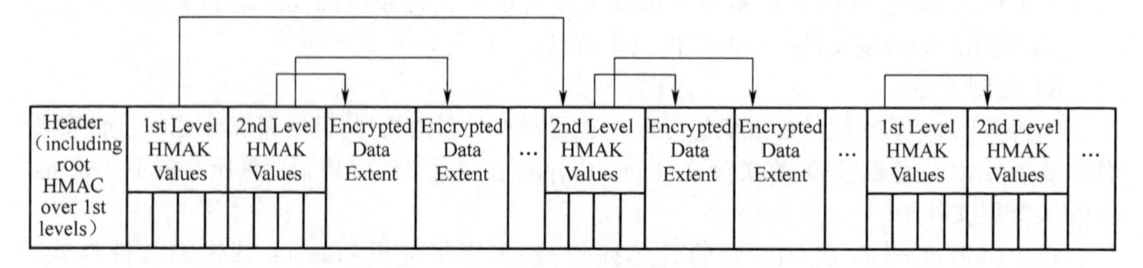


图 7.6 eCryptfs 的 HMAC 文件格式

图 7.7 为 HMAC 结构的树形图,当向文件数据区域写入数据时,eCryptfs 必须相应地更新有关的 HMAC 值,更新的路径由第 2 级 HMAC 直到根 HMAC,如图 7.7 中的阴影部分所示。

## 7.2.3 进程管理安全

1. Linux 中的进程

进程是现代操作系统,尤其是 Linux 操作系统的运行实体。Linux 的安全与进程息息相关。许多攻击者都是利用进程这一载体来运行恶意程序执行非法任务的。因此,进程管理安全是保证 Linux 系统的关键步骤。

运行任何一个 Linux 程序时,Shell 至少会建立一个进程来运行这个程序,可以把任何在

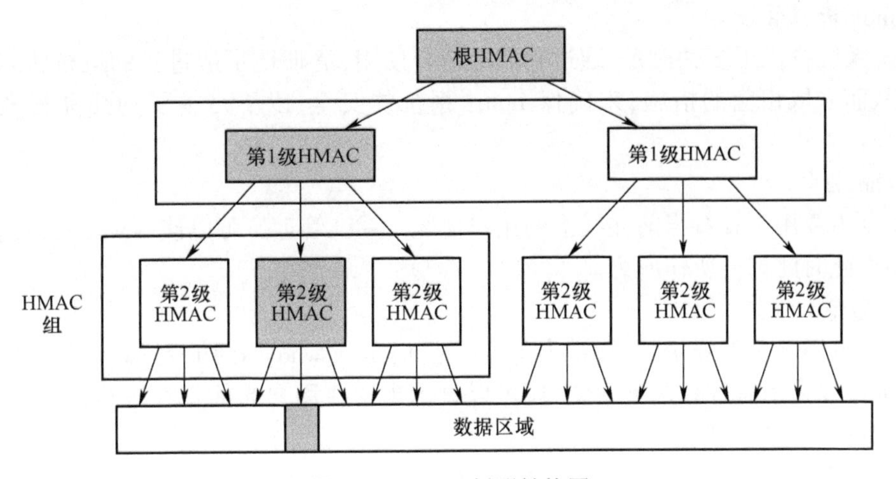


图 7.7 HMAC 树形结构图

Linux 系统中运行的程序叫作进程。但进程并不等同于程序,进程是动态的,而程序是静态的,并且多个进程可以并发地调用同一个程序。在 Linux 操作系统中,各种计算机资源(如文件、内存、CPU 等)的分配和管理都以进程为单位,进程在一定条件下可以对诸如文件、数据库等客体进行操作,如果管理不当,将给系统带来重大危害。

Linux 中的进程有 3 种基本状态:

1) 运行(R)状态

当前进程已分配给 CPU,它的程序正在处理器上执行。处于这种状态的进程个数不能大于 CPU 数目,在一般的单 CPU 机制中,任何时刻处于运行状态的进程至多有一个。

2) 就绪(W)状态

进程已经具备执行的一切条件,但因为其他进程正占用 CPU,所以暂时不能运行而等待分配 CPU 的处理时间片,一旦分配给它就可以立即运行。在操作系统中,处于就绪状态的进程数目可以是多个。

3) 停止(S)状态

进程因等待某种事件发生而暂时不能运行的状态,不具备运行条件,即使 CPU 空闲也无法使用。

在特殊情况下会多出一种状态,就是"僵尸进程","僵尸进程"是一个早已死亡的进程,但在进程表(processtable)中仍占了一个位置。由于进程表的容量是有限的,所以,"僵尸进程"不仅占用系统的内存资源,影响系统的性能,而且如果其数目太多,还会导致系统瘫痪。

Linux 包括如下 3 种不同类型的进程:

(1) 交互式进程:一个由 Shell 启动并控制的进程,既可在前台运行也可在后台运行;

(2) 批处理进程:指安排在指定时刻完成的一系列进程;

(3) 守护进程:在引导系统时启动,以执行即时的操作系统任务。

守护进程总是活跃的,并在后台运行,守护进程一般是由系统在开机时通过脚本自动激活启动或 root 用户来启动,是系统中比较重要的一种,该进程可以完成很多工作,包括系统管理以及网络服务等。

2. Linux 进程管理

Linux 系统提供了多种命令，通过它们的结合使用，清晰地了解进程的运行状态以及存活情况，从而采取相应的措施，来确保 Linux 系统的安全，以下是主要的几种管理进程的 Linux 命令：

1）who 命令

该命令主要用于查看当前在线上的用户情况。系统管理员可以使用 who 命令监视每个登录的用户此时此刻的所作所为。

2）w 命令

该命令也用于显示登录到系统的用户情况，但是与 who 不同的是，w 命令功能更加强大，它不但可以显示有谁登录到系统，还可以显示出这些用户当前正在进行的工作，w 命令是 who 命令的一个增强版。

3）ps 命令

该命令是最基本同时也是非常强大的进程查看命令。利用它可以确定有哪些进程正在运行及运行的状态、进程是否结束、进程有没有僵死、哪些进程占用了过多的资源等。ps 命令可以监控后台进程的工作情况，因为后台进程是不和屏幕、键盘这些标准输入/输出设备进行通信的，如果需要检测其情况，可以使用 ps 命令。

ps 命令的一般格式是：ps [选项]。以下是 ps 命令常用的选项及其含义：

- a：显示系统中与 tty 相关的所有进程的信息；
- e：显示所有进程的信息；
- f：显示进程的所有信息；
- l：以长格式显示进程信息；
- r：显示正在运行的进程；
- u：显示面向用户的格式（包括用户名、CPU 及内存使用情况等信息）；
- x：显示所有非控制终端上的信息；
- --pid：显示由进程 ID 指定的进程的信息；
- --tty：显示指定终端上的进程信息。

4）top 命令

top 命令和 ps 命令的基本作用是相同的，显示系统当前的进程及其状态，但是 top 是一个动态显示过程，可以通过用户按键来不断刷新当前状态。如果在前台执行该命令，它将独占前台，直到用户终止该程序为止。top 命令提供了实时的对系统处理器的状态监视。它可以显示系统中 CPU 最“敏感”的任务列表。该命令可以按 CPU 使用、内存使用和执行时间对任务进行排序，而且它的很多特性都可以通过交互式命令或者在个人定制文件中进行设定。

top 命令的一般格式是：top [bciqsS] [d<间隔描述>] [n<执行次数>]。其命令参数的含义如下：

- b：使用批处理模式；
- c：列出程序时，显示每个程序的完整指令，包括指令名称、路径和参数等相关信息；
- i：执行 top 命令时，忽略闲置或是已成为僵尸进程的程序；
- q：持续监控程序执行的状况；

- s:使用保密模式,消除互动模式下的潜在危机;
- S:使用累计模式;
- d<间隔描述>:设置 top 监控程序执行状况的间隔时间,单位以秒计算;
- n<执行次数>:设置监控信息的更新次数。

5) at 命令

用户使用 at 命令可以在指定时刻执行指定的命令序列,at 命令可以只指定时间,也可以时间和日期一起指定。

下面是 at 命令的语法格式:

at [-V] [-q queue] [-f file] [-m l d v ] 时间

at-c 作业 [作业…]

下面对命令的参数进行说明:

- V:将标准版本号打印到标准错误中;
- q queue:使用指定的队列;
- f file:将使命令从指定的文件 file 读取,而不是从标准输入读取;
- m:作业结束后发送邮件给执行 at 命令的用户;
- l:是 atq 命令的一个别名,该命令用于查看安全的作业序列,列出用户排在队列中的作业,如果是超级用户,则列出队列中的所有作业;
- d:atrm 命令的一个别名,用于删除指定要执行的命令序列;
- v:显示作业执行的时间;
- c:将命令行上所列的作业送到标准输出。

6) batch 命令

batch 命令集合和 at 命令的功能完全相同,唯一的区别在于:at 命令是在很精准的时刻执行命令,而 batch 命令却是在系统负载较低、资源比较空闲的时候执行命令,主要是由系统来决定执行,因而用户的干预权力很小,适合于执行占用资源较多的命令。

batch 命令的语法格式与 at 命令十分相似,如下所示:

batch [-V] [-q queue] [-f file] [-mv ] 时间

具体的参数解释也与 at 命令相似,在此不再赘述。

7) kill 命令

对于终止一个前台进程可以使用 Ctrl+C 组合键,而对于终止一个后台进程就需要用 kill 命令。kill 命令是通过向进程发送指定的信号来结束相应的进程。默认情况下,采用编号为 15 的 TERN 信号。TERM 信号将终止所有不能捕获该信号的进程,对于可以捕获该信号的进程就要使用编号为 9 的 kill 信号,强制终止该进程。

kill 命令的一般格式是:kill [-s 信号|-p] 进程号或者 kill - l[信号]。其中各选项的含义如下:

- s:指定要发送的信号,既可以是信号名,也可以是对应信号的号码;
- p:指定 kill 命令只是显示进程的 pid,并不真正发出结束信号;
- l:显示信号名称列表。

8) sleep 命令

sleep 命令的功能是使进程暂停执行一段时间。其一般格式是:sleep 时间值。其中,

"时间值"参数以秒为单位,即使进程暂停由时间值所指定的秒数。

除以上命令外,Linux 也提供了 ulimit 命令限制进程消耗系统资源,以防止发生当用户消耗的资源过多,并加上多个用户对系统的使用,导致整个系统资源耗尽,从而造成系统崩溃的情况。

ulimit 命令第一个作用是可以限制当前 shell 进程创建大型文件,具体的命令是使用 ulimit - f 后接以 k 字节为单位指定的最大文件尺寸,例如:ulimit - f 20;ulimit 命令的第二个作用是可以限制单个用户(父进程)所能调用的最大子进程个数,以避免某个父进程由于无所限制地创建子进程而造成系统崩溃,例如使用"ulimit - u 8"可以限制父进程最多能调用 8 个子进程。

3. Linux 进程文件系统 PROC

PROC 文件系统是一个模拟的文件系统,通过文件系统的接口实现,用于输出系统的运行状态。它以文件系统的形式,为操作系统本身和应用进程之间的通信提供了一个界面,使应用程序能够安全、方便地获得系统当前的运行状况和内核的内部数据,并可以修改某些系统的配置信息。此外,由于 PROC 以文件系统的接口实现,因此用户可以像访问普通文件一样对其进行访问,但它只存在于内存之中,并不存在于真正的物理磁盘中,所以当系统重启或是电源关闭的时候,该系统中的数据和信息将全部消失。表 7.3 列出了该文件系统的一些重要的文件和目录:

表 7.3 重要的 PROC 文件系统目录和文件

| 文件或目录 | 说明 |
|---|---|
| /proc/1 | 关于进程 1 的信息目录,每个进程在/proc 下有一个名为其进程号的目录 |
| /proc/cpuinfo | 处理器信息,如类型、制造商、型号和性能 |
| /proc/devices | 当前运行的核心配置的设备驱动的列表 |
| /proc/dma | 显示当前使用的 DMA 通道 |
| /proc/filesystems | 核心配置的文件系统 |
| /proc/interrupts | 显示使用的中断 |
| /proc/ioports | 当前使用的 I/O 端口 |
| /proc/kcore | 系统物理内存映像 |
| /proc/kmsg | 核心输出的消息,也被送到 syslog |
| /proc/ksyms | 核心符号表 |
| /proc/loadavg | 系统的平均负载 |
| /proc/meminfo | 存储器使用信息,包括物理内存和 swap |
| /proc/modules | 当前加载了哪些核心模块 |
| /proc/net | 网络协议状态信息 |
| /proc/stat | 系统的不同状态 |
| /proc/version | 核心版本 |
| /proc/uptime | 系统启动的时间长度 |
| /proc/cmdline | 命令行参数 |

### 7.2.4 日志管理

1. Linux 中的日志管理

Linux 系统的日志子系统记录系统每天发生的各类事情,包括哪些用户曾经或正在使用系统,可以通过日志检查错误发生的原因。一旦系统受到攻击后,日志可以记录攻击者留下的痕迹,通过查看这些痕迹,系统管理员可以发现攻击者攻击的某些手段和特点,为抵御下一次攻击做好准备。

在 Linux 系统中,有四类主要的日志:

- 连接时间日志:由多个程序执行,把记录写入到/var/log/wtmp 和/var/run/utmp,login 等程序更新 wtmp 和 utmp 文件,使系统管理员能够跟踪谁在何时登录到系统。
- 进程统计日志:由系统内核执行。当一个进程终止时,为每个进程向进程统计文件(pacct 或 acct)中写一个记录。进程统计的目的是为系统中的基本服务提供命令使用统计。
- 错误日志:由 syslogd(8)守护程序执行。各种系统守护进程、用户程序和内核通过 syslogd(3)守护程序向文件/var/log/messages 报告值得注意的事件。另外有许多 Linux 程序创建日志。像 HTTP 和 FTP 这样提供网络服务的服务器也保持详细的日志。
- 实用程序日志:许多程序通过维护日志来反映系统的安全状态。su 命令允许用户获得另一个用户的权限,所以它的安全很重要,它的文件为 sulog。同样重要的还有 sudolog。另外,诸如 Apache 等 HTTP 服务器都有两个日志:access_log(客户端访问日志)以及 error_log(服务出错日志)。FTP 服务的日志记录在 xferlog 文件中,Linux 中邮件传送服务(sendmail)的日志一般存放在 maillog 文件中。

Linux 操作系统的日志文件都是以明文的形式存储在/var/log 目录中,大多数日志只有 root 账户才可以读,但是经过修改访问权限后也可以让其他用户读。用户不需要特殊的工具就可以搜索和阅读日志文件,还可以编写脚本扫描日志文件,并基于它们的内容去自动执行某些功能。Linux 下几种重要的日志文件如表 7.4 所示:

表 7.4 Linux 系统中的日志文件

| 文件或目录 | 说明 |
|---|---|
| access-log | 记录 HTTP/Web 的传输 |
| acct/pacct | 记录用户命令 |
| boot. log | 记录 Linux 系统开机自检过程显示的信息 |
| lastlog | 记录最近几次成功登录的事件和最后一次不成功的登录 |
| messages | 从 syslog 中记录信息(有的链接到 syslog 文件) |
| sudolog | 记录使用 sudo 发出的命令 |
| sulog | 记录 su 命令的使用 |
| syslog | 从 syslog 中看记录信息 |
| utmp | 记录当前登录的每个用户信息 |
| wtmp | 一个用户每次登录进入和退出时间的永久记录 |
| xferlog | 记录 FTP 会话信息 |

续表

| 文件或目录 | 说　明 |
| --- | --- |
| maillog | 记录每一个发送到系统或从系统发出的电子邮件的活动,它可以用来查看用户使用哪个系统发送工具或把数据发送到哪个系统 |
| cron | 记录 crontab 守护进程 crond 所派生的子进程的动作,并在前面加上用户、登录名、时间和 PID,以及派生出的进程的动作 |

2. Linux 基本日志管理机制

utmp、wtmp 日志文件是 Linux 日志子系统中重要的两个日志文件,它们主要负责保存用户登录进入和退出的记录,所有的记录都包含时间戳。有关当前登录用户的信息记录在文件 utmp 中;登录进入和退出记录在文件 wtmp 中;数据交换、关机和重启也记录在 wtmp 文件中。这些文件在具有大量用户的系统中增长十分迅速。例如 wtmp 文件可以无限增长,除非定期截取。许多系统以一天或者一周为单位把 wtmp 配置成循环使用。它通常由 cron 运行的脚本来修改。这些脚本重新命名并循环使用 wtmp 文件。通常,wtmp 在第一天结束后命名为 wtmp. 1;第二天后 wtmp. 1 变为 wtmp. 2 等。

wtmp 和 utmp 文件都是二进制文件,它们不能被诸如 tail 命令剪贴或合并(使用 cat 命令)。用户需要使用 who、w、users、last 和 ac 来查看这两个文件包含的信息。

1) who 命令

who 命令的主要功能是查询 utmp 文件并报告当前登录的每个用户,可用来查看当前系统存在哪些不法用户。who 命令的默认输出包括用户名、终端类型、登录日期及远程主机。如果指明了 wtmp 文件名,则 who 命令查询所有以前的记录。命令 who/var/log/wtmp 将报告自从 wtmp 文件创建或删改以来的每一次登录。

2) w 命令

w 命令查询 utmp 文件并显示当前登入系统的用户,以及他们正在执行的程序。单独执行 linux w 命令会显示所有的用户,也可指定用户名称,仅显示某位特定用户的相关信息。

3) users 命令

users 用单独的一行打印出当前登录的用户,每个显示的用户名对应一个登录会话。如果一个用户有不止一个登录会话,那他的用户名将显示相同的次数。

4) last 命令

last 命令往回搜索 wtmp 来显示自从文件第一次创建以来登录过的用户。系统管理员可以周期性地对这些用户的登录情况进行审计和考核,从而发现其中存在的问题,确定不法用户,并进行处理。如果 last 命令指明了某一特定用户,那么 last 只报告该用户的近期活动。

5) ac 命令

ac 命令根据当前的/var/log/wtmp 文件中的登录进入和退出来报告用户连接时间(小时),如果不使用标志,则报告总的时间。

6) lastlog 命令

lastlog 文件在每次有用户登录时被查询。可以使用 lastlog 命令来检查某一特定用户上次登录的时间,并格式化输出上次登录日志/var/log/lastlog 的内容。它根据 UID 排序显示登录名、端口号(tty)和上次登录时间。该命令需要以 root 身份运行。

3. syslog 设备

由于日志文件在本地计算机上存储,入侵者可以轻松地将日志文件删除,销毁对自己不法行为的记录。因此,在网络环境中,有必要将本地日志文件进行远程存储,统一放在日志服务器上。Linux 操作系统通过 syslog 机制来实现这个任务。syslog 工具由一个守护进程(/etc/syslogd)和一个配置文件(etc/syslog. conf)组成。守护进程接受访问系统的日志信息并且根据配置文件中的指令处理这些信息。Linux 操作系统中的程序,守护进程和内核提供了访问系统的日志信息,任何希望生成日志信息程序都可以向 syslog 接口呼叫生成该信息。

syslog 已被许多日志函数采纳,用在许多保护措施中,任何程序都可以通过 syslog 记录事件。syslog 可以记录系统事件,可以写到一个文件或设备中,或给用户发送一个信息。通常情况下,多数 syslog 信息被写到/var/adm 或/var/log 目录下的信息文件中。一个典型的 syslog 记录包括生成程序的名字和一个文件信息,还包括一个设备和一个优先级的范围。

通过使用 syslog. conf 文件,可以对生成日志的位置及其相关信息进行灵活地配置,满足应用的需要。该配置文件指明了 syslogd 守护程序记录日志的形式,该程序在启动时查询配置文件,该文件由不同程序或消息分类的单个条目组成,每个占一行。对每类消息提供一个选择域和一个动作域。选择域指明消息的类型和优先级,动作域则指明 syslogd 接收到一个与选择标准相匹配的消息所执行的动作。

syslogd 守护进程是由/etc/rc. d/init. d/syslog 脚本在运行级 2 下被调用,默认不使用选项,但有两个选项 r 和 h 很有用:

(1) 如果将要使用一个日志服务器,必须使用 syslogd - r。当指定-r 选项,syslogd 将会监听从 514 端口上进来的 UDP 包。

(2) 如果还希望日志服务器能传送日志信息,可以使用-h 选项。默认时,syslogd 将忽略使其从一个远程系统传送日志信息到另一个系统的 syslogd。

在实际使用中,用户可以根据配置文件和查看相应的日志文件来使用 syslog。然而,在许多应用场景中,用户往往需要通过程序产生输出信息并进行记录,也就是说要把一些信息写成日志文件。正常情况下,运行程序的用户不用关心日志里的内容,只有在出现问题的时候才会查看日志文件里的内容以确定问题所在。因此,syslog 日志系统提供了相应的 API 调用接口,可以实现程序对 syslog 的使用,主要的函数有以下四个:

- openlog:打开日志设备,以供读取和写入,与文件系统调用的 open 类似;
- syslog:写入日志,与文件系统调用的 write 类似;
- closelog:关闭日志设备,与文件系统调用的 close 类似;
- vsyslog:和 syslog 功能一样,负责写入日志,只是参数格式不同。

4. 日志使用的重要原则

为了保证系统安全,防止入侵,系统管理员必须按时和随机地检查各种系统日志,包括:一般信息日志、网络连接日志、文件传输日志和用户登录日志等。在检查日志时,需要特别注意以下情况:

(1) 用户在非常规时间登录。

(2) 不正常的日志记录,如:日志残缺不全,或诸如 wtmp 日志文件无故缺少中间的记录文件。

(3) 用户登录系统的IP地址和之前的不同。

(4) 用户登录失败的日志记录,尤其是那些连续尝试并失败的记录。

(5) 非法使用或不当使用超级用户权限的su指令。

(6) 无故或非法重新启动各项网络服务的记录。

但需要注意的是,日志不是完全可靠的。高明的攻击者在入侵系统之后,经常会打扫战场,所以要综合运用以上的系统命令,全面、综合地进行审计和检测。

## 7.3 Linux网络安全技术

### 7.3.1 Web服务安全

Web服务就是人们常说的WWW服务,是Internet上最热门的服务,也是人们查找、浏览信息的主要手段。目前,市场上运行Linux系统的Web服务器占据了很大的一个比例,其安全性受到了广泛的关注。下面主要以目前广泛使用的Apache web服务器为例,对Linux构建安全的Web服务相关技术进行介绍。

1) 使用特定的用户运行Apache服务器

一般情况下,在Linux下启动Apache服务器的进程httpd需要root权限。由于root权限太大,存在许多潜在的对系统的安全威胁。因此,为了保证Apache服务器的安全,可以使用普通用户的权限来启动服务器,这样就降低了服务器的危险性。该设置主要通过修改http. conf主配置文件的参数来完成。http. conf主配置文件里面有User apache和Group apache,这2个配置是Apache的安全保证,Apache在启动之后,就将其本身设置为这两个选项设置的用户和组权限进行运行,这样就降低了服务器的危险性。以上2个配置在主配置文件里面是默认选项,当采用root用户身份运行httpd后,系统将自动把该进程的用户和用户组权限改为Apache,这样httpd进程的权限就被限制在Apache用户和用户组范围内。

2) 配置隐藏Apache服务器的版本号

Apache服务器的版本号可以作为黑客入侵的重要信息进行利用,黑客通常在获得版本号后,通过搜索针对该版本服务器的漏洞,从而使用相应的技术和工具进行更有针对性的攻击。因此,应该将Apache服务器的版本号进行隐藏,该配置也是主要通过修改apache服务器httpd. conf主配置文件的参数来完成。httpd. conf有如下两个选项:

(1) ServerTokens:该选项用于控制服务器是否响应来自客户端的请求,向客户端输出服务器系统类型或者相应的内置模块等重要信息。

(2) ServerSignature:该选项控制由系统生成的页面(错误信息等),默认情况为off,不输出任何页面信息。另外一种情况为on,该情况下输出一行关于版本号的相关信息。

通过设置这两个选项,关闭相应的信息输出,就可以达到隐藏Apache服务器版本号的目的。

3) 实现访问控制

Apache服务器实现访问控制的配置指令包括以下3种:

(1) order指令。

用于指定执行允许访问控制规则或者拒绝访问控制规则的顺序。order只能设置为

Order allow,deny 或 Order deny,allow,分别用来表明用户先设置允许的访问地址还是先设置禁止访问的地址。Allow 和 Deny 语句可以针对客户机的域名或 IP 地址进行设置,以决定哪些客户机能够访问服务器。order 指令设置的两种值的具体含义如下:

- allow,deny:默认禁止所有客户机的访问,且 allow 语句在 deny 语句之前被匹配。如果某条件既匹配 deny 语句又匹配 allow 语句,则 deny 语句会起作用(因为 deny 语句覆盖了 allow 语句)。
- deny,allow:默认允许所有客户机的访问,且 deny 语句在 allow 语句之前被匹配。如果某条件既匹配 allow 语句又匹配 deny 语句,则 allow 语句会起作用(因为 allow 语句覆盖了 deny 语句)。

(2) allow 指令。

用于指明允许访问的地址或地址序列。如 allow from all 指令表明允许所有 IP 的访问请求。

(3) deny 指令。

用于指明禁止访问的地址或地址序列。如 deny from all 指令表明禁止所有 IP 的访问请求。

除此以外,还可以通过使用 . htaccess 文件进行访问控制。该文件在 httpd. conf 文件的 AccessFileName 指令只能够指定,用于进行针对单一目录的配置。使用 . htaccess 文件进行访问控制,需要经过如下两个必要的步骤:

- 第一步需要在主配置文件 httpd. cong 中启动并控制对 . htaccess 文件的使用;
- 第二步则是在需要覆盖主配置文件的目录下(也就是需要单独设定访问控制权限的目录)生成 . htaccess 文件,并对其进行编辑,设置访问控制权限。

4) 使用认证和授权保护

在 Apache 服务器中,所有的认证配置指令既可以出现在主配置文件 httpd. conf 中的 Directory 容器中,也可以出现在单独的 . htaccess 文件中。在认证配置过程中,需要用到如下指令:

- AuthName:用于定义受保护区域的名称;
- AuthType:用于指定使用的认证方式;
- AuthGroupFile:用于指定认证组文件的位置;
- AuthUserFile:用户指定认证口令文件的位置。

使用上述指令配置认证之后,还需要为 Apache 服务器的访问对象进行相应的授权,以便他们对 Apache 服务器提供的目录和文件进行访问。为用户和组进行授权需要使用 Require 命令,它主要可以使用如下三种方式进行授权:

- 授权给指定的一个或者多个用户:使用 Requier user 用户名 1 用户名 2 ……;
- 授权给指定的一个或者多个用户组:使用 Requier user 用户组 1 用户组 2 ……;
- 授权给指定口令文件中的所有用户:使用 Requier valid-user。

最后,要实现用户认证功能,还需要建立保持用户名和口令的文件。Apache 自带的 htpasswd 命令提供了建立和更新存储用户名、口令的文本文件的功能。需要注意的是,这个文件必须放在不能被网络访问的位置,以避免被下载和信息泄露。

5）设置虚拟目录

要从主目录以外的其他目录进行发布，就必须创建虚拟目录。虚拟目录是一个位于Apache主目录外的目录，它不包含在Apache的主目录中，但在访问Web站点的用户看来，它与位于主目录中的子目录是一样的。由于每个虚拟目录都可以设置不同的访问权限，因此非常适合于不同用户对不同目录拥有不同权限的情况。此外，虚拟目录名通常只有特定用户知道，其他不知道虚拟目录名的用户无法访问，黑客也不知道虚拟目录的实际存放位置，难以进行破坏。

在Linux中，创建虚拟目录需要使用的命令是"Alias"。在主配置文件中，Apache默认已经创建了两个虚拟目录，如下所示：

Alias /icons/ "/var/www/icons/"

Alias /manual "/var/www/manual"

在实际使用中，用户也可以采用同样的方法创建虚拟目录。

6）Apache服务器中的安全相关模块

安全模块是Apache中极其重要的组成部分，负责提供Apache的访问控制和认证、授权等一系列至关重要的安全服务。Apache中有如下几类与安全相关的模块：

• mod_access模块：能够根据访问者的IP地址（或域名、主机名等）来控制对Apache服务器的访问，称为基于主机的访问控制；

• mod_auth模块：用来控制用户和组的认证授权，用户名和口令存于纯文本文件中；

• mod_auth_db和mod_auth_dbm模块：分别将用户信息（如名称、组属和口令等）存放于Berkeley-DB及DBM型的小型数据库中，便于管理及提高应用效率；

• mod_auth_digest模块：采用MD5数字签名的方式对用户进行认证，但它相应地需要客户端的支持；

• mod_auth_anon模块：与mod_auth的功能类似，只是它运行匿名登录，将用户输入的E-mail地址作为口令；

• mod_ssl模块：用户支持安全套接字层协议，提供Internet上的安全交易服务。

7）使用SSL技术

使用SSL技术可以对网络传输的数据进行加密，SSL不但通过非对称加密算法进行数据加密传输保证传输安全性，还可以通过获得认证证书，保证客户连接的服务器没有被假冒。虽然Apache服务器不支持SSL，但Apache服务器有两个可以自由使用的支持SSL的相关计划，一个为Apcache-SSL，它集成了Apache服务器和SSL，另一个为Apache+mod_ssl，它是通过前面介绍的可动态加载的Apache安全模块mod_ssl来支持SSL，其中后者是由前者分化出的，并由于它使用模块，易用性好，因此使用范围更为广泛。

### 7.3.2 Netfilter/iptables防火墙

Linux系统提供了一个自带免费的防火墙——Netfilter/iptables防火墙框架，可对流入和流出的信息进行细化控制，实现了防火墙、NAT（网络地址转换）和数据包的分割等功能。Netfilter工作在内核内部，主要实现包过滤、NAT和数据表处理功能，iptables则是让用户定义规则集的表结构。

从发展历史来看，Linux内核从1.1版本开始，就已经具备了包过滤的功能，并且经历了如下3个发展阶段：

（1）第一阶段：2.0内核采用ipfwadm来控制包过滤规则；

（3）第二阶段：2.2内核采用ipchains来控制包过滤规则；

（3）第三阶段：2.4内核采用iptables进行包过滤。

Netfilter/iptables从ipchains和ipwadfm（IP防火墙管理）演化而来，功能更加强大，包含在Linux2.4以后的内核中。它的主要用途如下：

（1）建立基于包过滤的防火墙；

（2）采用NAT机制实现共享上网；

（3）使用NAT实现透明代理；

（4）实现QoS路由。

根据实际情况，可以灵活配置Netfilter/iptables框架，生成相应的防火墙规则，方便、高效地阻断部分网络攻击以及非法数据报。但是，由于配置了防火墙，可能会引起诸如FTP、QQ、MSN等协议和软件无法使用或者某些功能无法正常使用，也有可能引起RPC（远程过程调用）无法执行，这需要用户根据实际情况来配置相应的服务代理程序来开启这些服务。

因为Netfilter/iptables的Netfilter组件已经与Linux操作系统内核集成在一起，所以在安装时一般不需要下载安装，而只在部分Linux系统中集成了iptables组件，对于没有集成iptables组件的Linux操作系统，只需要下载并安装iptables用户空间工具的源代码包。下面简要介绍Netfilter/iptables防火墙的工作原理。

从本质上讲，iptables属于数据包过滤防火墙技术，主要通过对数据包的IP头和TCP或者UDP头的检查来实现。iptables可以检查如下一些重要信息，以及由这些信息所组成的一些复合信息：

（1）IP源/目的地址；

（2）协议选项（TCP包、UDP包或者ICMP包）；

（3）TCP或UDP包的源/目的端口；

（4）ICMP消息类型；

（5）TCP包头中的ACK/SYN/RST等标识位。

iptables内核模块可以注册一个新的规则表（table），并要求数据包流经指定的规则表，这种数据包选择用于实现数据包过滤（filter表），网络地址转换表（NAT表），以及数据报处理（mangle表）。Linux内核提供了这三种数据报处理功能都基于netfilter的钩子函数和IP表，都是相互间独立的模块，完美地集成在由Netfilter提供的框架中，如图7.8所示。

Netfilter/iptables框架主要提供了如下三项功能：

1）包过滤

filter表不会对数据报进行修改，而只对数据报进行过滤。它是通过钩子函数NF_IP_LOCAL_IN、NF_IP_LOCAL_OUT接入Netfilter框架的。

2）网络地址转换NAT

NAT表格监听三个Netfilter钩子函数：NF_IP_PRE_ROUTING、NF_IP_POST_ROUTING以及NF_IP_LOCAL_OUT。NF_IP_PRE_ROUTING实现对需要转发数据报的源地址进行地址转换，而NF_IP_POST_ROUTING则对需要转发的数据报目的地址进行地址转换。对于本地数据报目的地址的转换，则由NF_IP_LOCAL_OUT来实现。

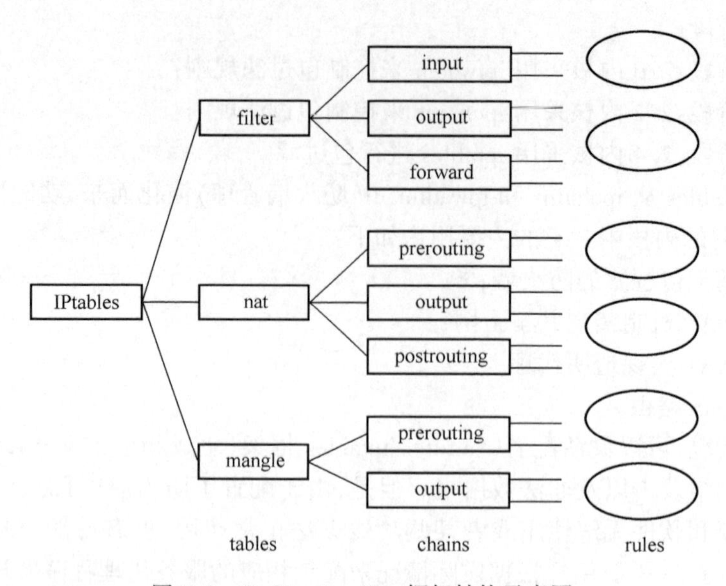

图 7.8　Netfilter/iptables 框架结构示意图

3）数据报处理

Mangle 表格在 NF_IP_PRE_ROUTING 和 NF_IP_LOCAL_OUT 钩子中进行注册。使用 mangle 表,可以实现对数据项的修改或给数据报附上一些外带数据。当前 mangle 表支持修改 TOS 位及设置 skb 的 nfmard 字段。

为控制信息包的过滤,需要向防火墙提供有关来自某个源地址、到某个目的地址或具有特定协议类型的信息包要做些什么的指令和规则。可以通过使用 Netfilter/iptables 系统提供的特殊命令 iptable,建立这些规则,并将其添加到内核空间的特定信息包过滤表内的链中。关于添加/除去/编辑规则的命令可使用以下语法:

iptables [-t table] command [match] [target]

一条 iptables 规则包括如下 4 个基本元素:table、command、match、target。

1）表(table)

[-t table]选项允许使用标准表之外的任何表。表包含仅处理特定类型信息包的规则和链的信息包过滤表。有 3 种可用的表选项:filter、nat 和 mangle。该选项不是必需的,如果未指定,则 filter 用作默认表。filter 表用于一般的信息过滤,包含 INPUT、OUTPUT 和 FORWAR 链;nat 表用于要转发的信息包,它包含 PREROUTING、OUTPUT 和 POSTROUTING 链;如果信息包及其头部内进行了任何更改,则使用 mangle 表,该表包含一些规则来标记用于高级路由的信息包以及 PREROUTING 和 OUTPUT 链。

2）命令(command)

命令是 iptables 中最重要的部分,它的主要功能是告知 iptables 命令要做什么,例如,插入规则、将规则添加到链的末尾或删除规则。主要有如表 7.5 所示的命令。

3）匹配(match)

match 部分指定信息包与规则匹配所应具有的特征(如源和目的地地址、协议等)。下面是一些重要的且常用的通用匹配及说明,如表 7.6 所示。

表 7.5　iptables 常用命令

| 文件或目录 | 说　明 |
| --- | --- |
| -A 或--append | 该命令将一条规则附加到链的末尾 |
| -D 或--delete | 通过用-D 指定匹配的规则或者指定规则在链中的位置编号，该命令从链中删除该规则 |
| -P 或--policy | 该命令设置链的默认目标，即策略。所有与链中任何规则都不匹配的信息包都将被强制使用此链的策略 |
| -N 或--new-chain | 用命令中所指定的名称创建一个新链 |
| -F 或--flush | 如果指定链名，该命令删除链中的所有规则，如果未指定链名，该命令删除所有链中的所有规则，一般用于快速清除规则 |
| -L 或--list | 列出指定链中的所有规则 |
| -R 或--replace | 替换 zhiding 链中一条匹配的规则 |
| -X 或--delete-chain | 删除指定用户的定义链，若没有指定链，则删除所有的用户链 |
| -C 或--check | 检查数据包是否与指定链的规则相匹配 |
| -Z 或--zero | 将指定链中所有规则的 byte 计数器清零 |

表 7.6　通用匹配

| 通用匹配 | 说　明 |
| --- | --- |
| -P 或--protocol | 用于检查某些特定协议 |
| -S 或--source | 用于根据信息包的源 IP 地址与它们匹配 |
| -D 或--destination | 用于根据信息包的目的 IP 地址与它们匹配 |
| -N 或--new-chain | 用命令中所指定的名称创建一个新链 |
| --sport | 指定匹配规则的源端口或端口范围 |
| --dport | 指定匹配规则的目的端口或端口范围 |
| -i | 匹配单独的网络接口或某种类型的接口设置过滤规则 |

4）目标(target)

目标是由规则指定的操作，对规则匹配的信息包执行对应的操作。除了允许用户定义的目标之外，还有许多可用的目标选项。下面是常用的一些目标项的说明，如表 7.7 所示。

表 7.7　目标项

| 目标项 | 说　明 |
| --- | --- |
| ACCEPT | 当信息包与具有 ACCEPT 目标的规则完全匹配时，会被接收(允许它前往目的地) |
| DROP | 当信息包与具有 DROP 目标的规则完全匹配时，会阻塞该信息包，并且不对它做进一步处理，该目标被指定为-j DROP |
| REJECT | 该目标的工作方式与 DROP 目标相同，但比 DROP 好。REJECT 不会在服务器和客户机上留下死套接字，另外，REJECT 将错误信息发回给信息包的发送方，该目标被指定为-j REJECT |
| RETURN | 在规则中设置的 RETURN 目标让与该规则匹配的信息包停止遍历包含该规则的链。如果链是如 INPUT 之类的主链，则使用该链的默认策略处理信息，它被指定为-jump RETURN |
| LOG | 表示将包的有关信息记录日志 |
| TOS | 表示改写数据包的 TOS 值 |

由于篇幅的关系，关于 Netfilter/iptables 防火墙更具体的功能和用法，例如 NAT 功能、防火墙部署、流量控制、特定协议匹配等，本书不再详述，读者可查询其他相关资料学习。

### 7.3.3 入侵检测

1. Snort 及其工作模式

入侵检测是继防火墙之后又一项保护网络安全的重要技术。入侵检测技术通过对计算机网络或计算机系统中的若干关键节点收集信息并对其进行分析，从中发现网络或系统中是否有违反安全策略的行为和被攻击的迹象，在网络系统受到危害之前拦截并响应入侵，是一种动态监控、预防系统入侵的安全机制。

在 Linux 操作系统中，提供了一个强大的轻量级的免费入侵检测系统 Snort。该入侵检测系统具有实时数据流量分析和对 IP 网络数据包做日志记录的能力，能够进行协议分析，对内容进行搜索匹配，能够检查各种不同的攻击方式，并进行实时地报警。此外，Snort 具有良好的扩展能力，最基本的规则只包含 4 个域：处理动作、协议、方向、注意的端口。发现新的攻击后，可以很快根据 Bugtraq 邮件列表，找出特征码，写出检测规则。Snort 遵循通用公共许可证 GPL，任何组织和个人都可以自由地使用。

Snort 基于 Libpcap 工作，在 Linux 操作系统中，Libpcap 一般是默认安装的。Lippcap 是 UNIX 或 Linux 从内核捕获网络数据包的必备工具，是独立于系统的 API 接口，为底层网络监控提供了一个可移植的框架，可用于网络统计收集、安全监控、网络调试等应用。

Snort 主要有 3 种工作模式：

1）嗅探器模式

嗅探器模式仅仅从网络上读取数据包并作为连续不断的流显示在终端控制台上。有关该模式的命令选项比较多，主要有如下几种：

（1）如果用户只需要把 TCP/IP 包头信息打印在屏幕上，可输入下面的命令：

```
#./snort -v
```

（2）如果用户要看到应用层的数据，可以使用命令：

```
#./snort -vd
```

（3）如果用户要看到数据链路层的数据，可以使用命令：

```
#./snort -vde
```

2）数据包记录器模式

数据包记录器模式把数据包记录到硬盘上；用户只需要指定一个日志目录，Snort 就会自动记录数据包，使用下述命令即可：

```
#./snort -dev -l ../snort_log
```

当然，snort_log 目录必须存在，否则 snort 就会报告错误信息并退出。当 snort 在这种模式下运行，它会记录所有看到的包并将其放在一个目录中。

如果用户只指定了-l 命令开关，而没有设置目录名，snort 有时会使用远程主机的 IP 地址作为目录，有时会使用本地主机 IP 地址作为目录名。若只对本地网络进行日志，用户需要给出本地网络的 IP 地址，如下所示：

```
#./snort -dev -l ./snort_log -h 192.168.1.0/24
```

该命令告诉 snort 把进入 C 类网络 192.168.1.* 的所有包的数据链路、TCP/IP 以及数据层的数据记录到目录 snort_log 中。

3）网络入侵检测模式

该模式是最复杂，而且是可配置的。可以让 Snort 分析网络数据流以匹配用户定义的一些规则，并根据检测结果采取一定的动作。

Snort 最重要的用途是作为网络入侵检测系统，使用下面命令可以启动这种模式：

#. /snort - dev -l . /log -h 192. 168. 1. 0/24 -c snort. conf

其中，snort. conf 是规则集文件，Snort 会对每个包和规则集进行匹配，并根据匹配结果采取相应的行动。如果用户不指定输出目录，Snort 的日志文件将输出到/var/log/snort 目录。日志文件通常是 ASCII 格式。

在网络入侵检测模式下，有很多的方式来配置 snort 的输出。在默认情况下，Snort 以 ASCII 格式记录日志，使用 full 报警机制。如果使用 full 报警机制，Snort 会在包头之后打印报警信息。如果不需要日志包，可以使用-N 选项。

Snort 有 6 种报警机制：full、fast、socket、syslog、smb（winpopup）和 none。其中有 4 个可以在命令行状态下使用-A 选项设置：

- -A fast：报警信息包括一个时间戳、报警信息、源/目的 IP 地址和端口；
- -A full：是默认的报警模式，Snort 会在包头之后打印报警信息；
- -A unsock：把报警发送到一个 UNIX 套接字，需要有一个程序进行监听，这样可以实现实时报警；
- -A none：关闭报警机制。

另外，使用-s 选项可以使 Snort 把报警消息发送到 syslog，默认的设备是 LOG_AUTHPRIV 和 LOG_ALERT，例如，使用默认的日志方式（以解码的 ASCII 格式）并且把报警发送给 Syslog：

#. /snort -c snort. conf -l . /log -s -h 192. 168. 1. 0/24

Snort 还可以使用 SMB 报警机制，通过 Samba 把报警消息发送到 Windows 主机，如下为使用二进制日志格式和 SMB 报警机制：

#. /snort -c snort. conf -b -M WIN_LOG

2. Snort 使用方法

Snort 命令行的使用方法为：

snort -[选项]<filters>

选项可以有如下几种：

- -A<alert>：设置<alert>的模式是 full、fast、none。Full 模式是记录标准的 alert 模式到 alert 文件中；fast 模式只写入时间戳、messages、IPs、Ports 到文件中；none 模式关闭报警；
- -a：显示 ARP 包；
- -C：信息包的信息使用 ASCII 码显示，而不是十六进制的方式；
- -d：解码应用层；
- -D：使 Snort 以守护进程的方法来运行，默认情况下 alert 记录发送到 var/log/snort. alert 文件中；
- -e：显示并记录 2 个信息包头的数据；
- -s LOG：alert 记录到 syslog 中去，在 Linux 机器上，这些警告信息会出现在/var/log/

secure 中,在其他平台上将出现在/var/log/message 中;

- -S<n=v>:设置变量值,这可以用来在命令行定义 Snort rules 文件中的变量;
- -v:verbose 模式,把信息包打印在 console 中;
- -?:显示使用列表并退出。

3. 配置 Snort 规则

作为一种网络入侵检测系统,Snort 具有自己的入侵检测规则配置语言,从语法上看,这种规则语言并不复杂,且对于入侵检测来说已比较强大。表 7.8 列出的是部分 Snort 的检测规则:

表 7.8　Snort 部分检测规则

| 目标项 | 说　明 |
|---|---|
| $RULE_PATH/bad-traffic. rules | 对非法流量的检测规则 |
| $RULE_PATH/exploit. rules | 对漏洞利用的检测规则 |
| $RULE_PATH/scan. rules | 对非法扫描的检测规则 |
| $RULE_PATH/finger. rules | 对 Finger 搜索应用的检测规则 |
| $RULE_PATH/ftp. rules | 对 FTP 应用的检测规则 |
| $RULE_PATH/telnet. rules | 对 Telnet 远程登录应用的检测规则 |
| $RULE_PATH/smtp. rules | 对 SMTP 邮件发送应用的检测规则 |
| $RULE_PATH/rpc. rules | 对远程调用应用的检测规则 |
| $RULE_PATH/rservices. rules | 对远程服务进程应用的检测规则 |
| $RULE_PATH/dos. rules | 检测拒绝服务攻击的规则 |
| $RULE_PATH/ddos. rules | 检测分布式拒绝服务攻击的规则 |
| $RULE_PATH/dns. rules | 对 DNS 域名服务应用的检测规则 |
| $RULE_PATH/tftp. rules | 对 TFTP 应用的检测规则 |
| $RULE_PATH/web-cgi. rules | 对 Web 服务器 CGI 脚本执行应用的检测规则 |
| $RULE_PATH/web-coldfusion. rules | 对 Web 服务器 coldfusion 攻击应用的检测规则 |
| $RULE_PATH/web-iis. rules | 对 Web 服务器 IIS 服务应用的检测规则 |
| $RULE_PATH/web-frontpage. rules | 对 Web 服务器 Frontpage 页面应用的检测规则 |
| $RULE_PATH/web-misc. rules | 对 Web 服务器的 Web-misc 攻击的检测规则 |
| $RULE_PATH/web-attacks. rules | 对 Web 服务器攻击的检测规则 |
| $RULE_PATH/sql. rules | 对 SQL 语句执行攻击的检测规则 |
| $RULE_PATH/x11. rules | 对 x11 服务器进行攻击的检测规则 |
| $RULE_PATH/icmp. rules | 对 ICMP 协议攻击的检测规则 |
| $RULE_PATH/netbios. rules | 利用 NetBIOS 协议进行攻击的检测规则 |
| $RULE_PATH/misc. rules | 对 Misc 攻击的检测规则 |
| $RULE_PATH/attack-responses. rules | 攻击链响应攻击模式的检测规则 |

续表

| 目标项 | 说　明 |
| --- | --- |
| $RULE_PATH/backdoor. rules | 对于后门、SHell 代码以及病毒检测等规则集 |
| $RULE_PATH/shellcode. rules | |
| $RULE_PATH/policy. rules | |
| $RULE_PATH/porn. rules | |
| $RULE_PATH/info. rules | |
| $RULE_PATH/icmp-info. rules | |
| $RULE_PATH/virus. rules | |
| $RULE_PATH/experimental. rules | |

如果要停用某项规则,只需要在规则文件中找出该规则所在位置,删除该行或加上注释符(一般为"#")。在对规则配置完毕后,运行 snort -T 命令可以测试规则集是否配置好。最后需要创建存放 Snort 规则的目录,并把 Snort 的规则文件复制到该目录,例如:

```
#mkdir /usr/local/snort/rules
#cp *. rules /usr/local/snort/rules
```

除软件自己提供的规则集外,用户也可以自己动手编写 Snort 规则,也可以使用 Snortcenter 搭建一种分布式的入侵检测系统,由于篇幅原因,具体方法不再详细介绍,感兴趣的读者可以自行查阅相关资料学习。

### 7.3.4 DNS 服务安全

DNS 是域名系统（Domain Name System）的缩写,是因特网的一项核心服务,它作为可以将域名和 IP 地址相互映射的一个分布式数据库,能够使用户更方便地访问互联网,而不用去记住能够被机器直接读取的 IP 数串。

在 Linux 系统中,可以通过 Berkeley 的 BIND(Berkeley Internet Name Domain)软件实现 DNS 服务。BIND 是一个客户机/服务器系统,它的客户端称为解析程序,产生对域名信息的查询,将这类信息发送给服务器,DNS 服务器回答解析程序的查询。BIND 的服务是一个称为 named 的守护进程。

在使用 DNS 服务器之前,需要与之相关的配置,因而首先需要了解这些基本文件,下面是 Linux 中几种主要的与 DNS 有关的文件:

- /etc/name. conf 文件:是 DNS 服务器的主文件,通过它可以设置一般的 name 参数,指向该服务器使用的数据库的信息源;
- /var/named/named. ca 文件:是根域名配置服务器指向文件,通过它来指向根域名服务器,用于高速缓存服务器初始化;
- /var/named/localhost. zone 文件:用于将名字 localhost 转换为本地回送 IP 地址(127. 0. 0. 1);
- /var/named/name. local 文件:区反向域名解析文件,用于将本地 IP 地址(127. 0. 0. 1)转化为回送方 localhost 名字;

• /var/named/name2ip. conf 文件：用户配置的正向解析文件，将主机名映射为 IP 地址；

• /var/named/ip2name. conf 文件：用户配置的反向解析文件，将 IP 地址映射为主机名。

为保证 DNS 服务器安全，可以实施以下措施：

1）配置辅助域名服务器

辅助服务器作为主服务器的冗余备份，可从主服务器中复制一整套域信息。当主域名服务器出现故障、关闭或负载过重时，辅助域名服务器作为主域名服务器的备份提供域名解析服务。辅助域名服务器中区域文件中的数据是从另外一台主域名服务器中复制过来的，是不可以修改的。

2）配置高速缓存服务器

高速缓存服务器可以运行域名服务器软件，但是没有域名数据库软件。它从某个远程服务器取得每次域名服务器查询的结果，并将其发在高速缓存中，以后查询相同的信息时就用它予以回答。高速缓存域名服务器不是权威的域名服务器，因为它提供的信息都是间接信息。配置高速缓存服务器很简单，必须有 named. conf 和 named. ca 文件，通常也要用到 named. local 文件。

3）DNS 负载均衡

DNS 负载均衡技术是在 DNS 服务器中为同一个主机名配置多个 IP 地址，在应答 DNS 查询时，DNS 服务器对每个查询将以 DNS 文件中主机记录的 IP 地址顺序返回不同的解析结果，将客户端的访问引导到不同的机器上，使不同的客户端访问不同的服务器，从而达到负载均衡防止服务器宕机。

4）合理配置 DNS 查询方式

DNS 的查询方式有两种，递归查询和迭代查询。使用递归查询，只要客户端发出查询请求，DNS 服务器必须回答目标 IP 与域名的映射关系，在查询期间，客户机完全处于等待状态。而使用迭代查询，DNS 服务器在收到一次查询请求后将回复一次结果，这个结果不一定是目标 IP 与域名的映射关系，也可以是其他 DNS 服务器的地址。对于流量很大的 DNS 服务器，可以通过禁止客户机使用递归查询的方式来减轻服务器的流量负担。

5）DNSSEC 安全防护

DNSSEC 是 DNS 安全扩展（Domain Name System Security Extensions）的简称，主要依靠公钥技术对包含在 DNS 中的信息创建密码签名。密码签名通过计算出一个摘要 hash 值来提供 DNS 中数据的完整性，并将该 hash 数封装进行保护。私钥用来封装 hash 值，然后可以用公钥把 hash 值解密出来。如果这个解密出的 hash 值匹配接收者刚刚计算出的 hash 值，那么表明数据是完整的。

DNSSEC 的功能主要有 3 个方面：

（1）为 DNS 数据提供来源验证，保证数据来自正确的域名服务器。

（2）为数据提供完整性验证，保证数据在传输过程中没有任何更改。

（3）否定存在验证，对否定应答报文提供验证信息，确认授权域名服务器上不存在所查询的资源记录。

DNSSEC 也是 Linux 操作系统中的一个非常优秀的开源工具，用户可以在网上下载安装包安装。

### 7.3.5 xinetd 服务

在 Linux 操作系统早期的版本中，提供了一种名为 inetd 的网络服务管理程序，用来监视一些网络请求的守护进程，其根据网络请求调用相应的服务进程来处理链接请求。在 Linux7.X 版本以后，Linux 操作系统开始使用一种新的网络守护进程服务管理程序——扩展的超级服务器(eXtended Internet services daemon, xintetd)对 inetd 进行了扩展和替代。xinetd 功能比 inetd 要更加强大，也更加安全，目前已经在主流的 Linux 版本中广泛使用。具体来说，xinetd 具有如下优点：

1)强大的存取控制功能

- 内置对恶意用户和善意用户的差别待遇设定；
- 使用 libwrap 支持，其效能更甚于 tcpd；
- 可以限制连接的等级，基于主机的连接数和基于服务的连接数；
- 设置特定的连接时间；
- 将某个服务设置到特定的主机以提供服务。

2）有效防止 DoS 攻击

- 可以限制连接的等级；
- 可以限制一个主机的最大连接数，从而防止某个主机独占某个服务；
- 可以限制日志文件的大小，防止磁盘空间被填满。

3）强大的日志功能

- 可以为每一个服务就 syslog 设定日志等级；
- 如果不使用 syslog，也可以为每个服务建立日志文件；
- 可以记录请求的起止时间以决定对方的访问时间；
- 可以记录试图非法访问的请求。

4）转向功能

可以将客户端的请求转发到另一台主机去处理。

5）支持 IPv6

xinetd 自 xinetd2.1.8.8pre* 起的版本就支持 IPv6，可以通过在 ./configure 脚本中使用 with-inet6capability 选项来完成。当然 IPv4 仍然被支持。

6）与客户端的交互功能

无论客户端请求是否成功，xinetd 都会有提示告知连接状态。

xinetd 最大的缺点是对 RPC 支持的不稳定性，但是可以启动 protmap，与 xinetd 共存来解决这个问题。

### 7.3.6 DHCP 服务安全

动态主机配置协议 DHCP(Dynamic Host Configuration Protocol)是一个局域网的网络协议，使用 UDP 协议工作，主要有两个用途：第一是给内部网络或网络服务供应商自动分配 IP 地址；第二是给用户或者内部网络管理员作为对所有计算机作中央管理的手段。DHCP 避免了因手工设置 IP 地址及子网掩码所产生的错误，同时也避免了把一个 IP 地址分配给多台计算机所造成的地址冲突,降低了管理 IP 地址设置的负担,同时通过 DHCP 服务器的设置可灵活地设置地址和租期。因此,DHCP 服务可以说是当前网络用户必要的一个网络服务,它的安全直接关系到用户以及 Linux 系统的安全。

一般来说,在 Linux 系统中安装 DHCP 服务器,可以使用系统自带的 rpm 包,也可以从网上下载相应的软件进行安装,例如 dhcpd 软件。DHCP 服务器安装完毕后,客户端再经过相应的配置即可使用 DHCP 服务器提供的服务。

为保证 DHCP 服务器的安全,可以使用 chroot 机制来更改 DHCP 软件运行时所能看到的根目录。chroot 机制可将某软件运行限制在指定目录中,保证该软件只能对目录及其子目录的文件有所动作。在这种情况下,即使攻击者通过该软件破坏或侵入系统,Linux 系统所受的损失也仅限于该设定的根目录,而不会影响到整个系统的其他部分。

将软件 chroot 化的一个问题是该软件运行时需要的所有程序、配置文件和库文件都必须事先安装到 chroot 目录中,通常称这个目录为 chroot"牢笼"。如果在"牢笼"中运行 dhcpd,则用户根本看不到文件系统中那个真正的目录,从而保证 DHCP 服务的安全。为此,需要事先创建目录,并将守护进程的可执行文件 dhcpd 复制到其中。同时 dhcpd 需要几个库文件,可以使用将 cdcpd 程序依赖的几个 lib 文件一块复制到同一目录下,因此手工完成该工作非常麻烦。此时,用户可以通过使用开源的 Jail 软件包来帮助简化 chroot 建立"牢笼"的过程,具体步骤在此不再详述。

## 7.4 本章小结

Linux 凭借其开源性、安全性、稳定性等方面的优势,受到了很多用户的欢迎。本章首先对 Linux 的结构组成进行了简要的介绍,并分析了 Linux 面临的安全威胁,以及 Linux 操作系统提供的几种常见的安全机制。接下来,从 Linux 操作系统本地安全和网络安全两个方面入手,详细介绍 Linux 系统安全技术的原理、技术及应用方法。在本地安全方面,首先介绍了 Linux 用户和组管理的原理以及相关的安全技术,作为 Linux 系统进行操作、文件管理和资源使用的主体,保护用户和组管理安全是其非常重要的一个方面;其次,介绍了 Linux 中实现文件系统安全的主要技术和措施,并对 Linux 中一种重要的企业级加密文件系统 eCryptfs 的加密过程和原理进行了详细介绍;再次,对 Linux 的进程安全管理做了详细的介绍,并对主要的几种管理进程的 Linux 命令进行了说明;最后,介绍了 Linux 日志管理的基本原理、命令,以及能进行网络日志管理的 syslog 设备。在网络安全方面,分别从 Web 服务、防火墙、入侵检测、xinetd 服务、DHCP 服务等方面介绍了 Linux 实现网络安全的相关工具和技术。

## 习 题

1. 请简要描述 Linux 的安全威胁。

2. 请列举 Linux 常见的安全机制,并说明各自的作用。

3. 在 Linux 中,用户和组有什么样的对应关系?Linux 如何保护用户和组口令的安全性?

4. 如何使用 chmod 命令来改变文件或目录的访问权限?

5. 请简要描述 eCryptfs 加密文件系统的工作原理。
6. Linux 中的进程有哪几种状态？ps 命令的主要功能是什么？
7. 在 Linux 系统中，主要有哪几类日志？syslog 的主要作用是什么？
8. 在 Apache web 服务器中，可以采取哪些措施保护 Web 服务安全？
9. 请简要叙述 Netfilter/iptables 的主要功能。
10. Snort 主要有哪几种工作模式？各模式的主要作用是什么？
11. 在采用 BIND 的 DNS 服务器中，可以通过什么措施保障其安全？

# 第8章 数据库系统安全

数据是组织、机构最重要的战略和运营资产,同时也是个人最重要的信息资源,其机密性、完整性、可用性、隐私性对整个组织、机构和个人来说至关重要。数据库系统作为当今信息社会中数据存储和处理的核心,其安全问题显得十分重要。本章从数据库系统所面临的安全问题出发,详细分析了数据库的安全策略和安全机制,并重点针对数据库系统中的访问控制、推理控制、隐信道分析、数据加密等安全机制进行了深入讲解,最后还简要介绍了目前几种主流数据库所采用的安全机制。

## 8.1 数据库系统安全概述

### 8.1.1 数据库系统概述

数据库系统指的是一个实际可运行的存储、维护和为应用系统提供数据的软件系统,是存储介质、处理对象和管理系统的集合体。数据库系统一般可以理解为两部分:一部分是数据库,指长期存储在计算机内的,有组织、可共享的数据的集合;另一部分是数据库管理系统(DBMS),是数据库系统的核心软件,在操作系统的支持下工作,用于解决如何科学地组织和存储数据,高效获取和维护数据的系统软件。

数据模型是数据库系统的核心和基础,对数据库系统发展阶段的划分也以数据模型的发展演变作为主要的依据和标志。总体来说,数据库系统从产生到现在一共经历了三个发展阶段。

数据库系统发展的第一阶段是以网状和层次数据库系统为代表,顾名思义它们的数据模型分别为网状和层次模型。网状数据库系统最早出现,是美国通用电气公司 Bachman 等人在 1961 年开发成功的 IDS(Integrated DataStore)。层次数据库系统是紧随网状数据库系统而出现的,最典型的层次数据库系统是 IBM 公司在 1968 年开发的 IMS。之所以将这两种类型的数据库系统都放在同一个阶段,是因为层次数据模型实质上只是网状数据模型的特例,这两类数据库系统不论是体系结构、数据库语言,还是数据库的存储管理都具有共同的特征。

数据库系统发展的第二阶段是以关系数据库系统为代表。网状数据库系统和层次数据库系统虽然可以较好地解决数据的集中和共享问题,但是在数据独立性和抽象级别上仍有很大欠缺。用户在对这两种数据库进行存取时,仍然需要明确数据的存储结构,指出存取路径,而关系数据库系统就很好地解决了这些问题。在关系数据模型中,实体以及实体间的联系都是用关系来表示的,关系数据库具有形式基础好、数据独立性强、数据库语言非过程化等特点,这些都是数据库系统第二个发展阶段的显著标志。目前大多数数据库产品都是关系数据库系统。

数据库系统发展的第三阶段以面向对象数据库系统为代表。面向对象数据库系统把面向对象的方法和数据库技术结合起来，可以使数据库系统的分析、设计最大程度地与人们对客观世界的认识相一致。面向对象数据库系统研究已经进行了若干年，但目前相关的数据库产品均是在关系数据库编程开发方法中加入了某些面向对象的特征，其本质的数据模型仍是关系数据模型。

### 8.1.2 数据库系统的安全问题

1. *数据库系统安全的内涵*

数据库系统安全是指为数据库系统采取的安全保护措施，防止系统软件和其中数据不遭到破坏、更改和泄露。从系统与数据的关系上，也可将数据库系统安全分为数据库的系统安全和数据安全。

数据库的系统安全主要指在系统级控制数据库的存取和使用的机制，包含：

(1) 系统的安全设置及管理，包括法律法规、政策制度、实体安全等；

(2) 数据库的访问控制和权限管理；

(3) 用户的资源限制，包括访问、使用、存取、维护与管理等；

(4) 系统运行安全及用户可执行的系统操作；

(5) 数据库审计有效性；

(6) 用户对象可用的磁盘空间及数量。

数据安全是指在对象级控制数据库的访问、存取、加密、使用、应急处理和审计等机制，包括用户可存取指定的模式对象及在对象上允许做的具体操作类型等。

2. *数据库系统的安全威胁*

与操作系统一样，数据库系统也存在脆弱性。例如，有些数据库系统其本身的安全机制就不完善，很难达到与信息系统安全等级相一致的安全要求；再有，无论何种规模的数据库系统，都或多或少会存在各种不同类型的安全漏洞；此外，管理漏洞、数据库应用程序、操作系统、硬件等，都可能会给数据库系统的安全带来了很大的隐患。正是由于数据库系统脆弱性的存在，使其面临了多种安全威胁。

原则上，凡是造成对数据库系统内存储的数据（包括敏感和非敏感信息）的非授权访问（如读取、增加、删除、修改等），都属于对数据库系统的数据安全造成了威胁或破坏。此外，凡是正常业务需要访问数据库时，如果授权用户不能正常得到数据库系统的数据服务，也称为对数据库的安全形成了威胁或破坏。根据安全威胁的来源及攻击的性质，可将数据库系统的安全威胁大致分为以下几类：

1) 逻辑的威胁

(1) 非授权访问：指对未获得访问许可的信息的访问；

(2) 推理访问数据：指由授权读取的数据，通过推论得到不应访问的数据；

(3) 病毒：永久地或不可恢复地破坏信息系统，取得信息甚至使系统丧失工作能力；

(4) 特洛伊木马：隐藏在公开的程序内部，利用用户的合法权限对数据安全进行攻击；

(5) 天窗或隐蔽通道：在合法程序内部的一段程序代码，并在特定的条件下可以被启动，从而使攻击者可以跳过系统的安全机制而进入系统，威胁系统中的数据安全。

2）硬件的威胁

（1）存储介质故障：在计算机运行过程中最常见的问题是存储介质故障，可能会导致重要数据丢失；

（2）控制器故障：控制器发生故障，会破坏数据的完整性；

（3）电源故障：分为电源输入故障和系统内部故障，由于可能遭遇不可预料的系统停电或电压不稳，因而可能会使数据受到损毁；

（4）芯片和主板故障：芯片和主板的故障可能会导致严重的数据损毁。

3）人为错误的威胁

操作人员或系统用户的错误输入，应用程序的不正确使用，都可能导致系统内部安全机制的失效，导致非法访问数据的可能，也可能导致系统拒绝提供数据服务。

4）传输的威胁

目前的数据库系统大多在网络环境，无论是调用任何指令，还是任何信息的反馈都是通过网络传输实现，因此对数据库系统而言，就存在网络信息传输的威胁，例如网络数据监听、用户身份假冒、信息否认、信息重放等。

5）物理环境的威胁

自然或意外的事故，如地震、火灾、水灾等导致硬件的破坏，进而导致数据的丢失和损坏。

3. 数据库系统安全需求

面对数据库系统的安全威胁，必须采取有效的措施，以满足对数据库系统的安全需求。概括来讲，数据库系统的安全需求体现在以下几个方面：

1）完整性

指数据的正确性和相容性。当这个数据库系统被破坏或某些数据项被破坏时，数据的完整性将受到破坏。数据库系统的完整性由 DBMS、操作系统和计算机系统管理员保证，包括：

（1）物理数据库完整性，即整个数据库的数据不受物理问题的影响，如掉电等，这样在发生灾难后可以重建数据库。

（2）逻辑数据库完整性，即数据库的结构是受到保护的。例如，一个字段值的改变不能影响其他字段。

（3）元素完整性，即元素的正确性和精确性，数据元素的值只能由授权用户改变。

通常，DBMS 通过操作系统保护、两段提交、冗余/内部一致性、恢复、并发控制、监视等手段保证系统完整性。

2）保密性

指保护敏感信息不会直接或间接地被泄露给未授权的用户。通常的敏感信息包括：

（1）数据值。数据值的泄露是最严重的泄露。

（2）数据值范围。有时数据值范围也是敏感信息。

（3）否定的查询结果。攻击者可精心设计查询方法，从而确定某数据不是某值。

（4）信息存在的事实。有时这种事实就是敏感数据，攻击者可精心设计查询方法，从而确定某数据是否存在。

3）可能的取值

有时可以确定某元素具有某值的可能性。

（1）可用性。

当系统授权的合法用户申请访问授权数据时，安全系统应保证该访问的可操作性。

（2）可追究性。

能追踪到访问（或修改）数据库元素（数据库、关系、元组）的人。这样的记录可以帮助维护数据库的完整性，在事后可以发现谁在什么时候影响了数据库的什么值。

### 8.1.3 数据库系统安全策略

数据库系统的安全策略是指导信息安全的高级准则，即组织、管理、保护和处理敏感信息的原则，包括安全管理策略、信息流控制策略和访问控制策略。

安全管理策略的目的是定义用户共享数据和控制它去使用，这种功能可由拥有者完成，也可由管理员实现。这两种管理的区别在于，拥有者可以访问所有可能的数据类型，而管理员有控制数据的权利。

信息流控制策略主要考虑如何控制一个程序去访问数据。不同的数据库根据其安全属性的敏感程度可以分为不同的安全级别。对于数据库系统的信息流控制，要求安全级别高的包含安全级别低的，安全级别低的用户不能访问安全级别高的数据；当写入时，安全级别高的数据不能写入安全级别低的用户。

访问控制策略是数据库系统安全策略中最重要的部分。一般来说，数据库系统的访问控制可分为集中式控制和分布式控制两类。集中式控制系统只有一个授权者，他控制着整个数据库的安全；分布式控制是指一个数据库系统有多个数据库安全管理员，每个人控制着数据库的不同部分。对不同的数据库系统形式，有不同的访问控制策略，一般包括以下方面：

1. 粒度适当策略

在数据库系统中，可按要求将数据库中的项分成大小不同的粒度，粒度越小，能够达到的安全级别越高，通常要求根据实际需求决定粒度大小。

2. 开系统和闭系统控制策略

“开系统”指除了明确禁止的项目外，数据库中的其他数据项均允许用户存取；“闭系统”指数据库只允许用户对明确授权的项目进行存取。从安全保密角度看，闭系统要更加可靠，但如果需要实现数据共享就必须预设许多前提。

3. 最小特权策略

最小特权策略是在让用户可以合法存取或修改数据库的前提下，分配最小的特权，使这些信息恰好可以满足用户的工作需求，其余的权利一律不予分配。这种策略是把信息局限在为了工作确实需要的那些用户的范围内，把信息泄露限制在最小的程度，同时数据库的完整性也得到保证。

4. 最大共享策略

最大共享策略的目的是让用户最大限度地利用数据库信息。但这并不意味着每个人都能访问所有信息，而只能在满足保密的前提下，实现最大限度的共享。

5. 与内容相关的访问控制策略

通过指定访问规则,最小特权策略可以扩展为与数据库项内容相关的控制,“内容”主要是指存储在数据库中的数值,存取控制是根据此时刻的数据值来进行的,该控制称为与内容相关的访问控制。这种控制产生较小的控制粒度。

6. 上下文相关的访问控制策略

上下文相关的访问控制策略根据上下文内容,严格控制用户存取区域。该策略包括两个方面:一方面限制用户在一次请求或特定的一组相邻请求中对不同属性的数据进行存取;另一方面规定用户对某些不同属性的数据必须在一组存取。这种策略主要是限制用户同时对多个域进行访问。

7. 与历史相关的访问控制策略

利用推理来获取机密信息的方法对数据库的安全保密是一种极大的威胁,比如有些数据本身不会泄密,但是当与其他的数据或以前的数据联系在一起就可能会泄露保密的信息。为了防止用户作某种推理,仅控制当时请求的上下文一般是无效的,必须要求实施与历史相关的访问控制,不仅考虑当时请求的上下文,而且也考虑过去请求的上下文关系,根据过去已经执行过的存取访问来限制目前的访问。

8. 按存取类型控制策略

这种策略或者允许用户对数据做出任何类型的存取,或者干脆不允许用户存取。如果规定用户可以对数据存取的类型,如读、写、修改、插入、删除等,则可对其存取实行更严格的控制。

### 8.1.4 数据库系统安全机制

数据库系统安全机制是用于实现数据库各种安全策略的功能集合。数据库系统安全策略通常是从系统安全性、数据安全性、用户安全性和数据库管理员安全性等方面考虑,数据库系统安全机制则可以在整个系统范围内控制对数据库的访问和使用。数据库系统常用的安全机制有以下几种:

1. 身份认证机制

身份认证是安全系统防止非法用户进入的第一道安全防线,目的是识别系统合法授权用户,防止非法用户访问数据库系统。在开放共享的多用户系统环境下,对于要求进入数据库系统的用户,系统首先要求用户提供用户标识和鉴别信息进行身份认证,只有合法用户才能进入数据库系统。对于已经进入系统的用户,DBMS 还要根据其身份属性进行访问控制,只允许用户执行合法操作。目前,数据库系统采用最多的身份认证机制是用户名和口令,即系统为每个合法用户分配唯一的 ID 和口令,但这种方法可靠性差,容易被猜出或遭到攻击,对安全强度较高的系统不适用。为此,一些更有效的认证技术逐步开始得到应用,如智能卡技术、生物特征识别(指纹、声纹、虹膜等)、数字证书、电子钥匙等。

2. 访问控制机制

访问控制机制是数据库安全机制中最基本、最核心的机制。访问控制是指通过某些途径显示地准许或限制访问能力及范围,以防止非法用户的侵入或合法用户的不慎操作所造成的破坏。访问控制包括定义、控制和检查系统中的主体对客体的访问权限,以确保系统授权的合法用户能够可靠地访问数据库中的数据信息,并同时防止非授权用户的任何访问操作。

数据库系统访问控制机制主要有两种：自主访问控制（Discretionary Access Control，DAC）和强制访问控制（Mandatory Access Control，MAC）。在DAC机制中，客体的拥有者全权管理有关该客体的访问授权，有权泄露、修改该客体的有关信息，用户可以有效地保护自己的资源，防止其他用户的非法读取；MAC机制是一种基于安全级标记的访问控制方法，适合于对数据有严格、固定的密级分类的部门，可提供更强有力的安全保护，使用户不能通过意外事件和有意识的误操作逃避安全控制。

除以上两种访问控制机制外，近年来基于角色的访问控制（Role-Based Access Control，RBAC）得到了越来越多的关注。RBAC的核心思想是将访问权限与角色相联系，角色是根据组织内为完成不同的任务、用户在组织中的职权和责任来设置的。系统可以给用户分配合适的角色，也可以添加、删除角色，还可以对角色的权限进行添加、删除，从而将安全性放在一个接近组织结构的自然层面上进行管理。

3. 视图机制

对于同一类权限的用户，对数据库中数据管理和使用的范围可能是不同的。为此，数据库系统提供了将数据分类的功能，即建立视图。管理员把某用户可查询的数据逻辑上归并起来，简称一个或多个视图，并赋予名称，再把该视图的查询权限授予该用户（也可以授予多个用户）。通过定义不同的视图及有选择地授予视图上的权限，可以将用户、组或角色限制在不同的数据子集内，把要保密的数据对无权访问的用户隐藏起来，从而对数据提供一定程度的保护。视图机制也可以看作访问控制中的一种机制。

4. 推理控制与隐通道分析

在数据库系统中，恶意用户可以利用数据之间的相互联系，从合法获得的低安全等级信息及数据中推导出受高安全等级保护的内容，从而造成敏感数据泄露，这种推理过程称为推理通道。推理控制就是指推理通道的检测与消除。目前常用的推理控制方法有语义数据模型方法、多实例方法、查询限制方法等。由于推理通道问题本身的多样性与不确定性，目前还没有一种从根本上解决推理通道的推理控制方法。

隐通道是指系统的一个用户通过违反系统安全策略的方式传送信息给另一用户的机制。它通过系统原本不用于数据传送的系统资源来传送信息，并且这种通信方式往往不被系统的存取控制机制所检测和控制。隐通道分析的目的就是找出系统中可能存在的隐通道，从而采取相应的消除和限制措施。原则上，隐通道分析可以在系统任何一个层次上进行，分析的抽象层次越高，越容易在早期发现系统开发时引入的安全漏洞。

5. 审计机制

任何系统的安全保护措施都是不完美的，蓄意窃取、破坏数据的恶意用户总是想方设法入侵系统，用户的无意错误操作也可能导致系统内部的安全机制的失效。审计机制可以监视和记录用户对数据库所施加的各种操作。利用审计跟踪的信息，重现导致数据库现状的一系列操作，找出非法存取数据的人、时间和内容等，以便追查有关责任；同时，审计也有助于发现系统安全方面的弱点和漏洞。

6. 加密机制

由于数据库在操作系统下都是以文件形式进行管理的，入侵者可以直接利用操作系统的漏洞窃取数据库文件，或者篡改数据库文件内容。此外，数据库管理员可以任意访问所有的数据,往往超出了其职责范围,同样会造成安全隐患。对于存储有如财务数据、军事数据、国家机密等高度敏感的数据的数据库系统,除了采用以上的安全措施外,还可以采用数据加密技术,对存储的敏感数据进行加密保护,使得即使数据不慎泄露或者丢失,也难以造成泄密。同时,由于用户可以使用自己的密钥加密自己的敏感信息,那么对于不需要了解数据内容的数据库管理员,他是无法进行正常解密的,从而可以实现个性化的用户隐私保护。数据库的加密方式可以分为库内加密和库外加密两种。库内加密在 DBMS 内核层实现加密,加解密过程对用户与应用是透明的;库外加密则是在 DBMS 之外实现整个加解密过程,DBMS 管理的是密文数据。

7. 安全恢复机制

尽管数据库系统可以采取各种保护措施来防止数据库的安全性和完整性被破坏,保证并发事务的正确执行,但是计算机系统中硬件的故障、软件的错误、操作人员的失误,以及恶意的破坏仍是不可避免的,这些都可能会导致数据库中的全部或部分数据丢失,因此数据库系统需要有一种把数据库从错误状态恢复到某一已知的正确状态的机制,把损失降低到最小程度,这就是安全恢复机制主要的目的。

## 8.2 数据库系统中的访问控制

### 8.2.1 自主访问控制

1. 数据库系统自主访问授权

自主访问控制是目前数据库中使用最为普遍的访问控制手段。用户可以按照自己的意愿对系统的参数做适当修改以决定哪些用户可以访问他们的资源,即一个用户可以有选择地与其他用户共享他的资源。目前大型数据库系统几乎都支持自主访问控制,SQL 标准也对自主存取控制提供支持。

在数据库系统中,定义存取权限,即定义某个用户可以在哪些数据对象上进行哪些类型的操作就称为授权。从之前的内容可以知道,自主访问控制与授权管理策略密切相关。

在非关系数据库系统中,用户只能对数据进行操作,存取控制的数据对象也仅限于数据本身。而在关系数据库中,数据库管理员可以把建立、修改基本表的权限授予用户,用户获得此权限后可以建立和修改基本表、索引、视图。因此,在关系数据库系统中,存取控制的对象不仅有数据本身,如表、属性列等,还有模式、外模式、内模式等数据字典中的内容,如表 8.1所示。

表 8.1 关系数据库系统中的存取权限

| | 数据对象 | 操作类型 |
|---|---|---|
| 模式 | 模式 | 建立、修改、检索 |
| | 外模式 | 建立、修改、检索 |
| | 内模式 | 建立、修改、检索 |
| 数据 | 表 | 查询、插入、修改、删除 |
| | 属性列 | 查询、插入、修改、删除 |

在关系数据库系统自主访问控制的发展中,IBM 推出的 System R 提供了一个经典的访问控制模型,模型中的授权与回收命令,即 GRANT 与 REVOKE 命令,后来得到了 SQL 标准的采纳。在 System R 的基本模型基础上,关系数据库系统的自主访问控制技术不断得到发展,新的特性不断丰富,典型的特性有:

(1) 否定式授权;

(2) 基于角色和基于任务的授权;

(3) 基于时态的授权;

(4) 环境敏感的授权。

对于授权,可以采用如下定义描述:

**定义 8.1** 一个授权可以通过以下具有一般性的式子来描述:

(S,O,A,P)

其中,S 表示主体,O 表示客体,A 表示访问类型,P 表示谓词。该式子具体的含义是:当谓词 P 为真时,主体 S 有权对客体 O 进行 A 类型的访问。通常,A 可以表示在 O 上的查询、插入、更新或删除操作等。

若上式中的 P 为空值,则就得到了授权的简单描述式:

(S,O,A)

表示主体 S 有权对客体 O 进行 A 类型的访问。

2. *建立和撤销授权*

数据库中的授权管理作为自主访问控制的重要内容,主要包括发放授权和回收授权两个方面,即在访问控制机制中建立授权和撤销授权。

1) 建立授权

对于建立授权,在数据库中的操作可以采用如下形式:

GRANT(S,O,A)

表示把客体 O 上的 A 访问权限授权给主体 S。

例如,用户 Alice 是表 TAB 的属主,若他要将表 TAB 的查询权限授权给用户 Bob,使用户 Bob 可以查询表 TAB 中的记录,可以通过如下的 SQL 语言实现:

GRANT SELECT ON tab TO bob

此外,一个用户也可以同时将多项操作权限同时授予给另外一个用户。在上例中,用户 Alice 若要将表 TAB 的查询、插入、更新和删除权限同时授予给用户 Bob,则可以通过如下 SQL 语言实现:

GRANT SELECT,INSERT,UPDATE,DELETE ON tab TO bob

2) 撤销授权

对于撤销授权,在数据库中的操作可以采用如下形式:

REVOKE(S,O,A)

表示撤销主体 S 在客体 O 上的 A 访问权限。

例如,用户 Alice 是表 TAB 的属主,若他要回收用户 Bob 在表 TAB 的查询权限,使 Bob 不能查询表 TAB 中的记录,可以通过如下的 SQL 语言实现:

REVOKE SELECT ON tab FROM bob

同样地,一个用户也可以同时将另外一个用户所具有的多项操作权限回收。用户 A 若

要同时从用户 Bob 回收表 TAB 的查询、插入、更新和删除权限,则可以通过如下 SQL 语言实现:

REVOKE SELECT,INSERT,UPDATE,DELETE ON tab FROM bob

3. 委托授权

数据库中的授权管理策略一般可以分为集中式授权管理和基于属主的授权管理。集中式授权管理的方式指允许一些拥有特权的主体发放和回收权限;基于属主的管理方式则是由客体的属主来负责发放和回收任意主体对相应客体的访问授权。通常,基于属主的授权管理提供对授权委托的支持。

委托授权指的是一个主体把客体访问授权的发放和回收权传递给另一个主体,使得另一个主体能够发放和回收对相应主体的授权。比如在一个基于属主的授权管理策略的数据库系统中,存在 S1、S2 和 S3 三个主体,O1 是任意的客体,且它的属主为 S1,那么 S1 就可以委托 S2 对 O1 进行授权管理,这样 S2 就可以授予 S3 访问 O1 客体的权限,同时也可以从 S3 中撤销该权限。此外,S2 还可以进一步委托 S3 对 O1 进行授权管理,依此类推,这就是委托授权管理的过程。

例如,用户 Alice 是表 TAB 的属主,若他要将表 TAB 的查询权限授权给用户 Bob,使用户 Bob 可以查询表 TAB 中的记录,并且同时把表 TAB 上的查询授权委托给用户 Bob,使用户 Bob 可以给其他用户发放在表 TAB 上的查询授权,或者回收其他用户在表 TAB 上的查询授权,可以通过如下的 SQL 语言实现:

GRANT SELECT ON tab TO bob WITH GRANT OPTION

同样地,一个用户也可以同时将多项操作权限的授权权限委托给另外一个用户。

例如,用户 Alice 若要将表 TAB 的查询、插入、更新和删除等操作的授权权限同时委托给用户 Bob,则可以通过如下 SQL 语言实现:

GRANT SELECT,INSERT,UPDATE,DELETE ON tab TO bob WITH GRANT OPTION

委托授权会给撤销授权的操作语义带来一些问题,比如 S1 想要从 S2 处收回赋予他的委托授权,但此时 S2 已经把相应的授权赋予了 S3,那么在回收 S2 的授权后,是否还需要将 S3 的授权收回?这里引入递归式授权回收和非递归式授权回收的概念。

**定义 8.2** 递归式授权回收指在回收指定主体拥有的指定授权时,也要回收由该主体直接和间接传递给其他主体的该授权。

**定义 8.3** 非递归式授权回收是指只需要回收指定主体拥有的指定授权,无须回收该主体直接或间接传递给其他主体的该授权。

在 SQL 中,与递归式授权回收有关的授权回收操作是 REVOKE 中的 CASCADE 和 RESTRICT 选项。CASCADE 选项表示要实施递归式授权回收,RESTRICT 选项表示要禁止实施递归式授权回收。当系统中存在授权传递情形时,RESTRICT 选项禁止回收操作 REVOKE 的执行。

例如,用户 Alice 是表 TAB 的属主,且 Alice 把表 TAB 上的查询授权委托给用户 Bob,使 Bob 可以给其他用户发放在表 TAB 上的查询授权,若 Bob 已经将查询权限授予用户 Robert,则执行以下 SQL 授权回收语句:

REVOKE SELECT ON tab FROM bob RESTRICT

由于 Bob 把查询权限传递给了 Robert,RESTRICT 选项禁止 REVOKE 操作执行,授权回收不成功。

在大多数关系数据库系统中，REVOKE 操作默认执行的是递归式授权回收，所以不指定 CASCADE 选项与指定 CASCADE 选项的效果相同。

需要指出的是，一个主体执行的授权回收操作只能回收自己发放的授权，对其他主体发放的授权没有影响。若同时有多个主体对一个主体 S 发放了同一授权，而其中一个主体收回了他赋予主体 S 的相关权限，主体 S 仍然具有该权限。例如，在图 8.1 中，主体 S1 和 S2 同时将 A 权限授权委托给主体 S3，S3 同时将 A 权限授权委托给了主体 S4，S4 最后将 A 权限赋予给了主体 S5，那么如果 S1 从 S3 中收回了 A 权限的委托授权，由于 S2 并未撤销他赋予 S3 的权限，那么 S3、S4、S5 仍然可以保留他们之前被授予的权限。

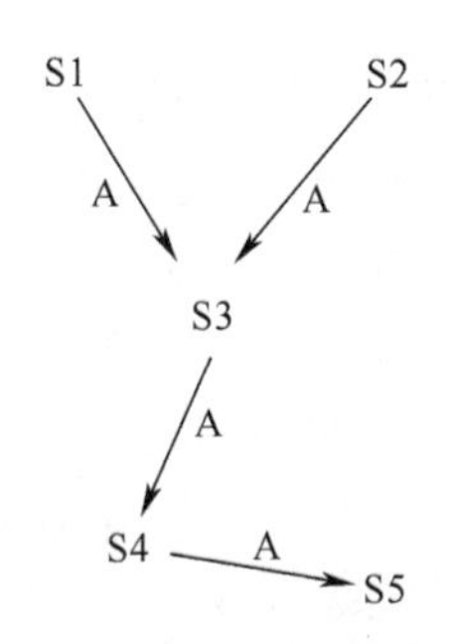


图 8.1　多方授权与授权传递

4. 否定式授权

之前介绍的授权方式都是肯定式授权，即当一个主体试图对一个客体进行访问时，必须具有相应的访问授权才可以访问，否则访问将被禁止。也就是说，如果要禁止一个主体对一个客体进行访问，唯一的办法是不给该主体授予相应的访问权限。但这并不能保证该主体永远无法获得相应的权限，若该客体的授权管理权限同时被多个主体拥有，其中的任何一个都能够给其他主体授予访问该客体的权限。为此，在数据库系统中引入了否定式授权的机制解决这一不足。

**定义 8.4**　设 A 为任意的授权，则可用 NOA 表示禁止 A 授权。即主体 S 给客体 O 一个 NOA 授权，那么主体 S 就不能在客体 O 上进行需要 A 授权才能进行的访问。NOA 称为相对于授权 A 的一个否定式授权，发放 NOA 授权的过程称为进行否定式授权。

例如，用户 Alice 是表 TAB 的属主，他给用户 Bob 发放表 TAB 上的 NODELETE 授权，禁止用户 Bob 在表 TAB 上执行 DELETE 操作，使其无法删除表 TAB 中的记录，可以通过如下的 SQL 语言实现：

```
GRANT NOSELECT ON tab TO bob
```

引入否定式授权后，就会出现授权冲突的问题，即如果主体 S 同时获得客体 O 上的肯定式 A 授权和否定式 NOA 授权，那么主体 S 是否具有对客体 O 进行 A 操作的权限呢？对于这个问题，一般采用否定优先原则。

否定优先原则是指如果一个主体既拥有在某个客体上进行某种操作的肯定式授权，也拥有在该客体上进行相同操作的否定式授权，那么，不管哪种授权先发放，哪种授权后发放，发挥作用的永远是否定式授权。

除授权冲突问题,否定式授权还涉及小组和组员的授权问题。假设 U1 是小组 G1 的一个组员,如果想给 G1 中除 U1 外所有的组员授予客体 O1 上的 A1 操作权限,做法就是给 G1 发放 O1 上的 A1 权限,然后给 U1 发放 O1 上的 NOA1 权限。在这种情况下,访问控制应该以哪个授权为准呢? 对于这个问题,一般采用个体优先原则。

个体优先原则是指如果某个小组及其组中的某个用户都拥有同一个客体上的同一种访问类型的授权,并且两者的授权是冲突的,那么,发挥作用的是用户授权,小组拥有的授权不起作用。个体优先原则确定了小组与组员间的授权冲突处理方法,当小组与组员间存在授权冲突时,总是组员所拥有的授权覆盖了小组所拥有的授权,不管组员所拥有的授权是否定式授权还是肯定式授权。

5. 系统级授权

在之前介绍的都是针对表的授权,表是关系数据库系统中的典型对象,除了表之外,视图和同义词等也是数据库系统中的重要对象,这些对象的访问授权与表的访问授权类似,这些都是数据库对象级的访问授权。除以上这些数据库数据需要授权保护外,数据库模式同样也需要保护。对数据库模式的访问授权属于系统级的访问授权。

例如,可以给用户 Alice 授予在数据库中创建表的权限:

```
GRANT CREATE TABLE TO alice
```

表 8.2 列出的是部分常用到的系统级授权。

表 8.2 常用的系统级授权

| 权　限 | 说　明 |
|---|---|
| CREATE TABLE | 创建表的授权 |
| DROP TABLE | 删除表的授权 |
| ADD ATTRIBUTE | 增加字段的授权 |
| DELETE ATTRIBUT | 删除字段的授权 |
| CREATE TRIGGER | 创建触发器的授权 |
| REFERENCES | 主键引用的授权 |
| EXECUTE | 执行存储过程或函数的授权 |
| CREATE SESSION | 建立会话的授权 |
| ALTER SESSION | 改变会话的授权 |
| CREATE USER | 创建用户的授权 |
| DROP USER | 删除用户的授权 |
| AUDIT SYSTEM | 系统审计的授权 |
| ALTER DATABASE | 数据库维护的授权 |
| ALTER SYSTEM | 系统维护的授权 |

### 8.2.2 强制访问控制

自主访问控制的问题在于数据的拥有者可以将对该数据的访问权限自主地赋予任何一个用户,在一些高安全等级的环境中,这种权限的自由扩散是极其不安全的。因此,强制访问控制机制被提出来以支持这些高安全等级的应用需求。

在强制访问控制机制中,数据库系统所管理的全部实体被分为主体和客体两大类。主体是系统中的活动实体,包括数据库系统中所管理的实际用户和代表用户的各个进程。客体是系统中受主体操纵的被动实体,包括文件、基本表、索引及视图等。强制访问控制机制要求系统给主体和客体指派不同的安全属性,这些安全属性在系统安全策略没有改变之前是不可能被轻易改变的。系统通过检查主体和客体的安全属性是否匹配来决定是否允许访问继续进行。

在实施强制访问控制机制的数据库系统中,任何主体无权将任何客体,哪怕是属于用户自身的客体的访问权限赋予其他的用户,因此也不能简单地指派客体的访问权限。对于主体和客体,数据库系统会为它们的每个实例(值)指派一个敏感度标记(label)。label 被分为若干级别,如绝密、机密、可信、公开等。主体的 label 被称为许可证级别,客体的 label 称为密级。强制访问控制机制就是通过对比主体的 label 和客体的 label,最终确定主体是否能够访问该客体。

当某一主体(用户)以标记 label 注册入系统时,系统要求他对任何客体的存取必须遵循如下规则:

(1) 仅当主体的许可证级别大于或等于客体的密级时,该主体才能读取相应的客体;

(2) 仅当主体的许可证级别等于客体的密级时,该主体才能写入相应的客体。

在有些数据库系统中,对规则(2)进行了修正,规定:仅当主体的许可证级别小于或等于客体的密级时,该主体才能写入相应的客体。即用户可以为写入的数据对象赋予高于自己的许可证级别的密级。这样一旦数据被写入,该用户自己也不能再读该数据对象了。修正前后的这两种规则的共同点在于它们均禁止了拥有高许可证级别的主体更新低密级的数据对象,从而防止了敏感数据的泄露。

强制存取控制是对数据本身进行密级标记,无论数据如何复制,标记与数据是一个不可分的整体,只有符合密级标记要求的用户才可以操纵数据,从而提供了更高级别的安全性。

较高安全性级别提供的安全保护要包含较低级别的所有保护,因此在实现强制访问控制时要首先实现自主访问控制,即强制访问控制与自主访问控制共同构成数据库系统的安全机制。系统首先进行自主访问控制检查,对通过自主访问控制检查的允许存取的数据对象再由系统自动进行强制访问控制检查,只有通过强制访问控制检查的数据对象才可以进行存取。

一般来说,在数据库系统中要实现强制访问控制,则该数据库应该包含以下功能:

1) 能够为主客体进行 label 的设置和修改

为数据库系统中的主客体设置 label 是进行强制访问控制的基础,对 label 进行修改是为了更加灵活地实施强制访问控制,保障系统的实用性。

2) 对用户的请求实施强制访问控制检查

在为数据库主体设置了 label 的基础上,按照预定的强制访问控制规则对用户的请求进行检查,保证每个查询或者更新操作都能得到严格的控制。

3) 不能影响到数据库已经实现的自主访问控制的实施

实现了强制访问控制后的数据库系统要能同时实施强制访问控制策略和自主访问控制策略,强制访问控制功能的实现不影响原来的自主访问控制机制。

如果要在关系数据库中实现强制访问控制机制,首先必须要扩展关系模型自身的定义,因此,研究人员提出了多级关系模型(Multilevel Relational Model)。多级关系的本质特征是不同的元组具有不同的访问等级(Access Class)。关系被分割成不同的安全区,每个安全区对应一个访问等级。例如,一个访问等级为 c 的安全区包括所有访问等级为 c 的元组。一个访问等级为 c 的主体能够读取所有访问等级小于或等于 c 的安全区中的所有元组,这样的元组集合构成访问等级为 c 的多级关系的视图。类似地,一个访问等级为 c 的主体能够写所有访问等级大于或等于 c 的安全区中的元组。但是,在某些多级关系模型的实现中,为了满足整体性的要求,不允许更高访问等级的写操作,这样的限制称为不上写限制。

对于多级关系模型,强制访问控制粒度的选择是个关键问题。在关系数据库中,表、行、列、元素都是包含并接受信息的单位,都可以由主体对其进行操作,都可以作为安全客体对其进行标记。对于强制访问控制来说,起控制的粒度越小,越能提供更加严格灵活的控制机制,但是同时会增加系统的复杂性,以及带来更多的存储开销,从而直接影响到数据库系统的性能。目前,只有把目标定位于 TCSEC A1 级的理论研究原型才采用元素级的控制力度。

数据库系统在采用强制访问控制机制而引入安全等级后,可能会产生多实例的问题,主要表现在以下三个方面:

(1) 多实例关系:指具有相同关系名和模式但安全等级不同的多个元素;

(2) 多实例元组:指具有相同主码,但其主码的安全等级不同的多个元组;

(3) 多实例元素:指一个属性具有不同的安全等级但却与相同主码和码的安全等级相关联的多个元素。

出于安全和效率的综合考虑,目前多数多级安全关系模型商业数据库只解决了多实例元组的问题。

### 8.2.3 基于角色的访问控制

1. 工作机制

在自主访问控制和强制访问控制中,主体与访问权限之间往往是一一对应的关系,当需要增加或删除某些主体的时候,往往需要做大量的授权或是回收权限等工作。因此,不能适应大型系统中数量庞大的用户管理和权限管理的需求,而基于角色的访问控制可以较好地解决这一问题。

在一个利用基于角色访问控制机制的数据库系统中,通过将用户与权限分离,让用户与角色挂钩,角色与权限挂钩,通过对用户分配合理的角色来限制用户访问合理的资源。这样,用户的大幅增加不会导致权限管理强度的大幅提高,只需根据工作需要设立、调整角色及其拥有的权限,并赋予用户相应的角色即可。此外,由于用户的权限仅由他的角色决定,当需要调整一个用户的工作岗位时,只要切断他与所担当的角色之间的关系,而无须进行撤销权限的工作,因此可以避免因撤销用户权限而引发的递归回收授权的问题。

采用基于角色的访问控制后,数据库系统的访问控制就由传统的为用户授权,变为创建角色、给角色发放授权和给用户分配角色等操作。

在 SQL 语言中,可由以下操作创建一个角色,例如,创建一个教师(teacher)的角色:

```
CREATE ROLE teacher
```

给角色发放授权的方法与之前介绍过的给用户发放授权的方法相似,不同之处是以角色代替了用户名。例如,可以用以下语句给 teacher 角色发放表 SCORE 上的查询、插入、更新和删除权限：

GRANT SELECT,INSERT,UPDATE,DELETE ON score TO teacher

同样地，从一个角色中撤销授权与从用户撤销授权的方法相似。例如，可以用以下语句回收 teacher 角色在表 SCORE 上的删除权限：

REVOKE DELETE FROM teacher

在实际的数据库系统中，面向用户的各种授权管理方法都可以应用到面向角色的授权管理中。在创建完角色，并为角色授权之后，就需要分配用户其相应的角色。给用户分配角色的方法与给用户发放授权的方法类似，只是以角色名代替了权限名。例如，可以用以下语句给用户 Alice 分配 teacher 角色：

GRANT teacher TO alice

同样地，如果要撤销某一个用户的角色，也可以通过 REVOKE 命令实现。例如，若要撤销 Alice 的 teacher 角色，可进行如下操作：

REVOKE teacher FROM alice

在关系数据库系统中，通常同时支持基于角色的授权和自主访问中的直接给用户授权。因此，数据库系统中用户授权分为以下两部分：

(1) 直接发放给该用户的授权；

(2) 分配给该用户的所有角色所拥有的授权。

此外，在采用基于角色的访问控制机制的数据库系统中，角色不仅可以分配给用户，也可以分配给另外一个角色。因此，一个角色拥有的授权也由两部分构成：

(1) 直接发放给该角色的授权；

(2) 分配给该角色的所有其他角色所拥有的授权。

可以通过一个例子对一个角色被分配给另外一个角色的情况进行说明。

在一个数据库系统中，创建了主任、教师、学生三个角色(master、teacher、student)，SOCRE 是数据库中的学生成绩表，现在执行以下操作对角色进行授权：

GRANT DELETE ON score TO mater

GRANT UPDATE ON score TO teacher

GRANT SELECT ON score TO student

GRANT student TO teacher WITH GRANT OPTION

GRANT teacher TO master WITH GRANT OPTION

在上述操作中，首先分别给主任、教师和学生分配了表 SCORE 上的删除、更新和查询的权限，最后通过两个语句将学生角色分配给了教师角色，将教师角色分配给了主任角色，此时教师角色除已分配给他的更新权限之外，还继承了学生角色的查询权限，而主任角色通过继承教师角色的所有权限，拥有了三个角色的全部授权，即被授予了删除、更新和查询的权限。

2. 非递归式授权回收

前面已经介绍过，在一个自主访问控制机制的数据库系统中，如果一个用户 A 所拥有的某些权限是由另外一个用户 B 授予的，那么在回收用户 B 的授权后，由于递归式授权回收机制，用户 A 被用户 B 授予的那部分权限也将被收回。那么在基于角色的访问控制中，授权回收又有哪些机制？

在一个采用基于角色的访问控制机制的数据库系统中,用户的权限可以由另一个用户发放,也可以由角色发放。在默认情况下,授权操作是由当前会话的用户执行的,当前会话的角色为 NULL。为了可以通过角色来发放权限,首先必须使该角色成为当前会话角色,在 SQL 语言中,需要使用的命令是 SET。

例如,当前会话用户是 Alice,她的角色是 teacher,Alice 执行以下操作可以将 teacher 称为当前会话角色:

SET ROLE teacher

如果 Alice 的角色不是 teacher,那么她将无法执行以上操作,因为只有角色中的成员才能使一个角色成为当前会话角色。若此时需要将 teacher 角色分配给系统中的一个用户 Robert,那么以下两个操作都可以实现:

(1) GRANT teacher TO robert

(2) GRANT teacher TO robert

GRANT BY CURRENT_ROLE

这两个操作虽然都可以将 teacher 的角色分配给 Robert,但效果是不同的。第一个操作的授权主体是用户 Alice,而第二个操作的授权主体是 teacher 角色。在默认情况下,即使当前会话角色不是 NULL,如果没有在授权中像第二种操作那样明确说明,授权依然由当前会话用户发放,而不是当前会话角色发放。

采用第一种操作的后果是,当撤销 Alice 的 teacher 角色时,由于递归式授权回收机制,她授予 Robert 的 teacher 角色也将被回收。但如果采用第二种操作,由于 Robert 的角色是由 teacher 角色授予的,即使 Alice 的 teacher 角色被撤销,Robert 的 teacher 角色也不会受到影响。可见,通过角色来执行授权操作能为授权的非递归式回收机制提供有效的支持。

### 8.2.4 视图机制

在之前的访问控制机制介绍中,如果一个用户被授予了访问某个对象的权限,那么该用户就可以对整个对象进行访问,假如对象是一张表,那么该用户就可以访问该表中的所有内容。而在现实应用中,常常要求只能允许某些用户访问表中的部分内容,此时就需要采用视图机制。

在 8.1.4 节中已经介绍过,利用视图机制,通过定义不同的视图,可以将用户、组或角色限制在不同的数据子集内,把要保密的数据对无权访问的用户隐藏起来,从而对数据提供一定程度的保护。例如:

(1) 可以将访问限制在基表中行的子集内;

(2) 可以将访问限制在基表中列的子集内;

(3) 可以将访问限制在基表中列和行的子集内;

(4) 可以将访问限制在符合多个基表连接的行内;

(5) 可以将访问限制在基表中数据的统计汇总内;

(6) 可以将访问限制在另一个视图的子集内或视图和基表组合的子集内。

下面,通过一个简单的例子来了解视图机制的工作方式。

假设 Alice 是某部门的行政领导,Bob 是该部门中的一个销售经理。Alice 在数据库中定义了部门员工信息表 INFTAB:

INFTAB：ename，age，sex，job，sal，adr，phone

各字段分别表示姓名、年龄、性别、岗位、薪资、地址、电话等。

如果 Alice 只允许 Bob 查询该部门中员工的姓名、性别和电话信息，那么 Alice 可以进行以下操作：

步骤 1：创建视图 INF_VIEW

```
CREATE VIEW inf_view
AS SELECT ename, sex, phone FROME inftab
```

步骤 2：给 Bob 发放 INF_VIEW 上的查询权限：

```
GRANT SELECT ON inf_view TO bob
```

此时 Bob 就可以通过查询命令查询视图 INF_VIEW 的相关信息了。

此外，在创建视图时，还可以利用 WHERE 语句对访问内容进行进一步的限制。例如，如果 Alice 只允许 Bob 查询该部门中年龄不超过 25 岁、岗位为销售员“sale”的员工姓名、性别和电话信息，那么 Alice 在步骤 1 中可以采用如下方式创建视图：

```
CREATE VIEW inf_view
AS SELECT ename, sex, phone FROME inftab
WHERE age<=25 AND job='sale';
```

视图也可以基于多个基表创建，继续上面这个例子，假设 Alice 在数据库中定义了另外一个项目信息表 PROJECTS：

PROJECTS：manage，pname，ename，job

各字段分别表示销售经理名、项目名称、销售员姓名和岗位。

此时只允许 Bob 查询和更新那些参与了他所负责的销售项目的销售员信息，那么 Alice 可以进行以下操作创建另外一个视图 PRJ_VIEW：

```
CREATE VIEW prj_view
AS SELECT i. * FROM inftab i, projects p
WHERE p. manage='bob' AND i. ename=p. ename
```

之后，再将视图 PRJ_VIEW 的查询权限授予 Bob 就可以了：

```
GRANT SELECT, UPDATE ON prj_view TO bob
```

在数据库系统中利用视图机制实现访问控制的主要问题是：需要创建的视图比较多，系统的实现和维护比较复杂，主要体现在以下三个方面：

（1）对于不同的访问类型，可能需要创建不同的视图；

（2）对于不同的视图，可能需要发放不同的授权；

（3）需要确保应用程序能够为指定的访问类型选择正确的视图。

## 8.3 推理控制与隐通道

### 8.3.1 数据库中的推理通道

在数据库系统中，恶意用户可以利用数据之间的相互联系，从合法获得的低安全等级信息及数据中推导出受高安全等级保护的内容，从而造成敏感数据泄露，这种推理过程称为推理通道。推理通道问题主要包括推理通道的检测和消除,是数据库设计人员和用户需要共同关心的问题,无法采用其他安全机制解决。下面介绍一下数据库中几种典型的推理通道。

1) 基于查询敏感数据的推理

假设在数据库中有两个关系,一个为非密级关系 EP,它有两个属性:员工名和项目名,还有一个机密级关系 PT,它也有两个属性:项目名和项目类型,令员工名是第一个关系的关键字,项目名是第二个关系的关键字。若一个用户做了如下 SQL 查询:

SELECT 员工名 FROM EP,PT WHERE EP. 项目名=PT. 项目名

此时,虽然查询结果只有非密级的员工名数据,但查询的条件部分却含有高安全级的数据,由于该查询语句的执行涉及不同安全级的数据,因此,输出结果导致了敏感信息的泄露,出现了推理通道。

2) 统计数据库的推理

统计数据库的推理是指不泄露自身的数据,却回到对数据统计查询的问题。这样的统计查询允许用户查询聚集类型的信息(比如平均数、标准偏差、中间值等),但是不允许查询某个单独记录信息。

比如在一个数据库中,下面两个查询都是合法的查询:

(1) 本部门共有多少销售经理?

(2) 本部门销售经理的工资总额是多少?

如果本部门只有一个销售经理,那么第二个查询很明显就是该销售经理的工资,这样就推理出了单个用户的信息,产生了推理通道。为解决这个问题,可以规定必须有 $N$ 个以上的用户($N$ 足够大)涉及单个查询。即使这样,还是可能存在泄密途径,例如:

A 销售经理想知道 B 销售经理的工资,他可以通过如下两个合法的查询获得:

(1) 用户 A 和其他 $N$ 个销售经理的工资总额是多少?

(2) 用户 B 和其他 $N$ 个销售经理的工资总额是多少?

假设第一个查询结果是 $X$,第二个查询结果是 $Y$,用户 A 知道自己工资是 $Z$,那么他可以计算出用户 B 的工资 $=Y-(X-Z)$。

为此,可以进一步规定:任意两个查询的重复数据项不能超过 $M$ 个,这样就使得获取用户的单个数据更加困难。如果想获取 B 的工资,用户 A 至少需要进行 $1+(N-2)/M$ 次查询。如果继续规定单个用户的查询次数不能超过 $1+(N-2)/M$ 次,但如果两个用户协作,这一规定仍然失效。

3) 主键完整性推理

在关系数据库中,主键完整性要求关系的每一个元组必须有一个唯一的主键。主键完整性保证了在关系中每个元组的唯一性,从而减少了数据冗余。若关系中的所有关键字都具有相同的安全级,则约束不会产生推理通道。反之,主键完整性约束将产生推理通道问题。

例如,一个低安全级的用户要在关系中插入一个元组,如果此时关系中已经存在具有同样主关键字且安全级较高的元组,为了保证数据库主关键字唯一性约束,数据库系统必须删除已经存在的元组或者拒绝用户当前操作。第一种情况下,低安全级用户的新增操作导致高安全级用户的数据丢失,虽然不会产生相应的新泄露,但是可能导致严重的完整性问题或导致拒绝服务攻击。而在第二种情况下,低安全级用户通过系统的拒绝操作可推理出高安

全级数据的存在,产生了推理通道。

4）值约束推理

值约束是指涉及一个或者多个数据的数据值的约束关系。在实际应用中,数据库中的数据往往要满足一些条件,例如限制本部门中员工的年龄应在18~60岁。安全数据库不仅要对存储的数据进行保护,也要保护为这些数据定义的约束规则。如果约束定义在不同的安全级别数据上,那么该约束可能会导致推理通道的产生。

例如,属性A的安全级别大于属性B的安全级别,如果约束$A+B>100$,那么通过给$B$取不同的值,如果在某项取值时被数据库拒绝,那么就可以分析出安全级别更高的$B$的取值,产生了推理通道。

5）分类约束推理

分类约束是指数据按照什么样的标准来分类的规则。在分类约束可知的情况下,敏感信息就可以通过分类约束自己推理出来。

6）函数依赖

函数依赖在现实生活中普遍存在,例如一个员工的奖金由他的业绩决定,就可以称为业绩函数确定奖金,或奖金函数依赖于业绩。假设存在一个关系模式(姓名,业绩,奖金),且"奖金"的安全级别要高于"业绩"的安全级别,那么一个用户知道业绩和奖金之间存在函数依赖的关系,那么该用户就可以根据自己的奖金信息推理出与他业绩相等的员工的奖金信息。

7）多值依赖

假设R(M,S,W)是一个记录密级模式下的军方数据库的关系模式,其中M是任务名称,S表示某任务要使用的军舰,W表示该任务所使用的武器设备。假设每条战舰有相同的武器设备,同时假设任务$m_1$使用了三种战舰和三类武器,列出关系R如表8.3所示。

表8.3　R上的某个关系

| 等级 | M | S | W |
|---|---|---|---|
| 1 | $m_1$ | $s_1$ | $w_1$ |
| 2 | $m_1$ | $s_1$ | $w_2$ |
| 1 | $m_1$ | $s_1$ | $w_3$ |
| 3 | $m_1$ | $s_2$ | $w_1$ |
| 4 | $m_1$ | $s_2$ | $w_2$ |
| 5 | $m_1$ | $s_2$ | $w_3$ |
| 4 | $m_1$ | $s_3$ | $w_1$ |
| 5 | $m_1$ | $s_3$ | $w_2$ |
| 6 | $m_1$ | $s_3$ | $w_3$ |

在关系模式R中存在多值依赖M→→S(或M→→W)。通过分析可知,一个安全级为4的用户,利用$r$中授权给他的元组和多值依赖推理规则"每条战舰有相同的武器装备",可以推理出未授权给他的安全级大于4的元组:$(m_1,s_2,w_3)$,$(m_1,s_3,w_2)$,$(m_1,s_3,w_3)$。一些高安全级的元组可能被推理,导致敏感信息的泄露。

依据低安全级主体能够推测敏感信息的程度,可以将推理通道划分为以下几类:

(1) 演绎推理通道(Deductive Channel):在这类推理通道中,高等级数据可以从低等级数据形式化的推理获得。

(2) 推导型推理通道(Abductive Channel):在这类推理通道中,如果提出一些低等级的公理,可以完成演绎型推理及其证明。这类推理通道在完备性上比演绎型推理通道弱。

(3) 概率型推理通道(Probabilistic Channel):在这类推理通道中,低等级数据可以利用一些假定的公理降低高等级数据特征的不确定性,但不能完全确定出高等级数据的内容。

推理通道的存在是多级安全系统中的重大安全隐患,系统必须提供相应的机制来检测和排除推理通道。

### 8.3.2 推理控制

推理控制就是阻止用户根据非敏感数据推导出敏感数据,在满足访问控制策略的基础上,进行推理控制应遵循以下基本原则:

1) 信息最大可用原则

实施推理控制后,用户对数据库的访问必将受到新的限制,部分数据因为可能不再能够被访问而丢失,因此,在保证数据库安全的前提下,要尽可能使数据库中的数据最大可用。

2) 分阶段控制原则

根据敏感数据的定义,以是否存在查询条件,可将推理通道分为两类:独立于信息和依赖于数据。前者与具体数据无关,只要通道存在必然导致泄露发送,因此此类通道多应在数据库设计阶段通过安全级或授权调整来消除;对于后者,通道的推理结果不全是敏感的,适合在数据库运行阶段通过监控实现有选择的推理控制。

3)短通道优先原则

推理过程用到的关联越多,推理通道就越长,推理结果的不确定性通常也就越大。因此,相对于长通道而言,短通道带来的危害更迅速而且更直接,这类通道应优先在设计阶段消除。

由于推理通道问题本身的多样性与不确定性,尚未有一个通用的能够解决所有推理问题的推理控制方法。下面简要介绍一下目前常用的推理控制方法:

1) 数据库设计中的推理控制

数据库中的推理控制是为了解决如何确定数据库客体,包括数据、元数据以及约束的安全级别。对数据库设计者和用户来讲,应该清楚输入到数据库中的数据的安全级别,避免可预见的推理通道。

在数据库设计中,常利用语义数据模型技术来检测推理通道。在理想情况下,为了阻止所有未授权的信息泄露,应该遵守以下规则:一个数据项的安全级别应该支配所有影响它的数据的安全级别。此规则的原因是显然的,如果一个数据项的值不被其安全级支配影响,信息流就会流向其他安全级。现有的技术主要包括使用安全约束在多级安全数据库设计期间为数据模式指定适当的安全级别,并将安全约束以语义数据模型进行表示。该方法的缺点是,通过提高导致推理问题产生的数据项的安全级别的措施在实际中受到限制。

2) 数据库运行时的推理控制方法

作为对数据库设计中推理控制的技术补充,运行时的推理控制方法主要包括:

(1) 查询响应修改。

为了在数据库会话中阻塞推理通道,对用户的查询可以采取的主要方法有对查询在执行前修改和修改查询结果两种。

对查询在执行前修改是指当系统接收到用户提交的查询时,首先判断该查询是否会导致敏感信息的推理,如果可以,那么必须对查询进行转换,使其不能导致敏感信息的导出。这种方法虽然可以阻止用户做非法查询,但恶意用户还是可以通过合法查询与非法查询的区别推导出敏感信息,所以对查询在执行前进行适当修改的方法存在一定的缺点。因此,可以通过引入不确定性,对查询结果进行修改。图 8.2 是一种典型的数据库推理问题控制器原型(DBIC System Configuration)的示意图。

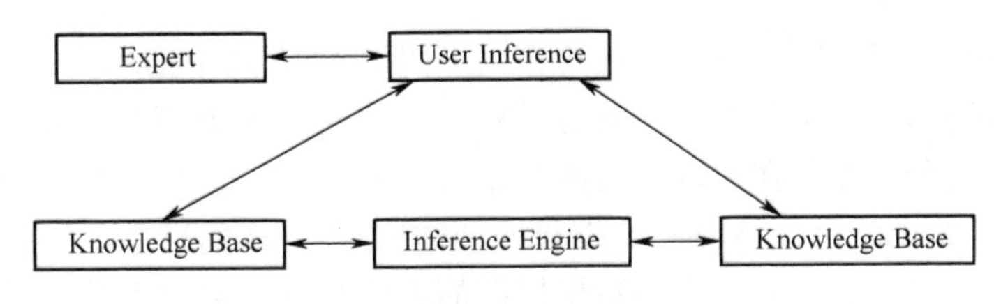


图 8.2　数据库推理问题控制器

系统安全员使用基于知识的工具,用来检测和制止推理,推理引擎根据规则进行以下动作:

- 判断哪些查询及相关结果返回给用户;
- 检查返回给用户的数据的完整性和一致性;
- 启动对推理风险的概率的计算并确认推理通道;
- 根据从用户提交的数据和推理风险概率修改知识库;
- 对安全标识/安全级别的修改提出建议。

(2) 多实例方法。

多实例是指在多级安全数据库管理系统中同时存在具有相同名字的多个元组(元组级多实例)或多个数据元素(元素级多实例),这些元组或元素的区别在于安全级别。多实例允许存在关键字相同但安全级别不同的元组,即把安全级别作为主关键字的一部分。这样,即使数据库中存在高安全级别的元组,也运行低安全级别的数据插入,从而解决了利用关键字的完整性进行推理的问题。

但是,多实例方法将导致数据库的信息保密与完整性间的矛盾。用户面对多个视图,而这些视图可能包含了矛盾的数据;另外,一个具有实例特性的数据库需要一定的机制和管理程序周期性地清除不需要的多实例元组,这会给用户造成额外的负担,也会增加数据库管理的难度。

(3) 审计。

有时候审计信息被用来作为推理控制的手段。例如,可以保存一个用户进行查询的历史记录。每当用户进行一个查询,就对历史记录进行分析以判断当用户的查询相应于以前的查询相关时是否会导致推理问题的产生。

与其他试图从一开始就阻止推理发生的方法不同,审计方法的特点是推理问题即将发生时试图加以检测并采取阻止措施。此方法的缺点是,由于它是基于这样一种假设:"通过分析审计记录可以发现用户的异常行为,从而检测出推理通道",因此检测出的推理通道比较有限。

3) 数据级的推理控制方法

前面介绍的推理控制方法几乎都在某种程度上需要系统安全员的帮助来生成所需的结构,其输入的知识代表了应用的语义。由于系统安全员不可能确保知道所有的数据依赖,故最多保证就现有的知识而言不存在推理通道。然而存在以下几种可能性:某些数据依赖系统安全员并不知道;数据库的运行期间引入的数据依赖,它在数据库设计期间不可能发现;某些推理通道是确定的,如通过函数依赖推理,而在更多的情况下,推理是局部的或者是具有一定概率的。

在现有方法中,在对概率的处理上或者是基于假设,或者是根据系统安全员的知识进行计算。从客观的角度看,如果某些推理通道具有一定的概率,此概率应该最好通过数据自身来反映。也就是说,分析保存在数据库中的数据有助于检测到更多的推理通道,它可以避免仅仅考虑数据库模式的不足,这就是"数据级的推理控制"方法的思想。

在数据级的推理控制方法中,利用数据挖掘的方法来发现数据系统中的推理规则是其中的一个重要研究方向。但数据挖掘技术可能会对数据库带来新的威胁:数据挖掘生成的规则可能引起新的推理通道。因此,如何在数据挖掘中防止非法的信息泄露也需要进行相应的研究。

### 8.3.3 数据库中的隐通道

隐通道是指系统的一个用户通过违反系统安全策略的方式传送信息给另一用户的机制。它通过系统原本不用于数据传送的系统资源来传送信息,并且这种通信方式往往不被系统的存取控制机制所检测和控制。隐通道的存在是安全系统所面临的一个重要威胁,在高安全等级的操作系统和数据库系统中,都要求对隐通道进行分析。

隐通道通常可以分为两类:存储隐通道和定时隐通道。如果一个隐通道是一个主体直接或间接地修改资源属性,而被另一主体直接或间接地读取这个属性的变化时,这个隐通道就是存储隐通道。如果隐通道是一个主体通过调整它自己的系统时间资源(如 CPU 时间)的使用时间,影响了另一个主体的实际响应时间,从而发送信息给另一个主体时,这个隐通道是定时隐通道。

数据库系统的共享资源,如表名或视图名及其访问权限,就是一个潜在的存储隐通道。另外,系统实现机制不同也会引入存储隐通道或定时隐通道。以下是一个在数据库系统中存在存储隐通道的例子。

假设在一个采用了多级安全模型的数据库系统中,采用自主访问控制和强制访问控制策略防止了数据库中的数据信息从高安全级流向低安全级,但是一个具有高安全级的不可信的主体仍然可以通过其他方式使得信息从高安全级流向低安全级。设该系统中有一个高安全级的用户 H 和另一个低安全级的用户 L,他们安全级的访问范畴相同,但是密级不同,且系统操作遵循下列规则:

(1) 创建一基表时,基表的安全级被设置为空(即无安全级,或具有最低安全级);

(2) 系统实行自主存取控制,任何主体都可以将所建表的使用权限授予其他用户,并且这个授权的提交过程是系统自动完成的；

(3) 系统的任一用户可以查询数据字典，了解自己对系统哪些资源具有操作权限，资源的创建者是谁等；

(4) 系统实行强制访问控制，使得主体对客体的所有存取遵循多级安全模型中的“向下读、向上写”原则，主要用于防止信息从高安全级流向低安全级。

由规则(1)用户 H 创建了一基表 T，按照规则(2)，他将 T 的使用权限授予用户 L(编码 1)或不授予用户 L(编码 0)，由规则(3)，L 可以通过查询数据字典了解他具有(编码 1)或不具有(编码 0)对表 T 操作的权限。使用表名 T 及其存取权限可以实现从 H 传送一位信息到 L，从而引起了信息从高安全级流向低安全级，这种信息传送机制在规则(4)的解释中是非法的，但这种非法的信息传送机制绕过了强制访问控制机制，这就是一个存储隐通道，如图 8.3 所示。

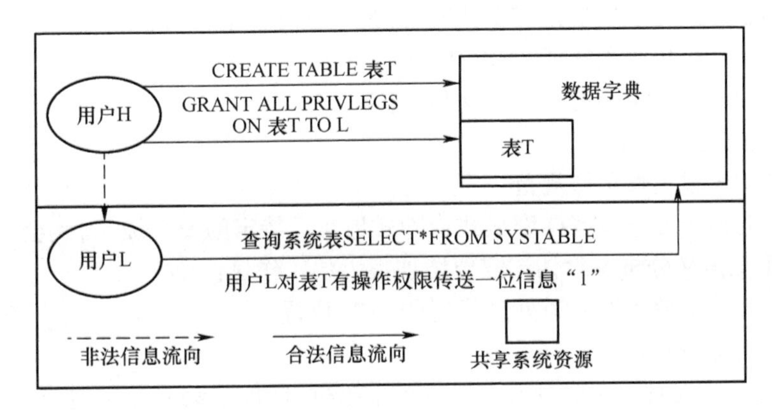


图 8.3 一种存储隐通道

### 8.3.4 隐通道识别

隐通道的分析包括 3 个方面的内容：

(1)隐通道标识。寻找系统中存在的隐通道，说明每个隐通道通信的具体步骤。

(2)隐通道带宽的计算与工程测量。在正确合理的假设下，通过信息论分析或实验测试，确定隐通道的带宽。

(3)对被标识的隐通道进行适当的处理。根据评测标准的要求，采用消除、限制、审计等方式处理隐通道。

隐通道标识是隐通道分析中最为困难的环节，其困难性体现在理论和工程实践两个方面：一方面，隐通道识别在理论上仍然不够成熟，缺乏严谨且行之有效的方法；另一方面，隐通道识别在实际中工作量庞大，手工分析容易出错，缺乏行之有效的自动工具。目前，主流的隐通道表示方法共有以下几种：

1) 语法信息流分析法

Denning 的信息流格模型是语法信息流分析法中最著名的一种，也是最初的系统分析隐通道的方法。语法信息流分析法的步骤是：

（1）将信息流语义附加在每个语句之后。

例如，当 b 不为常数时，赋值语句 a：=b 产生由 b 到 a 的信息流，用 a←b 表示，并称之为“明流”。类似地，条件语句产生“暗流”。例如，if x=a then y：=b else z：=c，产生的暗流是 y←x 和 z←x，同时存在明流 y←b 和 z←c。

（2）定义安全信息流策略。

例如，如果信息从变量 b 流向变量 a，则 a 的安全级必须支配 b 的安全级。

（3）将流策略应用于形式化顶层规范或源代码，生成信息流公式。

例如，a：=b 的流公式为 $SL(a) \geqslant SL(b)$，其中 SL(x) 表示变量 x 的安全级。

（4）证明流公式的正确性。

如果无法证明某个流公式的正确性，则需进一步对语句进行语义分析，并判断该信息流：a. 是非法流还是伪非法流；b. 是否能够产生真实隐通道，而不只是潜在隐通道。

语法信息流分析法的主要优点是：

- 可应用于形式化顶层规范和源代码，并易于进行自动分析；
- 可以增量分析单个函数或 TCB 原语；
- 不会漏掉可能产生隐通道的非法信息流。

该方法的主要缺点有：

- 不能应用于描述性顶层规范；
- 该方法对每个变量或客体都显式或隐式地赋予特定的安全级，因此会产生大量的伪非法流，通过手工语义分析消除伪流需要增加很大的工作量；
- 不能准确确定放置隐通道处理代码的 TCB 位置。

2）语义信息流分析法

1990 年，Tsai 等人对语法信息流方法进行了改进，增加了语义分析，提出了一种表示隐通道的语义信息流分析法。语义信息流方法的分析步骤是：

（1）选择用于隐通道分析的内核原语。

（2）确定内核变量的可见性/可修改性。

- 通过语义分析，确定内核变量的直接可见性/可修改性；
- 对每个原语生成一个“函数调用依赖关系”集合 FCD；
- 通过信息流分析，确定内核变量的间接可见性；
- 在每个原语中解决变量别名的问题；
- 标识在原语间共享的用户进程可见/可修改的变量，消除局部变量。

（3）分析共享变量，并标识存储隐通道。

该方法的主要优点是：

- 适用于源代码级的形式化分析，可以发现所有的潜在存储隐通道，并确定强制安全规则是否正确地实现；
- 可以发现大量伪非法流；
- 可以找出内核共享变量被查看/修改的位置，有助于确定放置审计代码和时间延迟变量的位置。

该方法的缺点是：

- 从原语出发构造函数依赖关系集合容易产生状态爆炸，在完成 FCD 的过程中没有

退出机制,做了很多无效劳动;

• 没有自动工具很难进行手工分析,手工分析不仅工作量大,而且对分析人员的素质要求很高;

• 缺乏行之有效的自动工具,且对不同的编程语言需要开发不同的词法分析器和流生成器。

3) 共享资源矩阵法

1983 年,Kemmerer 提出了共享资源矩阵法,这是一种被广泛使用的隐通道分析方法。该方法的思想是:共享资源矩阵的每一行对应一个资源变量,每一列对应一个操作,矩阵中的每个单元的值是 R 或 M,其中,R 表示对应的操作读对应的资源变量,M 表示对应的操作执行完后,对应的资源变量的值被修改。可以对共享资源矩阵进行细化,发现对应的系统是否存在安全漏洞,并进一步确定存在的安全漏洞是否可以被利用作为隐通道。该方法应用范围广泛,对存储隐通道和定时隐通道的处理方式相同,不需要对 TCB 的内部变量赋予安全等级,消除了大量的伪非法流。但是,这种方法也有缺点:一是它不能证明单个的 TCB 原语是否安全;二是共享资源矩阵会发现一些伪隐通道。

共享资源矩阵法自问世以来,出现了各种衍生方法。例如,Porras 和 Kemmerer 提出的隐蔽流树(CFT)方法,在某种意义上可以看作是对共享资源矩阵法的补充和发展。

4) 无干扰法

无干扰法的思想是如果一个用户看到的系统运行情况与另一个用户的操作行为无关,那么它们之间就不会存在隐通道。该方法将可信计算基 TCB 视为一个状态机,并定义了两个用户进程之间的无干扰概念。假设状态机有一个初始状态,如果从初始状态开始,删除第一个进程所有的输入(等价于从来没有这些输入),第二个进程的输出没有任何变化,则称这两个进程是无干扰的。可以证明,进程之间无干扰具有以下性质:如果一个进程的输入不能影响另一个进程的输出,则不可能从第一个进程向第二个进程传输信息。

无干扰方法的概念直观简单,它实际上是一种形式化的分析方法。该方法的主要优点是分析结果中不包含伪隐通道,并且可以进行递增地分析,即只需要对每个新增的操作进行无干扰分析。主要缺点是只能用于形式化的系统规范或者源代码级的分析,并且必须有自动化工具支持。在实际的应用中,该方法尚无成功的例子。

## 8.4 数据库加密

### 8.4.1 数据库加密要求

数据库加密的目的是对存储在数据库中的数据进行不同级别的存储加密,保护数据库中的重要数据。这样即使某一用户非法入侵到系统中或盗取了数据库文件,没有解密密钥,也不能得到所需数据。由于数据库本身的特点和实际应用需求,对数据库加密一般应实现以下功能:

(1) 由于数据库数据信息的生命周期一般比较长,无论采取何种加密方法都应能做到实际不可破译的程度,即加密算法强度必须足够满足要求;

(2) 数据信息在加密后,其占用的存储空间不宜明显增大,不能破坏字段长度限制;

(3) 加/解密速度都应足够快,尤其对解密的速度要求更高,应使用户尽量感觉不到由于加、解密所产生的延迟,使得对数据库性能的影响要求降到最低;

(4) 加密系统应同时提供一套安全的、灵活的密钥管理机构,满足灵活的加密需求;

(5) 对数据库的加密不应影响系统的原有功能,应保持对数据操作的灵活性和简便性;

(6) 加密后的数据库仍能满足用户在不同类别程度上的访问,尽量减少对用户使用的影响。

对数据库进行加密,除了对加密强度的要求外,还必须确保数据库系统能够实施对数据文件的管理和使用,必须具有能够识别部分数据的条件。因此,只能对数据中数据进行部分加密:

1) 索引字段不能加密

为了达到迅速查询的目的,数据库文件的索引,无论是字典式的单词索引、B 树索引,或者是 Hash 函数索引等,它们的建立和应用必须是明文状态。

2) 关系运算的比较字段不能加密

数据库系统中的数据库管理系统要组织和完成关系运算,参加并、差、积、商、投影、选择和连接等操作的数据一般都要经过条件筛选,这种"条件"选择项必须是明文。

3) 表间的连接码字段不能加密

数据库表之间存在着密切的联系,这种联系往往是通过"外部编码"实现的,这些连接码字段若加密就无法进行表之间的连接运算。

### 8.4.2 数据库加密方式

数据库加密的实现方式主要体现在数据库系统中执行加密的部件所处的位置和层次。按照数据库系统与加密部件的不同关系,数据加密的实现方式可以大致分为两类:库内加密和库外加密。

1. 库内加密

所谓库内加密是指在数据库管理系统 DBMS 内核层中实现加密过程,加/解密过程是透明的,数据完成加/解密工作之后才在数据库中进行存取操作。库内加密的工作方式如图8.4 所示。

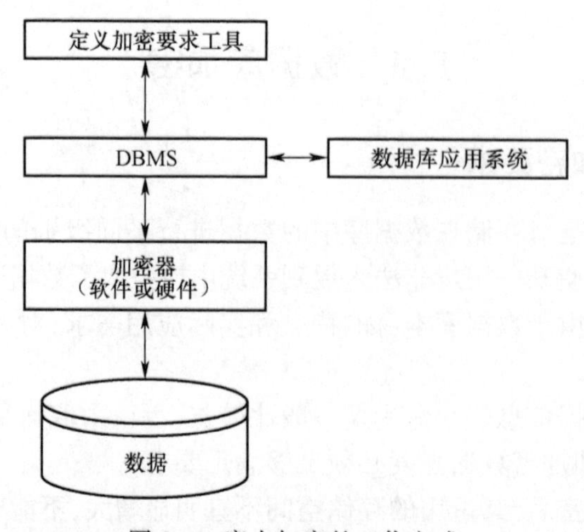


图 8.4 库内加密的工作方式

这种加密方式的优点是:加密功能强,并且加密功能几乎不会影响 DBMS 的功能,可以实现加密功能与数据库管理系统之间的无缝耦合。

库内加密的缺点主要是:首先,DBMS 除完成数据库的各项操作外,还要额外完成加/解密操作,这大大影响了系统整体性能;其次,承担了较大的密钥管理风险,加密密钥和被加密的数据保存在同一个数据库服务器中,一旦服务器被入侵,数据的安全将受到威胁;最后,DBMS 是一个非常复杂的软件,对其内核修改是非常困难的工作,而且 DBMS 和加密器之间的接口需要 DBMS 开发商的支持。

2. 库外加密

所谓库外加密是指在 DBMS 之外进行加/解密操作,DBMS 负责密文管理。库外加密的位置一般选择在操作系统层或应用程序层。

在操作系统层中加密,首先将数据在内存中进行加密,然后文件系统把每次加密后的内存数据写入到数据库文件中去,读入时再逆向进行解密即可。其优点是可以从根本上防止非法用户通过线程/进程及文件、磁盘体、内存体、客体复用等隐蔽通道访问数据库敏感数据。但由于操作系统属于硬件和软件的接口,处于所有应用软件之下,因此也是位于 DBMS 之下,其无法辨认数据库文件中的数据关系,也无法合理地产生、管理和使用密钥;此外,对数据库的每次读写都要进行加解密的工作,对程序的编写和读写数据库的速度都会有影响。所以,对于大型数据库来说,在操作系统层实现数据库加密具有较大难度。

在应用程序层中加密一般通过利用专门的 DBMS 外层工具实现。采用这种方式,加解密的运算可以有两种选择:

(1) 加解密运算可以放在客户端进行,其优点是不会加重数据库服务器的负担,并可实现网上的传输加密,缺点是加密功能会受到一些限制,而且在客户端的软件如果被破解,其安全性也会受影响。

(2) 在服务器端专门用一个加解密服务器来进行数据的加解密处理,然后将数据通过安全信道传输给用户,其优点是不会加重客户端的负担,用户下载很小的软件就可实现数据浏览,缺点是必须要求通信信道安全。

### 8.4.3 数据库加密粒度

数据库加密粒度是指数据加密的最小单位,通常可以分为文件级、表级、字段级、记录级和数据项级等五个层次。

1. 文件级加密

文件级加密把数据库文件作为一个整体,对整个数据库文件用加密算法和加密密钥加密,形成密文的形式来确保数据的机密性。文件级加密的优点是加密方法简单,只需要对存储在磁盘中的相应数据库文件进行加密处理即可,密钥的数量少,便于管理。缺点是由于对整个数据库文件都进行了加密,所以即使只需要查询文件中的一条记录,也必须对整个数据库文件进行解密,而数据库又是一个随机访问量很大的系统,因此,系统性能将受到很大的影响,用户访问速度不可避免地大大降低。故文件级加密一般用于辅存中备份的数据库。

2. 表级加密

表级加密的对象是数据库中的表。数据表包含多个表,并不是所有的表都有提高的安全需要,因而只需要对其中一些包含敏感信息的表进行加密,以保护它们的安全性。与文件级加密相比,采用表级加密粒度,系统的查询性能会有所改善,因为对于未加密表的查询,系统性能不会受到影响,对于加密表的查询,只需要解密对应的加密表,而不要解密整个数据库。在实行表级加密时,可以采用对存储数据的磁盘块(页面)进行加密,但是,这种方法与DBMS集成时,需要对DBMS内部一些核心模块进行修改,包括对语法分析器、解释器和查询执行器的修改,而目前一些主流的商用DBMS都不开放源代码,很难把这种方法与它们集成起来。

3. *记录级加密*

记录级加密的对象是数据表中的记录。记录中各字段值连接一起进行加密处理,加密后输出一列字符串。在实现记录级加密时,一般通过调用数据库系统专门的加密函数,对页面中的记录进行加密。与文件级和表级加密相比,这种加密方式粒度更细,可选择的灵活性更好。但是,基于记录的数据库保护有一个缺点,由于其操作的对象是记录,解密时也是以记录为单位进行的,这样不能保证对某个记录中不需要的字段不解密,在选择某个字段的某些记录时,如果不对含有这个字段的所有记录进行解密就无法进行选择。因此,这种方法相对来说也欠缺一定的灵活性,同时也需要对DBMS内核进行修改。

4. *字段级加密*

字段级加密又称为域加密或属性级加密,加密对象是关系中的某个字段。在实际应用中,字段级加密是一个较好的选择。一些重要和敏感的信息往往出现在关系中的某些列,如信用卡号、身份证号、银行卡号等,利用字段级加密,可以实现只对这些重要数据进行加密保护,而无须对普通数据也进行加密,灵活性较好。在实现字段级加密时,可以采取多种方式,既可以在DBMS外部完成,也可以在DBMS内部完成。

5. *数据项级加密*

数据项级加密也称数据元素级加密,在数据库的加密粒度中,数据项级加密粒度最小,安全性和灵活性在以上加密方式中也是最高的,实现方式与字段级加密相似,只是各字段的数据项分别用不同的数据项密钥完成,所需密钥个数=记录个数×字段个数,数量非常惊人,因此密钥管理将会非常复杂,系统的执行效率也会受到影响。

### 8.4.4 数据库加密算法选择

数据库加密的安全性能很大程度上依赖于加密算法的强度,因此加密算法的选择在数据库加密方案中至关重要。与传统的通信加密不同,数据库加密对加密算法有一定的要求,主要包括:

(1) 算法的安全强度需要满足数据保密性要求;

(2) 数据库加密后,密文数据量(存储空间)经加密处理后不应该过量增加;

(3) 加密算法的加解密速度应该足够快,数据操作响应时间不能影响用户的使用。

由于数据库系统目标之一是实现高速的信息检索,因此在加密算法的选择上应在保证安全性的前提下,首先考虑其加密的效率。在数据库中进行加密一般可以选择对称加密算法和非对称加密算法两种,故非对称加密算法虽然可以避开对称加密算法所面临的密钥分配问题,但在实践中对称加密算法更快更可取。在实际应用中,像AES、DES和Blowfish等对称加密算法常用来进行数据库加密,有学者比较了这三种算法的性能,发现Blowfish最快但启动成本较大,AES是三者中平均性能最好的。

### 8.4.5 数据库加密的局限性

对数据库加密之后，除了会影响数据库系统的性能之外，对DBMS原有的一些功能也会产生一定的影响。一些功能将无法使用：

1）无法实现对数据约束条件的定义

数据库系统定义了数据之间的完整性约束条件，数据一旦加密，DBMS将无法实现这一功能，而且值域的定义也无法进行。此外，数据库中的每个字段的类型、长度都有具体的限定。数据加密时，数值类型的数据只能在数值范围内加密，日期和字符类型的数据只能在各自的类型范围内加密，密文长度不能超过字段限定的长度，否则DBMS将无法接受这些加密过的数据。

2）密文数据的排序、分组和分类

在SQL语言中，SELECT语句中的Group by、Oreder by、Having子句分别完成分组、排序、分类等操作，这些子句的操作对象如果是加密数据，那么解密后的明文数据将失去原语句的分组、排序、分类作用。

3）SQL语言中的内部函数将对加密数据失去作用

DBMS对各种类型数据均提供了一些内部函数，这些函数不能直接作用于加密数据。

4）DBMS的一些应用开发工具的使用受到限制

由于DBMS的一些应用开发工具不能直接对加密数据进行操作，因而它们的使用会受到限制。

除以上问题外，对数据库加密还不可避免地需要面临密钥管理的问题。密钥管理包括密钥的产生、分配、存储、使用、更换等多个环节。在需要更好数据库密钥时，必须用原密钥对全体数据解密，并使用新密钥对全体数据加密，这个工作量是巨大的，但有时更换数据库加密密钥在某些情况下是不可避免的。此外，对于大型数据库来说，密钥的数量可能相当多，这些密钥的存储安全也是需要注意的。

## 8.5 主流数据库安全机制介绍

### 8.5.1 SQL Server 的安全机制

SQL Server是微软公司推出的一个高性能、多用户的关系型数据库管理系统，它是专为客户机/服务器计算环境设计的，是当前流行的数据库服务器之一。在SQL Server中主要采用如下的安全机制保证数据库的安全性：

1. 身份认证

SQL Server支持两种身份认证模式：Windows认证模式和混合认证模式。Windows认证模式指用户只通过Windows的认证，就可以连接到SQL Server，而SQL Server本身不再需要管理一套登录数据。混合认证模式则可以同时支持SQL Server认证和Windows认证。在混合认证模式下，如果用户登录时提供了SQL Server登录ID，则系统使用SQL Server身份认证，如果没有提供SQL Server登录ID，则使用Windows认证。系统使用哪种模式可以在安装过程中设定，也可以使用SQL Server的企业管理器指定。

2. 访问控制

用户登录到 SQL Server 服务器后,其操作主要取决于其账号在数据库系统中定义的存取权限。SQL Server 中的访问权限分为数据库的访问权限和服务器本身的操作权限,即对应数据库角色和服务器角色。SQL Server 将依据登录账号所属的角色类型,运用 GRANT 等命令实现对数据库或数据库对象进行相应权限的控制,并实现基于角色的访问控制策略。一个角色给予一定的权限,SQL Server 会将具有相同权限的多个账号添加到该角色中,使其成为该角色的成员,方便管理这些账号。

3. 审计功能

审计功能主要对各种账号在数据库中的操作进行监视、审计和记录。该机制会有效记录用户操作信息,可利用这些记录信息进行跟踪,通过审计功能追查相关责任,同时也能更好查出系统安全方面的漏洞和弱点。审计功能分为系统审计和分户审计,其主要运用 SQL 事件探查器完成系统的审计工作。系统启动审计功能后将记录所有账号对视图、数据库表进行访问的企图及操作的时间、操作代码等信息。通常系统管理员实施系统的审计工作,主要审计系统的一级命令以及数据库客体的使用情况。

4. 数据库加密

SQL Server 具有优越的加密机制,实现安全管理分布式数据库。主要运用 Pwdencrypt 哈希函数实现账号在 Master 数据库中系统表内的密码进行加密隐藏,可在系统表 syscomments 中存储定义好的触发器、视图、存储过程等内容。运用 SQL Server 的加密机制,使用 with encryption 语句实现加密。

5. 备份恢复

SQL Server 有四种备份方案:文件和文件组备份、事务日志备份、完全备份、差异备份。而恢复机制有三种模型:简单恢复、完全恢复、批量日志记录恢复模型。SQL Server 系统可运用 Transact-SQL 语句或企业管理器实现数据的恢复或备份操作。

6. 视图和存储过程管理

SQL 数据库系统提供良好的视图定义和访问机制,利用 CreateView 语句和 Select 语句,以及使用 With check option 选项完成视图创建和视图访问。在执行存储过程时通常 SQL 语句是经过内部编译的,能被其他应用程序调用,这样严格保护账户对数据的存取等操作,从而能更好实现基表数据的保护。同时针对账号授予存储过程的权力,防止账户对基表进行直接更改,限制对基表的不当操作,保证数据的安全。

### 8.5.2 Oracle 的安全机制

Oracle 是目前世界上最为流行的客户机/服务器体系结构的数据库之一,作为一种大型的关系型数据库,它全面支持 SQL 语言,并且拥有独特的 PL/SQL 过程查询语言,使得能够实现的数据库管理更加灵活,也为基于 Oracle 的二次开发提供了强大的支持。

1. 身份认证

Oracle 的身份认证有两种方式:外部身份认证和 DBMS 认证。外部身份认证指的是使用 Oracle DBMS 以外的系统对用户身份予以认证,外部系统通常指的是操作系统,如 UNIX、Linux 和 Windows 等。DBMS 认证则是传统的账号、口令方式的认证。Oracle DBMS 在系统表空间中保存有用户的账号、口令等信息,并以此为依据认证用户的身份。

### 2. 访问控制

Oracle 全面实现了基于身份的访问控制机制。在 Oracle 中,用户只有通过拥有若干角色,才能获得相应的权限集合。当一个用户拥有多个角色时,这个用户的权限就是所有这些角色的权限集的并集。此外,用户也可将自己所建立的对象的操作权限有限度地授予其他用户,并能控制权限的大小和回收权限。Oracle 的权限按其应用范围可分为系统级权限和对象级权限。

系统级权限是对整体数据库的各种操作,以及对某种群体对象的使用权,通常由数据库管理员负责授权。Oracle 提供了 90 多种系统级权限,如创建会话(SESSION)、创建表(TABLE)、创建用户(USER)等。数据库管理员在创建用户时需要将一些基本的权限授予用户。

对象级权限是指某个用户可以访问其他用户对象的权利,通常由该对象的拥有者负责授权。表 8.4 列出了在 Oracle 中可以授权的数据库对象及其操作权限。其中,对于 SELECT、INSERT、UPDATE 等权限的授权可以限制到字段级,如只允许用户访问某表的某些字段。

表 8.4 Oracle 数据表对象级权限

| 对象权限 | 表 | 视图 | 序列 | 过程 |
|---|---|---|---|---|
| SELECT | √ | √ | √ | |
| UPDATE | √ | √ | | |
| INSERT | √ | √ | | |
| ALTER | √ | | √ | |
| DELETE | √ | √ | | |
| EXECUTE | | | | √ |
| INDEX | √ | | | |
| REFERENCES | √ | | | |

### 3. 数据库审计

Oracle 数据库提供了三种审计:语句审计、特权审计和模式对象审计。

1) 语句审计

语句审计只允许审计 SQL 语句,它没有对语句所基于的应用模式对象提供审计。语句审计可以范围很大,也可以集中在某个范围,例如,可以用语句审计来审计所有用户或选择的一部分用户的行为。

2) 特权审计

特权审计将审计诸如 CREATE TABLE 或 SELECT ANY TABLE 之类的系统特权的使用。与语句审计相比,特权审计所关注的范围更加集中,因为每种选项只审计一类特定类型的系统特权语句,而不是一系列的语句。

3) 模式对象审计

模式对象审计将审计具体的数据操作语言(Data Manipulation Language,DML)语句,和对于一个指定模式对象的授权和回收授权语句。因为在模式对象上只审计一个具体的 DML 语句,所以模式对象审计比特权审计更加集中,模式对象设计在 Oracle 中,一直应用于数据库的所有用户。

4. 数据库加密

Oracle 自身带有加密软件包,通过该软件包可以很好地完成对 Oracle 数据库加密的工作。在 Oracle 9i 及其之前的版本里,该软件包名为 DBMS_OBFUSCATION_TOOLKIT,而到了 Oracle 10g 之后,该软件包更名为 DBMS_CRTPTO。表 8.5 列出了这两个软件包的主要参数对比:

表 8.5 Oracle 加密软件包主要参数

| 主要参数 | DBMS_OBFUSCATION_TOOLKIT | DBMS_CRTPTO |
| --- | --- | --- |
| 加密算法 | DES,3DES | DES、3DES、AES、RC4,3DES-2KEY |
| 数据类型 | RAW,VARCHAR2 | RAW,CLOB,BLOB |
| Hash 算法 | MD5 | MD5,SHA-1,MD4 |
| 填充模式 | no support | PKCS5,ZEROES |
| 伪随机数生成器 | RAW,VARHCAR2 | RAW,NUMBER,BINARY_INTEGER |

可以看出 DBMS_CRTPTO 软件包相对 DBMS_OBFUSCATION_TOOLKIT 而言,提供了更加丰富和强大的加密、解密、hash 函数以及生成密钥功能。

5. 数据备份

Oracle 提供了三种标准的备份方法,分别为导入/导出(Export/Import)备份、冷备份和热备份。导出备份是逻辑备份,冷备份和热备份属于物理备份。导出时将数据利用 export 命令从数据库中提取出来,利用 import 命令将数据导入数据库,导入是导出的逆过程。而冷备份是指在数据库正常关闭的情况下,将关键性文件备份到另外的位置。冷备份是一种非常快速的备份方法,而且容易归档,具有低度维护和高度安全的优点。热备份是指数据库在运行的情况下,采用 archivelog mode 方式备份数据库的方法。热备份能够对几乎所有数据库实体做恢复,而且恢复较为快速,但是热备份不能出错,一旦出错,后果十分严重,而且维护困难,要特别小心。Oracle 还通过提供 RMAN 等备份恢复工具,简化了备份恢复的复杂度,提高了恢复效率。

6. VPD 虚拟专用数据库

VPD 虚拟专用数据库提供了角色和视图无法提供的行级访问控制。虚拟专用数据库可以确保在线用户只能看到自己的数据内容。在企业内部,虚拟数据库不仅可以在应用程序部署方面降低拥有成本,还可以在数据库服务器一次性实现安全性,防止用户绕过安全限制。将一个或多个安全策略与表或视图关联后,就可以实现虚拟专用数据库。对带有安全策略的表进行直接或间接访问时,数据库将调用一个实施该策略的函数。策略函数返回一个谓词,应用程序将它附加到用户的 SQL 语句中。

7. 用户定义的安全性措施

除了系统级的安全措施,Oracle 还允许用户用数据库触发器定义特殊的更复杂的用户级安全性措施。例如,规定只能在某一时间段对某张表进行更新操作,则可以根据规则定义相应的触发器,触发器一经定义便存放在数据字典中,用户每次对该表执行 INSERT、UPDATE 和 DELETE 操作都会自动触发该触发器,由系统检查当前的时间,在设定时间之外的请求会被系统拒绝执行,并提示错误。

### 8.5.3 Sybase 的安全机制

Sybase 同样也是一种客户机/服务器体系的关系型数据库系统,其安全性是依靠分层解决的。第一层是注册和用户许可,保护对服务器的基本访问;第二层是访问控制,对不同用户设定不同的权限,使数据库得到最大限度的保护;第三层是增加限制数据访问的视图和存储过程,在数据库与用户之间建立一道屏障。

Sybase 提供了四种基本策略进行安全性控制:

(1) 在创建服务器时,Sybase 将所有权限都分配给系统管理员,系统管理员可以在服务器上增加注册者(Logins)。Logins 可以登录服务器但不能访问数据库。数据库属主有权增加用户,用户可以使用分配给他的数据库。当用户访问数据库时,首先以 Logins 身份进入服务器,系统自动打开默认数据库,Logins 身份转化为用户身份。

(2) 在用户登录后,系统要通过口令进行验证,以防止非法用户盗用他人的用户名进行登录。这一验证步骤在登录时的注册对话框中出现,注册与验证同时进行,用户名与口令有一个不符,登录请求将会被拒绝。

(3) 权限使得用户在数据库中活动范围仅被容许在小范围内,大大提高了数据库的安全性。在 Sybase 系统中,对象的所有者或创建者自动被授予对对象的访问权。所有者则有权决定把许可权授予其他用户。数据库属主和系统管理员享有特殊权限,对于数据库属主来说,他拥有自己数据库中一切对象具有的全部权限,而系统管理员享有服务器内的所有数据库的一切对象的所有权限。

(4) Sybase 提供了审计工具 Audit Server,能够全面审计跟踪服务器上一切活动。

除了以上四点基本策略,Sybase 数据库还提供了两种对象——视图和存储过程——用于增强系统的安全性。

### 8.5.4 MySQL 的安全机制

MySQL 是一种完全网络化的跨平台关系型数据库系统,同时也是具有客户机/服务器体系结构的分布式数据库管理系统。MySQL 作为一种开放源码的数据库系统,以其简单易用的特点被广泛使用。MySQL 的安全机制主要包括以下几个方面:

1. 内部安全机制

MySQL 内部安全机制最主要的是考虑文件系统这一级别的问题,例如可以防止具有运行 MySQL 服务器权限的用户对 MySQL 数据目录进行攻击。但是如果 MySQL 数据库管理员对于 MySQL 数据目录中的文件权限过分授予,使得每个人均能简单地替代对应于那些数据表的文件,那么 MySQL 内部安全机制将不能保证对客户的授权表进行精确控制。

2. 外部安全机制

MySQL 外部安全机制是指阻止非法用户通过网络对 MySQL 服务器进行攻击。MySQL 服务器通过设置 MySQL 授权表,使得用户除非提供有效的用户名和口令,否则不允许访问服务器管理的数据库内容。

3. 访问控制

MySQL 的访问控制机制比较简单,在 MySQL 中,权限是直接授予用户的,而且粒度仅限于表级,不支持字段粒度的权限控制。

4. 审计功能

MySQL数据库系统不具有审计的功能,但是MySQL的日志文件对数据库的一切操作都进行了记录,通过与操作系统日志文件相结合的方式,也可以实现一些基本的审计功能。

## 8.6 本章小结

数据库在信息系统的地位决定了数据库系统安全的重要性,与操作系统一样,数据库系统也存在脆弱性,导致数据库系统产生各种安全问题。本章首先简要介绍了数据库系统安全的内涵,指出数据库安全可以分为数据库的系统安全和数据安全两个方面,然后分析了数据库系统主要的安全威胁及安全需求,并讨论了数据库系统安全管理策略、信息流控制策略和访问控制策略这三大安全策略,总结了数据库系统常用的几种安全机制;接下来,针对数据库系统中的访问控制机制,分别介绍了数据库中实现自主访问控制、强制访问控制、基于角色的访问控制,以及视图机制这四种访问控制技术的原理和方法;针对数据库中的推理通道和隐通道问题,本章也进行了详细的讨论,介绍了常用的几种推理控制和隐通道识别方法;针对数据库系统中的数据内容安全问题,从数据库加密的要求出发,介绍了实现数据库加密的几种方式以及加密粒度的选择问题,并讨论了在数据库中实现加密将面临的一些局限性;最后,介绍了SQL Server、Oracle、Sybase、MySQL这四种主流数据库所采取的安全机制。

## 习 题

1. 什么是数据库系统安全,它包含哪些内容?
2. 什么是数据库系统的安全策略?它包括哪几个方面,目的各是什么?
3. 列出数据库系统常用的安全机制,并对其作用进行简要说明。
4. 在数据库系统中要实现强制访问控制,则该数据库应该包含哪些功能?
5. 在采用基于角色的访问控制机制的数据库系统中,由用户发放权限和由角色发放权限有什么区别?
6. 视图机制的主要作用是什么?利用视图机制实现访问控制需要注意哪些问题?
7. 进行推理控制的基本原则有哪些?在数据库运行时可以采取哪种推理控制方法?
8. 数据库加密可以通过什么方式实现?可以实现哪些层次的数据加密粒度?
9. 数据库加密对加密算法有何要求?对数据库进行加密存在什么局限性?

# 第 9 章　恶意代码及其防御

恶意代码是指任何可以在计算机之间和网络之间传播的软件程序或可执行代码,其目的是在未得到授权和许可的情况下有目的地更改或控制计算机系统,包括系统的软硬件。根据编码特征、传播途径、发作表现形式及在目标系统中的生存方式等因素,大致可以将恶意代码分为计算机病毒、网络蠕虫和特洛伊木马等。本章首先介绍这些典型恶意代码的概念、机理和防范方法,然后介绍近年来出现的新型恶意代码。

## 9.1　概　　述

恶意代码(Malicious Code),又称恶意软件(Malware),是人为编制的一类具有危害信息与系统安全等不良意图的程序。人们对恶意代码的认识,是始于计算机病毒(Computer Virus),后来随着计算机和网络技术的发展和应用,又出现了特洛伊木马(Trojan Horse)和蠕虫(Worm)等其他形式的恶意软件。虽然众多杀毒软件厂商都将它们视为病毒,但如果要严格区分,这些恶意代码和严格意义上的计算机病毒还是有区别的。本章将恶意代码划分为计算机病毒、特洛伊木马和蠕虫等三种基本类型,分别进行介绍。

### 9.1.1　基本分类

1. 计算机病毒

在生物学中,病毒是指侵入动植物体等有机生命体中的具有感染性、潜伏性、破坏性的微生物,而且不同的病毒具有不同的诱发因素。计算机病毒是一种人为制造的程序,由于它具有类似于生物病毒的特征,因此便借用了生物学病毒的说法而发明了这一术语。

计算机病毒是一段具有自我复制能力并通过向其他可执行程序注入自身拷贝来实现传播的计算机程序片断。计算机病毒能够寻找宿主对象,并且依附于宿主,是一类具有传染、隐蔽、破坏等能力的恶意代码。它一旦进入计算机系统并得以执行,就会搜寻其他符合其感染条件的程序或存储介质,确定目标后再将自身代码插入其中,达到自我繁殖的目的。而被感染的文件又成了新的传染源,再与其他机器进行数据交换或通过网络接触,继续进行传染。传染性和依附性是计算机病毒区别于其他恶意代码的本质特征。

2. 特洛伊木马

在计算机安全学中,特洛伊木马是指一种计算机程序,也称为特洛伊代码。它表面上看有用或无害,但却包含了对运行该程序的系统构成威胁的隐蔽代码,如在系统中提供后门使黑客可以窃取数据、更改系统配置或实施破坏等。特洛伊木马区别于病毒和蠕虫的特点,是它一般并不复制和传播自己,不具备自我传播的能力,需要依靠电子邮件、网页插件、程序下载等进行传播。因此,特洛伊木马不属于计算机病毒或蠕虫。但它却可以被计算机病毒或蠕虫复制到目标系统上,作为其攻击载荷(Attack Payload)的一部分。

3. 蠕虫

蠕虫是一种可以自行传播的独立程序,它可以通过网络连接自动将其自身从一台计算机分发到另一台计算机上。因此,蠕虫与前述的计算机病毒不同,它一般并不依附一个宿主,而是独立的程序。蠕虫代码一旦在系统中被激活,一般通过以下步骤复制自己:①搜索系统或网络,确认下一步要感染的目标;②建立与其他系统或远程主机的连接;③将自身复制到其他系统或远程主机,并尽可能激活它们。蠕虫还会执行有害操作,如消耗网络或本地系统资源,从而导致拒绝服务攻击。除了在主机间复制传播,恶性蠕虫也常常把计算机病毒和特洛伊木马等其他恶意代码传播到受害主机上。

4. 其他恶意代码

通常人们认为恶意代码还存在恶作剧程序、后门等类型,但它们可以归类到前面的类型中。近年来,随着移动通信的发展,出现了一些面向破坏手机系统的恶意代码,它们利用手机在设计和实现上的缺陷或利用移动网络服务的漏洞,通过消息发送传播恶意代码,使服务系统或手机系统出现故障,但其原理与前面的恶意代码类型类似。

当用户在安装一些不良应用软件或使用相关功能时,程序可能会强制用户安装一些不受欢迎的软件,包括搜集信息的间谍软件(Spyware)、宣传产品的广告软件(Adware)、控制用户浏览器的劫持软件(Hijackers)等,由于它们的安装和运行违背了用户的意志,原则上也属于恶意代码。

### 9.1.2 存在原因

计算机系统的脆弱性是产生计算机病毒的客观物质因素。1949 年,冯·诺伊曼在《复杂自动机组织论》中指出,一部足够复杂的机器具有复制其自身的能力,此处所说的“机器”不仅包含硬件,而且包含硬件和软件的特殊组合,也即现在所谓的系统。这一开拓性论点在发表后的 30 年中,引起了激烈的争论,最终证明冯·诺依曼是正确的。现在,用一部复杂的机器(包含硬件和软件的组合)去复制其自身是很简单的:当硬件被固定,问题被归结为一件很简单的事,编写一个程序去复制其自身。假如有人能成功地编写一个程序,它有能力复制首先被启动的程序,从而复制其自身,这个程序就具有了病毒的属性。只要能启动这个原始程序,由于其自身的递归应用,原始程序复制其自身到任意其他程序中,其受害者也就具有了再去感染其他程序的能力。原始程序就可以在它可以运行的系统中,不断地进行传播。

Ghannam 指出,病毒利用了冯·诺伊曼计算机结构体系。这种体系被应用于几乎所有的办公计算机系统中。这种体系把存储的软件当作数据处理,可以动态地进行修改,以满足变化多端的需求。操作系统和应用程序都同样被如此看待。病毒利用了系统中可执行程序可被修改的属性,以达到病毒自身的特殊目的。

如果说冯·诺伊曼体系提供了病毒存在的可能,那么信息共享则使病毒的存在成为现实。计算机安全专家已从理论上证实:如果没有信息共享,病毒便不可能传播。信息共享使病毒程序和正常程序具有公用的部分,从而使两者互相接触,有了由此到彼的桥梁。因此,信息共享使病毒有了转移、发病的机会,而冯·诺伊曼体系为病毒提供了进行感染、破坏的物质基础。因此,可以说,只要冯·诺伊曼体系存在,只要有信息共享,病毒就将存在。

事实证明,在信息被共享时,信息可以解释;在信息可以被转发的任何系统中,病毒可以通过系统传播。阻止病毒传播的唯一可能在于限制系统的功能,但这是不可能的。因此,人们只能在计算机具有脆弱性的前提下来研究防治计算机病毒的策略。

### 9.1.3 主要特性

计算机病毒、特洛伊木马和蠕虫等恶意代码通常都具备如下特性:

1. 非授权性

在计算机系统中,程序的执行通常是先由用户调用,再由系统分配资源,最后完成用户交给的任务。对于一个正常的程序,其行为及其由此产生的结果对用户是透明的、可预期的。而恶意代码则不然,它隐藏在正常程序中,并在用户试图调用正常程序时,先于正常程序执行。也就是说,恶意代码的行为是在用户不知情的情况下发生的,是未经用户许可的,其目的也往往是违背用户的意图和系统的安全策略。

2. 可触发性

可触发性指恶意代码会因某个因素(如时间、数值、指令)的出现,而触发感染和攻击行为的特性。触发条件可以是多种多样的,一个设计良好的触发机制,可以大大增加恶意代码的攻击力。在分析恶意代码时,如果能掌握其触发机制,就可以修改或改进此部分代码,使其失效或产生功能更为强大的变种。

3. 潜伏性

恶意代码在入侵了系统之后,一般都有一个平静期,在此期间,计算机系统仍能正常运行,使用户不会感到任何异常。这样,就可以隐蔽自己,使用户觉察不到它的存在。这种隐蔽自己,使其难以被发现的特性称为潜伏性。

4. 破坏性

破坏文件或数据,扰乱系统正常工作的特性称为破坏性。任何恶意代码只要侵入系统,都会对系统及应用程序产生程度不同的影响,轻者会占用系统资源,降低计算机工作效率,重者可导致系统崩溃。恶意代码破坏性的严重程度,主要取决于其设计者的设计目的。现在很多病毒已经不再明显地表现出破坏性,而是和一些黑客技术相结合,窥探、修改、窃取系统的某些敏感信息。

除了以上共通特性,计算机病毒还具有传染性,即具有把自身的拷贝插入其他程序的特性。传染性是计算机病毒最根本的属性,是判断某些可疑程序是否是病毒的重要判据。

特洛伊木马还具有如下特性:①隐蔽性:即采用各种技术,在系统中很好地隐藏自己,以躲避各种安全工具的检测;②欺骗性:即将自己伪装成常用的文件形式,或者将自己与正常程序捆绑在一起,以诱骗受害者执行。

## 9.2 恶意代码机理

恶意代码机理主要是指恶意代码的编程原理,以及传播、感染和触发的机制。这里,传播机制是指恶意代码散布和侵入受害系统的方法;感染机制是指恶意代码依附于宿主或隐藏于系统中的方法;触发机制是指使已经侵入受害系统中的恶意代码得到执行的方法、条件或途径。图 9.1 给出了恶意代码的生命周期。

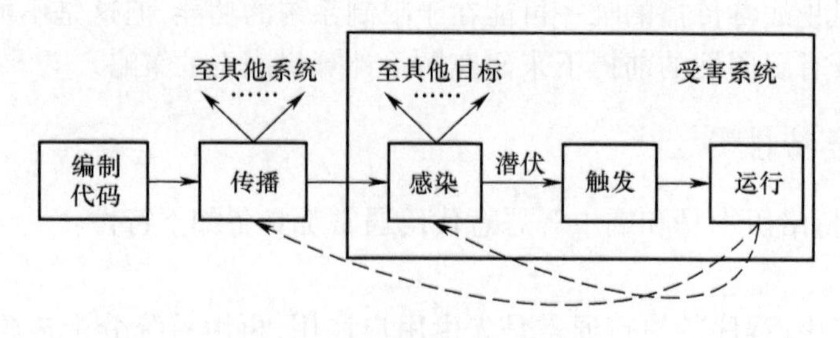

图 9.1　恶意代码的生命周期

### 9.2.1　恶意代码的程序机理

1. 计算机病毒的程序机理

虽然病毒的种类和数量很多，但万变不离其宗，它们的程序模块构成和传染机制基本相同，通常由引导模块、传染模块、触发模块、破坏模块等几个模块构成：

（1）引导模块：这是计算机病毒的主控模块，主要是协调病毒对各模块的调用，其基本过程为：首先调用感染模块进行感染，然后调用其触发模块，并接受其返回值；根据返回值，判断是调用病毒的破坏模块还是执行正常的程序。

（2）传染模块：负责完成病毒的感染功能。它寻找要感染的目标文件，通过检查该文件是否被标上了感染标志，判断该文件是否已经被感染了。如果没有被感染，则进行感染，并标上感染标志。传染模块一般包括：

① 传染控制部分：病毒一般都有一个控制条件，一旦满足这个条件就开始感染。例如，Windows 系统中的病毒通常会先判断某个文件是否为“.exe”文件，如果是则进行传染，否则再寻找下一个文件。

② 传染判断部分：每个病毒程序一般都会设置一个传染标记，在传染时将判断这个标记，如果发现某个文件已经被传染，就不再执行传染操作。

③ 传染操作部分：在满足传染条件时，实施传染操作。

（3）触发模块：对预先设定的条件进行判断，如果满足则返回真值，否则返回假值。触发的判断条件通常是时间、记数、特定事件、特定程序执行等。

（4）破坏模块：计算机病毒的最终目的是进行破坏，破坏的形式和表象由病毒编写者的目的决定。

2. 特洛伊木马的程序机理

特洛伊木马实质上是一些程序或子程序，它们伪装成友好程序，由可信用户在合法工作中不知不觉地运行。它表面上在执行合法功能，实际上却完成了用户不曾料到的非法功能，受骗者是程序的用户，侵入者是这段程序的开发者或发布者。特洛伊木马攻击的实质是通过在系统中潜伏，伺机窃取合法用户的权限以实现对系统资源进行未经授权的访问。

特洛伊木马窃密的原理是：用户的程序通常继承了与用户相同的唯一 ID、优先权和存取权。因此，特洛伊木马能在不破坏系统的任何安全规则的情况下进行非法活动，从而成为最难防御的一种危害。多数操作系统不是为防止特洛伊木马而专门设计的，因而防御特洛伊木马的能力有限。

特洛伊木马要成功地入侵系统,要具备以下条件:

(1) 渗透者要编写一个包含木马功能的程序(或者修改一段现有程序),该程序应当完成某些有趣的或者有用的功能以蒙蔽用户,且程序的运行方式不会引起用户的怀疑。

(2) 必须设计出某种计策,诱使受骗者接受这段程序,如将其安放到一个系统文件库中,并起一个有意义的名字。

(3) 必须设计出某种计策,使受骗者有意或无意地运行该程序。例如,用特洛伊木马程序替换已有的合法程序,使受害者在不知情的情况下运行该程序。

(4) 渗透者必须有某种手段回收由特洛伊木马操作为他带来的实际利益。假如这一操作是复制一段私人信息,那么渗透者需要为这些信息提供某个存放点,以便日后访问。

3. 蠕虫的程序机理

Crimelabs 的研究认为蠕虫是一种自治的入侵代理(Autonomous Intrusion Agent),即蠕虫是一个独立的、自我包容的系统,它包含了实施一次攻击所需要的一切功能模块,它把蠕虫程序的核心部分分解为六个基本模块:侦察模块、攻击模块、命令接口模块、通信模块、智能模块和未使用的攻击模块。如今绝大多数蠕虫都拥有上述模块中的前三个。个别蠕虫已经添加了控制接口,方便人为或自动控制传播出去的蠕虫,有些蠕虫还具有了数据库支持的功能。这几个模块构成了蠕虫的有机整体,使之能够顺利完成特定的入侵攻击功能。各模块间的关系如图 9.2 所示:

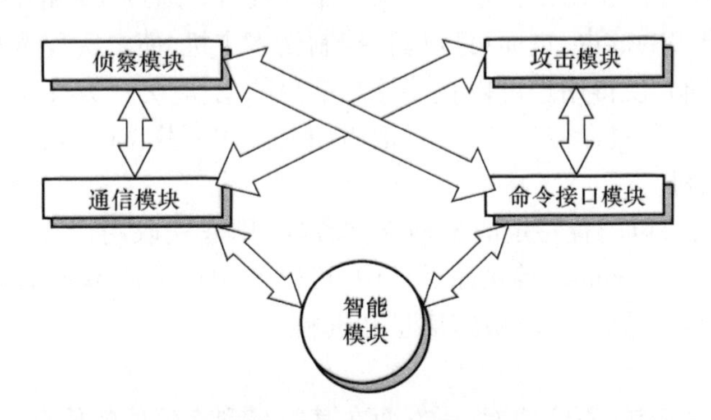


图 9.2　蠕虫程序结构

1) 侦察模块

也称信息搜集模块,负责搜索新的攻击目标和搜集待攻击系统的信息。通常在进行网络攻击时,攻击者在发起攻击前,要首先收集对分辨系统类型起关键作用的系统特性信息,或者安全级别较高的漏洞信息,以此来确定哪些系统可以成为其攻击目标。在蠕虫程序中,信息搜集模块以程序的方式完成黑客攻击中通常需由手工完成的信息搜集和分析工作。

蠕虫的侦察模块组件是在自动模式下完成这项工作的,其主要内容是扫描。系统向可能的攻击目标发送扫描探针,探测有用信息。根据返回的信息,该模块就可以判断目标主机当前是否处于活动状态,是否正在监听,哪些端口是开放的,以及正在运行的操作系统相关信息等,进一步地还可以搜集到机器的重要配置情况。然后,把这些信息提供给蠕虫其他相关功能模块作进一步判断,比如该目标在网络中所处的位置、该目标是否存在缺省或错误的配置等信息以及对该系统可能采取的攻击方式等。如果可能的话,蠕虫就会调用攻击模块实施攻击,或者将一些敏感信息通过通信模块发送给其控制者或其他指定用户。

2）攻击模块

攻击模块利用缓冲区溢出、CGI 等漏洞使得蠕虫得以从一个系统传播到另一个系统并提升在该系统中的权限。该模块又可分为两个部分:一部分运行于攻击节点,另一部分运行于被攻击节点。蠕虫的攻击代码可以是二进制代码,也可以是一些解释型脚本语言。蠕虫一般通过网络编程实现将攻击代码附着到远程主机上,但在某些场合下,可以使用一些简单的网络传输机制将自己发送到目标系统,如邮件信息或文件传输。该模块是蠕虫最重要的模块,也是其区别于其他蠕虫的关键所在。蠕虫系统节点通过该模块可在非授权情形下侵入系统、获取系统信息,必要时可在被入侵系统上提升自己的权限。

把攻击作为一个独立的模块分立出来,主要原因是目标系统的类型很多,攻击能否成功受限于被攻击的平台及所使用的攻击方法,特定漏洞或脆弱性的平台只适用于针对性强的攻击方法。而要实现跨平台、多手段攻击,在某种意义上来说需要一个体积更加庞大的蠕虫,这在一般情况下不易实现。将攻击功能作为独立模块分离出来,是一种比较好的解决方法,甚至有些蠕虫可将各种攻击方法做成插件,放入蠕虫体中。

3）命令接口模块

攻击者为了控制受蠕虫传染的主机,或者使各个受蠕虫传染的网络节点可以发动协同攻击(如 DDoS 等),通常都在蠕虫程序中实现了命令接口。通过命令接口,攻击者可以采用手工方式控制传播出去的蠕虫,进而可以远程控制受害主机,使之实现木马功能。这种控制一方面提供了交互机制,使得用户可以直接控制蠕虫的动作,另一方面还可以让蠕虫通过一些通道实现自动控制。通过命令接口,可以把诸如上传和下载文件、状态汇报或者发动攻击等命令送达到特定主机。

在 UNIX 系统上,可以配置特定的木马守护程序,用来获取用户特定密码字段,进而获取管理员访问权限。在 Windows 等桌面系统中,可以使用一个简单的木马程序来监听网络套接字命令,监视其网络通信,窃取敏感信息和资料。

4）通信模块

现有的蠕虫都有一定的通信功能,一方面在其收集到有价值的信息后,根据设计者的设计,它可能需要将这些信息发送给某个特定的用户。另一方面,如果攻击者有意利用蠕虫,他就会通过一定的通信信道与该蠕虫进行通信。通信模块用来在蠕虫节点之间传递攻击信息,这部分的实现通常会采用一些与手工黑客攻击类似的自我保护措施以防止被察觉。

5）智能模块

攻击者或者某个蠕虫节点要想通过命令接口模块达到控制其他已被传染的网络节点,首先必须知道如何同这些节点进行通信。智能模块使得蠕虫可能以某种形式保存网络中已被传染的节点的位置信息以实现同这些节点间的通信。

6）未使用的攻击模块

蠕虫通常会携带多种攻击载荷,其中部分载荷有时并没有用到。这些没有用到的攻击载荷,可归到此类模块。

在实现过程中,蠕虫可以根据实际情况携带若干个模块,并借助通信模块协调其工作。例如某些节点专门负责侦察,另外一些节点负责攻击,还有一些节点虽然没有攻击和侦察能力,但它可以专注于通信机制。所有受蠕虫感染的节点将构成一个有机整体,相互协作,互为补充。每个节点可以动态更新,更新信息可以由数据支持模块提供,也可以由其他已经动态更新过的蠕虫节点提供。新的侦察或攻击功能可以插件的形式加入各个节点中去。

### 9.2.2 恶意代码的传播机理

1. 文件共享

文件共享的主要途径是移动介质和网络下载,恶意代码可以在文件共享过程中得到传播。移动介质包括磁盘、光盘和移动硬盘等,若它们包含有恶意代码的文件或磁盘扇区,在使用它们时,恶意代码就可能侵入计算机。为了实现信息共享,一个移动介质可能需要接入其他的计算机系统,这在无形中扩大了系统的“接触面积”,增加了感染恶意代码的可能。一些光驱支持自动运行功能,它们根据配置文件在插入光盘后立即运行相关程序,为传播恶意代码提供了便利。随着网络的普及,网络逐渐取代移动介质成为发布软件和数字内容的主要渠道,但大量下载网站提供一些来源不可靠的资源,它们很可能传播恶意代码。

2. 通过局域网传播

局域网是恶意代码(特别是蠕虫程序)传播的便利且有效的途径,一旦在局域网中有一台计算机染上了蠕虫,那么它就会持续不断地通过局域网进行传播。例如,Nimda 不仅能透过局域网向其他计算机写入大量具有迷惑性的带毒文件,还会让已中毒的计算机完全共享所有资源,造成交叉感染。

3. 网页脚本和插件

动态网页技术支持在网页中运行脚本和插件,它们需要在客户端运行,如 Windows 平台下支持 VBScript、JavaScript 和 ActiveX 控件等。当浏览器访问需要运行脚本或插件的网页时,网页脚本立即被执行,这可能使系统直接感染恶意代码,而若客户端尚未安装相应的插件,浏览器会根据安全配置决定是否下载并安装插件,一般情况下,浏览器会让用户决定。当用户被网页的内容欺骗并认为插件来源可靠时,可能选择安装,从而使系统遭到感染。

4. 电子邮件

电子邮件是网络信息交换与传输的常用方法。电子邮件支持附件传输功能,它经常被利用于传播恶意代码,当用户误认为邮件来源可靠时,通常会执行或保存这些附件,使系统受到感染。一些邮件客户端程序支持各种网页格式的邮件,恶意代码也可能存在于这些网页上的插件或链接中。

5. 数字内容播放

一些视频和音频播放器支持显示网页或用弹出窗口显示它们,而播放器缺乏浏览器那样的安全检查,因此更容易遭受通过网页实施的恶意代码攻击。例如,RM 文件是常用的网络多媒体文件类型之一,给 RM 文件加入弹出广告功能的操作并不复杂,网上已经出现具备类似功能的共享软件,因此攻击者所需要做的仅是利用这些工具将一个 RM 文件再次编码,在编码中插入包含恶意代码的网页。

6. 网络攻击

在信息系统存在安全漏洞时,网络攻击可能使攻击者截获系统的控制权,实施非授权的操作,因此可以被用于传播恶意代码。

7. 通过即时通信工具传播

现在即时通信工具用户群很广,而且在聊天时往往戒心更低,使得其成为又一个大量散播恶意代码的途径。

8. 多种方式组合传播

新型恶意代码与 Internet 及 Intranet 更加紧密地结合在一起,它们利用一切可以利用的方式(如邮件、局域网共享、系统漏洞、远程管理、即时通信工具等)进行传播,一经爆发即在网络上快速传播,难以遏止。

### 9.2.3 恶意代码的感染机理

1. 感染引导系统

恶意代码在侵入计算机系统后,可以选择感染操作系统。在每次计算机启动中,BIOS 首先被执行,之后主引导记录(Master Boot Record,MBR)和分区引导记录(Volume Boot Record)中的代码被依次执行,这是操作系统启动的“必经之路”,因此很多计算机病毒将引导记录作为感染目标。感染方法一般是将原来的引导代码存储到其他扇区中,用病毒代码替换它。图 9.3 所示的是一个被病毒修改的主引导记录,这样的系统在启动时,病毒程序会先于原引导程序执行。因此,病毒程序可以直接实施破坏,比如造成不能启动或修改 BIOS 已经设置好的中断向量,使之指向病毒程序。这样,等中断调用到来后,病毒可以截获控制权。以上病毒常被称为引导型病毒。

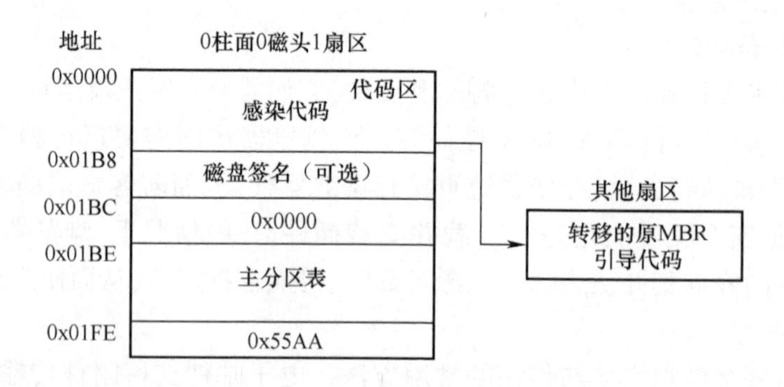


图 9.3 被病毒修改的主引导记录

2. 感染可执行文件

恶意代码可以不同的方式感染可执行文件,按照感染方式可以分为外壳型恶意代码、嵌入型恶意代码、源代码型恶意代码、覆盖型恶意代码和填充型恶意代码等几类。外壳型恶意代码并不改变被攻击宿主文件的主体,而是将病毒依附于宿主的头部或尾部(如图 9.4 所示),恶意代码将在程序开始或结束时截获系统控制权;嵌入型恶意代码寄生在文件中间,隐蔽性更强;源代码型恶意代码专门攻击程序设计语言,并能够与后者一道编译;覆盖型恶意代码替换全部或部分宿主程序;填充型恶意代码仅仅填充宿主程序的空闲区域,它不直接破坏宿主,也不改变宿主程序的长度,因此隐蔽性更强。

由于 Windows 系列操作系统在桌面领域的统治地位,Windows 病毒的数量和危害自然也成了计算机病毒之最。在 Windows 系统中,所有可执行文件(包括内核驱动程序)都使用 PE(Portable Executable)文件格式,因此病毒感染的对象主要是 PE 格式的可执行文件。

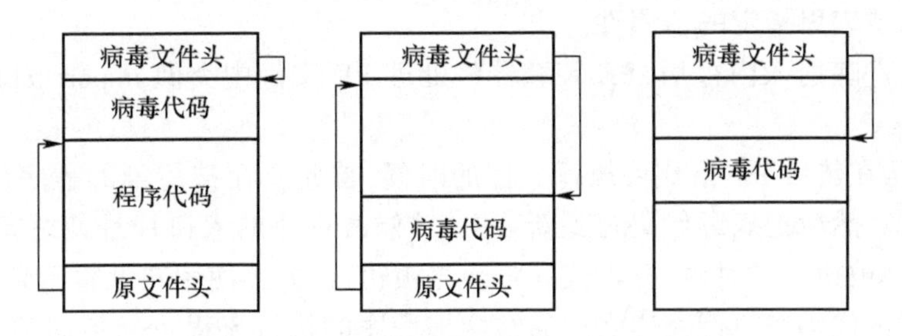


图 9.4　病毒插入或覆盖程序的前、中、后部

PE 文件格式如图 9.5 所示,其中:

(1) DOS MZ header:通过该字段可以识别出该执行文件是否有效。

(2) DOS stub:该区驻有一段极小的 DOS 程序,用来输出像“This program cannot be run in DOS mode”这样的信息。如果在一个非 Windows 的系统上运行程序,就会出现这样的提示。

(3) PE header:PE header 是 PE 相关结构 IMAGE_NT_HEADERS 的简称,其中包含了许多 PE 装载器用到的重要域。可执行文件在支持 PE 文件结构的操作系统上运行时,PE 装载器将从 DOS MZ header 中找到 PE header 的起始偏移量,因而跳过了 DOS stub 直接定位到真正的文件头 PE header。

(4) Section:PE 文件的真正内容被划分成节(sections)。每节是一块拥有共同属性的数据段,比如代码/数据、读/写等。如果把 PE 文件比作一块逻辑磁盘,PE header 就相当于磁盘的 boot 扇区,而其中的每个分节就类似各种文件,每种文件自然就有不同属性如只读、系统、隐藏、文档等。节的划分是基于各组数据的共同属性,而不是逻辑概念,如果 PE 文件中的数据/代码拥有相同属性,它们就能被归入同一节中。例如如果想将某块数据赋为只读属性,就可以将该块数据放入置为只读的节中,当 PE 装载器映射节内容时,它会检查相关节属性并设置对应内存块为指定属性。

| DOS MZ header |
|---|
| DOS stub |
| PE header |
| Section table |
| Section 1 |
| Section 2 |
| Section… |
| Section n |

图 9.5　PE 文件格式

PE 文件的加载过程大致如下:

(1) 当 PE 文件执行时,PE 装载器检查 DOS MZ header 里的 PE header 偏移量。如果找到,则跳转到 PE header。

(2) PE 装载器检查 PE header 的有效性。如果有效,就跳转到 PE header 的尾部。

(3) PE 装载器读取紧随 PE header 后的节信息,并采用文件映射方法将这些节映射到内存，同时赋以节表里指定的节属性。

（4）PE 文件映射入内存后，PE 装载器将处理 PE 文件中类似 import table（引入表）逻辑部分。

计算机病毒在传染 PE 格式可执行文件的时候，首先要在被传染的程序（即宿主程序）中建立一个新节，然后把病毒代码写到新节中，并修改程序的入口地址使之指向病毒代码。这样当宿主程序被执行的时候，病毒代码将会先被执行，为了使用户觉察不到宿主程序已经被病毒传染，病毒代码在执行完毕之后通常会把程序的执行流程重新指向宿主程序的原有指令。

3. 感染结构化文档

“宏”是能组织到一起作为一个命令使用的一组命令。提供“宏”的目的是让用户能够用简单的编程方法，将多个执行命令依次放在一起来执行，以简化一些经常性的操作。例如，微软提供宏语言 WordBasic 来编写宏，也允许 Word、Excel、Access、Visio、PowerPoint 等结构化文档及相关的模板文件包含宏以实现一些自动的文档处理。

宏病毒就是利用宏语言编程接口制作的具有病毒性质的宏集合。在打开一个带宏病毒的文档或模板时，就会激活宏病毒，宏病毒还会将自身复制到相关文档或模板中。由于 WordBasic 等宏语言提供了许多系统底层调用，因此宏病毒可能对系统构成直接威胁。需要说明的是，并非只有 Office 中的 WordBasic 可以用来编写宏病毒，任何具备文件 I/O 功能的脚本都可以，比如，ASP 中的 VBScript，Windows 中的 Script，StarOffice 中的 Macro，DOS 中的 Bat，UNIX 中的 Shell Script 等。

由于 Word 是一个功能很强大的办公软件，流行于各种操作系统平台上。它同微软 Windows 系统有着天然的密切联系，可以支持 DDE 等多种 Windows 机制。下面以 Word 宏病毒为例，分析宏病毒的工作机理。

Word 的文档处理过程，同时涉及各种不同操作，如打开文件、关闭文件、读取数据资料以及储存和打印等。每一种操作都对应着特定的宏命令，如文件保存操作与 FileSave 相对应、文件另存操作对应着 FileSaveAS、文件打印则对应着 FilePrint 等。Word 打开文件时，它首先要检查是否有 AutoOpen 宏存在。如果存在，并且在 Word 中启用了宏，那么 AutoOpen 就会被自动执行。类似地，如果文件中存在 AutoClose 宏，那么 Word 在关闭文件时，就会自动执行它。

通常，Word 宏病毒至少会包含若干个自动宏，如 AutoOpen、AutoClose、AutoExec、AutoExit 和 AutoNew 等，或者一个以上的标准宏，如 FileOpen、FileSaveAs 等。如果某个 Word 文档被宏病毒感染，则当 Word 执行其中的宏时，就可能触发病毒代码。由自动宏和/或标准宏构成的宏病毒，一般是通过把其内部所包含的病毒宏插入到通用宏的代码段实现传染。而当 Word 退出时，它会自动地把所有通用宏保存到模板文件中，当 Word 再次启动时，它又会自动地把所有通用宏从模板中装入。这样，一旦 Word 系统遭受感染，则以后每当它进行初始化时，都会通过模板文件把宏病毒传染给其所打开和创建的任何文档。宏病毒利用 FileOpen、FileSave、FileSaveAs 和 FilePrint 等所关联的文件操作功能获取对文件控制。当某项功能被调用时，相应的病毒宏就会实施病毒所定义的非法操作，包括传染操作、破坏操作等。由于 Word 允许对宏本身进行加密操作，因此有许多宏病毒是经过加密处理的，不经过特殊处理是无法进行编辑或观察的，这给宏病毒的查杀增加了难度。

目前,几乎所有已知的宏病毒都沿用了类似的作用机理。宏病毒的局限是,它必须依赖某个可受其感染的系统,如微软的 Office 软件,否则其便失去了生存的土壤。

4. 感染网络服务或客户端

一些网络服务存在安全漏洞,容易被攻击者截获控制权并加入恶意代码;一些客户端程序具有可扩展性,恶意代码可能伪装成其功能扩展模块,那些警惕性不高的用户就可能安装这些恶意代码。

5. 假冒文件

木马和蠕虫是独立的程序,因此可以直接作为文件存储在系统中。为了实现潜伏,木马和蠕虫的可执行文件一般都被伪装为正常的系统文件或临时文件,如将程序名和图标修改为一个常见的文件名或程序图标。

## 9.3 恶意代码检测

恶意代码检测主要用于确定感染目标中恶意代码的存在,并获得其感染或运行特征,为确定检测疗法提供帮助。恶意代码分析需要一些用于跟踪、反汇编、调试程序的专业工具软件,分析工作也需要配置专用计算机,方法主要分为静态分析和动态分析两种。静态分析是指利用反汇编工具将恶意代码转换为反汇编后的程序进行分析,一般利用静态分析方法可以发现恶意代码的模块组成、编程技巧、感染方法、可用于标识恶意代码的特征代码序列(一般简称为特征代码)。动态分析是指在恶意代码执行的情况下,对恶意代码实施跟踪和观察,确定恶意代码的工作过程,对静态分析的结果进行验证。

### 9.3.1 特征码法

恶意代码的特征码,是从恶意代码或被病毒感染的程序中抽取的一段独一无二、足以代表恶意代码特征的二进制程序代码,可用于标识一个病毒、木马或蠕虫等恶意代码。从各种恶意代码样本中抽取的特征码,构成了恶意代码的特征库。特征码法的原理,就是利用已经得到的特征码,通过匹配可能的执行对象,确定其是否为恶意代码或感染了计算机病毒。因此,特征码的选择非常重要,所选择的特征码要能够反映出该恶意代码的典型特征,如它进行破坏、传播和隐藏等功能的代码。所抽取的特征码要长度适当,既不应太短,以确保其具有唯一性,又不宜太长,以提高匹配效率、减小数据存储负担。实施特征码法需要经过以下两个步骤:

1. 建立特征码库

首先要采集恶意代码样本,通过分析、抽取得到其特征码。如前所述,所抽取的特征码要具有特殊性,能够在大范围的匹配中唯一标识一个恶意程序,且长度适当。例如,CIH 病毒的特征码为 55 8D 44 24 F8 33 DB 64。特征代码库存储了大量已知恶意代码的特征码,是常用恶意代码检测工具的必备构件之一。

2. 特征码匹配

根据特征码库,检测工具对检测目标实施代码扫描,逐一检查其中是否包含特征码库中的特征码。为了加快匹配,特征码库一般也记录了特征码在被感染文件上出现的位置。特征码法的优点是其检测的正确率比较高,能够检查出恶意代码的名称,因此有利于清除工作;其缺点是不能检测未知的恶意代码,特征码库需要经常更新,具有一定的滞后性,而且在特征码库较大时,检测开销也较大。

### 9.3.2 校验和法

校验和法是根据文件的内容,计算其校验和,并将所有文件的校验和放在一个资料库中。检测时,将文件现有内容的校验和,同资料库中的校验和进行比较。若不同,则可判断该文件被篡改。

1. 校验和法的三种检测方式

(1) 在恶意代码检测工具中加入校验和法。对被查的文件计算其正常状态的校验和,并将校验和值写入被查文件中或检测工具中,以便今后进行比较。显然,如果被查文件被计算机病毒感染,校验和值将发生变化。

(2) 在应用程序中加入基于校验和法的自我检查功能。将文件正常状态的校验和写入文件自身中,每当应用程序启动时,比较现行校验和与原校验和值,实现应用程序的自检测。

(3) 将校验和检查程序常驻内存。每当应用程序开始运行时,自动比较检查位于应用程序内部或别的地方预存的校验和。

2. 校验和法的优缺点

优点:①方法比较简单,具有通用性,而且能发现任何恶意代码对文件的篡改,可检测未知病毒和变种病毒;②若在计算校验和时使用数字签名等密码技术,也可使恶意代码难以伪造校验和。

缺点:①需要先计算并保存校验和,在检测时要求每次都需要计算文件的校验和并进行匹配;②该方法不能识别恶意代码的名称;③误报警率高。

### 9.3.3 行为监测法

行为监测法是将恶意代码中比较特殊的共同行为归纳起来。例如,可执行文件是主要的被感染对象之一。但是,用户很少修改可执行文件。因此,一旦有程序要修改可执行文件,可以立即分析这个程序的来历,一般可以判断是否为恶意代码;一些引导型病毒侵占特定的中断程序,因此可以专门分析这些中断程序,查看是否为恶意代码;一些文件型病毒在执行完病毒代码后会转而执行原宿主程序,因此存在较大的上下文环境变化,这往往也是病毒的行为特征之一。目前,很多检测工具都提供了恶意代码行为监测功能。行为监测法的优点是,能在一定程度上预报未知恶意代码,其缺点是寻找到恶意代码的行为特征较为困难,存在虚警概率。

### 9.3.4 虚拟执行法

多态性恶意代码在每次感染操作都会变换寄生代码,使得基于特征码的常用方法失效,而即使检测出了恶意代码的存在,一般检测方法也很难确定恶意代码的类型,不利于清除恶意代码。虚拟执行法是采用虚拟机技术,用软件模拟一个可控的虚拟计算环境:虚拟一个CPU,同样也虚拟CPU的各个寄存器,甚至将硬件端口也虚拟出来。用调试程序调入被观测的“样本”程序,将其放到虚拟环境中去执行,这样就可以通过观察内存、寄存器及端口的变化来了解程序的执行情况,在执行中确认恶意代码的特征。由于一般恶意代码在执行时需要解密被加密的代码或跳过冗余的代码,因此,会暴露实际执行代码的特征,进而可以利用前述的方法实施检测。虚拟执行法的执行开销较高,一般仅在常用方法失效的情况下使用。

## 9.4 恶意代码防御

### 9.4.1 访问控制法

Fred Cohen 通过对病毒理论的研究,认为只要计算机系统中存在着共享信息,就有可能传播恶意代码。计算机系统的共享性、传递性及解释的通用性,是计算机最突出的优点,但也正是这些优点给恶意代码的传播提供了条件。他提出了如下几种基于访问控制思想的恶意代码防御思路。

1. 基本隔离法

如果取消信息共享,将系统“隔离”开来,恶意代码就不可能随着外部信息而传播到系统中来,当然也就不会把系统内部的恶意代码传播出去。这种隔离策略,是防治恶意代码的最基本方法。但是,使用信息系统的主要目的之一,是通过信息共享而获得好处,否则信息系统的优越性将大大降低。显然,此方法不便推广,作用有限。

2. 分割法

分割法主要是把用户分割成为不能互相传递信息的封闭子集。由于信息流受到控制,这些子集可被看作由系统分割而成的相互独立的子系统。因此,病毒就不会在子系统之间相互传染,而只能在某个子系统内部传播,使得整个系统不至于全部被感染。显然,这种方法仍是沿袭了隔离的思想。

3. 流模型法

流模型法是对共享信息流流过的距离设立一个阈值,使特定的信息只能在一定的区域中流动,以此建立一个防卫机制,防止信息的传播超过某一距离阈值。

4. 限制解释法

限制解释法也就是限制兼容,即采用特定的信息解释模式,以防止被病毒传染。例如,对应用程序实行加密就可以及时检测出可执行文件是否受到病毒的感染,从而清除病毒的潜在威胁。

### 9.4.2 拦截清除法

1. 主动内核技术

主动内核技术是从操作系统内核层次,给操作系统和网络协议栈安装安全补丁。这些补丁将从安全的角度,对系统或网络进行管理和检查,对系统的漏洞进行修补。任何文件在进入系统之前,恶意代码防御模块都将首先使用各种手段对文件进行检测扫描处理。

2. 实时反病毒技术

实时反病毒是指在任何程序被调用之前,都先对其进行扫描。一旦发现有恶意代码侵入,就报警并自动清除,做到防患于未然。较之等到恶意代码侵入系统后,甚至破坏操作执行以后再去清除是不一样的,这种做法的安全性更高。实时反病毒的难点,是要解决对未知恶意代码的检测问题。目前,网络已经成为恶意代码传播的最佳途径,加上网络本身具有实时性和动态性,更迫切需要具有实时性的反病毒技术。

3. 邮件病毒查杀技术

邮件病毒查杀技术是基于网络环境的嵌入式查杀病毒技术。它采用智能邮件客户端代理技术。该技术具有完善的邮件解码技术,能对邮件的各个部分,包括附件文件进行病毒扫描;清除病毒后,能将无毒的邮件数据重新编码,传送给邮件客户端,并且能够更改主题、添加查毒报告附件;具有完善的网络监控功能,能在邮件到达邮件客户端之前就进行拦截,让病毒无机可乘;具备垃圾邮件处理功能,自动过滤垃圾邮件,有效地避免网络堵塞。

### 9.4.3 管理预防法

维护信息系统的安全,三分靠技术,七分靠管理。恶意代码的攻击手段在不断地发展,即使是最先进的防范技术都不可能百分之百地阻止所有攻击。因此,不断提高人员的安全意识,动态地进行防护和管理,才能获得相对的安全。总体而言,如果能够遵守以下几条原则,那么恶意代码传播和破坏的可能性将会大大降低。

(1) 提高人员的安全防范意识和水平。对于系统管理员来说,这一点尤为重要,多数恶意代码的得手都是由于管理人员的疏忽造成的。普通用户,特别是上网用户,也应该多掌握一些恶意代码防御知识,在访问一些不知名的网站或下载资料时保持高度警惕。

(2) 建立完善的防护系统。在条件允许的情况下,为自己的单机或局域网安装一个多层次的防卫系统,对通信进行过滤。选择正版知名的防病毒软件、防火墙和入侵检测系统,并能够正确配置和及时升级。

(3) 经常性地对系统进行维护和升级。当前,很多恶意代码都利用系统漏洞进行攻击,定期对系统进行更新和升级十分必要。网络用户,特别是系统管理员应该时刻留意系统厂商推出的最新补丁,并及时安装。

(4) 定期对重要的资料进行备份。如果有良好的备份习惯,即使系统不慎被恶意代码破坏,其损失也会降到最小。

(5) 正确处理受到恶意代码攻击的系统。在受到攻击后要冷静、认真地分析原因及对策,避免不正确的操作对系统造成进一步的伤害。

## 9.5 新型恶意代码

### 9.5.1 新型蠕虫程序

现在的蠕虫的攻击行为通常都是个体行为,侵入主机的每个蠕虫载有全部负荷。从另一个角度来说,就是其通信功能模块、命令接口模块和数据库支持模块的功能还不够强,蠕虫个体与个体之间的协作性能还不高,即每个蠕虫节点的整体意识不强,导致其生存能力比较低。新型的蠕虫程序,会利用 P2P 等网络技术,灵活组网,形成协同性好、生存力强、功能强大的蠕虫网络(Wormnet)。

1. 通信功能的增强

因为 Wormnet 节点存在于不同系统之中,要加强蠕虫个体之间的合作,他们之间必须存在通信机制。节点的更新、新成员的加入等都需要信息交互,还有侦察模块获得的信息,比如网络脆弱性和映射信息等,必须能够及时地传送给那些需要利用这些信息进行攻击的节点。同时,命令信息需要被有效地发送给提出请求的活动节点,用于完成扫描、攻击或者其他活动的初始化工作。

通常的通信采用的是广播方式,这样可以提升信息传输速度,但在一个安全网络环境里,广播方式传送信息很容易被网络监控系统发现。一种比较好的方法是采用存储转发机制,通信只发生在父子节点之间。一个上级节点只把消息发送给子节点,子节点收到后再转发给下一级节点。这样,无论何时,网络中的通信量都不会太大,不会引起检测系统的注意。通信信道通常可以利用黑客技术来实现隐藏,另外还可以借助公共通信渠道传递信息。

利用存储转发机制进行通信,在传送效率上不如广播方式,但在一个连通性很强的 Wormnet 中,这样的传输效率仍然很高,同时在很大程度上避免了入侵检测系统的跟踪。

2. 数据库支持功能的增强

Wormnet 拥有保存其成员节点及其位置信息的智能信息库。在需要进行大规模感染时,Wormnet 可以根据智能信息库,唤起所有的节点蠕虫,对目标系统发起类似 DDoS 的攻击。通过命令接口,黑客可以方便地提取库中的记录,或是将其传递给 Wormnet 中的其他节点,且可对信息库的记录不断更新和升级。最简单的信息更新方式是,让最新加入 Wormnet 的节点向中心信息库发送更新消息,汇报自己的地址信息,以及一些与之有关的成员记录信息。更新消息会以加密通信等安全的方式传送,以躲避安全措施和管理员的检测。通过这种方式,Wormnet 就能从全局掌握其成员的所有情况。

3. 其他特性的增强

1)跨平台能力

这可能是最重要的特性。现在的网络蠕虫所能运行的平台比较单一,通常只是感染某种特定的平台,其跨平台性能还远远不足。将来的蠕虫应该能运行于 Windows、Linux 等多种平台上,其相互之间的通信方式和渠道都会相应有很大改变。

2)学习能力

学习性和动态更新机制密切相关。一方面,蠕虫节点可以定时向数据中心或者其他节点询问更新内容;另一方面,当一个被感染的主机再次被感染时,将会根据时间戳进行判断,如果刚到来的感染代码时间戳更新,则该节点会下载新的代码更新节点蠕虫。

3)多态性

变形技术也是蠕虫的一个重要发展方向。蠕虫每传播到一个目标后,其自身代码与前一目标中的蠕虫代码几乎没有相同的连续字节,或者到达目标后分裂成数块,分别潜藏在几处,当蠕虫引擎被激发后就能自我恢复成一个完整的蠕虫。蠕虫在附着体上的空间位置不断随时间变化,即潜藏的位置随时间而不确定。

4)与黑客技术更紧密地结合

比如,先将“无害”蠕虫传播出去,当确认它已经到达目标主机并且未被捕获;接着,可以发送和更新目标主机上的蠕虫,以换上恶意的代码;最后,如果蠕虫能通过网络访问的话,就关闭原有蠕虫的运行。

### 9.5.2 僵尸网络

僵尸网络(Botnet)是指采用一种或多种传播手段,在大量互联网主机中植入僵尸程序(即 bot 程序),使之成为可被远程控制的“僵尸计算机”,从而在控制者和被感染主机之间所形成的一个可一对多的网络控制。这里,bot 是 robot 的缩写,是指实现恶意控制功能的程序代码。僵尸网络都是极具威胁的隐患,在国际上备受关注。

1. *主要特点*

首先,僵尸网络是一个可控制的网络,这个网络并不是指物理意义上具有拓扑结构的网络,它具有一定的分布性,随着 bot 程序的不断传播而不断有新的僵尸计算机添加到这个网络中来。

其次,僵尸网络是采用了一定的恶意传播手段形成的,例如主动漏洞攻击、邮件病毒等各种病毒与蠕虫的传播手段,都可以用来进行 Botnet 的传播,从这个意义上讲,恶意程序 bot 也是一种病毒或蠕虫。

最后,也是最主要的一点,就是可以一对多地执行相同的恶意行为,比如同时发送大量的垃圾邮件。而正是这种一对多的控制关系,使得攻击者能够以极低的代价高效地控制大量的资源为其服务,这也是 Botnet 攻击模式近年来受到黑客青睐的根本原因。在执行恶意行为的时候,Botnet 充当了一个攻击平台的角色,这也就使得 Botnet 不同于简单的病毒和蠕虫,也与通常意义的木马有所不同。

2. *发展历程*

Botnet 是随着自动智能程序的应用而逐渐发展起来的。在早期的 IRC 聊天网络中,有一些服务是重复出现的,如防止频道被滥用、管理权限、记录频道事件等一系列功能都可以由管理者编写的智能程序所完成。于是在 1993 年,在 IRC 聊天网络中出现了 Bot 工具——Eggdrop,这是第一个 bot 程序,能够帮助用户方便地使用 IRC 聊天网络。这种 bot 的功能是良性的,是出于服务的目的,然而这个设计思路却为黑客所利用,他们编写出了带有恶意的 Bot 工具,开始对大量的受害主机进行控制,利用他们的资源以达到恶意目标。

20 世纪 90 年代末,随着分布式拒绝服务攻击概念的成熟,出现了大量分布式拒绝服务攻击工具如 TFN、TFN2K 和 Trinoo,攻击者利用这些工具控制大量的被感染主机,发动分布式拒绝服务攻击。而这些被控主机从一定意义上来说已经具有了 Botnet 的雏形。

1999 年,在第八届 DEFCON 年会上发布的 SubSeven 2.1 版开始使用 IRC 协议构建攻击者对僵尸主机的控制信道,也成为第一个真正意义上的 bot 程序。随后基于 IRC 协议的 bot 程序的大量出现,如 GTBot、Sdbot 等,使得基于 IRC 协议的 Botnet 成为主流。

2003 年之后,随着蠕虫技术的不断成熟,bot 的传播开始使用蠕虫的主动传播技术,从而能够快速构建大规模的 Botnet。著名的有 2004 年爆发的 Agobot/Gaobot 和 rBot/Spybot。同年出现的 Phatbot 则在 Agobot 的基础上,开始独立使用 P2P 结构构建控制信道。

从良性 bot 的出现到恶意 bot 的实现,从被动传播到利用蠕虫技术主动传播,从使用简单的 IRC 协议构成控制信道到构建复杂多变 P2P 结构的控制模式,Botnet 逐渐发展成规模庞大、功能多样、不易检测的恶意网络,给当前的网络安全带来了不容忽视的威胁。

3. *工作过程*

Botnet 的工作过程包括传播、加入和控制三个阶段。

1）传播阶段

Botnet 首先需要拥有一定规模的被控计算机，而这个规模是逐渐地随着采用某种或某几种传播手段的 bot 程序的扩散而形成的，在这个传播过程中有如下几种手段：

（1）主动攻击漏洞。通过攻击系统所存在的漏洞获得访问权，向其中植入 bot 程序，将被攻击系统感染成为僵尸主机。属于此类的最基本的感染途径是攻击者手动地利用一系列黑客工具和脚本进行攻击，获得权限后下载 bot 程序执行。攻击者还会将僵尸程序和蠕虫技术进行结合，从而使 bot 程序能够进行自动传播。

（2）邮件病毒。通过发送大量的邮件病毒传播 bot 程序，通常表现为在邮件附件中携带 bot 程序以及在邮件内容中包含下载执行 bot 程序的链接，并通过一系列社会工程学的技巧诱使接收者执行附件或点击链接，或是通过利用邮件客户端的漏洞自动执行，从而使得接收者主机被感染成为僵尸主机。

（3）即时通信软件。利用即时通信软件向好友列表发送执行 bot 程序的链接，并通过社会工程学技巧诱骗其点击，从而进行感染。

（4）恶意网站脚本。攻击者在提供 Web 服务的网站中的 HTML 页面上绑定恶意脚本，当访问者访问这些网站时就会执行恶意脚本，使得 bot 程序下载到主机上，并被自动执行。

（5）特洛伊木马。伪装成有用的软件，在网站、FTP 服务器、P2P 网络中提供，诱骗用户下载并执行。

从以上可以看出，在 Botnet 的形成过程中，bot 程序的传播方式与蠕虫和病毒以及功能复杂的间谍软件很相近。

2）加入阶段

在加入阶段，每一个被感染主机都会随着潜伏在自身上的 bot 程序的发作而加入到 Botnet 中去，加入的方式根据控制方式和通信协议的不同而有所不同。在基于 IRC 协议的 Botnet 中，感染 bot 程序的主机会登录到指定的服务器和频道中去，在登录成功后，在频道中等待控制者发来的恶意指令。

3）控制阶段

在控制阶段，攻击者通过中心服务器发送预先定义好的控制指令，让被感染主机执行恶意行为，如发起 DDoS 攻击、窃取主机敏感信息、更新升级恶意程序等。

4. *主要危害*

Botnet 构成了一个攻击平台，利用这个平台可以有效地发起各种各样的攻击行为，可以导致整个基础信息网络或者重要应用系统瘫痪，也可以导致大量机密或个人隐私泄露，还可以用来从事网络欺诈等其他违法犯罪活动。下面是已经发现的利用 Botnet 发动的攻击行为。随着将来出现各种新的攻击类型，Botnet 还可能被用来发起新的未知攻击。

（1）拒绝服务攻击。使用 Botnet 发动分布式拒绝服务攻击((DDoS)是当前最主要的威胁之一，攻击者可以向自己控制的所有僵尸计算机发送指令，让它们在特定的时间同时开始连续访问特定的网络目标，从而达到 DDoS 的目的。由于 Botnet 可以形成庞大规模，而且利用其进行 DDoS 攻击可以做到更好地同步，所以在发布控制指令时，能够使得 DDoS 的危害更大，防范更难。

（2）发送垃圾邮件。可以利用 Botnet 发送大量的垃圾邮件，而且发送者可以很好地隐藏自身的 IP 信息。

(3) 窃取秘密。Botnet 的控制者可以从僵尸主机中窃取用户的各种敏感信息和其他秘密,例如个人账号、机密数据等。同时 bot 程序能够使用网络嗅探功能观测感兴趣的网络数据,从而获得网络流量中的秘密。

(4) 滥用资源。可以利用 Botnet 从事各种需要耗费网络资源的活动,从而使用户的网络性能受到影响,甚至带来经济损失。例如,种植广告软件,点击指定的网站;利用僵尸主机的资源存储大型数据和违法数据等。

### 9.5.3 智能终端恶意代码

随着移动通信技术的发展,移动终端发生了巨大的变化,朝着智能化的方向不断迈进。研究机构 Gartner 称,2011 年第一季度手机销量共计 4.278 亿部,较上年同期增长 19%,其中智能手机销量所占比例为 23.6%。该机构称,2011 年第一季度智能手机销量较上年同期增长 85%。与此同时,移动通信网络也在不断演进,从 1G、2G、3G 到 LTE,另外就是大量 Wi-Fi热点的部署以及终端开始普遍支持 Wi-Fi,业务带宽瓶颈逐渐缓解。伴随着终端智能化及网络宽带化的趋势,移动互联网业务层出不穷,日益繁荣。但与此同时,移动终端越来越多地涉及商业秘密和个人隐私等敏感信息,面临着越来越严峻的信息安全威胁。

1. 主要危害

(1) 经济类危害:盗打电话(如悄悄拨打声讯电话),恶意订购 SP 业务,群发彩信等。

(2) 信用类危害:发送恶意信息、不良信息、诈骗信息给他人。

(3) 信息类危害:窃取个人隐私信息,如通信录、本地文件、短信、通话记录、上网记录、位置信息、日程安排、各种网络账号、银行账号和密码等。

(4) 设备类危害:致使移动终端死机、运行慢、功能失效、通信录被破坏、删除重要文件、格式化系统、频繁自动重启等。

(5) 网络类危害:恶意代码感染移动终端后,强制移动终端不断地向所在通信网络发送垃圾信息,导致通信网络信息堵塞。

2. 主要传播途径

(1) 网络下载传播:是目前最主要的传播方式。

(2) 蓝牙(Bluetooth)传播:蓝牙也是恶意代码的主要传播手段,如恶意代码 Carbir。

(3) USB 传播:部分智能移动终端支持 USB 接口,用于 PC 与移动终端间的数据共享,恶意代码可以通过这种途径入侵移动终端。

(4) 闪存卡传播:闪存卡可以被用来传播恶意代码,闪存卡还可以释放 PC 恶意代码,进而感染用户的个人计算机,如 CardTrap。

(5) 彩信(MMS)传播:恶意代码可以通过彩信附件形式进行传播,如 Commwarrior。

3. 典型实例

1) “给你米”

通过将“给你米”植入到“植物大战僵尸”等多款流行手机游戏软件中,生成新的软件安装包后在手机论坛、手机软件下载站进行网络分发。感染用户手机后,“给你米”会自动在手机后台启动,推广各类恶意广告短信,在用户不知情的情况下,自动下载各类恶意推广软件。

2）X 卧底

该软件能够将终端变成窃听器，非法窃听电话。其原理是：当设定号码呼入时，自动接通，“X 卧底”使移动终端既不会响铃也不会振动，这样拨打者就可对移动终端周围的声音非法窃听；当被非法窃听移动终端有键盘动作时，自动挂断电话；非法窃听过程中，其他电话呼入会提示当前用户忙。

4. 典型移动平台的安全性分析

目前智能终端的主要操作系统平台有 Android、iPhone 和 Windows Phone 等，它们的安全机制差异甚大，使得不同厂商的智能终端面临安全风险截然不同。甚至同样的操作系统，由于不同 OEM 对其安全加固程度不同，也呈现出不同的安全特性。

1）iPhone 平台

iPhone 从一开始就是完全封闭的，封闭有利有弊，对安全却是有好处的。比如，iPhone 默认没有读取通话记录、短信等的 API，这保护了用户的隐私；调用显示用户位置信息的 API 也会弹出提示信息。另外，iPhone 也不允许使用 API 直接发短信和打电话，从而间接减少了恶意订购和恶意话费的风险。

2）Android 平台

iPhone 等平台不提供程序直接发短信等功能的接口，避免了恶意订购等行为的发生。Android 则把决定权交给了用户，由用户决定一个程序是否可以直接发短信。Android 要求开发者在使用 API 时进行申明，这样对一些敏感 API 的使用在安装时就可以给用户风险提示，由用户确定是否安装。但让用户承担这个决策责任目前看来风险很大。用户下载和安装软件时，通常都是直接点确定。类似于 Administrator 是 Windows 系统中的超级管理员用户，root 用户在 Android 系统也拥有最高权限，它可以访问和修改移动终端几乎所有的文件。现在已经有不少软件直接安装即可获取 root 权限。例如，用户只需单击一下 EasyRoot 程序的按钮，即可获得移动终端的 root 权限。

3）Windows Phone 平台

与 iPhone 类似，在 Windows Phone 中，应用程序商店也是安装终端应用程序的唯一方式，不支持通过其他方式来安装程序包，这在一定程度上杜绝盗版软件，防止了恶意代码的捆绑传播。Windows Phone 的应用程序模型目前主要支持第三方应用在前台执行，不完全支持后台应用，这样能够在一定程度降低系统风险。从 API 开发层面来说，在默认情况下，Windows Phone 没有提供读取通话记录、短信和执行拍照的 API，保护了用户的隐私。另外发短信、打电话也需要用户确认，防止了恶意扣费。

### 9.5.4 集成多种攻击的恶意代码

与传统的计算机病毒技术相比，当前恶意代码结合了计算机病毒、蠕虫、特洛伊木马和黑客攻击等多种攻击方式，已经成为一种一体化的网络安全威胁源。携带多种攻击载荷的网络蠕虫的大量出现即是这一趋势的明证。蠕虫不像早期的病毒一样仅仅借助电子邮件等传统的途径进行传播，而是直接寻找系统弱点，利用缓冲区溢出、攻击弱口令等黑客技术主动传播，大大增加了自身的传播速度；病毒在吸收和借鉴黑客手法的同时，也充当了黑客攻击的排头兵和探路者的角色。病毒可以进入黑客无法到达的企业私有网络空间，盗取机密信息或为黑客安装特洛伊木马。

在攻击方法上,越来越多地采用混合攻击,攻击效果更为显著。所谓混合攻击,包含两个方面的含义:一是指在同一次攻击中,既包含病毒攻击和黑客攻击,也包含隐蔽通道攻击和拒绝服务攻击,并可能包含口令攻击、路由攻击和中间人攻击等多种攻击方式;二是指攻击来自不同地方或来自系统的不同部分,如服务器、客户端、网关等。混合攻击可以更快地在更多计算机上扩散恶意代码,造成更大危害。

除了在传播手法上的丰富和加强外,现在的恶意代码已经越来越注意保护自身。例如,有些计算机病毒对自身的代码进行随机加密和压缩,以避免被杀毒程序识别;有些蠕虫程序主动采取行动,对付计算机上的查杀软件。例如,“求职信”的变种病毒可以自动关闭被感染的计算机上的防毒软件;MyDoom 的变种(MyDoom. B)不仅具有原来病毒的功能,还能够屏蔽杀毒软件商的网站,导致杀毒软件无法自动升级,从而无法清除 MyDoom 病毒。

## 9.6 本章小结

恶意代码是人为编制的一类具有不良意图的程序,它们严重威胁信息系统的安全性。恶意代码可划分为计算机病毒、特洛伊木马和蠕虫等三种基本类型,其中:计算机病毒是一种具有自我复制能力,并通过向其他可执行程序注入自身拷贝来实现传播的计算机程序片断;特洛伊木马是表面上看有用或无害,实则包含了对运行该程序的系统构成威胁的隐蔽代码;蠕虫是一种可以自行传播的独立程序,它可以通过网络连接,自动将其自身从一台计算机分发到另一台计算机上。本章分别阐述了上述三类恶意代码的程序机理、传播机理和感染机理,介绍了特征码法、校验和法、行为监测法和虚拟执行法等常见的检测方法,以及访问控制法、拦截清除法和管理预防法等防御思路。本章最后,分析了近年来恶意代码的发展趋势,介绍了新型蠕虫程序、僵尸网络、智能终端恶意代码和集成多种攻击的恶意代码等新型恶意代码。

## 习　题

1. 请简述计算机病毒的定义、基本特性和程序结构。
2. 请简述特洛伊木马的定义和基本特性。
3. 请简述网络蠕虫的定义和程序结构。
4. 请比较计算机病毒、网络蠕虫、特洛伊木马之间的异同点。
5. 请简述基于特征代码的恶意代码检测思路,并分析其局限性。
6. 恶意代码检测的校验和法有何优缺点?
7. 恶意代码检测的特征代码法和校验和法有何区别?
8. 基于访问控制的恶意代码防御方法有哪些?请简要说明它们的防御思路。
9. 请简述僵尸网络的工作过程。

# 第 10 章　可 信 计 算

网络空间安全保障能力是一个国家综合国力的重要组成部分,网络空间安全已成为影响国家安全、社会稳定和经济发展的决定性因素之一,而可信计算正是增强信息系统安全、确保信息空间安全的一种行之有效的技术。我国在可信计算领域起步不晚并取得了可喜的成果,已经站在了国际可信计算的前列。本章将介绍可信计算的概念、可信计算的发展历程和可信计算的主要技术路线等内容。通过这些内容,使读者对可信计算有一个初步的了解。

## 10.1　可信计算概述

伴随信息革命的飞速发展,网络空间安全形势日益严峻,国家政治、经济、文化、社会、国防安全及公民在网络空间的合法权益面临着严峻的风险与挑战,最突出的安全威胁是恶意代码攻击、信息非法窃取等。解决这些问题的传统方法是针对不同的攻击和漏洞进行封堵,然而具体的安全攻击形式总是不断变化的,从信息系统外围进行防漏补缺往往无法取得较好的实际效果,而且存在安全投入大、系统效率下降等问题,造成这种局面的根本原因在于没有从安全隐患的源头——终端考虑网络空间安全问题,没有建立终端的恶意代码攻击防护机制。如果能够增强终端系统的安全性,从源头上解决隐患,对于提高计算机信息系统的安全性将发挥重大作用。那么,应当如何增强终端系统的安全性呢?

目前绝大部分终端的硬件体系结构简化,硬件配置、资源很容易被篡改或误用,而通用操作系统的复杂性往往导致一些先天设计缺陷和内在脆弱性,使得恶意代码很容易利用操作系统的漏洞发起攻击,另外在管理上也缺乏对终端的足够保护和重视。如果想保护终端系统的安全服务不受上述攻击,要对系统底层提出更高要求,只有从信息系统硬件和软件的底层采取安全措施,从信息系统的整体上采取措施,才能比较有效地确保信息系统的安全。也就是说,只有从芯片、主板等硬件结构和 BIOS、操作系统等底层软件做起,综合采取措施,才能比较有效地提高微机系统的安全性。正是基于这一思想催生了可信计算的迅速发展。可信计算被认为是最有可能从根本上解决计算机系统安全问题的一种方案,不同于传统的信息安全解决办法,其提供了一种新的思路,即主动防御、源头控制,来解决网络空间安全问题。

最早的可信计算是针对大型机时代的可靠性需求提出的,强调软件应提供可靠的服务避免出现严重服务故障。随着人们对信息安全中可信的需求愈加急迫,IT 产业界联合起来,意图从工程上为信息系统的可信找到解决方案,成果集中体现在可信计算组织(Trusted Computing Group,TCG)的可信计算标准体系以及 Microsoft Intel 等公司遵循这一体系所设计的可信软硬件系统架构上,不过该体系是被动的可信体系。针对 TCG 可信技术体系存在的问题,我国围绕重要信息系统安全需求开展了可信计算技术的研究和可信计算产品的研制,提出自己的可信计算标准和体系框架。我国可信计算平台以自主密码技术为基础,以可信控制芯片为支柱,以双融主板为平台,以可信软件为核心,以可信连接为纽带,建立了一个完整的可信链。可信节点通过底层的监控点,以主动监控的方式监视系统行为,并通过信息系统整体的策略管控,构建可信计算体系,为应用创建一个安全计算环境,确保行为按照预期执行,避免遭受恶意代码的威胁。通过采用这种增强计算机系统可信性的综合性信息安全技术,采取运算和防护并存的新型计算模式,能够实现计算机体系结构的主动防御功能,特别适用于提高信息系统的基础设施和平台的可信性。2017 后 5 月 12 日,一款名为“WannaCry”的勒索病毒,攻击网络席卷全球,一天时间有近 150 个国家受害,仅当天我国就有数十万例感染报告。经多次变种,工控等多种网络系统遭受勒索病毒攻击。可喜的是,我国部署有可信计算产品的系统如中央电视台和国网电力调度等设施未遭受勒索,确保了我国第一次一带一路世界峰会顺利召开。事实说明,基于网络空间主动安全保障体系构筑的基础设施网络安全防线是极其有效的。

在《国家网络空间安全战略》提出的战略任务“夯实网络安全基础”中强调“尽快在核心技术上取得突破,加快安全可信的产品推广应用”,可信计算已经广泛应用于国家重要信息系统,如国家电网电力数字化调度系统安全防护建设、彩票防伪、增值税防伪、二代居民身份证安全系统、中央电视台全数字化可信制播环境建设等。在 2019 年 12 月发布的网络安全等级保护 2.0 标准中把云计算、移动互联网、物联网和工控等采用可信计算作为了核心要求。可信计算的密码体制和体系结构等核心技术也已被世界各国采用。2020 年 3 月 4 日,中共中央政治局常务委员会提出要加快 5G 网络、数据中心等新型基础设施建设进度,新基建包括信息基础设施、融合基础设施和创新基础设施三方面,5G 基站建设、特高压、城际高速铁路和城市轨道交通、新能源汽车充电桩、大数据中心、人工智能、工业互联网七大领域。5G 网络、云计算、大数据、工业控制、物联网等新型关键基础设施应把主动防御安全可信作为基础和发展的前提,必须进行可信度量、识别和控制,确保体系结构可信、资源配置可信、数据存储可信、策略管理可信和操作行为可信五个方面。所以按照国家网络安全法律、战略和等级保护制度要求,推广安全可信产品和服务,筑牢网络安全底线是历史的使命。

### 10.1.1 可信计算的定义

在人类社会中,信任是人们相互合作和交往的基础。Internet 在带来巨大便利的同时也带来了越来越大的不确定性和风险。由于 Internet 是一个开放的网络,允许两个网络实体未经任何事先安排或资格审查就可以进行交互,这就导致在进行交互时有可能对对方实体一无所知。对方实体可能是通过这次交互来破坏数据的恶意程序,也可能是一个已经被黑客入侵了的计算平台,还可能是企图诈取钱财的人或组织等。如果无法判断对方实体是否可信,则不仅可能导致交互无法正常完成,还有可能导致数据泄露或被篡改,从而造成巨大损失。对普通用户而言,没有足够能力来辨别出每一次交互中所潜藏着的风险。为了解决这个问题,用户就必须能够通过一定的方法来判断与其在线交互中的实体是否可信。

可信计算要解决的问题就是:如何让用户相信其所使用的设备是值得信赖的。TCG 认为,只要设备是生产厂商所提供的,从生产厂商到用户使用过程中没有经过篡改、配置是正确的,那么设备就是可以信赖的,也就是说,将信任建立在生产厂商的技术能力和专业水平上。那么就需要一种验证和报告机制,让用户相信设备从生产厂商到用户使用过程中没有经过篡改,而且配置是正确的。所以 TCG 遵循的可信计算路线就是通过在现有计算机体系结构中增加基于硬件的安全子系统,配合相应的软件为系统提供安全功能,既能够基于专用的安全硬件明显改善系统安全状况,又能够保证其成本低廉可以广泛使用,同时对现有计算机体系结构改动很小,易于生产和应用。

在 TCG 的规范中,信任是一种对设备有信心的期望,对可信计算的用词是"Trusted Computing"。TCG 是从主体行为的角度给出实体可信的定义:"TCPA uses a behavioural definition of trust: an entity can be trusted if it always behaves in the expected manner for the intended purpose."(当一个实体的行为始终沿着预期的方式达到预期的目标,则该实体就是可信的)。所以 TCG 将可信计算定义为:可信计算是指一个可信的组件、操作或者在某个过程中的行为在任意操作条件下是可预测的,并能很好地抵抗不良代码和一定的物理干扰造成的破坏。

可信计算平台是能够提供这种信任的平台。TCG 将可信计算平台定义为:"A Trusted Computing Platform is a computing platform that can be trusted to report its properties"(可信计算平台是能够报告自身属性的、可以信赖的计算平台)。这个定义具有如下的含义:首先,能够报告自身的属性;其次,报告的内容和方式能够让人信赖。因此,可信计算平台要拥有这些属性,并具有报告机制来报告这些属性,还具有保护功能对属性和报告机制进行保护。可信计算系统是能够提供可信计算服务的计算机软硬件实体,能够提供系统的可靠性、可用性、主体行为与信息的安全性。

沈昌祥院士提出中国的可信计算应是一种运算和防护并存的主动免疫的新型计算模式,即在计算运算的同时进行安全防护,使操作和过程行为在任意条件下结果总与预期一致,计算全程可测可控不被干扰。通过使用密码实施身份识别、状态度量和保密存储,及时识别"自己"和"非己"成分,从而破坏与排斥进入机体的有害物质,确保信息系统的缺陷和漏洞不被攻击利用,提高系统的整体安全性。通过改变现有的计算机体系结构,可以使用可信计算来建立积极防御和主动免疫的信息系统,从源头解决信息系统在启动、运行过程中所面临的安全风险,是改变传统的"封堵查杀"被动防御技术的基础。

1. 可信计算与安全

可信不同于安全的地方主要在于可信强调的是行为,即行为的可预期和结果的可控制。可以看出可信计算是从信任根出发,来解决 PC 机结构所引起的安全问题。

信息系统中的"可信"表示可预期性,即信息系统会按照人们所预期的方式运行。系统行为可预期并不表示系统已经安全,因为预期到的行为除了正常行为,还可以预期到风险。但是行为可预期意味着可以未雨绸缪,即可以在系统设计和控制时根据预期的行为采取适当措施以控制风险,并且在发现系统出现问题时及时采取对应的处理措施。如果是一个不能预测其运行的系统,其安全性则无从入手。可以说,可信并不等于安全,但可信是安全的前提。美国国防部提出的《可信计算机安全评估准则》定义系统中实现安全功能的软件和硬件的总和为可信计算基 TCB,明确安全机制首先要做到"可信"。可信计算是保障信息系统可预期性的技术,在计算的同时进行安全防护,使计算结果总是与预期值一样、计算全程可测可控。

需要注意的是,可信计算并不是独立地解决安全问题,而是为安全提供可信支撑,为系统构建可信的安全保护框架,因此,说"可信计算解决了某个具体安全问题"并不准确。但可信是安全的前提,可信计算可以认为是从信息安全中抽象出来用以保证安全机制可信性的共性、通用技术,具有广泛的适用性。可以说,可信计算是一种计算模式。一方面,它要与系统的安全机制配合才能形成解决安全问题的完整方案,因此可信计算并非万能;另一方面,如果没有可信机制,在安全机制的自身保障、不同安全机制的可信协作以及安全机制的公证等方面都会遇到很大的麻烦,特别对云计算、物联网、大数据等新型信息系统的安全而言,可信计算不可或缺。

2. 可信计算与容错

容错计算是计算机领域中一个重要的分支。1995 年法国的 Jean-Claude Laprie 和美国的 Algirdas Avizienis 提出可信计算(Dependable Computing)的概念。容错专家们自 1999 年将容错计算会议改名为可信计算会议后,便致力于可信计算的研究。此时的可信计算更强调计算系统的可靠性和可用性,而且强调可信的可论证性。

容错(Fault Tolerant)是采取措施确保信息完整性、系统可靠性和系统可用性,着眼于非人为的干扰、故障、错误和人为的非恶意误操作。信息安全是采取措施确保信息免受未授权的泄露、篡改和毁坏。信息的泄露与信息的秘密性对应,篡改与信息的真实性对应,毁坏也与信息的完整性对应,而完整性也属于容错研究的范围。容错是信息安全的基础,信息安全措施与容错技术有许多交叉点,比如纠错码可用于保密和保真、Hash 函数可用于检错、容错的思想可用于容侵等,而且如果没有系统的稳定可靠,信息安全就成为空中楼阁。

实际的需求是既可靠又安全,因此容错与信息安全的结合是必然趋势,任何情况都是既需要安全又需要可靠。容错计算提供计算的可靠性,信息安全提供计算的安全性,将容错计算与信息安全相结合就产生了可信计算,即 dependable and secure computing,所以有专家认为,可信≈可靠+安全。

可以看出,可信计算的含义不断拓展,从硬件的可靠性、可用性拓展到了硬件平台、软件系统和服务的综合可信,以适应应用系统不断增加的发展需求。

### 10.1.2 可信计算的功能

可信计算平台与普通计算平台的区别就在于,可信计算平台是在普通计算平台的基础上嵌入了 TCG 的可信平台模块(Trusted Platform Module,TPM)或者中国的可信平台控制模块(Trusted Platform Control Module,TPCM,由可信密码模块(Trusted Cryptography Module,TCM)和平台控制机制组成),并以其为信任根构建可信的计算环境。信任根是可信计算系统可信的基点,同时采用运算和防御双体系结构,以密码技术为基础、可信软件基为核心,建立一条从计算平台硬件、固件、操作系统到应用软件的完整信任链,保证系统全程可信可控,实现防止人员非法访问、设备非法接入、程序非法运行和数据非法使用等信息防御手段,有效对抗身份假冒、侦察获情、渗透入侵和信息伪造等黑客攻击行为。

可信计算具有三大核心功能:完整性度量、远程证明和封装,如图 10.1 所示,其中步骤 1 至 5 为完整性度量过程,步骤 6 至 11 为远程证明过程,步骤 12 至 15 为封装过程。

1. 完整性度量

可信计算利用完整性度量存储报告功能可以实现“可信传递”。在可信传递过程中,可信平台模块对影响平台完整性的实体进行度量,并将度量事件记入存储度量日志(Stored Measurement Log,SML),然后通过“扩展(Extend)操作”将度量值存储到其内部的平台配置寄存器(Platform Configuration Register,PCR)。实体询问时可信平台模块可以忠实地报告PCR的值。结合图10.1中所示流程具体来说,在可信计算平台的启动过程中,固件或者软件的度量散列值在被加载和执行之前扩展到了可信平台模块内部的平台配置寄存器PCR中(这种启动方式称为认证启动或者可信启动,区别于安全启动)。这些PCR值的集合称为平台配置 $C_H$。在这个过程中,每个具有控制权的组件必须度量下一个即将获得控制权的组件(例如,使用一个启动加载器度量操作系统)并进行信任扩展,以建立信任链。信任链的安全性依赖于假设:信任链中的首个组件是安全的。这个组件被称为可信度量根核(Core Root of Trust for Measurement,CRTM)。

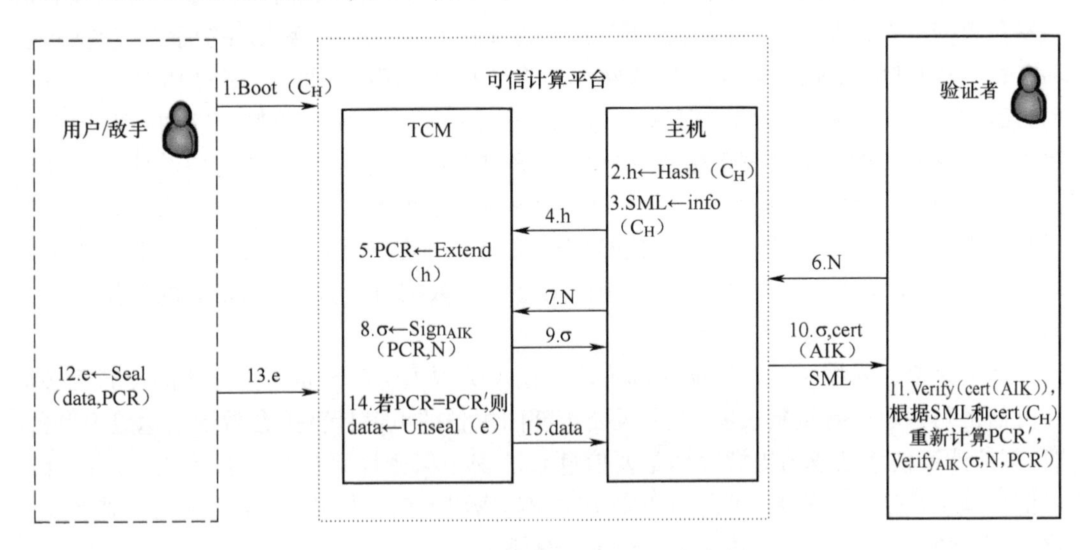


图10.1　可信计算三大核心功能示例

为了向可信平台模块报告度量值,具体信息info($C_H$)(例如名字、版本号)被度量软件记录在度量存储日志文件SML中。为了提高效率,SML一般在可信平台模块之外(例如在平台的硬盘上)管理,日志完整性可以使用PCR进行验证。

与认证启动相关的另一种启动机制被称为安全启动。安全启动表示系统在被加载组织完整性检查失败时(比如完整性度量值与安全存储的参照值不同)将终止启动,而认证启动的目的是向验证者证明平台完整性。

2. 远程证明

以TCG的可信计算为例,可信平台模块拥有唯一的背书密钥(Endorsement Key,EK),可信计算平台用EK证书唯一标识其身份。为了保护平台隐私,可信平台模块使用身份证明密钥(Attestation Identity Key,AIK)作为EK的别名,利用EK生成AIK,通过PCA(Privacy Certificate Authorities)签发AIK证书完成身份认证,通过使用AIK对当前平台的PCR值进行签名完成平台完整性状态证明。通过这种功能,一个外部实体可以对平台完整性状态进行评估,并据此做出正确响应。结合图10.1中所示流程具体来说,远程证明协议被用来向远程实体(称为验证者)证明用户平台配置的可信性。为了保证完整性和新鲜性,需要在可信平台模块的控制下使用AIK对验证者提供的PCR值和随机数N(Nonce)进行数字签名。在远程证明协议中,用户平台将SML、经过AIK签名的PCR值和AIK证书一起发送给(远程）验证者；验证者基于 SML 和参考度量值重新计算 PCR′ 值，然后验证 AIK 签名并比较计算得到的 PCR′ 值和 AIK 签名的 PCR 值，以判断用户平台的配置是否可信。参考度量值 cert（$C_H$）由验证证书提供。验证证书包含验证实体的名称、软件/组件制造商的名称、版本号以及由软件/组件制造商或者可信第三方进行数字签名的参考度量值。

3. *封装与绑定*

可信平台模块具有很好的物理防篡改性，通过建立保护区域（Shielded Locations）实现对敏感数据的访问授权。用 PCR 保护完整性度量值，用非易失性存储器保护 EK、存储根密钥（Storage Root Key，SRK）及属主授权数据，用以 SRK 为根的加密保护区保护 EK 之外的密钥和平台数据。在此基础上，可以提供密封存储（Sealed Storage）的数据保护手段，包括封装（Seal）操作和解封（Unseal）操作。封装操作是将数据或密钥与用户指定的 PCR 组度量值（即特定的平台状态，如平台配置信息）一起加密存储，使得受保护数据只能由特定用户在指定可信计算环境中才能解密该数据或密钥。解封操作是指仅当 PCR 组中的值与封装时定义的值相同时，可信平台模块才能解密数据或密钥，操作才算成功，以确保密封数据只有在平台处于用户指定的配置环境时才能被解密使用。绑定操作（Binding）则类似于传统的不对称加密，并不需要检查平台配置，只是使用公钥对数据进行加密，加密后的数据只能由私钥解密。

发达国家普遍重视可信计算研究和推广应用。美国国防部要求军方采购的计算机必须嵌入可信密码模块。有资料表明，美军及要害部门配备的可信计算平台数量已达数千万台。目前，可信计算技术已成为支撑我国重要信息系统安全保密体系的核心技术之一。综合运用可信计算及其他安全机制，可以形成安全防护与密码保密一体化、安全保密与基础网络一体化、安全保密与信息系统一体化的安全保密体系。

### 10.1.3 可信计算的发展

可信计算的形成具有一个历史过程。在可信计算形成过程中，容错计算、安全操作系统、安全协处理器、虚拟化技术等领域的研究使得可信计算的含义不断扩展，由侧重于硬件的可靠性、可用性扩展到针对硬件平台、软件系统服务的综合可信。

可信计算经历了从低级到高级的发展。

1. *初级阶段*

早在 20 世纪六七十年代，人们就开始了对可信电路（Dependable Circuit）的研究。那个时候对安全性的理解主要是硬件设备的安全，而影响计算机安全的主要因素是硬件的可靠性，因此研究的重点就是可靠性，所以可信电路指的就是高可靠的电路。从 1975 年开始，商业化的容错机便推向市场。到了 90 年代，软件容错的问题被提了出来，并逐渐发展到网络容错。较早期学者对可信系统的研究主要集中在硬件设备和运行于其上的软件的安全和可靠性，主要关注元器件随机故障、生产过程缺陷、数值不一致、随机外界干扰、环境压力等物理故障和设计错误、交互错误、恶意推理、暗藏的入侵等人为故障造成的不同系统失效状况，设计出集成了故障检测技术和冗余备份系统的高可用性容错计算机。此时的可信计算实际上是一种可靠计算（Dependable Computing）的概念，与容错计算（Fault-Tolerant Computing）领域的研究密切相关。

2. 中级阶段

中级阶段的到来是以彩虹系列的发布为标志的。1983 年美国国防部制定了世界上第一个《可信计算机系统评价准则》(Trusted Computer System Evaluation Criteria,TCSEC),也称为橘皮书。该准则为系统开发者和系统使用者提供了一套精确定义的准则,以对计算机系统的安全性进行评估。在 TCSEC 中第一次提出可信计算机和可信计算基 TCB 的概念,并把 TCB 作为系统安全的基础。

随后在 1984 年,作为补充又相继推出了可信数据库解释(Trusted Database Interpretation,TDI)和可信网络解释(Trusted Network Interpretation,TNI)。这些文件形成了彩虹系列信息系统安全指导文件。

彩虹系列的意义在于,它的出现形成了可信计算的一次高潮,并且多年来彩虹系列一直作为评价计算机系统安全的主要准则,至今对计算机系统安全仍有指导意义。

然而由于历史的原因,彩虹系列仍具有一定的局限性,主要表现在两点:第一,主要强调了信息的秘密性,而对完整性、真实性考虑较少;第二,强调了系统安全性的评价,却没有给出达到这种安全性的系统结构和技术路线。

3. 高级阶段

高级阶段的到来是以可信计算平台的出现为标志的。

1999 年,IEEE 太平洋沿岸国家容错系统会议改名为“可信计算会议”,标志着可信计算又一次成为学术界新的研究热点。

同年,IBM、HP、Intel 和微软等著名 IT 企业发起成立了可信计算平台联盟 TCPA(Trusted Computing Platform Alliance),标志着可信计算进入产业界。

2003 年,TCPA 改组为可信计算组织 TCG(Trusted Computing Group)。TCG 的成立标志着可信计算技术和应用领域的扩大。TCG 是一个非营利性质的行业标准组织,它扩展了 TCPA 的发展路线,将软件、网络、移动设备、主机、服务器和存储等纳入发展范围,旨在促进厂商独立的可信计算标准和规范的制定以及行业的应用。

该组织已经制定的技术规范包括:可信 PC 的技术规范、可信平台模块 TPM(Trusted Platform Module)规范、可信软件栈 TSS(Trusted Software Stack)规范、可信服务器规范、可信网络连接 TNC(Trusted Network Connection)规范和可信手机模块规范等。

从 TCG 成立的形式及其制定的规范可以看出,提出可信计算平台这个概念的意义在于:①首次提出可信计算平台的概念,并把这一概念具体化到微机、服务器、掌上电脑和移动计算设备,并且给出了可信计算平台的体系结构和技术路线;②不仅考虑信息的秘密性,更强调了完整性;③更加产业化和更具广泛性,目前国际上已有 100 多家著名 IT 企业加入了 TCG,中国的华为、联想等企业和武汉大学、清华大学、北京工业大学等高校也加入了 TCG。该组织不仅考虑了信息的秘密性,更强调了信息的真实性和完整性。

TPM 芯片是目前应用最广泛的可信计算产品。许多芯片厂商都推出了自己的 TPM 芯片,几乎所有品牌的笔记本电脑和台式 PC 都配备了 TPM 芯片。从世界范围来讲,TPM 芯片已经生产销售了近 10 亿片。

TPM 规范是 TCG 最主要的技术规范之一。2005 年 TCG 颁布了 TPM 1.2 规范,并不断进行修改。2009 年 TPM 1.2 被 ISO/IEC 采纳为国际标准(ISO/IEC 11889-1:2009、ISO/IEC 11889-2:2009、ISO/IEC 11889-3:2009 和 ISO/IEC 11889-4:2009)。TPM 1.2 总体上是成

功的，但也存在一些问题，主要包括：密码配置不合理，只配置了公钥密码，没有配置对称密码；配置的散列函数不够安全；证书、密钥和授权数据协议种类繁多、管理困难；不支持密码算法本地化；I/O 接口(LPC)只适合 PC，不适合服务器和嵌入式系统；规范中存在一些协议错误，如存在密钥授权数据复用和不同步的问题等。

2013 年 TCG 颁布了 TPM 2.0 规范。TPM 2.0 改进了 TPM 1.2 的一些不足，主要包括：支持密码算法多样化和本地化；支持中国商密算法；增加了支持虚拟化；统一了授权框架；增强了健壮性等。2015 年 TPM 2.0 被 ISO/IEC 采纳为国际标准(ISO/IEC 11889-1:2015、ISO/IEC 11889-2:2015、ISO/IEC 11889-3:2015 和 ISO/IEC 11889-4:2015)。中国商用密码算法第一次成体系地在国际标准中得到应用。

在美国，由于联邦信息处理标准(Federal Information Processing Standards, FIPS)对 TPM 的设计颁发了认证以及总统顾问委员会的建议，美国政府开始使用 TPM 保护政务系统。

微软是 TCG 的重要成员，一直致力于操作系统对可信计算的支持。2007 年微软推出了第一款支持可信计算的 VISTA 操作系统。2012 年微软推出了支持可信计算的 Windows 8 操作系统，它把 TPM 虚拟化成一个永久插入的智能卡，在 EFI BIOS 的支持下，把 TCG 在计算机启动度量过程中采用散列函数确保数据完整性的措施，增强为进一步对散列值进行数字签名，显然这一措施加强了计算机在启动过程中的安全性。2015 年微软又推出了 Windows 10 操作系统继续支持可信计算，并且支持中国国产的 TPM 2.0 芯片。

4. 欧洲的可信计算

进入 21 世纪，欧洲开始基于开源思想进行可信计算学术研究。2004 年，德国启动了多方安全计算基(European Multilaterally Secure Computing Base, EMSCB)项目，旨在基于开放标准的可信计算平台解决传统安全问题，例如终端用户安全登录、数字版权管理、嵌入式设备安全等。EMSCB 的部分成果被随后的“开放可信计算”(Open Trusted Computing, OpenTC)项目采纳。历时 42 个月的 OpenTC 项目于 2006 年 1 月启动，共有 23 个科研机构和工业组织参加研究，分为 10 个工作组，分别进行总体管理、需求定义与规范、底层接口、操作系统内核、安全服务管理、应用、目标验证与评估、嵌入式控制、实际系统发行、发布与标准化等工作。该项目基于具有可信计算平台功能的统一安全体系结构，旨在开发开源的可信计算软件，在异构平台上实现了安全个人电子交易、家庭协同计算以及虚拟数据中心等多个应用。

5. 可信计算在中国

我国在可信计算研究方面起步较早，技术水平不低。在安全芯片、可信安全主机、可信计算平台应用等方面都先后开展了大量的研究工作，并取得了可喜的成果。

在早期，中国十分重视可信电路，关注的是可靠性的研究。

到了中期，强调的是可靠和安全。早在 20 世纪 90 年代，我国就相继成立了容错专业委员会和中国密码学会，并于 1999 年颁布了《计算机信息系统安全保护等级划分准则》。

到了近期，就开始对可信计算平台进行研究。

2000 年，武汉瑞达公司和武汉大学合作开始研制安全计算机。2004 年，这种安全计算机通过了国家密码管理局主持的技术鉴定，是我国第一款自主研制的可信计算平台。随后，联想、兆日、方正、同方、浪潮和长城等公司分别推出了 TPM 芯片和可信计算机。

2005 年，联想和北京兆日公司的 TPM 芯片相继研制成功。

2006 年,我国进入制定可信计算规范和标准的阶段,在国家密码管理局的主持下制定了《可信计算平台密码技术方案》和《可信计算密码支撑平台功能与接口规范》两个规范。

2007 年,国家自然科学基金委启动了“可信软件重大研究计划”。同年,在国家信息安全标准委员会的主持下,我国开始制定可信计算关键技术系列标准,包括芯片、微机、服务器、软件和可信网络连接等标准。

2008 年,中国可信计算联盟(Chinese Trusted Computing Union,CTCU)在国家信息中心成立。国家重点基础研究发展计划(973 计划)、国家高技术研究发展计划(863 计划)和国家自然科学基金委员会也都分别在可信相关方向发布了一系列重大研究计划项目并给予了大力支持。武汉大学研制出我国第一款可信 PDA 和第一个可信计算平台测评软件系统。

2012 年,武汉大学、Intel、华为、中标软件、国民技术、道里云公司联合发起成立了中国可信云计算社区,旨在基于中国商用密码和中国可信计算标准与规范,发展中国可信云计算产业,通过开放开源和自主开发研发中国本土化可信云安全解决方案。同年,国民技术公司推出世界上第一款 TPM 2.0 芯片,该芯片通过了国家密码管理局的认证并得到实际应用。

2013 年,我国发布了三个可信计算技术标准:《可信平台主板功能接口(GB/T 29827—2013)》《可信连接架构(GB/T 29828—2013)》和《可信计算密码支撑平台功能与接口规范(GB/T 29829—2013)》。目前可信计算标准族为一个“1+4+4”的格局,其中“1”指的是可信密码,前一个“4”包括可信平台控制模块(TPCM)、可信平台主板、可信平台基础支撑软件和可信网络连接;后一个“4”指的是四个配套标准,包括可信计算规范体系结构、可信服务器、可信存储和可信计算机可信性测评。整个标准框架构建了以中国密码为基础、以自主可控可信平台控制模块(TPCM)为信任根的可信计算支撑体系。

2014 年,由中国工程院沈昌祥院士提议,中国电子信息产业集团、中国信息安全研究院、北京工业大学、中国电力科学研究院等 60 家单位发起,中关村可信计算产业联盟成立,有效推动了中国可信计算的产业化和市场化。

2015—2018 年,华为、浪潮、大唐高鸿公司与武汉大学合作研制出我国自己的可信云服务器,并实现了产业化。之后华为公司还把可信计算技术用于路由器,推出了世界首款可信路由器。

2020 年,我国发布了两个可信计算技术国家标准:《信息安全技术 可信计算 可信计算体系结构(GB/T 38638—2020)》和《信息安全技术 可信计算 可信连接测试方法(GB/T 38644—2020)》,并定于 2020 年 11 月 1 日开始实施。最新发布的网络安全等级保护 2.0 标准中把云计算、移动互联网、物联网和工控等采用可信计算作为了核心要求。在中共中央政治局常务委员会提出的要加快 5G 网络、数据中心等新型基础设施建设中,也明确要求 5G 网络、云计算、大数据、工业控制、物联网等新型关键基础设施应把主动防御安全可信作为基础和发展的前提,必须进行可信度量、识别和控制,确保体系结构可信、资源配置可信、数据存储可信、策略管理可信和操作行为可信五个方面。

从上述可信计算的发展历史可以看出,早期的可信计算主要解决大型机时代主机可靠性问题,针对计算机部件不稳定的问题,采取冗余备份、故障诊断、容错算法等技术,确保信息系统在局部故障的情况下仍能保持运行符合预期,但它并没有对恶意代码、黑客攻击等威胁提出针对性的解决方案。随着可信计算发展到中高级阶段,可信计算的理念转变为从物理安全的可信根出发,在计算环境中构筑从可信根到应用的完整可信链,为系统提供可信度量、可信存储、可信报告等可信支撑功能，支持系统应用的可信运行。该阶段的可信计算明确了信息系统的可信应从一个物理保护的、具备可信密码服务的可信根出发，通过一环套一环的可信扩展过程，将可信从可信根扩展到整个系统，同时明确了可信存储、可信报告和可信度量等机制的实施方式，提出了比较完整的被动可信体系实施的工程方法。随着可信计算的应用越来越广泛，被动可信体系暴露出的问题愈发突出，这种被动的可信度量机制没有从计算机体系结构上入手来解决可信问题，仅在现有系统基础上进行修补，所提供的可信解决方案是不彻底的方案，可信支撑是有限、固化的，是不能真正解决信息系统可信问题的，已无法满足我国网络空间安全对可信的要求，所以我国制定了自己的可信计算标准与规范。经过长期攻关，我国提出了全新的可信计算体系框架，旨在网络层面解决可信问题，主要是在计算节点构建一个“宿主——可信双节点”的可信架构，在传统系统之外构建一个逻辑上独立的可信计算子系统作为可信节点，并通过可信连接将可信节点连接起来，通过可信节点间的可信协作形成完整的可信体系，且通过可信节点对系统实施主动监控，为应用提供可信支撑，形成了较完整的主动防御的可信网络防护体系，解决了可信体系与现有体系的融合问题和可信管理问题。

## 10.2 可信平台模块

TCG认为一个可信计算平台必须包含三个信任根：可信度量根（Root of Trust for Measurement，RTM），可信存储根（Root of Trust for Storage，RTS）和可信报告根（Root of Trust for Report，RTR），如图10.2所示。对计算平台的可信性进行度量，对度量的可信值进行存储，当访问客体询问时提供报告。这一机制简称为度量存储报告机制，这是可信计算机系统确保自身安全，并向外提供可信服务的一项重要机制。可信度量根RTM是对平台进行可信度量的基点。可信存储根RTS是平台可信性度量值的存储基点。可信报告根RTR是平台向访问客体提供平台可信性状态报告的基点。

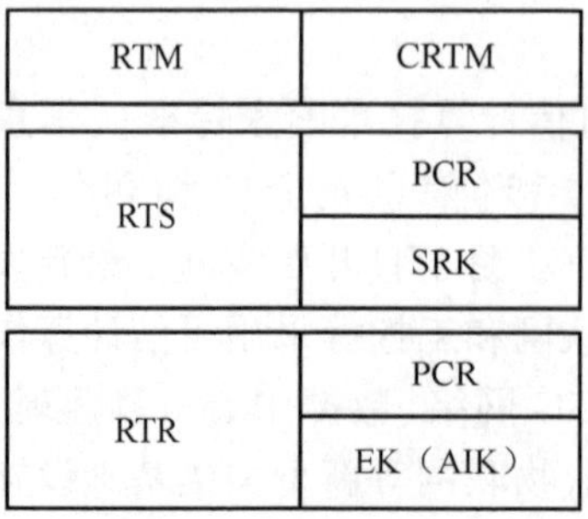

| RTM | CRTM |
|---|---|
| RTS | PCR |
| | SRK |
| RTR | PCR |
| | EK（AIK） |

图10.2　信任根

在TCG的可信计算中，可信度量根RTM是平台启动时首先被执行的一段软件，它被称为可信度量根核（Core Root of Trust for Measurement，CRTM）。

可信存储根RTS是TPM芯片中的一组被称为平台配置寄存器（Platform Configuration Register，PCR）的存储器和存储根密钥（Storage Root Key，SRK）。TCG定义的多种密钥是按树形结构进行组织和管理的,处于上级的父密钥的公钥对处于下级的密钥进行加密保护,同时辅以密钥访问授权机制,确保密钥体系的安全。存储密钥 SK 用于对其他密钥进行存储保护,也是 RSA 密钥对。这些密钥是分级的,低级的密钥受到高级的存储密钥的加密保护,从而构成一个密钥树。处于密钥树根部的最高级存储密钥被称为存储根密钥 SRK,它是 2048 位的 RSA 密钥对,主要用于对由 TPM 使用但是存储在 TPM 之外硬盘上的密钥进行保护。另一方面,它作为父密钥又要对其子密钥进行加密保护。因为存储根密钥 SRK 处于密钥树的顶端,所以存储根密钥 SRK 是可信计算平台的可信存储根的主要组成部分。

可信报告根 RTR 是可信平台芯片中的平台配置寄存器 PCR 和背书密钥(Endorsement Key,EK)。EK 仅用于以下两种操作:一是创建 TPM 拥有者;二是创建身份证明密钥(Attestation Identity Key,AIK)及其授权数据。除此之外,EK 不作他用。一个 EK 与唯一的一个 TPM 绑定,一个 TPM 与唯一的一个平台绑定,因此一个 EK 与唯一的一个平台绑定。所以 EK 是平台的身份标志,是可信计算平台中可信报告根的主要组成部分。身份证明密钥 AIK 是 EK 的代替物,也是 2048 位的 RSA 密钥对。AIK 仅用于对 TPM 内部表示平台可信状态的数据和信息(例如,PCR 值、时间戳、计数器值等数据)进行签名和验证签名,不能用于加密。特别指出,不能使用 AIK 签名其他非 TPM 状态数据,这样限制是为了阻止攻击者制造假 PCR 值让 AIK 签名。在平台远程证明中就是使用 AIK 向询问者提供平台状态的可信报告,不过由于 AIK 由背书密钥 EK 控制产生,所以本质上 EK 是报告根,而 AIK 是 EK 的代替物。

### 10.2.1 可信平台模块的硬件结构

与普通计算机相比,可信计算机最大的特点就是在主板上嵌入了一个可信平台模块——TPM,并以可信平台模块为信任根构建可信的计算环境。在 TPM 的内部封装了可信计算平台所需要的大部分安全服务功能,用来为平台提供基本的安全服务。同时,TPM 也是整个可信计算平台的硬件可信根,是平台可信的起点。该芯片的规范由可信计算组织 TCG 制定。目前 TPM 已经应用到大多数商用计算机、服务器和个人计算机。针对 TPM,2003 年 TCG 颁布了 TPM 1.2 规范。TPM 1.2 总体上是成功的,但也存在一些问题,例如适合 PC 平台,不适合服务器平台和嵌入式平台;只配置公钥密码,没有对称密码;哈希函数的设置存在一些问题;密码方案不支持本地化,世界各国应用困难;密钥和证书种类繁多,管理困难。为解决这些问题,2012 年 TCG 推出了 TPM 2.0 规范,TPM 2.0 被称为下一代的 TPM。2015 年 TPM 2.0 规范成为 ISO/IEC 国际标准。

TPM 2.0 相对 TPM 1.2 的主要改进如下:

(1) 密码配置更合理。源于国家安全问题,不同的国家使用的密码算法并不相同,如在国内主要使用 SM 系列加密算法,国际上主要使用的是 SHA1 和 RSA 加密算法。SHA1 算法的安全强度因被证明无法满足需求被弃用。RSA 虽然是最经典的非对称加密算法,不过对 ECC(Elliptic Curve Cryptography)的使用增加也是一个趋势,在相同的安全强度下,ECC 的密钥长度比 RSA 要短很多。国内的 SM2 也是一种 ECC 算法。TPM 1.2 只配置了 RSA 和 SHA-1,并没有要求支持对称算法,可变性非常小。而 TPM 2.0 支持多种密码算法,既采用公钥密码,也采用对称密码,而且支持多种密码算法,如 RSA 加密和签名、ECC 加密和签名、ECC-DAA、ECDH、SHA1、SHA256、HMAC、AES,而且厂商可以随意使用 TCG IDs 来增加新的算法,如特别强调能够完全支持中国商用密码 SM2、SM3 和 SM4 算法等,支持密码算法更换和本地化,拥有一定的灵活性。

(2) 提高了密码性能。TPM 2.0 吸收了中国 TCM 的优点,使用对称密码加密数据,使用公钥密码进行签名和认证,从而提高了密码处理速度。

(3) 密钥管理更合理。具体表现为如下三点:①密钥层次和类型更合理。TPM 2.0 设置了三个密钥层次,即固件层、背书层和存储层。其中固件层是 TPM 1.2 所没有的,用以调用 BIOS 的密码资源,从而增强了 TPM 2.0 的密码功能。TPM 2.0 有三种类型的密钥,即背书密钥 EK、存储密钥 SK 和认证密钥 AK。②减少了密钥和证书种类。TPM 1.2 定义了 7 种密钥和 5 种证书。由于密钥和证书种类太多,应用和管理都很繁杂。原因之一是 TPM 通过密钥类型定义密钥功能,而 TPM 2.0 是通过密钥功能定义密钥类型,如定义一个签名密钥用于所有的签名,从而减少了密钥的类型。相应地,证书的类型也就减少了。③密钥产生方案更合理。TPM 2.0 产生两种不同的密钥,即普通密钥和主密钥。普通密钥用随机数产生器 RNG 产生。对于主密钥的产生,首先用 RNG 在 TPM 内部产生一个种子,然后利用密钥派生函数(Key Derivation Function,KDF)基于这个种子产生主密钥。TPM 2.0 采用了两种 KDF:基于椭圆曲线的 ECDH(Elliptic Curve Diffie-Hellman)SP800-56A 和基于 HMAC 的 KDF SP800-108。

(4) 支持虚拟化。TPM 1.2 没有考虑虚拟化,不过为了使可信计算平台能够支持云计算,TPM 2.0 支持虚拟化,显然这是 TPM 多核技术发展的必然结果,虚拟化的 TPM 2.0 将适合服务器平台的应用。TPM 1.2 的属主(owner)只有一个就是用户,所有安全和隐私都在该 owner 的控制下。TPM 2.0 将这种控制功能进行了隔离,给出了 3 个控制域:安全域或存储域(owner 为用户,用户正常的安全功能)、隐私域(owner 为平台或用户,平台身份认证)和平台域(owner 为平台,保护平台固件的完整性)。TPM 1.2 中 TPM 安全芯片本身是以安全芯片的形式在主机上隔离出一个拥有独立处理能力和存储能力的区域。而 TPM 2.0 规范主要是提供一个参考,以及可能实现的方式,但是并没有限制必须以安全芯片的形式存在,如可以基于虚拟技术或者 ARM TrustZone、Intel TXT 等进行构建,只要能提供一个可信执行环境(Trusted Execution Environment,TEE)就可以进行构建。

(5) 提高了密钥使用的安全性。具体表现为如下三点:① TPM 2.0 在授权数据中加入了秘密的辅助数据(Secret Salt),同时也改进了密钥句柄的授权,增强了安全性。② TPM 2.0 在 HMAC 中加入了密钥的名称,可以阻止密钥替换攻击,从而提高了密钥的使用安全性。③ TPM 2.0 采用了统一的授权框架,而且扩展了授权方法,不仅允许利用签名和 HMAC 进行授权,还允许进行组合授权。

TPM 2.0 与 TPM 1.2 相比做了许多改进,并支持中国商用密码。TPM 2.0 的主要结构如图 10.3 所示。

可信平台模块除了具有自己的处理器和存储器之外,还具有基本密码运算引擎和 I/O 部件。可信平台模块的基本密码运算引擎包括随机数产生器、对称密码引擎、非对称密码引擎、Hash 引擎等。图 10.3 中的 I/O 部件管理完成总线协议的编码和译码,并发送消息到各个部件。从 TPM 2.0 规范开始允许 TPM 非常灵活地使用算法,除了 RSA 之外,还可以使用诸如 AES 之类的对称算法或 ECC 等非对称算法。在 TPM 2.0 中可以使用任何哈希算法,比如 SHA-256、SHA-512 等,而不是必须使用 SHA-1。非易失存储器主要用于存储平台种

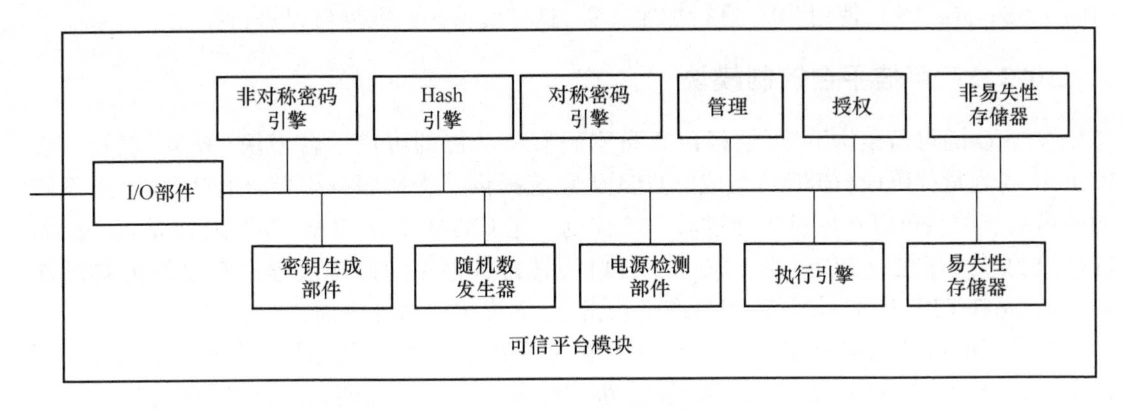


图 10.3　可信平台模块硬件结构

子、背书种子、存储种子等重要数据。密钥生成部件用于产生密钥。随机数发生器是 TPM 内置的随机源。电源检测部件管理 TPM 的电源状态和平台的电源状态。执行引擎包含 CPU 和嵌入式软件,通过软件的运行来执行接收到的命令。易失性存储器主要用于 TPM 的内部工作存储器。增强授权是 TPM 2.0 的新功能之一,这种功能统一了 TPM 中所有实体的授权方式,同时扩展了 TPM 启用考虑多因素和多用户身份验证的授权策略的能力,还包括了额外的管理功能。灵活管理也是 TPM 2.0 的新功能之一,TPM 1.2 中所有者授权的各种用途所代表的角色在 TPM 2.0 规范中被分开,给予这些角色不同的授权和策略,即不同种类的授权可以分开,从而允许更灵活地管理 TPM 资源。

PCR 是 TPM 内部的一种特殊寄存器,用来保存平台的配置信息,这些配置信息包括平台的软硬件组件信息、软硬件组件的配置信息等。TCG 规定每一个 TPM 中最少要有 16 个 PCR。为了在有限的存储空间中保存平台自加电启动到应用程序加载所参与组件的度量信息,TCG 设计了一种新颖的方式:将需要度量的组件按照功能层次和度量顺序进行归类,按照预定的顺序依次将度量结果叠加起来,只存储最后的度量结果。TCG 提出的这种迭代计算 Hash 值的方式,又称为“扩展”操作。由于度量顺序和组件都固定,因此只要初始值固定,那么度量结果也应该可以预期。PCR 就是用于存储这些度量结果,每次平台重新启动时被初始化,并且每一个部件被度量之后被更新,这样 PCR 就保存了一个平台配置信息的散列链。值得注意的是,由于 PCR 用于记录平台相关状态的转换,因此系统的状态转换操作必须要经过度量并扩展到 PCR 中,并且要防止软件篡改 PCR 的值。

可信度量根核 CRTM 是平台启动时首先执行的一段代码,它与 TPM 一起构成可信构建模块(Trusted Building Block,TBB)。可信构建块 TBB 由 TPM、CRTM 以及它们与主板的连接、它们之间的连接构成。作为平台的硬件可信根,TPM 受到了严格的保护:TPM 具有物理上的防攻击、防篡改和防探测的能力,还由管理安全来确保,以保证 TPM 自身以及内部数据不被非法攻击。TPM 还能提供安全存储功能,能够对密钥提供非常好的保护,密钥的生成和处理都在 TPM 内部完成。TPM 内部的非易失性存储器中可以存放少量的密钥。存储根密钥(Storage Root Key,SRK)和背书密钥(Endorsement Key,EK)就存储于非易失性存储器中。可信存储根通过 SRK 构建一个密钥层次架构,中间节点为存储密钥,叶子节点为任意需要加密的数据。由于 TPM 存储容量有限,因此一般在磁盘上构建一个持久存储区

(Persist Storage,PS),使用 SRK 进行加密保护,这样受保护的数据可以进行扩充。

### 10.2.2 可信平台控制模块

在 TCG 的可信架构下,可信根由具备密码服务功能的可信平台模块(TPM)以及系统 BIOS 中的度量代码段(CRTM)组成。TPM 为系统提供了密码服务引擎,CRTM 执行对系统的度量功能并且可以在度量未通过时实施控制。但 CRTM 不在 TPM 芯片中,而是以一段固件代码的形式存在于 BIOS,由 CPU 调用执行,其自身存储和计算过程没有足够的物理保护,而且是在 CPU 启动后运行,容易遭受攻击,也无法防范系统中预置的后门。

在我国的可信架构中,提出以可信平台控制模块(TPCM)作为系统可信根。TPCM 由可信密码模块(TCM)和平台控制机制组成,除了提供密码服务功能以外,同时还提供平台控制功能,可以对系统中的总线进行控制。TPCM 要求先于 CPU 启动,通过平台控制功能首先获取系统的控制权,并对系统进行可信度量,只有度量通过才将控制权开放给系统。这样,可信根的可信度量部分在芯片中运行,受到芯片的保护,且在系统启动之初运行,可以有效地防范可信机制在系统启动过程中被旁路。TPCM 的基本结构如图 10.4 所示。

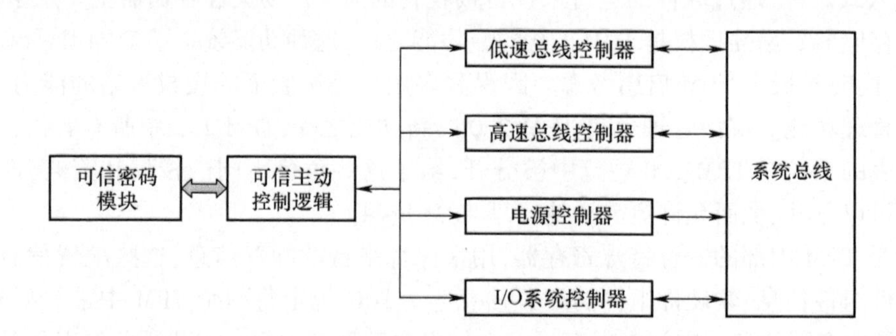

图 10.4 可信平台控制模块的基本结构

可信平台控制模块 TPCM 包含一个可信密码模块 TCM,为系统提供可信密码服务。TCM 是硬件和固件的集合,基本组成结构如图 10.5 所示。

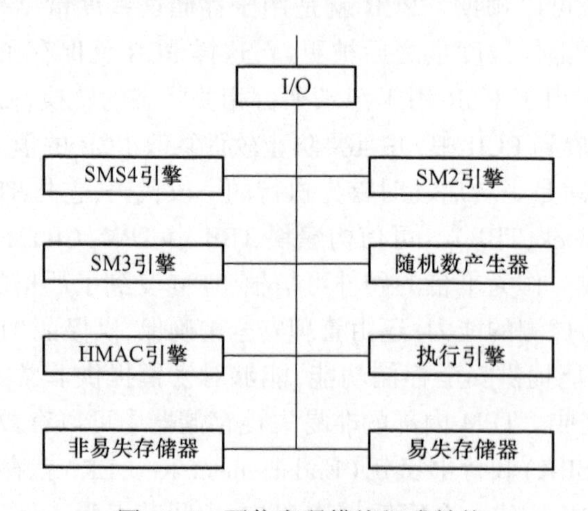

图 10.5 可信密码模块组成结构

TCM 由以下主要子模块组成:I/O 是 TCM 的输入/输出硬件接口;SMS4 引擎是执行 SMS4 对称密码运算的单元;SM2 引擎是产生 SM2 密钥对和执行 SM2 加密/解密、签名运算的单元;SM3 引擎是执行杂凑运算的单元;随机数产生器是生成随机数的单元;HMAC 引擎是基于 SM3 引擎的计算消息认证码单元;执行引擎是 TCM 的运算执行单元;非易失性存储器是存储永久数据的存储单元;易失性存储器是 TCM 运行时临时数据的存储单元。

TCM 在结构上类似于 TCG 组织提出的可信平台模块(TPM),但其定位不同。TCG 组织将 TPM 定位为系统的可信根。但中国的可信计算体系把 TCM 定位为可信平台中专用于提供可信密码服务的模块,是可信根的重要组成部分,但其不具备主动可信功能,因此不能独立形成可信根。

可信平台控制模块 TPCM 内的另一个核心模块为可信主动控制逻辑单元,该机制获取系统、电源和外设的运行状态信息,根据这些信息进行控制裁决,生成控制命令。可信主动控制逻辑是系统的可信度量根,并受到可信平台控制模块的物理保护。

可信平台控制模块 TPCM 还包含一系列控制器逻辑,这些控制器逻辑与系统中的低速总线、高速总线、电源管理机制和 I/O 设备对接,获取总线信息并进行分析判断,将分析判断结果提交给可信主动控制逻辑,并接收可信平台控制逻辑发来的控制命令,将其转化为总线、电源和 I/O 端口的控制仲裁,实现对总线、电源和 I/O 设备的可信控制。

中国的可信计算体系中,计算平台加电时保证作为系统可信根的 TPCM 先于 CPU 启动进行首先加电,TPCM 加电后进行自检,完成状态检查;并主动对 BIOS 进行度量和验证,度量结果存储在 TPCM 中。验证通过后再通过电源和总线控制机制允许 CPU 启动运行,TPCM 将控制权交给 CPU 后就变为一个控制设备,为计算过程提供密码服务或者是可信服务。先于 CPU 启动是为了保证对系统的控制,防止可信机制被系统旁路。因此要求 TPCM 作为系统中高速总线的主设备存在。

TPCM 是具备主动度量功能的、加入国家商用密码算法的硬件芯片,并且将可信度量根、可信存储根和可信报告根集为一体。这里的主动度量既包括平台启动时 TPCM 首先掌握对平台的控制权,又包括平台启动后对平台关键部件的完整性度量。由于 LPC 总线的数据传输速度是 4.13MB/s,因此 TPM 度量大容量数据时就有些捉襟见肘了,为了提高 TPCM 对上层操作系统或应用程序的支持,我国采用了带宽分别为 133MB/s、477MB/s 的 PCI、PCI-E 总线作为 TPCM 与系统之间的连接方式。

在密码算法方面,TPCM 遵从国家密码管理局主持制定的《可信计算平台密码技术方案》《可信计算密码支撑平台功能与接口规范》,加入了 SM2 椭圆曲线密码算法、SMS4 对称密码算法、SM3 密码 Hash 算法。

可以看出,中国的可信计算平台体系结构既继承了 TCG 原有的体系结构,又对其进行了安全和应用上的扩展。

## 10.3 可信计算平台技术

一个可信计算机系统由可信根、可信硬件平台、可信操作系统和可信应用系统组成。图 10.6所示为可信计算机系统的各个组成部分。

信任链是可信计算的关键技术之一,可信计算平台通过信任链技术,以可信度量根核为

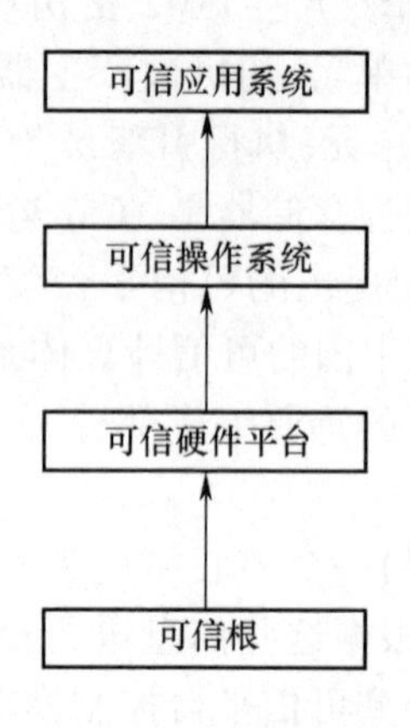


图 10.6　可信计算机系统

起点结合可信平台模块来度量整个平台的完整性,把信任关系从信任根扩展到整个计算机系统,以确保可信计算平台的可信。同时为了实现信任根及信任链的思想,TCG 还提出了可信度量、可信存储与可信报告的关键技术,将完整性数据存储在可信平台模块中,并通过可信平台模块向关注该平台安全状态的实体提供完整性报告,以决定该平台是否可信。

### 10.3.1　信任链技术

1. TCG 的信任链技术

按照 TCG 的规范,可信计算平台上所有可信组件的集合就是可信计算基 TCB(Trusted Computing Base)。具体而言,就是在计算机系统中,首先加入一个可信根,再建立一条信任链,从信任根开始到硬件平台、到操作系统、再到应用,系统沿着这个信任链,一级度量认证一级,一级信任一级,把这种信任扩展到整个计算机系统,从而确保整个计算机系统的可信,这也是可信计算的基本思路。

TCG 给出的信任链定义如下:

CRTM→BIOS→OSLoader→OS→Applications

其中,可信度量根核 CRTM 是 BIOS 里面的最先启动的一段代码,用于对后续启动部件进行完整性度量,因此 CRTM 是整个信任链度量的起点。信任链的流程如图 10.7 所示。

当系统加电以后,CRTM 首先对 BIOS 的完整性进行度量。通常,这种度量就是把 BIOS 当前代码的 Hash 值计算出来,并把计算结果与预期的 Hash 进行比较。如果两者一致,则说明 BIOS 的内容没有被篡改,BIOS 是可信的;如果不一致,则说明 BIOS 被攻击,其完整性遭到了破坏。如果 BIOS 可信,那么可信的边界将会从 CRTM 扩大到“CRTM+BIOS”。之后,CRTM+BIOS 将会进一步对 OSLoader 进行度量。OSLoader 就是操作系统加载器,包括例如:主引导扇区(Master Boot Record,MBR)、操作系统引导扇区等。如果 OSLoader 也是可信的,则信任的边界将会扩大到 CRTM+BIOS+OSLoader,同时,系统将会执行操作系统的加载动作,启动操作系统。当操作系统启动以后,由操作系统执行对应用程序 Applications 的完整性度量动作(包括运行前的“静态”度量部分和运行时的“动态”度量部分)。上述过程看起

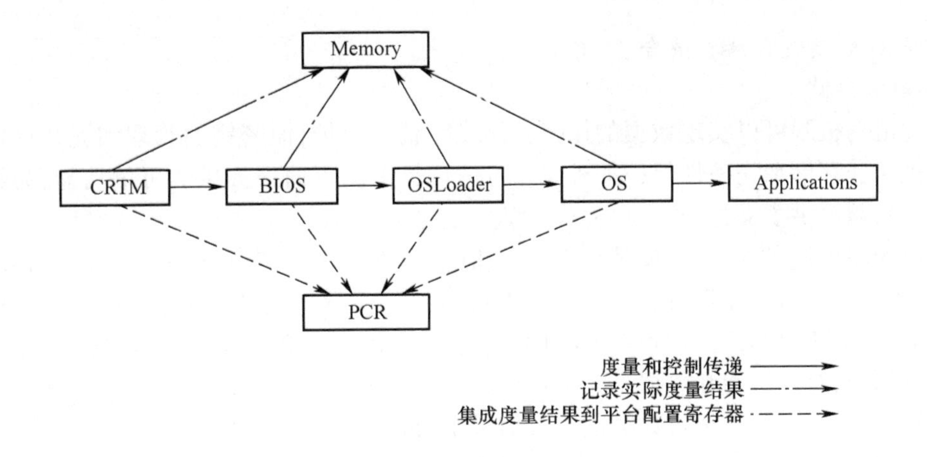


图 10.7　信任链实施流程

来如同一根链条一样环环相扣，因此称为“信任链”。

计算机执行各种任务时，计算机的控制权将会在不同实体间传递。那么，用户如何才能知道计算机是不是受到了恶意攻击以及计算机是不是可信的呢？TCG 采用度量存储和报告技术来解决这一问题。

2. 中国的信任链技术

信任链是由可信根开始，通过逐层可信扩展的方式实现。可信扩展有两种方式：静态扩展和动态扩展。

中国的静态扩展在思路、概念方面和 TCG 是一致的，基准值由部件生产厂商或测评单位生成，从可信根——系统固件——系统引导程序——操作系统内核——系统初始化脚本的系统启动过程均可通过静态可信扩展保证其可信性，不过由于可信根的设计和实现不同，所以信任链的起点不同。

动态扩展在系统运行阶段进行，此时系统中为多任务并行运行，在系统运行过程中载入一个部件并根据部件生成新任务后，系统本身以及旧任务仍保持活跃状态。任务与外部环境之间、不同任务之间普遍存在交互行为。同时，系统中还运行着一些安全机制，为这些任务提供保护。此时的可信扩展为任务建立一个不受无意或恶意干扰的可信运行环境，以保证其运行符合预期。动态扩展过程的实现是一个复杂的问题：既要保证任务载入过程可信，又要保证任务正常运行过程中与其交互的任务可信；系统中的安全机制还应有效地隔离环境对任务的干扰以及任务对环境的干扰行为。这需要综合运用多种技术手段，以体系化的思路实现。目前在动态可信扩展方面仍没有成熟或普遍有效的技术体系和方案，不过中国的可信计算体系为动态可信扩展提出了新的解决思路。中国的可信计算体系以可信软件基作为核心，可信软件基能够构建体系化的度量决策控制框架，并利用可信机制保证这些度量、判断和控制行为的可靠运行。

### 10.3.2 度量存储和报告技术

1. TCG 的度量存储和报告

1）可信存储

通过密码机制可以实现数据的保密存储或完整性保护，但密钥的管理和完整性校验值的保存是保密存储和完整性保护的难点。可信计算借助可信根提供的可信功能，为解决这两个难点问题提供了支持。

可信存储机制的可信源头是保存在可信根中唯一的存储根密钥（Storage Root Key，SRK）。SRK 不会向外界暴露，以 SRK 为根可以建立受保护的树状存储结构，只有根结点 SRK 存储在 TPM 内部，其他所有的密钥都经过父密钥加密后存储在 TPM 外部，所以 TPM 能将大量私钥、对称密钥和数据永久地存储到一个透明、虚拟、无限制的存储空间。使用可信存储根加密数据时，必须将数据读入可信根中，再在可信根内部进行计算。相应地，被可信存储根加密的数据，除非进行暴力破解，否则对其的解密只能在对应可信根中进行。存储根密钥是可信存储机制中密钥保护的源头。

可信根借助其内部的随机数发生器和密码算法引擎可以产生对称密钥和非对称密钥。可信根可以禁止对称密钥及非对称密钥的私钥部分导出可信根外。这些密钥在导出时，必须使用 SRK 或由 SRK 保护的其他密钥进行封装加密，以密文方式导出。这样可以保证密钥的明文格式仅在可信根中出现。

使用可信根保护密钥和数据时还可以增加一些额外的限制，以使密钥具备一些特殊的可信属性。例如，可信根内部产生的非对称密钥可以分为可迁移密钥和不可迁移密钥。可信存储机制中的密钥间封装关系如图 10.8 所示。

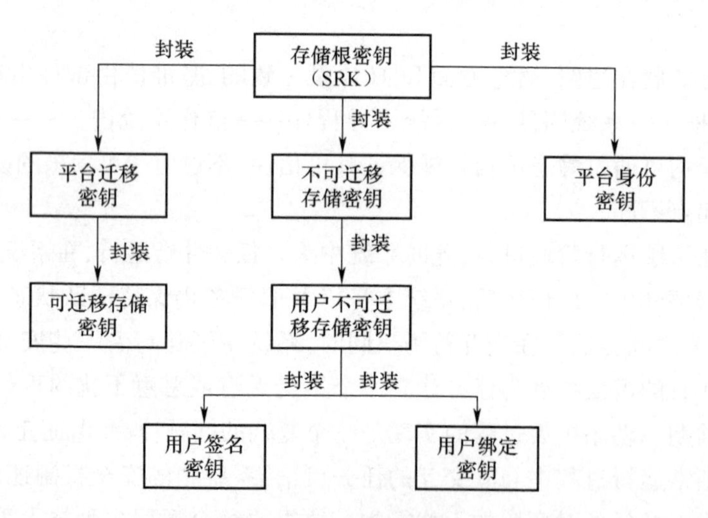


图 10.8 可信存储机制中密钥间封装关系

不可迁移密钥在导出时必须用本地可信根中的 SRK 或其他不可迁移密钥公钥加密后导出，这样，不可迁移密钥就只能在本地可信根中才能使用其私钥。相应地，只要是用不可迁移密钥私钥加密的数据，就一定是在本地可信根中完成的，外界可以通过使用不可迁移密钥的公钥解密数据来验证数据来源。而可迁移密钥则可以在可信根内部使用另一可信根所生成密钥的公钥来加密密钥或数据并将其导出,此时的密钥或数据可以传递给另一可信根,由这一可信根读入并恢复密钥或数据,这样即可实现可迁移密钥的传递与备份。

此外,还可以把密钥的载入和系统当前的度量结果关联起来,使只有处于系统特定环境和(或)有特定用户登录时,某些密钥才可以使用。这样,对数据的存储和验证就可以与系统环境和用户身份等相结合,使用户对系统的数据安全有更精细的控制能力。

2) 可信度量

从密码学意义上讲,可信度量特指利用可信根的物理功能和其中的摘要算法实现的度量过程,这一过程可以为可信扩展过程的可信度量提供密码学上的支持。

可信根中有一组特殊的寄存器——平台配置寄存器 PCR。这组寄存器的存放方式与一般的寄存器不同,从初始态开始,每一次的写入都按照式(1)进行。

$$\mathrm{PCR_i New} = \mathrm{Hash}(\mathrm{PCR_i Old\ value} \mid\mid \mathrm{value\ to\ add}) \tag{1}$$

即将新写入值与寄存器中的原始值合并,进行一次 Hash 计算,其运行结果作为 PCR 中的新值,PCR 的这种操作称作扩展(Extend)操作。

一般将对特定部件的度量结果写入 PCR 寄存器中。不同的 PCR 寄存器接收不同类型的度量结果。一般一个寄存器会以固定次序接收多个度量结果的写入。如果预期系统写入某个 PCR 的一组度量结果为 $a_1, a_2, \cdots, a_n$,则可以根据式(1)计算出 PCR 在写入度量结果时 PCR 的预期值序列 $h_1, h_2, \cdots, h_n$。如果这一组度量结果中的第 $i$ 个值与预期不符,则 PCR 值序列中的第 $i$ 个值也与预期不符。而通过从 $i$+1 开始构造新的输入序列来让 PCR 中的值恢复预期,其难度相当于为 hash 算法构造一个碰撞。对于设计良好的 Hash 算法,这在有限计算能力时是不可能的。关于 PCR 的一些详细描述可以参考 *TCG PC Clinet Platform TPM Profile Specification*。该规范介绍了 PC 平台下 TPM 中 PCR 的数量、可访问性、度量 BIOS 启动代码的特殊接口以及支持 PC 平台的其他 TPM 相关特性。

让 PCR 值恢复初始值的过程称为重置过程,按照式(1)将数值写入 PCR 的过程称为可信扩展过程。如果能将系统 PCR 的重置与系统加电、软件启动等行为绑定,并在系统可信扩展过程中依次向 PCR 写入度量值,则系统可信链中任意一个环节度量值与预期不一致时,PCR 值均将无法回到预期序列。所以,通过 PCR 当前值与预期序列的比对,即可判断系统可信链是否如预期进行扩展。这就是可信度量的基本原理。

在 TCG 的技术体系中,可信扩展过程的可信度量是从可信度量根核 CRTM 开始,CRTM 是平台启动时首先执行的代码,是平台的第一个完整性度量代理,不能被随意更改,其完整性必须得到保护。可信度量根核通过调用可信平台模块的 Hash 引擎来度量主平台下一个将要运行部件的完整性。可信计算平台按照通用计算平台的启动顺序建立信任链,前一个部件测量后一个部件的完整性,再将主 CPU 控制权转交给后一个部件。这样一级度量一级,一级认证一级,直到操作系统上由专门的完整性度量搜集器来度量搜集应用程序的完整性,从而度量出反映整个平台安全状态的完整性数据。

可信计算平台对启动部件的完整性值进行计算。从系统加电开始,一直到应用程序加载完毕,实现从初始信任状态构建的平台部件信任关系传递的逻辑链,保障平台代码装载和代码执行空间的完整性,实现安全启动。

可信计算平台启动度量流程如图 10.9 所示。可信度量根核 CRTM 作为平台初始化时可信度量根的度量代码,通常位于 BIOS 的起始部分。度量功能依次从 CRTM 传递到操作系统加载器、操作系统初始化代码、操作系统和应用程序。

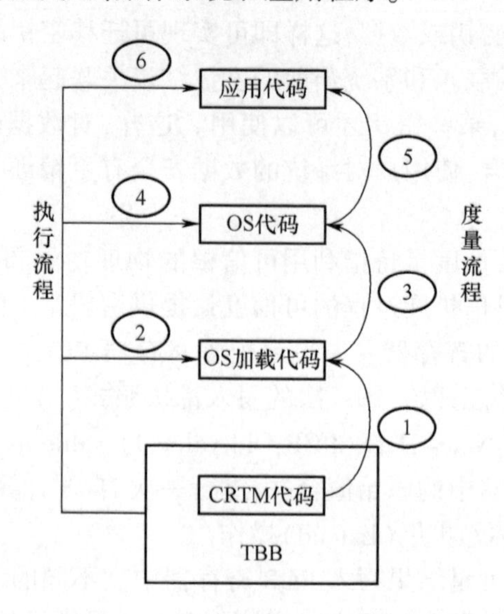


图 10.9　可信计算平台启动流程

在信任链的执行过程中,度量的序列反映了系统启动的序列,度量的值就是反映系统可信状态的值,于是将这一过程中的度量值妥善地存储下来,就记录了系统的启动序列和在启动序列中的可信度量结果,并为以后的报告机制提供数据基础。TCG 在规范中用 Hash 函数来度量软件的完整性,并以软件的完整性来代表软件的可信性。PCR 中存储的度量值不仅能够反映当前度量的软件完整性,也能够反映系统的启动序列。当前软件的完整性或系统启动序列的任何改变都将引起存储到 PCR 的值的改变。

于是,我们事先把系统启动过程中需要度量的部件的完整性值计算出来,并作为预期值存储起来。当系统实际启动时,信任链技术就会把当前度量的实际完整性值计算出来,并与预期的完整性值进行比较。如果两者一致,则说明被度量部件没有被篡改。这样依靠信任链技术,通过可信度量和存储就可以在系统启动过程中检查发现系统资源的数据完整性,从而确保系统资源的数据完整性和系统的可信性。

在系统进行可信度量时,除了度量结果要在 PCR 中进行扩展之外,TCG 还采用日志技术与之配合,对信任链过程中的事件记录相应的日志。日志将记录每一个部件被度量的内容、度量时序、度量结果以及异常事件等内容,可以作为系统可信度量的详细步骤进行参考,存储度量日志(Storage Measurement Log,SML)用于存储这些信息。由于日志和 PCR 的内容是相关联的,攻击者篡改日志的行为将被发现,这将进一步增加系统的安全性。

3) 可信报告

在可信计算环境下,经常出现需要远程证明用户身份和平台可信性的场景,这些场景一般通过可信报告机制实现。可信报告机制的基础是可信根中存储的背书密钥(Endorsement Key,EK)。背书密钥是系统的可信报告根,是一个非对称密钥,在每个可信根中唯一存在。为了增强可信报告根的安全性,EK 不能暴露,也不直接用于报告和认证,一般只用于用户和认证中心的关键鉴别密钥(如 AIK)生成过程,EK 公钥一般也仅保存在认证中心。

当需要向其他方证明平台身份时,EK 会生成身份认证密钥 AIK 用于签名可信报告,以向外界证明当前可信根的寄存器状态以及可信根中密钥的一些信息。利用可信报告中的这些信息,结合可信平台上的安全机制,可以实现对用户身份以及平台当前可信状况的远程认证。

具体来说,可信计算平台使用平台配置寄存器 PCR 的值来生成完整性报告。由于 PCR 的值保存在 TPM 中,并且在报告生成过程中要防止被篡改,因此需要设计一套密码协议保证 PCR 值的秘密性、真实性和完整性,同时还要考虑平台配置的隐私性。TCG 提出的解决方案是使用平台的匿名身份证书,既保证该信息来源于一个可信计算平台,又保证该平台的匿名性。同时,使用签名机制保证信息的完整性和真实性。图 10.10 中描述了一种完整性报告协议。

TCG 定义的远程证明(Remote Attestation,RA)机制可以让一个具有 TPM 的平台把自身的软硬件配置信息可信地报告给本地或者远端的验证者,使挑战者可以对平台的基本信息以及真实性进行验证。远程证明是一个挑战和应答的过程。首先验证者要求发起者提供平台信息;然后发起者把当前平台的 PCR 值使用身份认证密钥 AIK 进行签名,并连同 AIK 证书一起发送给验证者;验证者根据收到的信息对发起者的平台属性信息进行判断,以完成对平台的身份验证和完整性验证。

早期的信任链只是在平台启动时才进行一次完整性验证,即作为可信度量根的 BIOS 在平台运行生命周期内只能运行一次,且度量的实体资源仅限于操作系统加载之前的软硬件,这种被称为静态度量,无法保证系统运行时的安全。用户很难相信开机时几分钟的数据完整性度量,就能确保运行时的数据完整性和系统可信,因此需要能够在运行时反复进行系统度量的信任链机制。

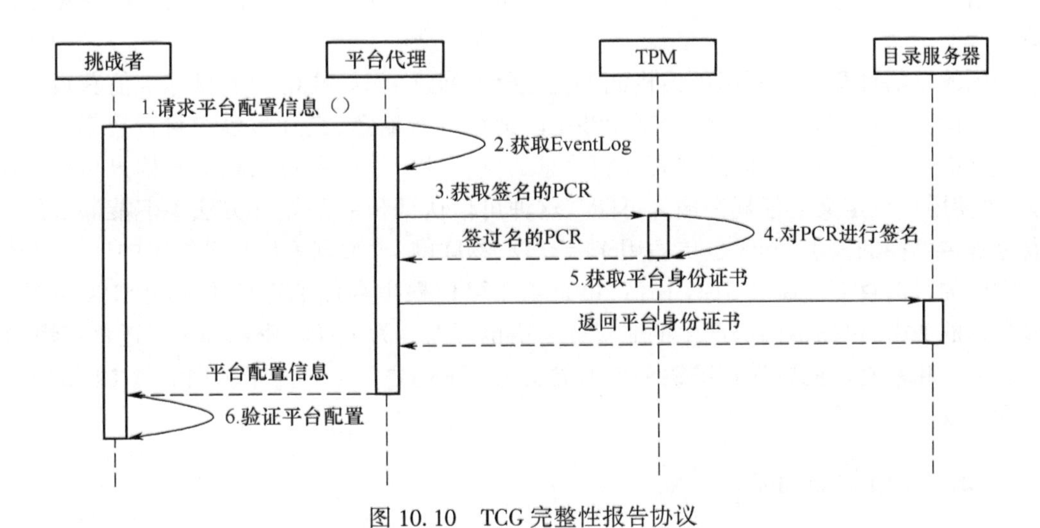


图 10.10　TCG 完整性报告协议

在工业界,Intel、AMD 等 CPU 厂商都致力于通过改进 CPU 的体系结构来增强计算平台的安全性,以 Intel 和 AMD 的动态度量技术为代表。在这些技术的支持下,可以在不重启机器的情况下实现信任链的多次完整性度量。TCG 称这种可多次度量的技术为动态可信度量根(Dynamic Root of Trust Measurement,DRTM)技术,而称原来的可信度量技术为静态可信度量根(Static Root of Trust Measurement,SRTM)技术。DRTM 实现为一种特定的 CPU 指令，如 Intel 的 CPU 中增加的一条新指令 SENTER 和 AMD 的一条新指令 SKINIT 就是动态度量根 DRTM。当 CPU 执行这条新指令时，就是告诉 TPM 开始信任度量并创建一个可信的计算环境，在平台 SRTM 之后启动度量信任根 DRTM。信任链由这条新指令开始信任度量，并重置 PCR 寄存器。

DRTM 被称为动态可信度量根的原因有两个方面。其一，由于 DRTM 的执行是通过调用主 CPU 的一组指令来完成的，对于 CPU 指令而言则可以有重复性和任意性，所谓重复性就是该组指令可以被调用很多次；所谓任意性是指该组指令可以随时随地被调用，只要满足指令的调用条件即可。其二，以前的静态度量根是 BIOS，而 BIOS 是主板上的一个固件，只能被动地运行而不能主动地去执行或者控制平台上的实体，而作为整个平台指令的执行者，CPU 则有相当大的权力和范围去做 SRTM 不能完成的工作，因此 CPU 也就理所当然地成为动态度量根。这种信任链可以在任何时候（既可以在平台启动时，也可以在平台启动后的任何时候）执行信任链、创建可信计算环境。DRTM 并不关心 SRTM 本身是如何执行的，也就是说 DRTM 关心的环境与 SRTM 关心的环境是相互独立的。

TCG 的 DRTM 技术可以实现信任链的多次度量，而且克服了 SRTM 的一些缺点，进一步提高了平台系统的安全性，而且比原来的静态可信度量更适合服务器应用，这些都是有积极意义的。但是应当指出，DRTM 技术只是实现信任链的多次度量，其度量的内容还是软件的数据完整性，并不是软件的行为可信性，因此仍然不能确保软件的行为可信。确保软件的行为可信是一件困难的事情，在这方面还缺少完善的理论和技术。

2. 中国的度量存储和报告技术

中国的可信度量中 PCR 的存放方式和密码学意义上的度量方式与 TCG 一样，都是将新写入值与寄存器中的原始值合并进行一次 Hash 计算，并将其运行结果作为 PCR 中的新值。

中国的可信计算可以利用可信机制的主动运行能力解决 TCG 的度量标准值获得难和自定义可信度量难等问题。可信机制能够主动提供度量信息，交互过程中自行搜集各种相关信息并提交给验证者，并向验证者证明信息的真实性。验证者可根据这些信息自己做出裁决，这使用户自定义信任规则成为可能。这种可信认证机制的设计方法不但能满足用户对安全自主可控的要求，同时也更适用于云计算、物联网、大数据等信息系统中的信任状况。

中国的可信存储机制和 TCG 相似，也是基于可信根中存储的存储根密钥 SRK 进行密钥或数据的加密，可信根内部产生的非对称密钥也可以分为可迁移密钥和不可迁移密钥，能够提供绑定和密封功能以保护密钥和数据的安全。不同之处主要在于采用的是中国的密码算法和协议。

### 10.3.3 可信软件栈

1. TCG 的可信软件栈

由于 TPM 是一个外设，为了让它能够在计算平台上使用，并发地接收和处理多个命令请求，并保证交互信息的安全，需要提供相应的协议、驱动软件和应用软件供不同层次的组件使用 TPM 的功能。为此，可信计算组织定义了可信软件栈（Trust Software Stack，TSS）接口，并且制定了可信软件栈规范，使用层次化的方法解决上述问题。可信软件栈规范是一套用来实现 TSS 的框架，定义了 TSS 的常量、TSS 的架构、TSS 的每一层实体以及每一层的功能函数定义，不过没有给出具体的函数实现，开发者可以根据此规范在不同的平台使用不同的开发语言进行开发。可信软件栈 TSS 是可信计算的重要组成部分，它通过对 TPM 的功能接口进行封装，实现资源调度、密钥证书管理和完整性度量等功能，并向上层应用提供服务和开发接口，为可信计算平台自身的完整性、身份可信性、数据安全性、可信网络提供应用支持。

1）可信软件栈实例

Trousers 是目前使用最为广泛也是影响最大的一种开源 TSS 软件，在 Linux 平台上实现了 TSS1.2 规范。TPM 芯片生产厂家 Infineon 开发了 TPM Professional Package 3.0，它是一种符合 TCG 规范的 TSS 软件栈，包括 TPM Cryptographic Service provider（CSP），是 Infineon 桌面管理软件，提供策略执行和安全特征管理功能，主要支持 Windows 平台，宣称可以支持 Linux 平台。我国 TPM 芯片提供商兆日公司开发了兆日 SSX35 配套软件，基于 Windows 平台，能够提供 TSS 的功能。OpenTC 的 WP03 是对 TCG TSS 的一个实现，它包括 TSS 1.2 的实现、AMD 虚拟层、TPM 提供的加密接口和简单的加密服务以及集成 JVM 和封装的 Java 接口。武汉大学和 HP 公司合作的 Daonity 项目基于 Trousers 进行了改进，增加了一些 Trousers 没有提供的功能，例如 Migration 功能等，开发出了 Daonity TSS。

2）可信软件栈结构

在 TSS 规范中给出了 TSS 的架构，如图 10.11 所示。

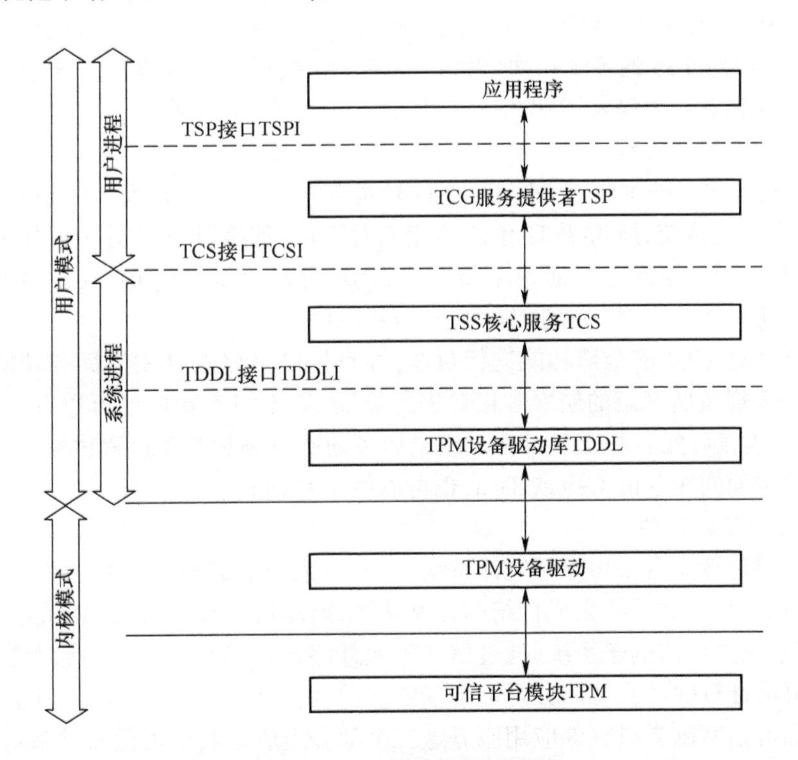


图 10.11　可信软件栈架构图

从图 10.11 中可以看出，TSS 的结构从逻辑上可以划分为 3 个层次：TSS 设备驱动库（TSS Device Driver Library，TDDL）、TSS 核心服务层（TCG Core Service，TCS）和 TSS 服务提

供层(TCG Service Provider),层与层之间通过相应的接口函数实现调用。

TDDL层是一个提供与TPM设备驱动进行交互的API的库,通过TPM接口实现对TPM设备的打开、关闭、初始化、发送和接收数据的功能。一般来说,TPM生产厂商会随TPM驱动一起附带TDDL库,以便于TSS实现者能够方便地和TPM进行交互。TDDL提供一个小的API集合来打开和关闭设备驱动,发送和接收数据块,查询设备驱动的属性和取消已经提交的TPM命令。

TCS层要管理TPM资源,通过TDDLI实现对TPM设备的控制,同时TCS作为核心服务,提供TPM设备相关的所有核心功能,包括提供一个TPM命令数据块产生器,提供一个全局的密钥存储设备,并同步来自TSP层的应用程序访问。如果操作系统支持,TCS层必须以系统服务方式实现,也应该是TDDL的唯一使用者。

TSP层以共享对象或动态链接库的方式直接被应用程序调用,通过TCSI接口调用TCS的相关功能,应用程序通过TSPI接口访问TCS的相关功能。TSP接口TSPI对外提供了TPM的所有功能和它自身的一些功能,比如密钥存储等。

TSP是向用户的应用程序提供接口,把来自应用程序的参数打包给TCS模块,由TCS模块来提供具体的功能函数;TCS模块把来自TSP模块的参数进行分析和操作以后写成一个TPM可以识别的字节流,通过TDDL传到TPM里面去,TPM接收到字节流以后进行相应的操作,把结果以字节流的形式通过TDDL返回到TCS,TCS对字节流分析以后把结果传给TSP,最后由TSP把正式的结果返回给应用程序。

TSS规范已经对TSS的各个层次、常量、变量、函数、返回值等进行了详细的规定,因此TSS的开发实际上是一个深入了解TSS规范、确定开发平台、选择开发语言、实现规范相应数据结构与函数流程的过程。

TSS的开发方式多种多样,往往与具体的环境与应用相关。如果系统是一个资源受限的系统,例如嵌入式系统,所需要TPM的功能相对简单,那么就可以对TSS规范进行裁剪,找出需要实现的功能,层次上可能也不需要这么多,可以直接将TDD、TCS和TSP贯穿,因为不同层次的功能往往是对一个TPM命令的多层封装。

如果需要针对TPM的全部功能进行封装,并且提供良好的开发界面与功能层次,那么就完全按照TSS规范所规定的层次和接口进行开发,具体的实现机制可以有所不同。比如实现RPC的方式就可能有基于Socket的网络服务侦听机制和基于远程过程调用的机制,开发语言可以选用面向对象的C++或Java,也可以使用C语言。

2. 中国的可信软件栈

中国的可信计算平台采用双系统体系结构,即在系统加载时通过扩展度量代理从逻辑上形成两套系统:第一套系统完成传统的计算功能,启动流程还是CPU、BIOS、OS loader、OS应用;第二套系统是可信的子系统,通过信任传递最终形成信任平台,完成对传统系统的监控。中国的可信计算软件实现部分是可信基础软件,由可信软件基(TSB)、可信基础支撑软件系统服务和可信基础支撑软件应用服务这三个部分组成。其中可信软件基是可信计算的核心,在可信计算中处于承上启下的核心,对上保护系统和应用,对下管理TPCM和其他可信计算资源。在双系统体系结构中,可信软件基在可信子系统中的位置相当于操作系统在宿主系统中的位置。可信软件基在逻辑上独立于宿主基础软件,与宿主基础软件的操作系统并行运行。通过在宿主操作系统内部进行主动拦截,实现对应用程序透明可信支撑,从而形成能够实施主动可信监控的双系统结构。可信软件基 TSB 组成结构框架如图 10.12 所示。

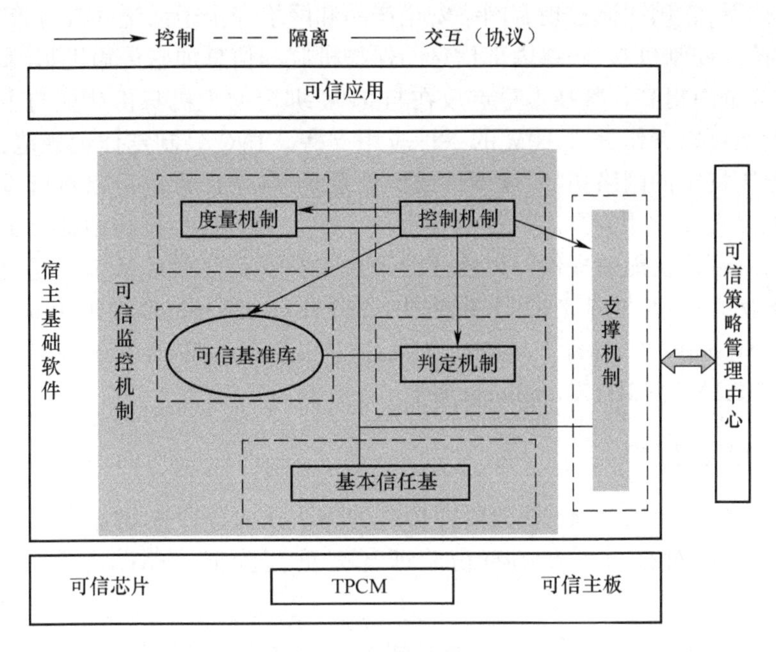


图 10.12　可信软件基结构框架

在图 10.12 中 TPCM 是 TSB 的可信根，为 TSB 的可信功能提供支撑。可信监控机制由基本信任基、控制机制、度量机制、判定机制和可信基准库组成，是宿主基础软件实现主动防御的核心机制。其中基本信任基为 TSB 和宿主基础软件提供软件系统初始状态的可信验证和可信保障，保证系统启动时的可信。控制机制、度量机制、判定机制和可信基准库联合完成对宿主基础软件系统运行环境和应用的主动度量，保证系统运行时的主动防御。支撑机制提供可信密码服务及其他可信服务，支持 TSB 对 TPCM 的访问和管理、可信策略的管理和可信基准信息的管理。可信策略管理中心负责可信策略的管理和审计。可信策略管理中心管理的可信策略包括 TSB 的控制策略、度量策略、判定策略、基准策略等。TSB 根据可信策略设置，通过系统调用钩子、虚拟机监视器、底层库函数等方式监控应用行为以实现对应用运行环境和行为的可信支撑。这些支撑不需要改变应用程序源码，而是通过截获系统对底层的访问行为进行监视和控制，因此对应用是透明的。

## 10.4　可信网络连接

目前，计算机之间互联时一般通过远程登录验证、SSL 协议、VPN 机制等方式来验证和保护计算机之间的连接，但这些机制一般只能确认远程用户的身份和保证数据在网络间的安全传输，并不能保证远端机器未被感染病毒或被黑客攻陷，也不能保证数据在网络传输过程中有足够的安全控制措施。

可信计算技术的应用使得对远端计算机从硬件到系统和应用进行全面验证成为可能。

TCG 于 2004 年 5 月成立了可信网络连接分组(Trusted Network Connection Sub Group,TNC-SG),主要负责研究和制定可信网络连接框架及相关的规范。TNC 架构实际上是一个可信网络安全技术体系,它试图通过现有网络安全产品和网络安全子系统的有效管理和整合,结合可信网络的接入控制机制、网络内部信息的保护机制和信息加密传输机制,实现网络整体安全防护能力的全面提高。其技术重点放在与 TPM 绑定的主机身份认证与主机完整性验证,在一定程度上可以看作是对 TPM 的一种应用支持。TNC 只制定详细规范,技术细节公开,不需要局限于特定的网络拓扑、软硬件或操作系统,各个厂家都可以自行设计开发兼容 TNC 的产品,并且可以利用安全芯片技术实现信任的扩展。TNC 架构中提出了平台完整性度量的概念,若终端系统能够提供可以验证的平台完整性信息就能认为其是可信的。目前已经有多家企业的产品支持 TNC 体系结构,如 Extreme Networks、HP ProCureve、Juniper Networks、Meru Networks、OpSwat、Patchlink、Q1Labs、StillSecure、Wave Systems 等;也有开放源代码的软件,如 libTNC、FHH、Xsupplicant 等。

### 10.4.1 TNC 架构

首先发布的是 TNC1.2 版本,该架构在传统的网络接入层次上增加了完整性评估层与完整性度量层,实现对接入平台的身份验证与完整性验证。TNC1.2 版本基础架构如图 10.13所示。

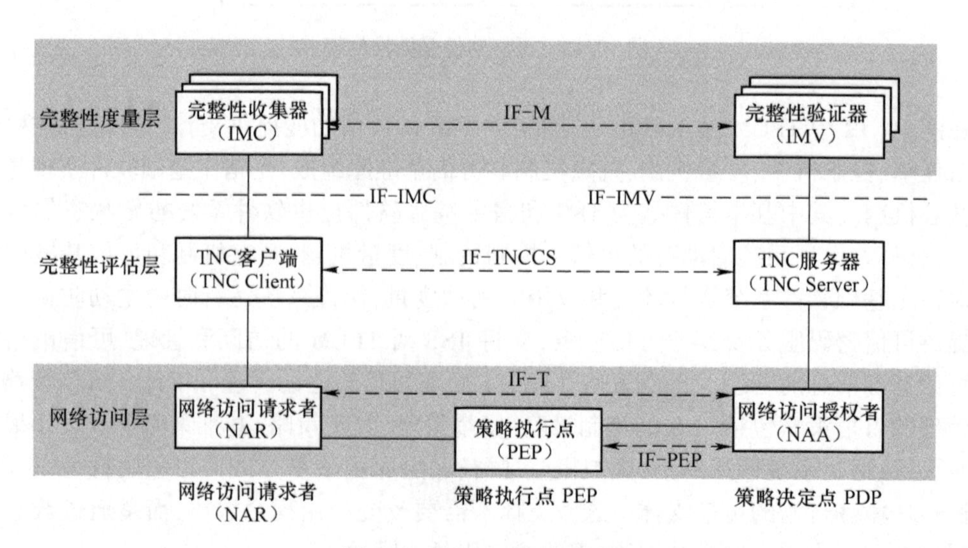


图 10.13 TNC 基础架构图

TNC 架构中的三个实体分别是请求访问者(Access Requestor,AR)、策略执行点(Policy Enforcement Point,PEP)和策略决定点(Policy Decision Point,PDP)。其中 AR 发出访问请求,收集平台完整性可信信息,发送给 PDP,从而建立网络连接;PEP 控制对被保护网络的访问,执行 PDP 的访问控制决策;PDP 根据本地安全策略对 AR 的访问请求进行决策判定,判定依据包括 AR 的身份与 AR 的平台完整性状态,判定结果为允许/禁止/隔离。

AR 包括三个组件:网络访问请求者(Network Access Requestor,NAR)发出访问请求,建立网络连接,在一个 AR 中可以有多个 NAR;TNC 客户端(TNC Client,TNCC)接收完整性度量收集器(Integrity Measurement Collector,IMC)收集的完整性信息,同时度量和报告平台及IMC自身的完整性信息;IMC度量AR中各个组件的完整性,在一个AR上可以有多个不同的IMC。

PDP包括三个组件:网络访问授权者(Network Access Authority,NAA)对AR的网络访问请求进行决策;NAA可以咨询上层的可信网络连接服务器(Trusted Network Connection Server,TNCS)来决定AR的完整性状态是否与PDP的安全策略一致,从而决定AR的访问请求是否被允许;TNCS负责与TNCC之间的通信,收集来自完整性测量验证器(Integrity Measurement Verifier,IMV)的决策,形成一个全局的访问决策传递给NAA;IMV将IMC传递过来的AR各个部件的完整性测量信息进行验证,并做出访问决策。

三个层次分别是网络访问层、完整性评估层与完整性度量层。网络访问层支持传统的网络连接技术,如802.1X和VPN等机制。完整性评估层进行平台的认证,并评估AR的完整性。完整性度量层收集和校验AR的完整性相关信息。

制定接口是为了实现组件之间的互操作。TNC1.2版本还提供了很多接口,自底向上包括IF-PEP、IF-T、IF-TNCCS、IF-IMC、IF-IMV和IF-M等。IF-PEP为PDP和PEP之间的接口,维护PDP和PEP之间的信息传输。IF-T维护AR和PDP之间的信息传输,并对上层接口协议提供封装,针对EAP方法和TLS分别制定了规范。IF-TNCCS是TNCC和TNCS之间的接口,定义了一个TNCC与TNCS之间传递信息的协议。IF-IMC是TNCC与各个IMC组件之间的接口,定义了TNCC与IMC之间传递信息的协议。IF-IMV是TNCS与各个IMV组件之间的接口,定义了TNCS与IMV之间传递信息的协议。IF-M是IMC与IMV之间的接口,定义了IMC与IMV之间传递消息的协议。目前各个接口的定义都已经公布,接口与协议的定义非常详细,有的甚至给出了编程语言与操作系统的绑定。

在TNC架构中,平台的完整性状态将直接导致是否被允许访问网络。如果终端由于某些原因不能符合相关安全策略时,TNC架构还考虑提供终端修补措施。不过在修补阶段中,终端连接的是隔离区域。另外,由于TNC并没有强制要求终端具有可信平台,所以针对可信计算平台,TNC1.2版本不仅在架构中增加了用于修补的两个实体:供给修补应用程序(Provisioning & Remediation Application,PRA)与供给修补资源(Provisioning & Remediation Resource,PRR),还提供了特定的平台可信服务接口(Platform Trust Services,IF-PTS)。具有可信平台与修补功能的TNC 1.2架构如图10.14所示。

在图10.14中,供给修补应用程序PRA可以作为AR的一个组成部分,向IMC提供某种类型的完整性信息。供给修补资源PRR表示可以修补更新资源,能够对AR上某些组件进行更新,使其通过完整性检查。IF-PTS将可信软件栈TSS的相关功能进行封装,向AR的各个组件提供包括密钥存储、非对称加解密、随机数、平台身份和平台完整性报告等功能。完整性度量日志主要用于保存平台中组件的度量信息。若终端的完整性验证没有通过,AR可以通过PRA访问PRR对相关的组件进行更新和修复,直到完整性验证通过。

### 10.4.2 TNC基本流程

一次完整的TNC基本流程如图10.15所示。

步骤0:在进行网络连接和平台完整性验证之前,TNCC需要对每一个IMC进行初始化。同样,TNCS也要对IMV进行初始化。

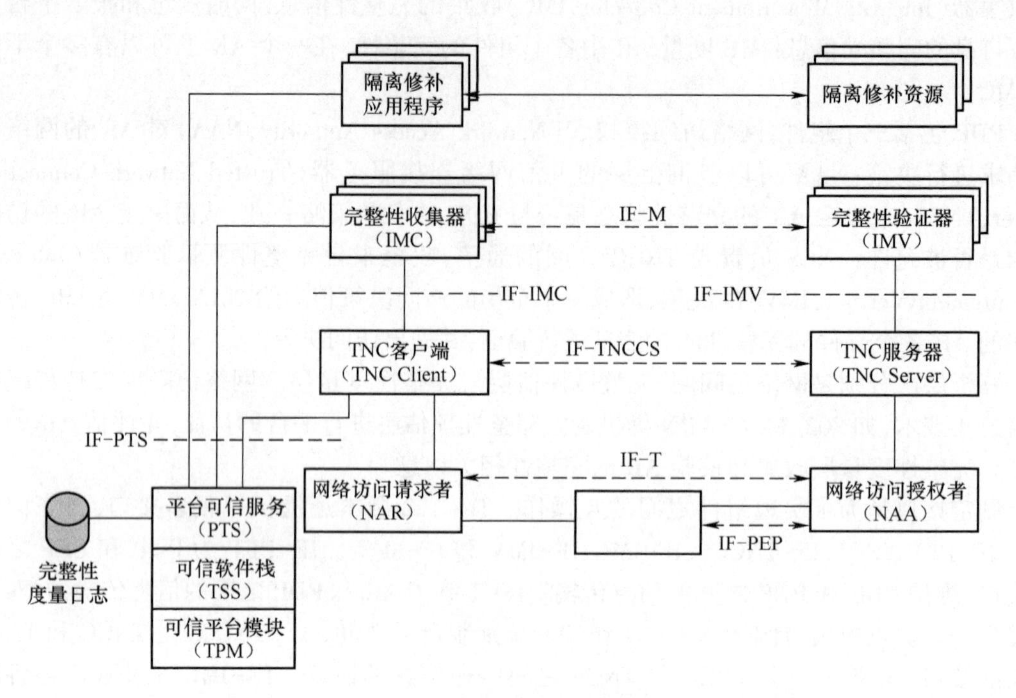


图 10.14　带有可信平台模块和修补功能的 TNC 架构图

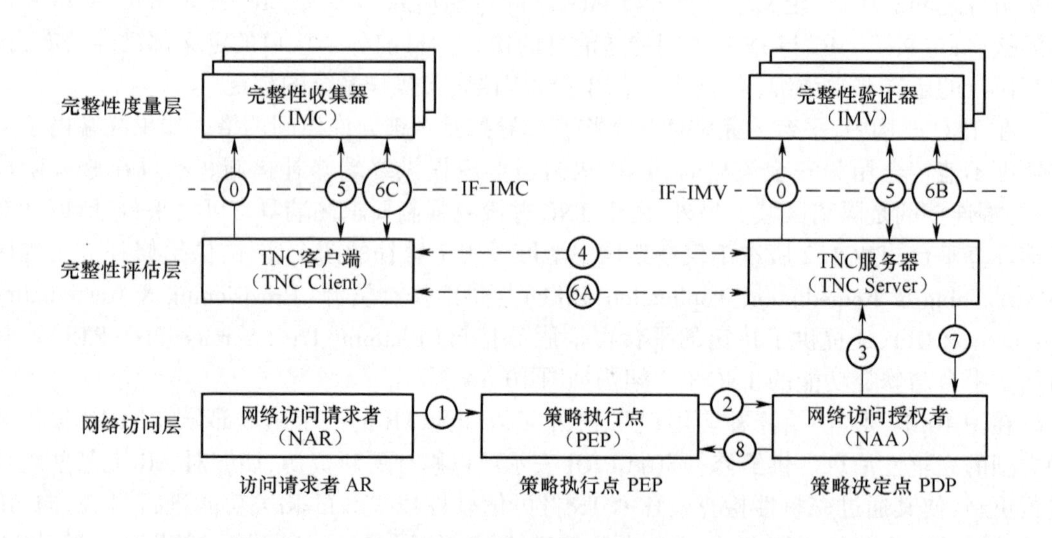


图 10.15　TNC 基本流程图

步骤 1：当有网络连接请求发生时，NAR 向 PEP 发送一个连接请求。

步骤 2：接收到 NAR 的访问请求之后，PEP 向 NAA 发送一个网络访问决策请求。假定 NAA 已经设置成按照用户认证、平台认证和完整性检查的顺序进行操作。如果有一个认证失败，则其后的认证将不会发生。用户认证可以发生在 NAA 和 AR 之间。平台认证和完整性检查发生在 AR 和 TNCS 之间。

步骤3:假定AR和NAA之间的用户认证成功完成,则NAA通知TNCS有一个连接请求到来。

步骤4:TNCS和TNCC进行平台验证。

步骤5:假定TNCC和TNCS之间的平台验证成功完成。TNCS通知IMV新的连接请求已经发生,需要进行完整性验证。同时TNCC通知IMC新的连接请求已经发生,需要准备完整性相关信息。IMC通过IF-IMC向TNCC返回IF-M消息。

步骤6A:TNCC和TNCS交换完整性验证相关的各种信息。这些信息将会被NAR、PEP和NAA转发,直到AR的完整性状态满足TNCS的要求。

步骤6B:TNCS将每个IMC信息发送给相应的IMV。IMV对IMC信息进行分析。如果IMV需要更多的完整性信息,它将通过IF-IMV接口向TNCS发送信息。如果IMV已经对IMC的完整性信息做出判断,它将结果通过IF-IMV接口发送给TNCS。

步骤6C:TNCC也要转发来自TNCS的信息给相应的IMC,并将来自IMC的信息发给TNCS。

步骤7:当TNCS完成和TNCC的完整性检查握手之后,它发送TNCS推荐操作给NAA。

步骤8:NAA发送网络访问决策给PEP来实施。NAA也必须向TNCS说明它最后的网络访问决定,这个决定也将会发送给TNCC。

上述的流程没有包括完整性验证没有通过的情况。如果完整性验证没有通过,AR可以通过PRA来访问PRR,对相关的组件进行更新和修复,然后再次执行上述流程。更新和修复的过程可能会重复多次直到完整性验证通过。

如今的网络安全解决方案如防火墙、入侵检测和防护系统、终端安全系统和数据防泄露系统都作为封闭独立的系统,缺少与其他系统有关网络行为和设备行为信息的共享,很难做到协同深度防御。另外,当前的网络访问控制解决方案主要关注于控制网络的接入,缺少对终端接入后安全状态改变的实时应变能力,因此,需要一种能够在各种网络设备与安全组件之间进行标准化、动态的安全数据共享机制。

经过18个月的开发,在2008年4月28日,TNC工作组在Interop 2008大会上公布了其最新的可信网络连接协议IF-MAP(Interface for Metadata Access Point),并宣布可信网络连接架构从TNC1.2升级到TNC1.3。除了IF-MAP协议之外,TNC1.3还增加了元数据访问点服务器(Metadata Access Point,MAP)与数据流控制器和传感器(Flow Controller and Sensor)两个可选组件。IF-MAP协议定义了传统的网络安全设备(如防火墙、IDS、流量控制等)与可信网络连接组件之间进行信息交互与共享的机制,在网络安全状态和安全策略层面实现了信息共享;同时实现了对网络终端安全状态的分布式检查与监控,使得网络安全策略能够进行动态调整,这标志着多个厂商的网络安全设施能够通过开放的标准协议进行有机整合,进而形成结构化、联动性的深度防御体系。TNC1.3架构如图10.16所示。

在图10.16中,元数据存储点是存储访问请求者相关的状态信息,用于策略决策与执行。元数据是指有关网络设备、策略、状态、行为以及各种系统之间的关系等任何共享的、实时的数据。流控制器是利用元数据访问点的信息对网络活动进行决策并执行的实体,传感器是监控网络活动并将信息发布给元数据访问点的实体。IF-MAP协议用于向TNC架构中的组件共享运行时的元数据,并提供发布、订阅和查询接口。它基于SOAP协议,使用TLS协议保证传输数据的安全。

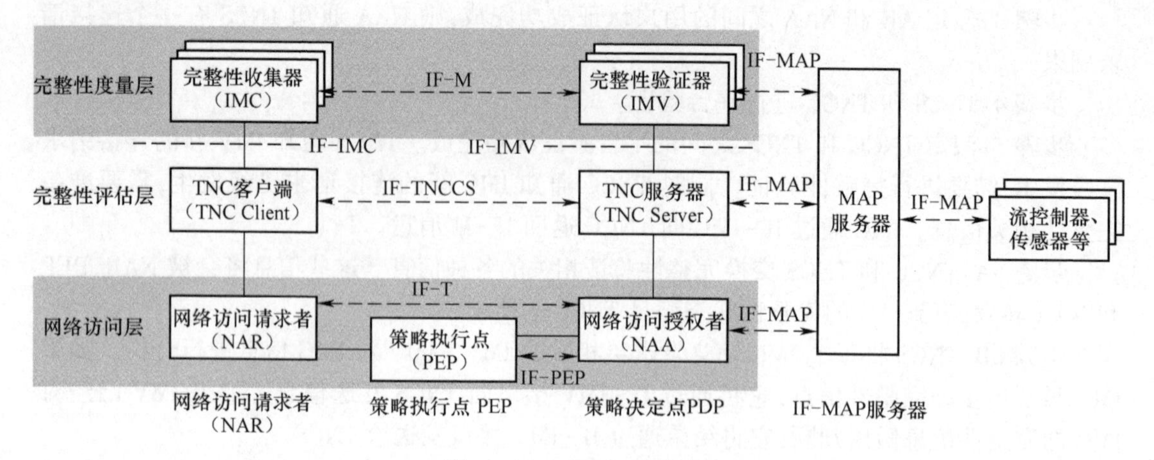


图 10.16　TNC1.3 架构图

具有 IF-MAP 之后的协议应用场景如图 10.17 所示：

（1）用户 john 通过一台终端（device-x）登录到内部网络，通过 TNC 客户端向 PEP 设备（一台 802.1X 的交换机）请求接入，并提交 device-x 的完整性信息（IP 地址、MAC 地址、操作系统版本、防病毒软件版本等）；

（2）PEP 向 PDP（一台 RADIUS 服务器）转发客户端信息，PDP 通过了用户身份和平台完整性验证，并以 finance manager 的角色给 john 授权，通知 PEP 可以接入；

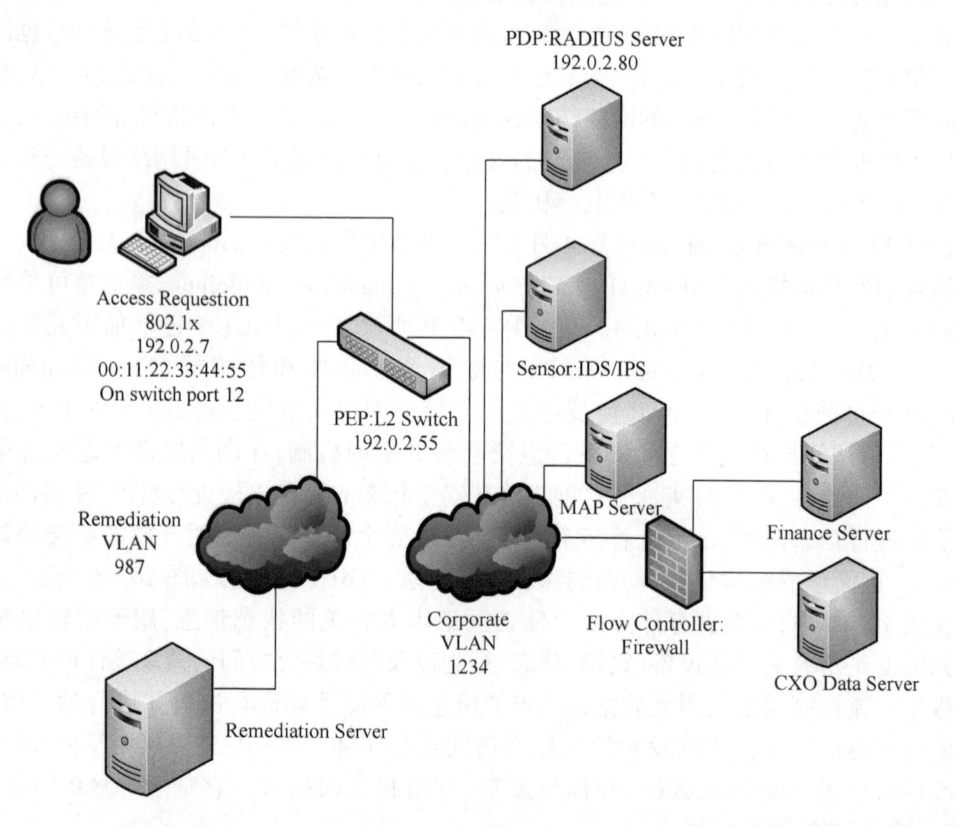


图 10.17　网络流图

(3) PDP 通过 IF-MAP 协议向 MAP 服务器发布 device-x 的状态信息、用户信息和授权信息；

(4) John 需要访问内部的 finance server，内部防火墙检测到 device-x 的访问请求，由于其可能是动态 IP 地址，因此没有静态的访问控制策略，此时防火墙通过 IF-MAP 协议向 MAP 服务器进行搜索；

(5) 通过搜索发现 device-x 设备当前的用户授权为 finance manager，而且设备状态可信，于是防火墙通过添加动态策略允许该访问请求；

(6) IDS 设备发现 device-x 正在被木马控制，IDS 马上通过 IF-MAP 协议向 MAP 服务发布该安全事件；

(7) MAP 服务立刻通过 IF-MAP 协议通知 PDP 有安全事件发生，PDP 通过判断立刻修改 device-x 的可信状态，通知 PEP 对 device-x 进行隔离处理，删除 device-x 的 finance manager 授权，并将新的状态和授权信息发布到 MAP 服务器；

(8) 由于授权信息发生改变，MAP 服务器立刻通过 IF-MAP 协议通知防火墙更新 device-x 的授权，从而删除内部的动态策略。

从上述流程中，我们可以看到通过 MAP 服务器和 IF-MAP 协议，在原有认证的基础上，及时发现终端安全状态的改变并修改访问控制策略，实现了多个网络安全设备之间的联动。

2009 年 TNC 工作组又将 TNC1.3 升级到了 TNC1.4，同时增加了 IF-T：Binding to TLS、Federated TNC 和 Clientless Endpoint Support Profile 三个规范，标志着多个厂商的网络安全设施能够通过开放的标准协议进行有机整合，进而形成结构化的、相互联动性的深度防御体系，以达到多种设备和终端的普适安全的目标。

### 10.4.3 TNC 支撑技术

尽管完整性度量与报告是 TNC 的核心技术，但是 TNC 架构中采用了现有的一些技术来为上层的可信计算机制提供支撑。这主要包括网络访问技术、安全的消息传输技术与用户身份认证技术。

TNC 的网络访问层基于现有的网络访问技术，主要包括 802.1X、虚拟专用网 VPN 和点对点协议 PPP。802.1X 为局域网提供基于端口的访问控制，能够通过受控端口与非受控端口对网络连接进行控制，这也是目前应用最为广泛的网络接入方法。VPN 使用 Internet 密钥交换协议 IKE 和 IPsec 协议、安全套接字 SSL 或者传输层安全 TLS 在 Internet 上建立安全隧道，保证数据传输的安全。PPP 协议是点对点连接中传输多种协议数据包的标准方法。

TNC 架构中需要在多个实体的多个组件中传递消息，因此安全的消息传输技术也是关键。可扩展认证协议（Extensible Authentication Protocol，EAP）广泛地用于 802.1X 架构中。EAP 不仅可以传输认证信息，而且通过 EAP 方法还可以传递终端完整性度量信息。HTTP 协议和 HTTPS 适用于传输应用程序相关的信息。TLS 可以传递完整性报告和完整性检查的消息握手。

在网络访问控制的用户身份认证中，TNC 并没有强制使用任何协议，但是可以利用现有的 RADIUS 协议和 Diameter 协议。

可以看出，在可信网络连接架构中，最下面的网络访问层基本上沿用了现有的网络访问控制技术，尤其是认证协议。消息传输也使用了现有的规范，使得整个可信网络连接架构更加适合对现有网络接入产品与系统的兼容。

### 10.4.4 中国可信连接架构

我国的信息安全技术标准化委员会也于 2007 年 3 月成立了可信计算工作小组,建立了自己的可信网络接入控制标准。通过分析 TCG 的 TNC 架构,认为其在网络访问层和完整性评估层都存在安全隐患,所以我国的可信网络连接架构是三元结构,具有如下特点:引入一个策略管理器作为可信第三方,对可信网络连接架构中的所有实体进行管理;可信网络连接架构的各个层次都采用了三元结构;所采用的技术必须是安全的,并且是具有国家自主产权的。增加的策略管理器在实现访问请求者和访问控制器之间的双向用户身份鉴别和双向平台可信性评估中充当可信第三方的角色,拥有证书有效性验证和平台可信性校验等功能,简化了证书有效性验证机制和平台可信性校验机制。

可信网络连接架构在终端接入网络之前对其平台状态进行度量,只有满足网络安全策略的终端才被允许接入网络,使对网络有潜在威胁的终端不能直接接入网络,同时,终端也对接入服务器进行验证,只有满足终端安全策略的接入服务器才允许与终端连接,这是一种主动、双向的、预先防范的网络连接方法。可信网络连接架构是可信计算体系结构的一个重要组成部分,是具有可信平台控制模块的终端与可信网络连接的架构,目的是使信任链从终端扩展到网络,将单个终端的可信状态扩展到互联系统。

为实现上述功能,可信网络连接架构拟解决以下关键问题:

(1) 可信平台评估:验证终端与接入服务器的身份、平台身份和平台完整性。

(2) 终端策略授权:确认终端与接入服务器的可信状态,例如:应用程序的存在性、状态、升级情况,升级防病毒软件和 IDS 的规则库的版本,操作系统和应用程序的补丁级别等,给予终端一个可以登录网络的权限,从而获得在一定权限控制下的网络访问权。

(3) 访问策略:确认终端及其用户的权限,并在其连接网络以前建立可信级别,平衡已存在的标准、产品及技术。

(4) 评估、隔离及补救:确认终端是否符合可信策略,如终端不符合安全策略,将其隔离在可信网络之外,如果可能执行适合的补救措施;如接入服务器不符合安全策略,则终端断开连接。

可信网络连接架构规定具有 TPCM 的终端与计算机网络的可信网络连接,其架构图如图 10.18 所示:

在图 10.18 所示的可信网络连接架构中,存在三个实体:访问请求者、访问控制器和策略管理器,从上至下分为三个层次:完整性度量层、可信平台评估层和网络访问控制层。

访问请求者包括的部件为:网络访问请求者、可信网络连接客户端和完整性收集者。访问控制器包括的部件为:网络访问控制者、可信网络连接接入点和完整性收集者。策略管理器包括的部件为:鉴别策略服务者、评估策略服务者和完整性校验者。

网络访问控制层上部件之间的接口为 IF-TNT 和 IF-APS。可信平台评估层上部件之间的接口为 IF-TNCCAP 和 IF-EPS。完整性度量层上部件之间的接口为 IF-IM。此外,可信平台评估层与完整性度量层之间还存在接口 IF-IMC 和 IF-IMV。

访问请求者和访问控制器都具有 TPCM,访问请求者请求接入保护网络,访问控制器控制访问请求者对保护网络的访问。策略管理器对访问请求者和访问控制器进行管理。

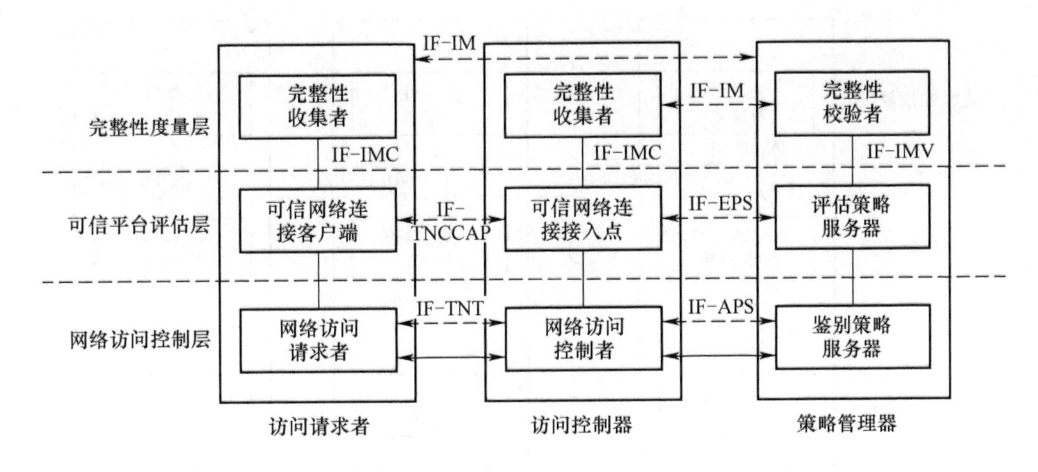


图 10.18　可信网络连接架构

在网络访问控制层,网络访问请求者、网络访问控制者和鉴别策略服务者执行用户身份鉴别协议,实现访问请求者和访问控制器之间的双向用户身份鉴别。

在可信平台评估层,可信网络连接客户端、可信网络连接接入点和评估策略服务者执行可信平台评估协议,实现访问请求者和访问控制器之间的双向可信平台评估(包括平台身份鉴别和平台完整性校验),可信网络连接客户端和可信网络连接接入点依据可信平台评估结果生成连接决策并分别发送给网络访问请求者和网络访问控制者。在可信平台评估过程中,若平台身份未成功鉴别,则断开连接;否则,验证平台完整性校验是否成功通过。若平台完整性校验未成功通过,则接入隔离域对自身平台进行修补。修补后可重新进行可信平台评估过程;否则,访问请求者连接访问控制器并可访问保护网络。

在完整性度量层,完整性收集者收集访问请求者和访问控制器的平台完整性度量值,完整性校验者校验这些平台完整性度量值,并通过 IF-IMC 和 IF-IMV 接口为可信平台评估层服务。

上述用户身份鉴别协议和可信平台评估协议都是基于可信方策略管理器的双向对等鉴别协议,称为三元对等鉴别协议。网络访问请求者和网络访问控制者依据用户身份鉴别结果和可信平台评估层发送的连接决策执行端口控制,从而实现访问控制。

可信网络连接架构的实现过程如图 10.19 所示。

在图 10.19 中,可信网络连接实现的步骤如下:

步骤 0:在建立网络连接和进行完整性校验之前,可信网络连接客户端必须根据特定平台绑定来初始化完整性收集者。

步骤 1:网络访问请求者向网络访问控制者发起访问请求。

步骤 2:网络访问控制者收到网络访问请求者的访问请求后,与网络访问请求者和鉴别策略服务者执行用户身份鉴别协议,实现访问请求者和访问控制器的双向用户身份鉴别。在用户身份鉴别过程中,策略管理器作为可信方。访问请求者和访问控制器协商一个主密钥,并利用该主密钥协商会话密钥。访问请求者和访问控制器依据用户身份鉴别结果对本地端口进行控制。

步骤 3:用户身份鉴别及密钥协商成功后,网络访问请求者和网络访问控制者分别将成

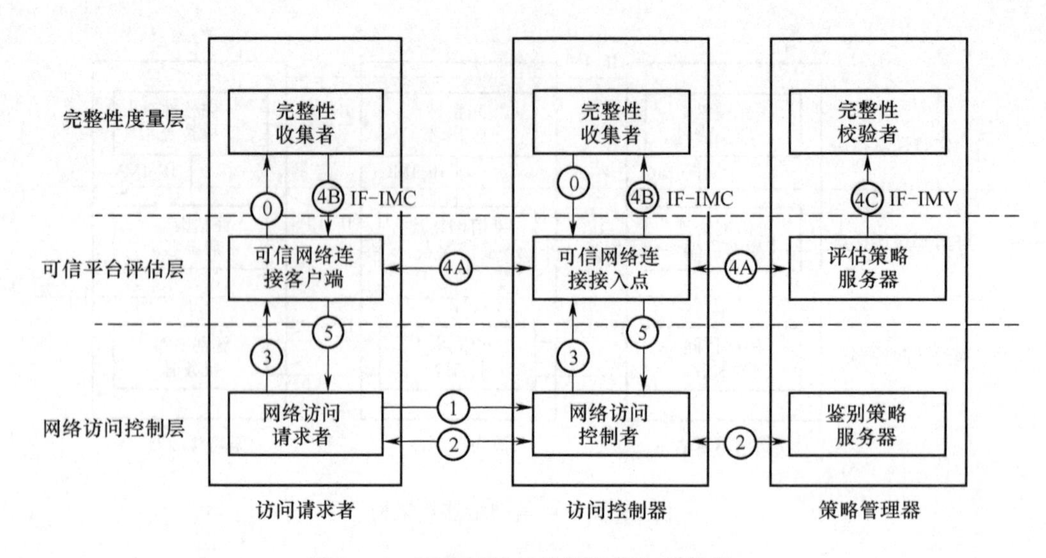


图 10.19 可信网络连接架构的实现过程

功信息发送给可信网络连接客户端和可信网络连接接入点。

步骤 4A:当可信网络连接接入点收到该成功信息时,激活可信平台评估过程,与可信网络连接客户端和评估策略服务者执行可信平台评估协议,实现访问请求者和访问控制器的双向可信平台评估——平台身份鉴别和平台完整性校验。

步骤 4B:在可信平台评估过程中,可信网络连接客户端和可信网络连接接入点分别通过 IF-IMC 接口与完整性度量层的完整性收集者进行信息交互。

步骤 4C:评估策略服务者负责验证访问请求者和访问控制器的平台身份证书的有效性,通过 IF-IMV 接口调用完整性度量层的完整性校验者来完成访问请求者和访问控制器的平台完整性校验,最终生成访问请求者和访问控制器的可信平台评估结果。

步骤 5:当访问请求者和访问控制器的可信平台评估完成时,可信网络连接客户端和可信网络连接接入点依据评估策略服务者生成的可信平台评估结果进行决策,并分别发送给网络访问请求者和网络访问控制者。

网络访问请求者和网络访问控制者依据各自收到的决策(允许/禁止/隔离)对本地端口进行控制,从而实现可信网络连接。

隔离和修补是可信网络连接架构中的重要组成部分。若平台身份未被成功鉴别,则断开连接;否则,验证平台完整性校验是否成功通过。若平台完整性校验未成功通过,则接入隔离域对平台进行修补,通过平台修补后可重新进行可信网络连接。包含隔离和修补功能的可信网络连接架构如图 10.20 所示。

在图 10.20 中的隔离修补层,驻留在访问请求者和访问控制器的修补请求模块可向策略管理器所提供的修补资源请求修补。当访问请求者的平台需要进行修补时,访问请求者的可信网络连接客户端调用驻留在访问请求者的修补模块向策略管理器所提供的修补资源请求修补并完成自身平台修补;当访问控制器的平台需要进行修补时,访问控制器的可信网络连接接入点调用驻留在访问控制器的修补模块向策略管理器所提供的修补资源请求修补并完成自身平台修补。

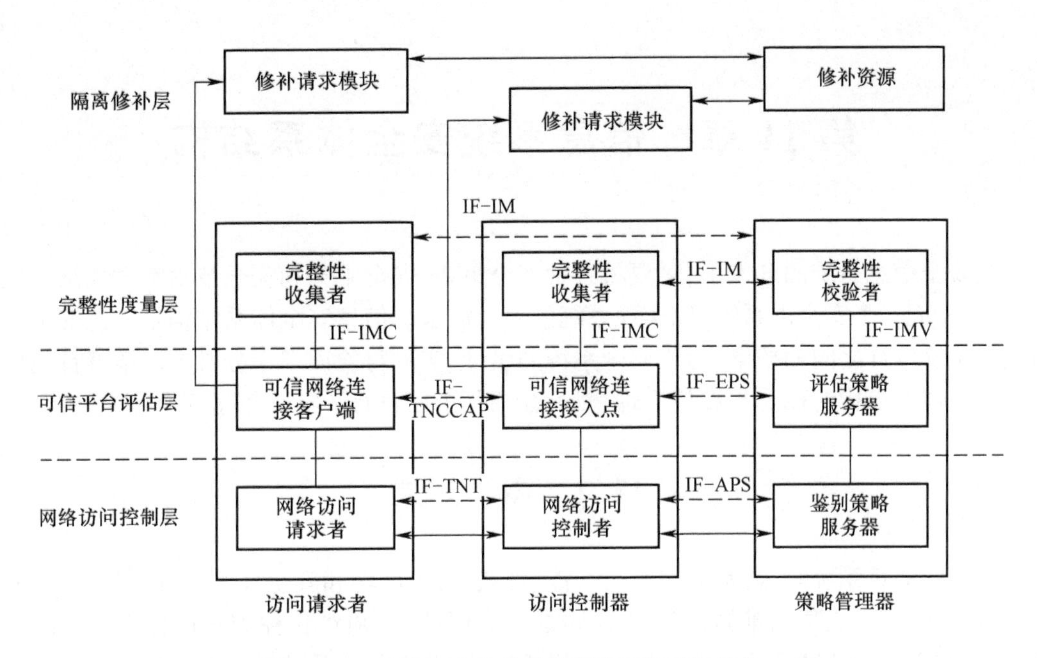


图 10.20　具有隔离修补层的可信网络连接架构

## 10.5　本 章 小 结

本章主要介绍了可信计算的概念、可信计算的发展历程和可信计算的主要技术路线,其中着重介绍了可信平台模块、信任链技术、可信度量存储和报告技术,以及可信网络连接等关键技术,目的是使读者了解可信计算的基本原理、实现机制、功能和优缺点。可信计算为解决网络空间安全问题提供了一种新的思路,即主动防御、源头控制。新型基础设施是以数据和网络为核心,其发展前提就是要用主动防御的可信计算筑牢安全防线,通过主动防御措施实施计算运算的同时进行安全检测,而并不是简单的串行加些安全功能的防护,从而破坏与排斥进入系统的有害代码。

## 习　　题

1. 简述可信与安全的区别。
2. 简述 TCG 和中国的信任根技术,分析 TCG 的 TPM 与中国的 TPCM 的区别。
3. 简述 TCG 可信计算技术路线中可信计算平台内可信度量、存储和报告的过程。
4. 分析 TCG 的 TNC 和中国可信网络连接架构的区别。

# 第 11 章　信息系统安全体系结构

在安全信息系统的开发中,需要将各种安全策略、安全服务和安全技术有效地结合在一起,最终构成一个安全的系统,以实现系统的安全需求。信息安全体系结构是信息安全需求与安全系统设计之间的桥梁,对于安全系统的设计、实现与验证都十分必要。本章首先描述信息安全体系结构的概念和设计原理,然后介绍几个比较有影响的信息安全体系结构。

## 11.1　概　　述

在构建信息系统时,通常需要满足功能、性能、可扩展性和安全性等多方面的需求,而满足所有要求,通常是很困难的,甚至是不可能的。因此,必须对各种需求进行全局性的折中考虑,把它们协调地纳入到一个系统中并有效实现,这就是体系结构要完成的主要任务。类似地,在安全信息系统的开发中,需要将各种安全策略、安全服务和安全技术有效地结合在一起,最终构成一个安全的系统,以实现系统的安全需求。为此,需要引入信息系统安全体系结构的概念,规划系统的安全控制部件及其逻辑和功能分配,着重解决需求向实现过渡的问题,并为不同职责的人员提供了共同交流的基础。此外,安全体系结构对于理解信息安全概念,安全系统的设计、实现与验证也都是十分必要的。

### 11.1.1　体系结构

1964 年,G. Amdahl 首次提出了“体系结构(Architecture)”的概念,使人们对计算机系统开始有了一个统一而清晰的认识,并为计算机系统的设计与开发奠定了基础。随着计算机科学、网络与通信技术的发展,体系结构研究与应用的内涵和外延都得到了极大的丰富,成为计算机科学相关领域研究的一项基础性工作。但目前,不同机构和学者给出的体系结构的定义并不尽相同。

ANSI/IEEE STD 1471—2000 给出的体系结构定义是:一个系统的基本组织,通过组件、组件之间、组件与环境之间的关系,以及管理其设计和演变的原则的具体体现;开放组织体系结构框架(TOGAF)认为:体系结构包括基础体系结构、标准信息库和体系结构开发方法(ADM);IEEE 的体系结构计划研究组(APG)认为:体系结构是“组件+连接关系+约束规则”;信息管理体系结构(TAFIM)给出的技术体系结构的定义是:组件、接口、服务及其相互作用的框架;从以上定义可以看出,尽管不同机构和学者所给出的体系结构的定义不尽相同,但它们的侧重点都落在“元素及其关系”上面。

对体系结构的最常见分类,是将其分为硬件体系结构和软件体系结构两大类。硬件体系结构的定义由计算机科学中的计算机体系结构发展而来,它通常包含计算机组成原理与设计、计算机系统结构、数字逻辑与数字电路等一系列内容,其组成元素大多是客观可见的组件,比较容易理解。软件体系结构指在软件系统分析和设计过程中确立的系统中基本元素相互作用的方式。这些基本元素是实现软件系统功能必需的元素。严格地讲,软件体系结构是具有一定形式的结构化元素,即构件的集合,包括处理构件、数据构件和连接构件。处理构件负责对数据进行加工,数据构件是被加工的信息,连接构件把体系结构的不同部分组合连接起来。与上述分类方法不同的是,信息系统体系结构则不再区分为硬件和软件,而是从信息系统设计与开发的角度,考虑其组成元素及其彼此间的关联和相互作用。

### 11.1.2 信息系统安全体系结构

1. 信息系统安全体系结构的定义

关于信息系统安全体系结构,有多种不同的定义。Christopher M. King 在《安全体系结构的设计、部署与操作》中,从技术角度给出的定义为:信息安全体系结构是由安全技术及其配置所构成的安全性集中解决方案。OSI/RM 的扩展部分 ISO7498-2 将安全体系结构定义为:信息系统安全功能的抽象描述,一般只从整体上定义信息系统所提供的安全服务和安全机制。Jan Killmeyer 在《信息安全体系结构:一种组织中安全的集成方法》中认为:信息安全体系结构是一个集成的可计算资源,它实现包括管理整合、物理的和技术进程的控制机制,以保证信息的保密性、完整性和可用性。X/Open group 认为:信息系统安全体系结构是系统整体体系结构描述的一部分,应该包括一组相互依赖、协作的安全功能相关元素的最高层描述与配置,这些元素共同实施系统的安全策略。冯登国认为:信息系统安全体系结构是系统信息安全功能定义、设计、实施和验证的基础,该体系结构应该在反映整个信息系统安全策略的基础上,描述该系统安全组件及其相关组件相互间的逻辑关系和功能分配。

广义地说,信息安全体系结构是以保障组织(包括其信息系统)的工作使命为目标,而建立的一套体现安全策略的有关技术体系、组织体系和管理体系的资源集成和配置方案,以保证组织信息的保密性、完整性、可用性和其他安全需要。在技术层面上,设计信息安全体系结构就是根据用户的安全需求(保密性、完整性和可用性等),结合系统的设计约束,确定系统的安全技术结构,分配安全服务、选择安全机制。其主要工作是对安全服务功能进行组件化分解和配置,确定组件间的逻辑关系和功能分配,选择特定的功能组件的实现方案。

2. 信息系统安全体系结构的内容

信息系统安全体系结构主要包含如下几方面的内容:

(1) 详细描述系统中安全相关的所有方面。这包括系统可能提供的所有安全服务及保护系统自身安全的所有安全措施,描述方式可以用自然语言,也可以用形式语言。

(2) 在一定的抽象层次上描述各个安全相关模块之间的关系。这可以用逻辑框图来表达,主要用于在抽象层次上,按满足安全需求的方式来描述系统关键元素之间的关系。

(3) 提出指导设计的基本原理。根据系统设计的要求及工程设计的理论和方法,明确系统设计各方面的基本原则。

(4) 提出开发过程的基本框架及对应于该框架体系的层次结构,它描述确保系统忠实于安全需求的整个开发过程的所有方面。为达到此目的,安全体系总是按一定的层次结构进行描述,一般包括:①系统开发的概念化阶段。它是安全概念的最高抽象层次的处理,如系统安全策略、要求的保障级别、系统安全要求对开发过程的影响及总体的指导原则;②系统开发的功能化阶段。当系统体系已经比较确定时,安全体系必须进一步细化来反映系统的结构。

3. 信息系统安全体系结构的作用

在安全信息系统的开发中,需要将各种安全策略、安全服务和安全技术有效地结合在一起,最终构成一个安全的系统,以实现系统的安全需求。为此,需要引入信息系统安全体系结构的概念。安全体系结构扮演着指导者的角色,它规划系统的安全控制部件及其逻辑和功能分配,着重解决需求向实现过渡的问题。一个良好的系统安全体系结构,不但有助于合理组织各种安全技术,使系统提供全面而统一的安全服务,而且有利于减少系统冗余,提高系统的可管理性和可扩展性。因此,要求所有开发者在开发前对安全体系结构必须达成共识,并在开发过程中自觉服从于安全体系结构,在它的指导下协同工作。即使在系统的实现阶段,编程人员也必须在一些来自体系结构、编程标准、编码审查及测试的指导原则下进行工作。此外,安全体系结构对于理解信息安全概念,以及安全系统的设计、实现与验证也都是十分必要的。

4. 信息系统安全体系结构的分类

信息安全体系结构的内涵和外延包含了技术、管理和组织等诸方面的内容,涉及系统、信息、组织和网络等对象。美国国防部提出的目标安全体系结构(DoD Goal Security Architecture),将信息安全体系结构划分为以下4类。

1) 抽象体系结构(Abstract Architecture)

抽象体系结构描述安全需求,定义安全策略,选择相应的安全服务/功能,为抽象定义的信息系统结构的组件分配安全功能,并给出把这些功能有机地组织成一个整体的原理及相关的基本概念。在这个层次上,安全体系结构就是描述安全需求,定义安全功能及它们提供的安全服务,确定系统实现安全的指导原则及基本概念。

2) 通用体系结构(Generic Architecture)

通用体系结构的开发,是基于抽象体系结构的决策来进行的。它定义通用类型的安全组件和相关行业标准,规定系统应用中必要的指导原则,并在已有的安全功能和相关安全服务配置的基础上,定义系统组件类型及可获得的用于实现这些安全功能的安全机制。在把系统组件与安全机制进行组合时,必须明确说明因兼容性问题而导致的局限性或安全强度退化。

3) 逻辑体系结构(Logical Architecture)

逻辑体系结构是为某种真实、具体的安全需求而设计的,是将通用安全体系结构在具体环境中的实例化。逻辑体系结构与下面将描述的特定体系结构之间的不同之处在于:特定体系结构是系统的实际体系,而逻辑体系结构是以理解而非实现为意图的,无须进行开销分析。

4) 特定体系结构(Specific Architecture)

特定安全体系结构要表达系统组件、接口、标准、性能和代价,它描述如何将所选择的信息安全组件和机制结合起来,以满足所考虑的特定系统的安全需求。

### 11.1.3 信息系统安全体系结构的设计原则

本节阐述在安全体系结构设计中,应该遵守的基本原则和设计方法。它们都是在大量实践的基础上,通过分析和总结信息安全系统开发成败的经验而得出的。

1975 年,Saltzer 和 Schroeder 以安全保护机制的体系结构为中心,探讨了计算机系统的安全保护问题,给出了设计安全保护机制的八大原则。

1. 机制经济性原则(Economy of Mechanism)

安全保护机制应设计得尽可能地简单和短小。如果系统的规模太大,其中的程序错误或缺陷将很难排除,这就意味着系统总存在着不可预测的行为,或可被利用的缺陷,从而使系统产生一些难以预料的后果。而这些错误在常规使用中是察觉不出的,难免需要进行软件逐行排查等工作,简单而短小的设计是这类工作成功的关键。

2. 失败-保险原则(Fail-Safe Defaults)

访问判定应建立在显式授权而不是隐式授权的基础上,显式授权指定的是主体该有的权限,隐式授权指定的是主体不该有的权限。在默认情况下,没有明确授权的访问方式应该视为不允许的访问方式,如果主体欲以该方式进行访问,结果将是失败,这对于系统来说是保险的。

3. 完全仲裁原则(Complete Mediation)

对每一个客体的每一次访问都必须经过检查,以确认是否已经得到授权。

4. 开放设计原则(Open Design)

不应该把保护机制的抗攻击能力建立在设计的保密性的基础之上。应该在设计公开的环境中设法增强保护机制的防御能力。

5. 特权分离原则(Separation of Privilege)

为每项特权划分出多个决定因素,仅当所有决定因素均具备时,才能行使该项特权。正如一个保险箱设有两把钥匙,由两个人掌管,仅当两个人都提供钥匙时,才能打开保险箱。

6. 最小特权原则(Least Privilege)

分配给系统中的每个程序和每个用户的特权应该是其完成工作所必需的特权的最小集合。实施最小特权,要求在构造系统时必须按一定的技术进行,例如采用模块化编程及结构化设计等。

7. 最少公共机制原则(Least of Common Mechanism)

把由两个以上用户共用和被所有用户依赖的机制的数量减到最少。每一个共享机制都是一条潜在的用户间的信息通路,要谨慎设计,避免无意中破坏安全性。

8. 心理可接受性原则(Psychological Acceptability)

为使用户习以为常地、自动地正确运用保护机制,应把与安全相关的界面设计得易于使用,使安全机制不会对服从安全规则的用户造成功能影响。

此外,Matt Bishop 在其经典著作《计算机安全学》(*Computer Security: Art and Science*)中,还提出如下原则。

1. 从系统设计之初就考虑安全性

在设计一个系统时,可以达到系统要求的方法多种多样,有的对安全有利,有的则对安全不利。在这种情况下,如果没有一个安全体系结构来指导系统设计的早期决策,就完全有可能选择带有安全缺陷的设计思路,从而只能采取在系统设计完成后,再添加安全功能的补救手段,其结果是与安全相关的实现无法很好地集成到系统中,而为了获得所必需的安全性,不得不付出巨大的代价。已有的大系统开发实践经验表明,除非在系统设计的早期考虑了安全对系统的影响,否则最后设计出来的系统很少会获得有意义的安全性。因此,在考虑系统体系结构的同时,就应该考虑相应的安全体系结构。

2. 尽量考虑未来的安全需求

安全体系结构除了要充分考虑当前的安全需求,还应着眼于未来,考虑一些当前未计划使用的潜在安全属性。如果在设计时考虑了这些潜在的安全需求,并预留了相关接口,那么未来在对系统实施安全增强时,所需付出的代价就会小得多。而即便所预留的安全特性在系统的后续开发中从未使用,但为系统预留接口所造成的损失往往也是很小的。经验表明,许多系统的安全性是无法改进的,其根本原因在于,系统功能在本质上是基于系统的非安全属性来定义的,一旦改变系统这些属性,系统就不能再按用户期望的方式工作,因此就要求超前考虑安全需求。

在考虑未来安全需求时,要注意:①不能把潜在需求定得太特殊或太具体,否则会损害系统的灵活性;②要从适当的抽象层次来理解安全问题,而不是针对具体的问题;③要特别关注安全策略的定义,因为安全策略的改变会给系统带来灾难性的影响,在旧策略下运行良好的应用系统,在新策略下可能完全无法正常工作。

### 11.1.4 信息系统安全需求分析

1. 基础软件安全需求

操作系统和数据库系统等基础软件的安全,与应用层安全密切相关。不同安全级别的操作系统、数据库系统和服务器有不同的安全需求。一般地,具有一定安全性要求的信息系统,至少应采用满足 GB 17859 中的第二级(系统审计保护级)或第三级(安全标记保护级)安全需求的操作系统、数据库和服务器。有关 GB 17859 中各个安全等级的安全需求,详见本书第 5 章。

2. 数据安全需求

数据安全主要关注信息系统中存储、传输和处理等过程中数据的安全性,其目的是实现数据的机密性、完整性、可控性和不可否认性,并进行数据备份和恢复。

1) 数据机密性

数据机密性指保护传输和存储的数据不被非法获取,主要包括:①数据加密;②数据隔离;③通信流加密。数据机密性需求主要涉及加密和访问控制这两种安全机制。

2) 数据完整性

数据完整性指保护传输或存储的数据不被非法修改、删除,主要包括:①防止未授权的数据修改;②检测未授权的数据修改并记入日志;③与源认证机制相结合;④与数据所处的网络协议层的相关要求相结合。数据完整性需求主要涉及访问控制、消息认证和数字签名等安全机制。

3) 数据可控性

数据可控性指确保数据的复制、传输流向、传输流量和传输方式与安全策略一致,主要包括:①禁止在未经授权的情况下复制数据;②防止数据非法地由高密级安全域流向低密级安全域。数据可控性需求主要涉及访问控制、数字签名、密钥恢复、管理等安全机制。

4) 数据不可否认性

数据不可否认性指在数据的传输过程中,参与该传输过程的通信实体,无法否认其参与了该次传输过程的行为。数据的不可否认性通常由应用层提供,要包括:①提供数据发送证据;②提供数据接收证据;③提供审计服务,使涉及数据传输的各方具有可审计性;④在高安全级别的环境中,采用可信时间戳记录通信发生的时间。数据不可否认性需求主要涉及数字签名、加密、数据源与目的认证等安全机制。

5) 数据备份和恢复

数据备份和恢复需求是确保系统对灾害、攻击和破坏具备一定的抵抗能力,其重要数据在发生破坏后能够恢复,主要包括:①在进行系统设计时,必须考虑各种威胁并制定合理可行的容灾策略;②采用成本合理、实施有效的备份策略;③及时更新系统版本,及时修补已经发现的系统漏洞;④及时更新老化、不稳定的设备和存储介质。其安全需求类似于系统安全中的备份和恢复,整个信息系统需要通盘考虑。

3. 应用安全需求

应用安全主要保障信息系统的各种业务应用程序安全运行。一般地,应从安全标记、身份鉴别、访问控制、可信路径、安全审计、剩余信息保护、通信完整性、通信机密性、不可否认性、软件容错、资源控制和关键业务系统的对外接口等方面考虑应用安全需求。它主要涉及加密、数字签名、访问控制、认证、密钥恢复、监控管理和行政管理等安全机制。

例 1:文件传输应用的安全需求

文件共享是信息共享的重要内容,涉及三个过程,即消息处理、消息队列管理和审计管理。其安全需求主要包括:对文件的发送方与接收方进行身份认证;确保文件在其传输过程中的完整性(可采用数字签名、封装等方法);能够记录系统运行步骤的出错信息,通过系统提供的管理工具查看日志。

例 2:电子邮件应用的安全需求

在信息系统中,电子邮件是一种非常常用的应用。对电子邮件用户进行基于数字证书的身份认证;支持基于 PKI 技术的邮件加解密、签名及其验证、时间戳等安全操作;支持安全电子邮件的收发和群发;能够通过与电子业务客户端的软件进行集成,完成个性化的安全操作。

4. 管理安全需求

信息系统的生命周期主要包括:初始阶段、采购/开发阶段、实施阶段、运行维护阶段、废弃阶段。针对这些阶段,可以从安全管理制度、安全管理机构、人员安全管理、系统建设管理和系统运行维护管理等方面考虑其安全需求。

(1) 安全管理制度,主要从管理制度的制定、发布、评审和修订等方面分析和确定其安全需求。

(2) 安全管理机构,主要从岗位设置、人员配备、授权和审批、沟通和合作以及审核和检查方面分析和确定其安全需求。

(3) 人员安全管理,主要从人员录用、人员离岗、人员考核、安全意识教育和培训以及外部人员访问管理等方面分析和确定其安全需求。

(4) 系统建设管理,主要从系统定级、安全方案设计、产品采购和使用、软件开发、工程实施、测试验收、系统交付、系统备案、等级测评和安全服务商选择等方面分析和确定其安全需求。

(5) 系统运行维护管理,主要从环境管理、资产管理、介质管理、设备管理、监控管理和安全管理中心、网络安全管理、系统安全管理、恶意代码防范管理、密码和密钥管理、变更管理、备份和恢复管理、安全事件处置、应急预案管理等方面分析和确定其安全需求。

## 11.2 开放系统互连安全体系结构

开放系统互连安全体系结构是基于 OSI 参考模型的 7 层协议之上的一种信息安全体系结构，由国际标准 ISO7498-2 定义。该标准定义了系统应当提供的 5 类安全服务和 8 种安全机制，确定了安全服务与安全机制之间的关系、OSI 参考模型中安全服务和安全机制的配置，以及 OSI 的安全管理。图 11.1 给出了 ISO 7498-2 中协议层次、安全服务与安全机制之间的三维关系。

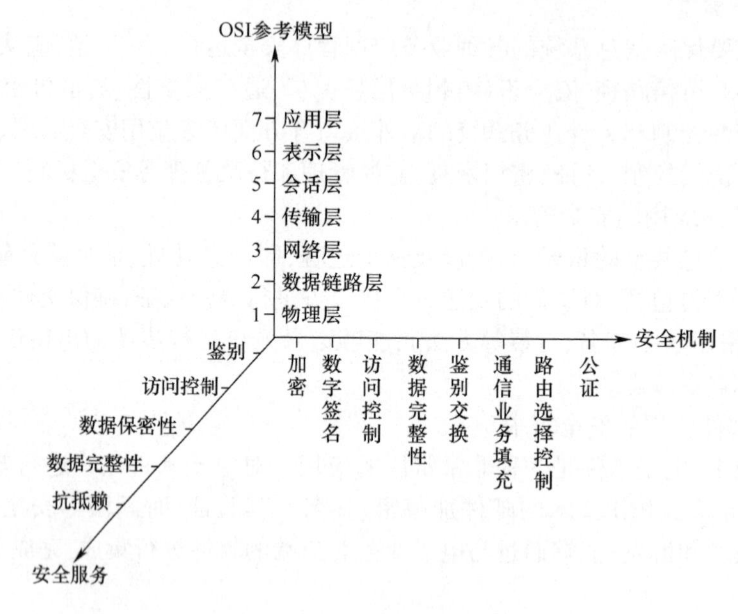


图 11.1 ISO 7498-2 协议层次、安全服务与安全机制关系

### 11.2.1 安全服务

一般地，安全服务是指为加强网络信息系统安全及对抗安全攻击而采取的一系列措施。OSI 安全体系结构规定，开放系统必须具备认证、访问控制、数据保密性、数据完整性和抗抵赖等五种基本的安全服务。

1. 认证服务

认证或鉴别服务提供了关于某个实体身份的保证。这意味着每当某个实体声称其具有一个特定的身份时，认证服务将提供某种方法来证实这一声明是正确的。认证是一种非常重要的安全服务，从某种程度上说，所有其他的安全服务都依赖于它。认证服务包括对等实体认证和数据原发认证。

1）对等实体认证

对等实体认证服务在连接建立或在数据传送阶段的某些时刻提供服务，用以证实一个或多个连接实体的身份。使用这种服务可以确信，在使用时间内，一个实体此时没有试图冒充别的实体,或没有试图将先前的连接作非授权的重放。对等实体认证通常会产生一个明确的结果,允许实体进行其他后续活动或通信。例如,在实体认证过程中将产生一个对称密钥,可以用来解密一个文件进行读/写,或者与其他实体建立一个安全通信通道。

2）数据原发认证

数据原发认证服务对数据单元的来源提供确认。当这种服务由 $N$ 层提供时,将使 $N+1$ 层实体确信数据的来源,正是所要求的对等 $N+1$ 层实体。这种服务不能对数据单元的重复或者篡改提供保护。数据原发认证是保证部分完整性目标的直接方法,即保证知道某个数据项的真正来源。

2. 访问控制服务

访问控制服务提供保护功能,以防范对 OSI 可访问资源的非授权使用。未授权访问包括未经授权地使用、泄露、修改、销毁及发出指令等。这些资源可以是经 OSI 协议访问到的 OSI 或非 OSI 资源。这种保护服务可应用于对资源的各种不同类型的访问,例如,使用通信资源,读、写或删除信息资源,处理资源的执行等,或应用于对一种资源的所有访问。这种访问控制要与相应的安全策略协调一致。

3. 数据保密性服务

数据保密性服务对数据提供保护功能,使之不被泄露或不被暴露给那些未被授权掌握这一信息的实体,它包括以下内容:

1）连接保密性

这种服务为一次连接上的全部用户数据保证其保密性。而在某些使用中或者层次上,对所有数据保护可能并不合适,如对加密数据或连接请求中的数据。

2）无连接保密性

这种服务为单个无连接的服务数据单元(Service Data Unit,SDU)中的全部用户数据保证其保密性。

3）选择字段保密性

这种服务为那些被选择的字段保证其保密性。这些字段或处于连接的用户数据中,或为单个无连接的服务数据单元中的字段。

4）通信业务流保密性

这种服务提供的保护,使得通过观察通信业务流而推断出其中的机密信息的情况不可能发生。

这里主要描述了数据在通信过程中的情况,其实数据在其他处理环节,如在存储、计算和缓存等过程中,同样需要保护其保密性。

4. 数据完整性服务

数据完整性服务用来对付主动威胁。主动威胁是指以某种违反安全策略的方式,改变数据的数值或存在。所谓改变数据的数值是指对数据进行修改或重新排序,而改变数据的存在则意味着新增或删除它。数据完整性服务可分为以下类型:

1）带恢复的连接完整性

这种服务为某一连接上的所有用户数据保证其完整性,并检测整个 SDU 序列中的数据遭到的任何篡改、插入、删除或重放,同时试图进行补救性恢复。

2）不带恢复的连接完整性

与带恢复的连接完整性相同，只是不做补救性恢复。

3）选择字段的连接完整性

这种服务为在一次连接上传送的 SDU 的用户数据中的选择字段保证其完整性，所采取的方法是检查、验证这些被选字段是否遭到了篡改、插入、删除或重放。

4）无连接完整性

当由某层提供这种服务时，对发出请求的那个实体提供完整性保证。这种服务为单个的无连接 SDU 保证完整性，所采取的方法可以是检查、验证一个接收到的 SDU 是否遭到了篡改。另外，在一定程度上也能提供对重放的检测。

5）选择字段无连接完整性

这种服务为无连接的单位 SDU 中的被选字段保证完整性。所采取的方法可以是检查、验证被选字段是否遭到了篡改。

5. 抗抵赖服务

抗抵赖服务主要是保护通信用户免遭来自系统中其他合法用户的威胁，而不是来自未知攻击者的威胁。“抵赖”是指参与某次通信交换的一方在事后不诚实地抵赖曾发生过本次交换，抗抵赖服务就是用来对付这种威胁的。事实上，抗抵赖服务不能消除抵赖的发生。也就是说，它并不能防止一方抵赖另一方对某件已发生的事情所做出的声明，它只是提供无可辩驳的证据以支持快速解决这样的纠纷。通常，这些纠纷涉及某一特定的事件是否发生了、是什么时候发生的、有哪几方参与了这一事件及与此事件有关的信息是什么。

抗抵赖服务适用于能够影响两方或更多方的事件，可分为以下两种不同的情况。

1）有数据原发证明的抗抵赖

为数据的接收者提供数据来源的证据。这将使发送者谎称未发送过这些数据或否认它的内容的企图不能得逞。

2）有交付证明的抗抵赖

为数据的发送者提供数据交付证据。这将使得接收者事后谎称未收到过这些数据或否认它的内容的企图不能得逞。

以上所描述的都是基本的安全服务。实际上，为了满足安全策略或用户的要求，它们将应用在适当的功能（协议）层之上，通常还要与其他一些非 OSI 服务与机制结合起来使用。一些特定的安全机制能用来实现这些基本安全服务或者其组合。在建立一个实际系统时，为了实现某种安全功能，可以方便地直接引用、执行这些基本安全服务的某些特定组合。

### 11.2.2 安全机制

1. 加密机制

加密既能为数据提供保密性，也能为通信业务流信息提供保密性，并且还为本节中所介绍的其他安全机制起补充作用。

2. 数字签名机制

数字签名机制确定两个过程：

（1）对数据单元签名；

（2）验证签过名的数据单元。

第一个过程使用签名者私有的(即独有的和保密的)信息。第二个过程所用的程序与信息是公开的,但不能够从它们推断出该签名者的私有信息。

3. 访问控制机制

为了判断和实施一个实体的访问权,访问控制机制可以使用该实体已鉴别过的身份,或使用有关该实体的信息(如它与一个已知的实体集的从属关系),或使用该实体的权力。如果这个实体试图使用非授权的资源,或者以不正当方式使用授权资源,那么访问控制功能将拒绝这一企图,另外还可能产生一个报警信号或将其记录下来。

4. 数据完整性机制

数据完整性有两个方面:一是单个数据单元或字段的完整性,二是数据单元流或字段流的完整性。一般来说,用来提供这两种类型完整性服务的机制是不相同的。

决定单个数据单元的完整性涉及两个过程,一个在发送实体上,一个在接收实体上。发送实体给数据单元附加上一个量,这个量为该数据的函数。这个量可以是分组校验码那样的补充信息,或是一个密码校验值,而且它本身可以被加密。接收实体产生一个相应的量,并把它与接收到的那个量进行比较以决定该数据是否在传送中被篡改过。单靠这种机制不能防止单个数据单元的重放。

对于连接数据传送,保护数据单元序列的完整性(即防止乱序、数据的丢失、重放、插入和篡改)还需要某种明显的排序形式,如顺序号、时间标记或密码链。

对于无连接数据传送,时间标记可以用来在一定程度上提供保护,防止个别数据单元的重放。

5. 鉴别交换机制

鉴别交换机制可设置在(N)层以提供对等实体鉴别。如果在鉴别实体时,这一机制得到否定的结果,就会导致连接的拒绝或终止,也可能在安全审计跟踪中增加一个记录,或给安全管理中心一个报告。

当采用密码技术时,这些技术可以与“握手”协议结合起来以防止重放。鉴别交换技术的选用取决于使用它们的环境。在许多场合,它们必须与下列各项结合使用:时间标记与同步时钟;两方握手和三方握手(分别对应于单方鉴别和相互鉴别);由数字签名和公证机制实现的抗抵赖服务。

6. 通信业务填充机制

通信业务填充机制能用来提供各种不同级别的保护,抵抗通信业务分析。这种机制在通信业务填充受到保密性服务保护时才是有效的。

7. 路由选择控制机制

路由能动态地或预定地选取,以便只使用物理上安全的子网络、中继站或链路。在检测到持续的操作攻击时,端系统可指示网络服务的提供者可以经不同的路由建立连接。带有某些安全标记的数据可能被安全策略禁止通过某些子网络、中继站或链路。连接发起者(或无连接数据单元的发送者)可以指定路由选择说明,由它请求回避某些子网络、中继站或链路。

8. 公证机制

有关在两个或多个实体之间通信的数据的性质,如完整性、原发、时间和目的地等能够借助公证机制而得到确保。这种保证是由第三方公证人提供的。公证人为通信实体所信任，并掌握必要信息以一种可证实方式提供所需的保证。当这种公证机制被用到时，数据便在参与通信的实体之间经由公证方进行通信。

### 11.2.3 安全服务与安全机制的关系

ISO 7498-2 标准说明了实现哪类安全服务应该采用哪种(些)安全机制。一般来说，一类安全服务可以通过某种安全机制单独提供，也可以通过多种安全机制联合提供；一种安全机制可以提供一类或多类安全服务。表 11.1 说明了安全服务与安全机制之间的关系。

表 11.1 OSI 安全服务与安全机制的关系

| 安全服务 | | 安全机制 | | | | | | | |
|---|---|---|---|---|---|---|---|---|---|
| | | 加密 | 数字签名 | 访问控制 | 数据完整性 | 鉴别交换 | 通信业务填充 | 路由选择控制 | 公证 |
| 鉴别 | 对等实体鉴别 | Y | Y | — | — | Y | — | — | — |
| | 数据原发鉴别 | Y | Y | — | — | — | — | — | — |
| 访问控制 | 访问控制 | — | — | Y | — | — | — | — | — |
| 保密性 | 连接保密性 | Y | — | — | — | — | — | Y | — |
| | 无连接保密性 | Y | — | — | — | — | — | Y | — |
| | 选择字段保密性 | Y | — | — | — | — | — | — | — |
| | 通信业务流保密性 | Y | — | — | — | — | Y | Y | — |
| 完整性 | 带恢复的连接完整性 | Y | — | — | Y | — | — | — | — |
| | 不带恢复的连接完整性 | Y | — | — | Y | — | — | — | — |
| | 选择字段连接完整性 | Y | — | — | Y | — | — | — | — |
| | 无连接完整性 | Y | Y | — | Y | — | — | — | — |
| | 选择字段无连接完整性 | Y | Y | — | Y | — | — | — | — |
| 抗抵赖 | 有数据原发证明的抗抵赖 | — | Y | — | Y | — | — | — | Y |
| | 有交付证明的抗抵赖 | — | Y | — | Y | — | — | — | Y |

说明：Y 表示该机制提供对应的安全服务；—表示不提供。

ISO 7498-2 是基于开放系统互连参考模型之上构建的安全体系结构，TCP/IP 模型中的每一层对应于 OSI 参考模型中的一层或多层。可以将 ISO 7498-2 安全体系结构中的安全服务和安全机制映射到 TCP/IP 模型中，表 11.2 给出安全服务与 TCP/IP 参考模型协议层之间的关系。

表 11.2 OSI 安全服务与 TCP/IP 参考模型协议层之间的关系

| 安全服务 | | TCP/IP 协议层 | | | |
|---|---|---|---|---|---|
| | | 物理链路层 | 网络层 | 传输层 | 应用层 |
| 鉴别 | 对等实体鉴别 | — | Y | Y | Y |
| | 数据原发鉴别 | — | Y | Y | Y |

续表

| 安全服务 | | TCP/IP 协议层 | | | |
|---|---|---|---|---|---|
| | | 物理链路层 | 网络层 | 传输层 | 应用层 |
| 访问控制 | 访问控制 | — | Y | Y | Y |
| 保密性 | 连接保密性 | Y | Y | Y | Y |
| | 无连接保密性 | Y | Y | Y | Y |
| | 选择字段保密性 | — | — | — | Y |
| | 通信业务流保密性 | Y | Y | — | Y |
| 完整性 | 带恢复的连接完整性 | — | — | Y | Y |
| | 不带恢复的连接完整性 | — | Y | Y | Y |
| | 选择字段连接完整性 | — | — | — | Y |
| | 无连接完整性 | — | Y | Y | Y |
| | 选择字段无连接完整性 | — | — | — | Y |
| 抗抵赖 | 有数据原发证明的抗抵赖 | — | — | — | Y |
| | 有交付证明的抗抵赖 | — | — | — | Y |

说明:Y 表示应该在相应层提供该安全服务;—表示不提供。

### 11.2.4 安全管理

OSI 安全管理涉及两个方面:与 OSI 有关的安全管理、OSI 管理的安全。OSI 安全管理与这样一些操作有关,它们不是正常的通信情况但却为支持与控制这些通信的安全所必需。OSI 安全管理活动可分为三类:系统安全管理、安全服务管理和安全机制管理。另外,还必须考虑到 OSI 管理本身的安全。

1. 系统安全管理

系统安全管理涉及总的 OSI 环境安全方面的管理。属于这一类安全管理的典型活动如下。

(1) 总体安全策略的管理,包括一致性的修改与维护。

(2) 与别的 OSI 管理功能的相互作用。

(3) 与安全服务管理和安全机制管理的交互作用。

(4) 事件处理管理,包括远程报告那些违反系统安全的明显企图,以及对用来触发事件报告的阈值的修改。

(5) 安全审计管理,包括选择将被记录和被远程收集的事件,授予或取消对所选事件进行审计跟踪日志记录的能力,所选审计记录的远程收集,准备安全审计报告。

(6) 安全恢复管理,包括维护那些用来对实有的或可疑的安全事故做出反应的规则,远程报告对系统安全的明显违反,安全管理者的交互作用。

其中(4)、(5)、(6)为特定的系统安全管理活动。

2. 安全服务管理

安全服务管理涉及特定安全服务的管理。在管理一种特定安全服务时可能执行的典型活动如下。

（1）为该种服务决定与指派安全保护的目标。

（2）指定与维护选择规则(存在可选情况时)，用以选取为提供所需的安全服务而使用的特定的安全机制。

（3）对那些需要事先取得管理同意的可用安全机制进行协商。

（4）通过适当的安全机制管理功能调用特定的安全机制，例如，用来提供行政管理强加的安全服务。

（5）与别的安全服务管理功能和安全机制管理功能的交互作用。

3. 安全机制管理

安全机制管理涉及的是特定安全机制的管理。典型的安全机制管理功能如下。

（1）密钥管理。包括：间歇性地产生与所要求的安全级别相称的合适密钥；根据访问控制的要求，对每个密钥决定哪个实体应该接受密钥的拷贝；用可靠办法使这些密钥对开放系统中的实体实例是可用的，或将这些密钥分配给它们。某些密钥管理功能将在 OSI 环境之外执行，包括用可靠手段对密钥进行物理分配。

（2）加密管理。包括：与密钥管理的交互作用；建立密码参数；密码同步。密码机制的存在意味着使用密码管理，以及调用密码算法。

（3）数字签名管理。包括：与密钥管理的交互作用；建立密码参数与密码算法；在通信实体与可能的第三方之间使用协议。一般来说，数字签名管理与加密管理极为类似。

（4）访问控制管理。包括：安全属性的分配，或对访问控制表或权力表进行修改。也可能涉及在通信实体与其他提供访问控制服务的实体之间使用协议。

（5）数据完整性管理。包括：与密钥管理的交互作用；建立密码参数与密码算法；在通信的实体间使用协议。当对数据完整性使用密码技术时，数据完整性管理便与加密管理极为类似。

（6）鉴别管理。包括：把说明信息、口令或密钥(使用密钥管理)分配给要求执行鉴别的实体。它也包括在通信的实体与其他提供鉴别服务的实体之间使用协议。

（7）通信业务填充管理。包括：预定的数据率；指定随机数据率；指定报文特性，如长度；可按日历来改变这些规定。

（8）路由选择控制管理。包括：确定那些按特定准则被认为是安全可靠或可信任的链路或子网络。

（9）公证管理。包括：分配有关公证的信息；在公证方与通信的实体之间使用协议；与公证方的交互作用。

4. OSI 管理的安全

所有 OSI 管理功能的安全以及 OSI 管理信息的通信安全是 OSI 安全的重要部分。这一类安全管理将借助对上面所列的 OSI 安全服务与机制做适当的选取以确保 OSI 管理协议与信息获得足够的保护。

## 11.3 积极防御的信息安全技术保护框架

### 11.3.1 对当前信息安全保护思路的反思

当前大部分信息安全系统主要由防火墙、入侵检测、病毒防范等组成。常规的安全手段只能是在网络层设防，在外围对非法用户和越权访问进行封堵，以达到防止外部攻击的目的。由于这些安全手段缺少对访问者源端——客户机的控制，加之操作系统的不安全导致应用系统的各种漏洞层出不穷，其防护效果正越来越不理想。此外，封堵的办法是捕捉黑客攻击和病毒入侵的特征信息，而这些特征信息是已发生过的滞后信息，不能科学预测未来的攻击和入侵。随着恶意用户的攻击手段变化多端，防护者只能把防火墙越砌越高、入侵检测越做越复杂、恶意代码库越做越大，误报率也随之增大，使得安全的投入不断增加，维护与管理变得更加复杂和难以实施，信息系统的使用效率大大降低，而对新的攻击毫无防御能力。

事实上，产生安全事故的技术原因在于，现在的 PC（个人计算机）软、硬件结构简化，导致资源可任意使用，尤其是执行代码可修改，恶意程序可以被植入。例如，病毒程序利用 PC 操作系统对执行代码不检查一致性的弱点，将病毒代码嵌入到执行代码程序，实现病毒传播；黑客利用被攻击系统的漏洞窃取超级用户权限，植入攻击程序，肆意进行破坏。更为严重的是，系统对合法的用户没有进行严格的访问控制，可以进行越权访问，造成不安全事件。而据国际权威机构统计，83%的信息安全事故为内部人员或内外勾结所为，而且呈上升趋势。因此，应该以“防内为主、内外兼防”的模式，从提高使用节点自身的安全着手，构筑积极、综合的安全防护系统。这种积极防御的基本思路是主动防止非授权操作，从客户端操作平台实施高等级防范，使不安全因素从终端源头被控制。

### 11.3.2 “两个中心”支持下的三重信息安全技术保护框架

随着时间的发展，以防火墙、入侵检测、病毒防范这“老三样”为主要手段的信息安全保护思路已经越来越显示出被动性，迫切需求标本兼治的新型的信息安全保护框架。为此，中国工程院沈昌祥院士首先提出了“两个中心”支持下的三重信息安全技术保护框架，下面介绍其基本思想。

1. 工作流程相对固定的系统的安全防护技术框架

在工作流程相对固定的重要信息系统中，信息系统主要由操作应用、共享服务和网络通信三个环节组成。如果信息系统中每个使用者都是在安全管理支持下经过认证和授权的，其操作都是符合规定的，在网络上也就不会发生非法窃听和插入，那么就不会产生攻击性的事故，就能够保证整个信息系统的安全，这便构成了工作流程相对固定的生产系统内的信息安全保护框架。

1）操作应用方面

采用可信客户端确保用户合法性和资源的一致性，使用户只能按照规定权限和访问控制规则进行操作，某一权限级别的人只能做与其身份相符的访问操作，只要控制规则是合理的，那么整个信息系统资源访问过程就是安全的。这样便构成了安全可信的应用环境。

2）共享服务方面

安全的共享服务边界可以采用安全边界设备（如安全网关等），其应具有身份认证和安全审计功能，将共享服务器（如数据库服务器、Web 服务器、邮件服务器等）与非法访问者隔离，防止意外的非授权用户的访问（如非法接入的非可信终端）。这样共享服务端不必做繁重的访问控制，从而减轻服务器的压力，以防止拒绝服务攻击。

3）网络通信方面

网络通信应该得到全程保护，可以采用安全通信协议实现网络通信全程安全保密，确保传输连接的真实性和数据的保密性、一致性，防止非法窃听和插入。

4）安全管理方面

重要信息系统的安全级别一般比较高，这要求必须统一管理系统内各个可信客户端的安全策略和设备的配置策略，且集中处理身份标志和认证、安全授权、安全审计、安全事件等信息。此外，密钥的管理和密码服务支持也需要以集中的方式实现。

如图 11.2 所示，可信的应用操作平台、安全的共享服务资源边界保护、全程安全保护的网络通信和安全管理中心，构成了工作流程相对固定的生产系统的信息安全保护框架。在技术层面上，可将该保护框架分为以下五个重点保护环节。

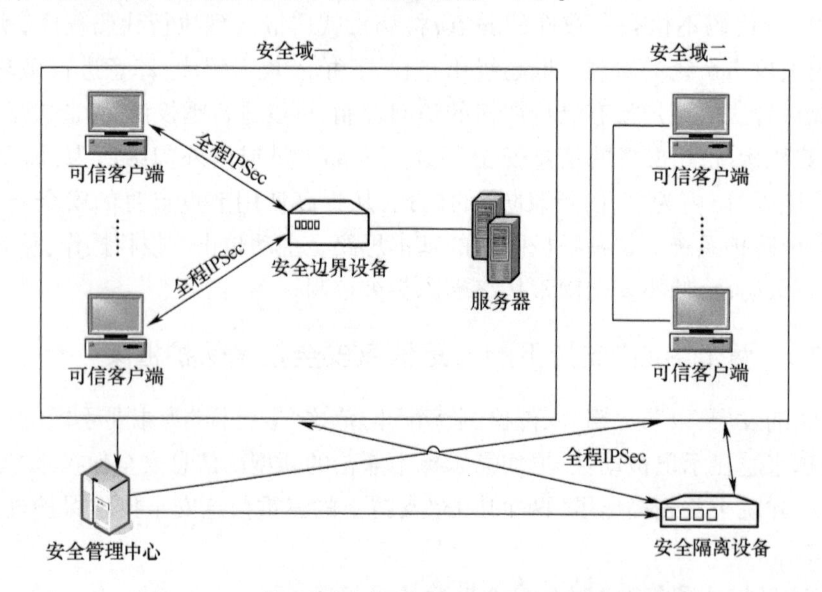


图 11.2　工作流程相对固定的生产系统安全解决方案

（1）应用环境安全：包括单机、C/S、B/S 模式的安全。采用身份认证、访问控制、密码加密、安全审计等机制，构成可信应用环境。

（2）应用区域边界安全：通过部署边界保护措施控制对内部局域网的访问，实现应用环境之间的安全互联互通。采用安全网关、防火墙等隔离过滤机制，保护共享资源的可信连接。

（3）网络和通信传输安全：确保通信的保密性、一致性和可用性。采用密码加密、完整性校验和实体鉴别等机制，实现可信连接和安全通信。

（4）安全管理中心：提供身份标识和认证、安全授权、实时访问控制策略、审计、事件管理等运行安全服务。

(5) 密码管理中心：提供互联互通密码配置、公钥证书和传统的对称密钥的管理，为信息系统提供密码服务支持。

在上述五个环节中，之所以不使用“网络边界”的概念，而是考虑“应用区域边界”，是因为安全保护的核心对象是应用，即使在同一网络内部，不同的应用之间也可能有不同的安全需求，需要不同等级的安全防护，特别是各个应用环境的安全策略可能不一致，应用环境之间必须施加边界保护控制措施。

2. 复杂互联信息系统的安全防护技术框架

在跨区域的复杂互联信息系统中，不同应用环境之间可能需要互联，且这些应用环境还与各种类型的公共和专用通信基础设施之间相连，各类应用环境的远程用户也有着不同的远程连接方式。对这种复杂的大型互联系统，可构成三纵（涉密区域、专用区域、公共区域）三横（应用环境、应用区域边界、网络通信）和两个中心（安全管理中心、密码管理中心）为核心内容的信息安全防护框架。如图 11.3 所示，涉密区域、专用区域和公共区域这三种不同安全级别的应用区域在各自采用相应的安全保障措施之后，互相之间有一定的沟通，应该采用安全隔离与信息交换设备进行连接。

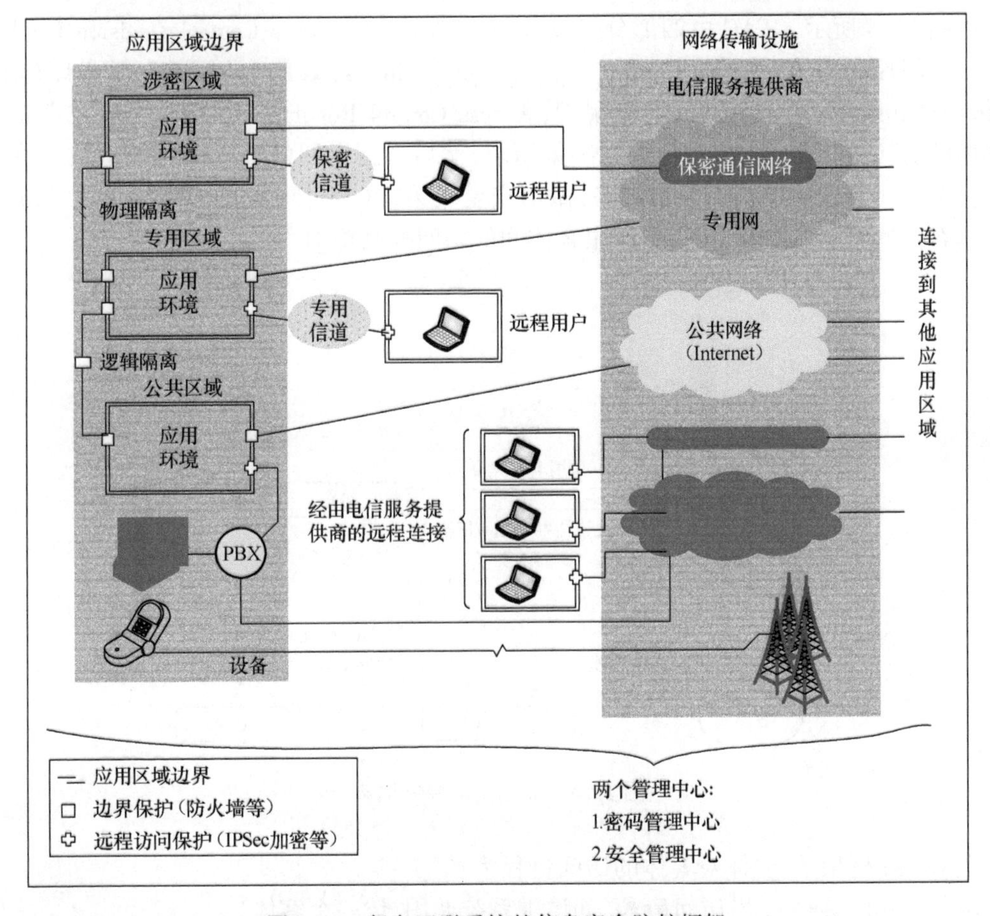


图 11.3　复杂互联系统的信息安全防护框架

# 11.4 操作系统安全体系结构

## 11.4.1 通用访问控制框架

1. 体系结构描述

通用访问控制框架(Generalized Framework for Access Control,GFAC)是在单一系统中实现多种访问控制的方法,它提供了一个用于表达和支持多安全策略的框架。GFAC 将所有的访问控制安全策略看作是通过属性来表达的安全规则的集合,各安全策略由以下三个基本元素组成:

(1) 权威(Authority):一个定义安全策略的授权实体,负责确认相关的安全信息并给受控资源的属性赋值。

(2) 属性(Attribute):包括主体和客体的安全信息,例如安全等级、客体类型、进程域,系统用它来做访问控制决策。

(3) 规则(Rules):属性和访问控制决策所需的安全信息之间的形式化表达式的集合,它反映了由规则所定义的安全策略。

如图 11.4 所示,GFAC 由四部分组成:访问控制决策(Access Control Decision Facilities, ADF)、访问控制实施(Access Control Enforcement Facilities,AEF)、访问控制信息库(Access Control Information,ACI)和访问控制规则(Access Control Regulation,ACR)。AEF 截获主体对客体的访问,向 ADF 发出访问控制决策请求,然后根据返回的结果执行拒绝或允许访问操作。ADF 根据具体的访问控制策略,做出安全决策,这个过程需要访问存储在 ACI 中的主体和客体的安全属性和 ACR 中的主客体间的访问控制规则。

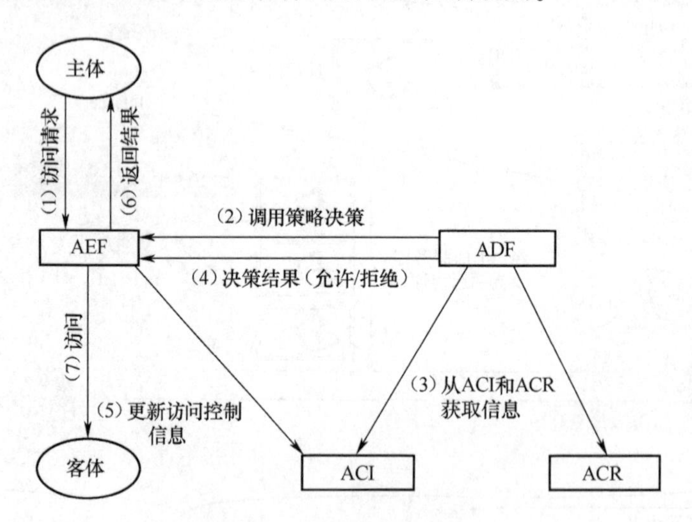


图 11.4 通用访问控制框架

在 GFAC 框架下,主体对客体的访问过程为:

(1) 主体向 AEF 提出访问请求(如请求系统调用,读一个客体);

(2) AEF 收到访问控制请求后,将提出请求的主体属性和要求被访问的客体属性,连

同访问模式一起提交给 ADF,等待后者做出策略判断;

(3) ADF 访问 ACI 和 ACR,获取相关的安全属性和规则信息,并做出策略判断;

(4) 如果允许此次访问,则向 AEF 发送允许的回答并且设置相应的安全属性,否则返回拒绝访问的回答;

(5) AEF 根据 ADF 返回的信息,更新 ACI 中的主客体安全属性;

(6) AEF 根据 ADF 返回的信息,向提出请求的主体返回访问请求的答复;

(7) 如果允许访问,则 AEF 实施主体对客体的访问。

2. GFAC 的应用

GFAC 框架在 Linux 环境中的一个典型应用是基于规则的访问控制(Rule Set Based Access Control,RSBAC)项目,它可以基于多个模块提供灵活的访问控制,每个模块对应一种安全机制,提供一个安全函数供 ADF 调用。RSBAC 中所有与安全相关的系统调用都扩展了安全实施代码,这些代码调用中央决策设施,由其通过已激活的各安全模块所提供的函数调用相应的模块,形成综合的策略判断,然后由系统调用来实施其决定。RSBAC 已经实现的安全模块有强制访问控制(MAC)、认证(AUTH)、访问控制表(ACL)、私有模型(PM)和模块注册(REG)等。通过 REG 模块,用户可以根据自己的需要开发模块,然后提供相应的函数供中央决策设施调用该模块。安全属性是进行访问控制判断的一个重要依据,它们被放在一个被完全保护的目录中,需要通过特定的系统调用才能进行访问。增加额外的安全属性,可以通过 PM 模块。

在国内,中国科学院软件研究所开发的红旗安全操作系统 RFSOS 是 GFAC 框架的一个典型应用。同时,在 ADF 接口中可以方便地添加其他的访问控制规则,或者根据用户的需要制定新的访问策略,如基于角色的访问控制策略(RBAC)等。

3. GFAC 的优缺点

GFAC 的最大优点在于将访问控制的决策与实施分割开来,使得访问控制的实施与具体的安全策略无关,这样,当面对具体环境或者新的安全需求的时候,可以相应地增加或者修改安全策略,而不影响到策略的实施部分。该框架既可以加入强制访问控制策略,又可以加入自主访问控制策略。该体系框架也有不足之处,主要表现为:支持多级安全策略在实现上比较困难;系统效率降低,尤其是支持了多级安全策略之后。这主要是因为系统支持多级安全策略时,ADF 进行策略判断需要多次访问 ACI 和 ACR。

### 11.4.2 Flask 体系结构

传统的强制访问控制策略要求在访问控制模块之外有特殊的可信主体,缺乏对主体和主体所执行代码相互关系的密切控制,传统的引用监视器只能在局部范围内起监控作用,不能灵活地支持多种安全策略和策略的动态改变。为了克服 MAC 机制的局限性,美国国家安全局(NSA)在安全计算公司(SCC)的帮助下开始研究新的方法,研制出了强大、灵活的安全体系结构。接着 NSA 和 SCC 与犹他州大学 Flux 研究小组协作,把研制出的安全体系结构移植到 Fluke 操作系统上,形成了能很好支持动态安全策略的 Flask 安全体系结构。Flask 的主要设计目标在于作为强制访问控制的通用性框架,提供对多种安全策略的动态支持,以满足日益多样化的安全需求。Flask 安全体系结构的最主要贡献是灵活支持多种强制访问控制策略,支持策略的动态改变。

1. Flask 体系结构描述

Flask 安全体系结构主要由安全服务器和客体管理器构成,客体管理器接收主体对客体的访问请求,并将请求发送给安全服务器,由安全服务器根据安全策略进行策略判定,然后将判定结果反馈给客体管理器,由客体管理器实施相应的操作。Flask 体系框架如图 11.5 所示。

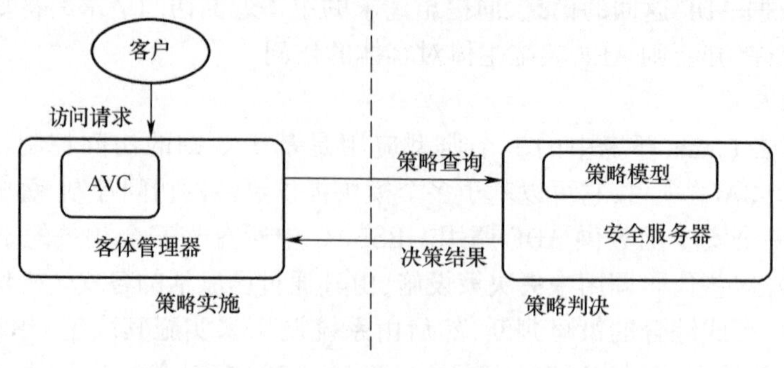


图 11.5 Flask 体系框架

1) 安全服务器

Flask 是支持多种强制访问控制策略模型的体系框架,但前提是为运作的安全服务器提供至少一种安全策略模型,安全服务器以策略模型为依据做出安全判定。因为对策略逻辑进行了完全封装,安全服务器的变动不会对系统产生任何影响。通过修改甚至替换安全服务器,Flask 可以改变安全模型以满足不断增长的安全需求。

2) 客体管理器

Flask 多安全策略框架通过客体管理器与系统进行集成。客体管理器是运行于内核各子系统、经过形式化验证的安全代码,它是各内核子系统的抽象集成。客体管理器管理与客体相关的安全属性,并对客体进行标识。它的主要作用在于实现对客体的访问控制。任何用户要访问客体,都需要通过客体管理器。

3) 安全属性

在 Flask 安全体系结构中,安全属性由安全标记表示。Flask 体系结构为安全标记定义了 2 个独立于安全策略的数据类型:安全性上下文(security context)和安全性标签(security label)。安全性上下文是可变长字符串表示的安全标记,不与客体直接绑定,能够被安全策略和用户所理解和解释;安全性标签 SID 则是固定长度的,只能被安全服务器解释和映射为安全上下文。如果主体向客体管理器申请创建新对象,首先由客体管理器向安全服务器申请新客体的 SID,并将提出申请的主体的 SID、相关客体的 SID 和新客体的类型作为参数一并提交。然后,安全服务器根据策略逻辑中的标识规则来确定新客体的安全上下文,返回与该安全上下文相关联的 SID。最后,客体管理器将返回的新 SID 与客体进行绑定。

4) 访问向量缓存

访问向量缓存(AVC)是客体管理器的一部分,用来缓存由安全服务器计算并被客体管理器使用的访问判定,适当大小的 AVC 可以有效地减小对安全服务器的查询开销。同时,AVC 也支持对决策的撤销机制,这对于动态支持多种安全策略很重要。

2. 访问判决流程

在 Flask 体系结构中,用户的访问请求引起客体管理器的许可检查,客体管理器向安全服务器发出许可请求来控制对客体的访问控制。安全服务器对请求做出反应,其策略逻辑部件将安全性标签映射成安全性上下文,获取相关的安全属性,从而根据安全策略进行安全判定,并将判定结果反馈给客体管理器。客体管理器根据安全判定,拒绝或接受访问请求。客体管理器对所有客体的安全属性进行盲操作,即客体管理器在对客体和安全标签进行绑定的时候,不对相应的数据结构和具体数值进行操作。

如果安全服务器策略发生变化,则相应的安全属性数据结构也发生变化。此时,只要安全服务器提供给客体管理器的接口保持不变,客体管理器就能够获得相应的安全判定结果,并且实施相应的安全策略。只要保证该安全服务器向客体管理器提供的接口不变,整个安全服务器甚至都可以被替换掉。安全服务器和客体管理器通过相互间的协议来实现安全策略的动态改变。安全服务器通过协议通知客体管理器已采用新的安全策略,客体管理器更新其内部状态以反映策略的改变。更新完成后,客体管理器将通知安全服务器。

3. 权限撤销机制

Flask 作为一个具备策略灵活性的安全体系结构,能提供广泛的安全策略。但策略的更改,相关的受控操作也应该发生相应的变化。如果策略的更改与受控操作交错进行,将导致系统按照旧的安全策略进行访问控制。所以,在策略更改和受控操作交错进行时,必须提供有效的撤销机制。策略更改以后,撤销机制必须保证被撤销权限的相关操作权限被收回,为此需要协调安全服务器与客体管理器,使它们保持策略一致性,即要求满足客体管理器的行为必须能够反映安全策略的变化,使之不会执行那些已经被撤销的受控操作。撤销机制在遇到一个已经检查过授权并且正在进行的操作时,回收权限的实现最为复杂。

4. Flask 体系结构的应用

Flask 的一个典型应用是 SELinux(Security Enhanced Linux),该系统是以 Linux 为基础的基于 Flask 安全体系结构的安全操作系统。Flask 是基于微内核的系统原型,而 Linux 是非微内核的操作系统。Flask 项目完成后,其主要开发者美国国家安全局(NSA)启动了把 Flask 安全体系结构集成到 Linux 操作系统中的项目,由网络伙伴公司(NAI)的实验室、安全计算公司(SCC)和 MITRE 公司等协助 NSA 完成集成工作。目前,SELinux 内核的主要子系统中已经实现了 Flask 安全体系结构,在安全体系结构和具体技术实施细节方面为其他安全操作系统的研究与开发提供了很好的借鉴。

5. Flask 体系结构的主要特点

Flask 安全体系结构的突出特点,是通过安全策略判定与安全策略实施的分离实现了安全策略的独立性,通过访问向量缓存实现对安全策略的动态支持。安全请求的判定由安全服务器负责,判定的结果返回给客体管理器实施。

### 11.4.3 安全操作系统的开发

1. 安全操作系统的一般结构

如图 11.6 所示,操作系统可以看成是由内核程序和应用程序组成的一个大型软件,其中内核直接和硬件打交道,应用程序为用户提供使用命令和接口。安全核用来控制整个操作系统的安全操作。可信应用软件由两个部分组成,即系统管理员和操作员进行安全管理所需的应用程序,以及运行具有特权操作的、保障系统正常工作所需的应用程序。用户软件由可信软件以外的应用程序组成。操作系统的可信应用软件和安全核组成了系统的可信软件,它们是可信计算基的一部分,系统必须保护可信软件不被修改和破坏。

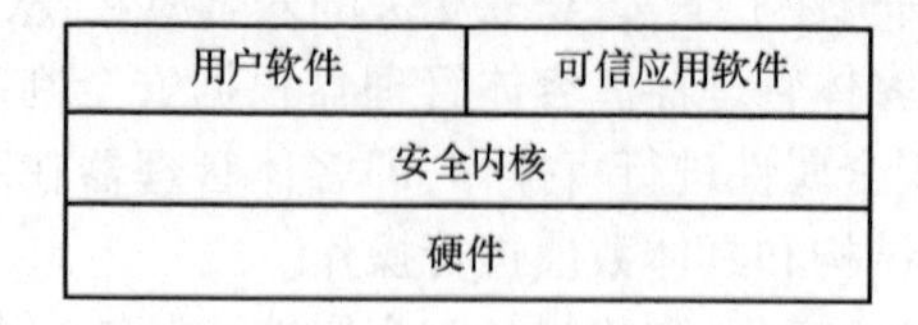


图 11.6　安全操作系统的一般结构

由于验证操作系统这样一个大型软件的安全性是十分困难的,因此要求在设计中要用尽量小的操作系统部分控制整个操作系统的安全性,并且使得这一小部分软件便于验证或测试,从而可用这一小部分软件的安全可信性来保证整个操作系统的安全可信性。为此,高安全级别的操作系统首先对整个操作系统的内核进行分解用来产生安全内核,因此其安全内核是从内核中分离出来的、与系统安全控制相关的部分软件。这些操作系统的安全内核一般已经足够小,所以能够对其进行严格的安全性验证。而低开发代价的安全操作系统则不再对操作系统内核进行分解,此时安全内核就是操作系统内核。

2. 安全内核的设计原则

一般来讲,为了有效地验证和增强安全内核的正确性、安全性和可信度,在设计时应贯彻安全内核小型化原则,即:凡不是维持安全策略所必需的功能,都不应置于安全内核之中。虽然在进行安全内核设计时,还要考虑诸如性能、使用方便等因素,但这些与小型化要求相比,均居从属地位。此外,对安全内核必须予以适当的保护,使之不能被篡改。同时,绝不能有任何绕过安全内核存取控制检查的存取行为存在。综合上述,在设计和实现安全内核时,应遵循以下三条基本原则:

1）完整性原则

完整性原则要求主体对客体的所有访问行为,都必须经过安全内核的检查。

完整性原则对支持内核系统的硬件也有一定要求。如果内核不检查每条机器指令就允许有效地执行不可信程序,硬件就必须保证程序不能绕过内核的存取控制。所有对内存、寄存器、输入输出设备的引用必须由内存管理中的存取控制等安全机制进行合法存取检查。若一台机器允许所有进程不加约束就能访问物理存储器的公共页面,那么该机器就不适于建立安全内核。

2）隔离性原则

隔离性原则要求安全内核具有防篡改能力,即可以保护自己,防止破坏。

在实际实施隔离性原则时,常需要软硬件相结合。硬件的基本特性是使内核能防止用户程序访问内核代码和数据,这与内核防止一个进程访问另一个进程是同一种内存管理机制。同时还必须防止用户程序执行内核用于控制内存管理机制的特权指令。在拥有这些硬件特性的系统中,用户程序几乎没有机会通过写内核的存储器、执行特权指令或修改内核软件等方法使内核受到直接攻击。

3）可验证性原则

可验证性原则要求,建立操作系统的安全模型,并能证明或论证所实现的安全内核与其安全模型是一致的。

可验证性原则主要是通过内核小型化、内核接口简单化、代码检查与测试、形式化描述与验证,以及采用最新的软件工程技术等手段来实现的。

3. 安全操作系统的开发方法

从总体上看,设计安全内核与设计操作系统类似,要用到常规的操作系统的设计概念。但是在设计安全内核时,优先考虑的是完整性、隔离性、可验证性等三条基本原则,而不是那些通常对操作系统来说更为重要的因素,例如灵活性、性能、开发费用、方便性等。采用从头开始建立一个完整的安全操作系统(包括所有的硬件和软件)的方法在安全操作系统的开发中并不常见,常遇到的是在一个现有非安全的操作系统上增强其安全性。基于非安全操作系统开发安全操作系统,一般有如图 11.7 所示的 3 种方法。

1)虚拟机法

在现有操作系统与硬件之间增加一个新的分层作为安全内核,操作系统几乎不变地作为虚拟机来运行。安全内核的接口几乎与原有硬件编程接口等价,操作系统本身并未意识到已被安全内核控制,仍像在裸机上一样执行它自己的进程和内存管理功能,因此它可以不变地支持现有的应用程序。采用虚拟机法增强操作系统的安全性时,硬件特性对虚拟机的实现非常关键,它要求原系统的硬件和结构都要支持虚拟机。因此用这种方法开发安全操作系统的局限性很大。

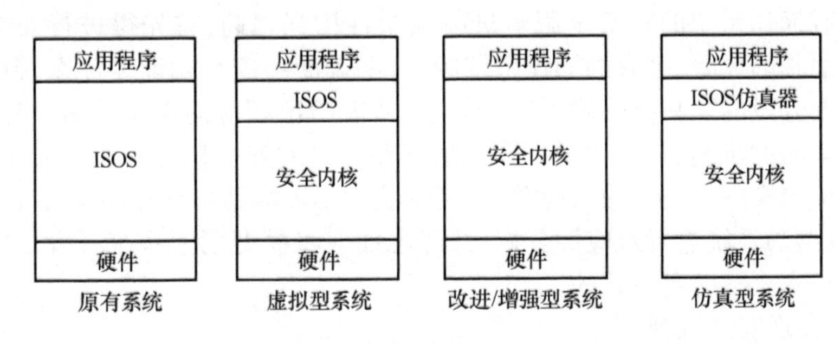


图 11.7 安全操作系统的开发方法

2)改进/增强法

在现有操作系统的基础上对其内核和应用程序进行面向安全策略的分析,然后加入安全机制,经改造、开发后的安全操作系统基本上保持了原操作系统的用户接口界面。由于改进/增强法是在现有系统的基础上开发增强安全性的,受其体系结构和现有应用程序的限制,所以很难达到很高的安全级别。但这种方法不破坏原系统的体系结构,开发代价小,且能很好地保持原操作系统的用户接口界面和系统效率。

3)仿真法

对现有操作系统的内核做面向安全策略的分析和修改以形成安全内核,然后在安全内核与原操作系统用户接口界面中间再编写一层仿真程序。这样做的好处在于在建立安全内核时,可以不必受现有应用程序的限制,且可以完全自由地定义操作系统仿真程序与安全内核之间的接口。但采用这种方法要同时设计仿真程序和安全内核,还要受顶层操作系统接口的限制。另外根据安全策略,有些操作系统的接口功能不安全,从而不能仿真;有些接口功能尽管安全,但仿真实现特别困难。

4. 安全操作系统的一般开发过程

如图 11.8 所示，安全操作系统的一般开发过程如下。

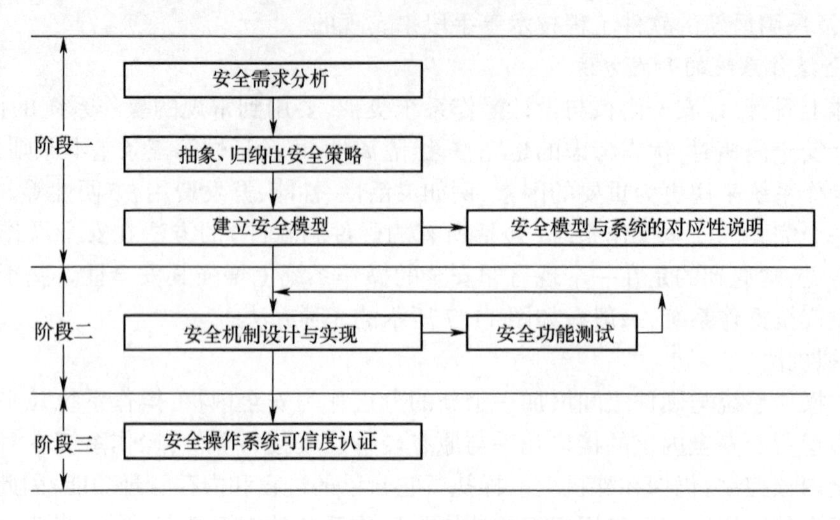


图 11.8　安全操作系统的一般开发过程

1）建立安全模型

对一个现有操作系统的非安全版本进行安全性增强之前，首先得进行安全需求分析。也就是根据所面临的风险、已有的操作系统版本，明确哪些安全功能是原系统已具有的，哪些安全功能是要开发的。只有明确了安全需求，才能给出相应的安全策略。计算机安全模型是实现安全策略的机制，它描述了计算机系统和用户的安全特性。建立安全模型有利于正确地评价模型与实际系统间的对应关系，帮助我们尽可能精确地描述系统安全相关功能。另外，还要将模型与系统进行对应性分析，并考虑如何将模型用于系统开发之中，并且说明所建安全模型与安全策略是一致的。

2）设计与实现安全机制

建立了安全模型之后，结合系统的特点选择一种实现该模型的方法，使得开发后的安全操作系统具有最佳安全/开发代价比。

3）进行可信度认证

安全操作系统设计完成后，要进行反复的测试和安全性分析，并提交权威评测部门进行安全可信度认证。

5. 安全操作系统开发的两种路径

在安全操作系统的系统开发过程中，非形式化路径是常用的。通过论证和测试等一致性保证步骤，分别证明功能描述和系统实现满足安全需求分析，但是没有经过数学上的证明，且需求分析和功能描述以自然语言写成，容易造成歧义和遗漏。

开发的形式化路径可以作为非形式化路径的一个补充，但不能完全替代非形式化路径。实际上在目前的技术条件下很难证明系统实现与形式描述完全相符。不过由于形式化开发路径的出现，使得在证明系统实现的一致性时，能找到一种比测试手段更可信的半形式化论据。形式化路径在哪一个阶段使用以及在各阶段应使用到什么程度，都根据安全保证的强弱要求而变化。例如，可以选用一个抽象模型作为安全需求分析的附属部分，而不用形式化描述，但这时必须说明非形式化验证功能规范和模型是否相符。另外还可以既建立一个模型又做出形式化描述,但省略形式化证明过程,且这时要求利用非形式化论据论证系统实现、形式化规范和模型三者是一致的。

6. 安全操作系统开发中的注意事项

1) 安全机制的友好性

安全操作系统应与应用系统的安全机制无缝连接,各种安全机制之间无冲突。所以在设计安全机制的整个过程中,应注意安全不应影响遵守规则的用户,方便用户的授权存取,使安全性对大多数用户及他们所做的工作而言是透明的。

2) 兼容性和效率

设计和开发安全操作系统的主要目的是安全性,但安全性的建立必须与系统其他方面的需求求得平衡,在基本达到安全目标的前提下,不应过分地影响其他特性。当然,当系统安全性、兼容性和效率三者发生矛盾时,首先要保证安全性,然后考虑兼容性,最后考虑效率。但在实际设计中,在不违反上述原则的前提下,应在安全机制的完备性、与原系统的兼容性及系统的效率方面做出平衡。

## 11.5 本章小结

在安全信息系统的开发中,需要通过信息系统安全体系结构,将各种安全策略、安全服务和安全技术有效地结合在一起,以实现系统的安全需求。本章介绍了信息系统安全体系结构的定义、内容、作用和分类,以及在安全体系结构设计中,应该遵守的基本原则和设计方法。分析了 OSI 开放系统互连安全体系结构,详细描述了其所定义的安全服务、安全机制和安全管理等要素及其相互关系。积极防御是当前信息安全界倡导的信息安全技术防护思路,本章介绍了由中国工程院沈昌祥院士提出的“两个中心”支持下的三重信息安全技术保护框架,该框架以“防内为主、内外兼防”的模式,从提高使用节点自身的安全性着手,从终端源头控制不安全因素,构筑积极、综合的安全防护系统。在操作系统安全体系结构方面,本章介绍了 GFAC 和 Flask 体系结构。GFAC 提供了一个用于表达和支持多安全策略的框架,是在单一系统中实现多种访问控制的重要方法。Flask 安全体系结构也是强制访问控制的一种通用性框架,已在多个安全操作系统中获得实现,能灵活支持多种强制访问控制策略,并支持策略的动态改变,以满足日益多样化的安全需求。

## 习　题

1. 请阐述你对信息安全体系结构的理解。
2. 在设计信息安全体系结构时,主要应考虑哪些方面的问题?
3. 在安全信息系统的开发中,信息安全体系结构的主要作用有哪些?
4. 在信息系统安全体系结构设计中,应遵循哪些重要原则?
5. OSI 安全体系结构中定义的安全服务有哪些?
6. OSI 安全体系结构中定义的安全机制有哪些?
7. OSI 安全体系结构中定义的安全管理活动有哪些?
8. 请阐述您对“两个中心”支持下的三重信息安全技术保护框架的理解。
9. 请简述在 GFAC 框架下,主体对客体的访问过程。

# 第 12 章　人工智能与系统安全

人工智能日益成为驱动经济社会各领域从数字化、网络化向智能化加速跃进的重要引擎,大量的人工智能系统层出不穷,它为保障国家网络空间安全、提升人类信息安全风险防控能力等提供了新手段、新途径。本章主要介绍人工智能如何赋能信息系统安全领域以及人工智能系统伴生的安全问题。

## 12.1　概　　述

人工智能(Artificial Intelligence,AI)是 21 世纪三大尖端技术之一,是研究、开发用于模拟、延伸和扩展人类智能的理论、方法、技术以及应用系统的一门新的科学,是计算机科学的重要分支。该学科探索智能实质并产生与人类智能相似的方式作出反应的智能机器,其目标是使机器能够胜任一些通常需要人类智能才能完成的复杂工作。人工智能引领的新一轮科技革命正在对经济发展、社会进步、国家治理等方面产生重大的影响,全球对人工智能技术的发展高度重视,人工智能正经历着前所未有的发展浪潮。

### 12.1.1　人工智能技术概述

人工智能的起源可以追溯到丘奇(Church)、图灵(Turing)和其他一些学者关于计算本质的思想萌芽。早在 20 世纪 30 年代,在计算机产生之前丘奇和图灵就提出数值计算并不是计算的主要方面,他们仅仅是揭示机器内部状态的一种方法。20 世纪 40 年代,来自数学、心理学、工程学等领域的科学家开启了通过机器模拟人类思想决策的科学研究,图灵在 1950 年提出了检验机器智能的图灵测试,预言了智能机器的出现和判断标准。1956 年,明司基(Minsky)、纽维尔(Newell)、西蒙(Simon)、香农(Shannon)、莫尔(More)等为首的科学家在美国达特茅斯会议上共同研究和探讨用机器模拟智能的一系列有关问题,并首次提出了“人工智能”这一术语,它标志着“人工智能”这门新兴学科的正式诞生。此后,60 多年中,伴随信息技术以及生物、机械等相关技术发展,人工智能的概念和技术上不断扩展和演进。

1. 人工智能内涵

人工智能字面意思是智能的人工制品,它是研究如何将人的智能转化为机器智能,或用机器来模拟或实现人的智能的领域。随着人工智能的发展,不同时代科学家对人工智能赋予不同的内涵:

(1) 人工智能是研究使计算机更灵活有用、智能的实现成为可能的原理。人工智能研究结果不仅是使计算机模拟智能,而且是了解如何帮助人们变得更有智能。

(2) 人工智能是计算机学科的一个分支,它关心设计智能计算机系统,该系统具有与人的行为关联的智能特性,例如了解语言、学习、推理、问题求解等。

(3) 人工智能是研究怎样让电脑模拟人脑从事推理、规划、设计、思考、学习等思维活动,解决复杂问题。

(4) 人工智能是研究智能行为的科学。它的最终目的是建立关于自然智能实体行为的理论和指导创造具有智能行为的人工制品,主要包括科学人工智能和工程人工智能。科学人工智能有助于理解人及其他动物的智能行为,工程人工智能有助于建立智能机器的概念、理论和实践。

(5) 人工智能是关于知识的学科,研究怎样表示知识以及怎样获得知识并使用知识的学科。

(6) 人工智能是研究人类智能活动规律,构造具有一定智能的人工系统,从而使计算机完成以往需要人的智力才能胜任的工作。它是研究如何应用计算机的软、硬件来模拟人类智能行为的基本理论、方法和技术。

对于何谓人工智能,目前人们尚未达成完全共识,但从如上的描述中,可以归纳出两方面的理解:人工智能是"像人一样思考"的系统,解决的是逻辑、推理和寻找最优解等问题,例如认知架构和神经元网络等;人工智能是"像人一样行动"的系统,可以通过认知、计划、推理、学习、沟通、决策等行动实现目标,例如智能软件代理、机器人等。

2. 人工智能技术

1) 人工智能基本技术

人工智能是一门正在探索和发展的学科,基本技术主要包括:

(1) 搜索技术。

搜索技术就是对寻找目标进行引导和控制的技术。这是人工智能最早形成的基本技术之一。从求解问题角度看,智能系统(人或机器系统)通常有两类输入信息:完全的知识(即用现在的方法可以求解的知识)、部分知识或完全无知(即无现成的方法可以求解的知识,这些知识需要边探索、边求解)。人工智能技术通常需要通过搜索补偿知识的不足,即采用尝试-检验的方法,凭借人们的常识性知识和领域的专门知识对问题进行试探性的求解,逐步解决问题。

(2) 知识表示和知识利用技术。

利用问题领域知识来求解问题是智能系统求解问题的重要方法。但知识的表示和知识的处理存在很多难点,例如,知识庞大、知识难以精准表示、知识不完全性、知识模糊性等影响智能系统应用。知识表示和知识利用技术能够很好地弥补知识搜索的不足,减少不合理的搜索分支,减少问题求解的不确定性。

(3) 抽象和归纳技术。

抽象用以区分重要与非重要的特征。借助于抽象可将处理问题中的重要特征和变式与大量非重要特征和变式区分开来,使对知识的处理变得更有效、更灵活。抽象技术还可以把知识当作一种特殊的数据来处理,知识将十分清晰、明确易于理解。归纳技术是指机器自动提取概念、抽取知识、寻找规律的技术。通过抽象可以使归纳更加容易,更加易于分析、综合和比较,更易于寻找规律。

(4) 推理技术。

基于知识表示的人工智能程序主要利用推理在形式上的有效性,即在问题求解的过程中，智能程序所使用知识方法和策略应较少依赖于知识的具体内容。因此，常见的人工智能程序系统中都采用推理机制与知识相分离的典型体系结构。这种结构从模拟人类思维的一般规律出发使用知识，主要包括逻辑推理、似然推理、定性推理、模糊推理、非精确推理、非单调推理和次协调等各种推理技术和控制策略，它为人工智能的应用开辟广阔前景。

(5) 联想技术。

联想是最基本、最基础的思维活动，它与所有的人工智能技术息息相关。联想的前提是联想记忆或联想存储。联想存储具有如下特点：

① 可以存储许多相关(激励、响应)模式对。

② 通过自组织过程可以完成这种存储。

③ 以分布、稳健的方式(可能存在较高的冗余度)存储信息。

④ 可以根据接收到的相关激励模式产生并输出适当的响应模式。

⑤ 即使输入激励模式失真或不完全时，仍然可以产生正确的响应模式。

⑥ 可在原存储中加入新的存储模式。

2) 人工智能技术发展阶段

人工智能提出后经历了长期的算法演进和应用检验。随着计算技术和大数据技术的高速发展，人工智能得到了超强算力和海量数据支持，获得了越来越广泛的应用验证。纵观人工智能技术发展，主要包含三个关键阶段：

(1) 模式识别(Pattern Recognition，PR)阶段。

模式识别主要对信息进行整合和智能分析，对由环境和客体组成的模式进行自动处理和判读，技术实现可以分为有监督分类(Supervised Classification)和无监督分类(Unsupervised Classification)两种。模式识别主要通过模仿人类识别符号的认知过程实现智能系统。此时期的人工智能技术主要集中在模式识别类技术的研发和应用上，包括沿用至今的语音识别、图像识别等技术。

(2) 机器学习(Machine Learning，ML)阶段。

此时期的人工智能应用仿生学为主要特点。受到人脑学习知识主要是通过神经元间突触形成与变化的启发，人们发现计算机也可用来模拟神经元工作，因此，这个阶段也称为神经元发展阶段。机器学习是人工智能的关键技术，它通过设定模型，对输入数据进行训练，从而改善自身性能。它的重点在于归纳、聚合而非演绎。机器学习技术最基本的做法是使用算法来解析数据、从中学习，然后对真实世界中的事件做出决策和预测。与传统的为解决特定任务而硬编码的软件程序不同，机器学习是用大量的数据来“训练”，通过各种算法从数据中学习如何完成任务。如今，广泛应用的人工神经网络(Artificial Neural Networks)、支持向量基(Support Vector Machine，SVM)等技术均来源于此。

(3) 深度学习(Deep Learning，DL)阶段。

在这个阶段，人工智能引入了层次化学习的概念，通过构建较简单的概念来学习更深、更复杂的概念，实现自我训练的机器学习。深度学习可以从大数据中发现复杂结构，具有强大的推理能力和灵活性。深度学习正在逐渐实现在机器视觉、语音识别、机器翻译等多个领域的普遍应用，也催生了强化学习、迁移学习、生成对抗网络等新型算法和技术方向。

3. 人工智能技术应用

1）人工智能技术应用的催生力

在计算机技术和网络技术的推动下，人工智能迅猛发展。算力的提升、数据激增、算法优化、万物互联等促使人工智能技术不断进步。

（1）计算能力增强：人工智能算法模型的训练和计算需耗费大量时间和计算力，当前计算机和芯片等硬件水平的提升，加上计算机网络的发展推动了云计算架构的弹性部署等，为人工智能训练更为复杂的模型提供了计算能力。

（2）海量可用训练数据：随着互联网大规模服务集群产生、搜索以及电商蓬勃发展等产生了大量的数据积累，从根本上促进了深度学习的诞生和人工智能的突破性发展。现阶段，信息形态越来越多元化，从图像、文本、音频、视频等原始信息到综合分析后的行为信息、环境信息等。这些海量多元化信息为人工智能的普遍应用提供了可能。

（3）成熟人工智能算法：以深度学习为代表的算法不断发展，正在与多种应用场景高速融合。该技术基于数据实现自主学习，实际应用成果符合人类认知，被广泛接受。

（4）广域异构网络连接：全球有线网络、无线网络以多种形式密集互联，信息与数据以空前的方式和速度流动、汇聚、共享，这种连接与融合不断重塑人与机器的关系，成为人工智能技术应用的极佳场景。

2）人工智能技术的典型应用

人工智能技术广泛应用于不同的场景中，催生了很多人工智能的典型应用技术：

（1）专家系统（Expert System，ES）：将规则和逻辑引入人工智能系统，帮助和执行自动化决策的系统。

（2）过程自动化（Automation，AT）：采用自动化脚本的方法，实现任务自动化代替或协助人类。

（3）自然语言处理（Natural Language Processing，NLP）：让计算机处理并理解人类使用的各种语言，广义定义还包含让计算机正确运用人类语言自如地与人进行多种形式的沟通。

（4）计算机视觉（Computer Vision，CV）：研究让计算机如何“看”世界，包含常见的图像处理技术（Image Processing，IP）、视频分析技术（Video Analysis，VA）、虚拟智能技术（Virtual Intelligence，VI）等。

（5）情绪识别（Emotion Recognition，ER）：综合多种技术感知人类情绪状态的技术。

（6）AI 建模（Digital Twin/AI Modeling，DT）：通过软件来沟通物理系统与数字世界，这也是物理与虚拟世界的交界面。

（7）机器人技术（Robotics，RB）：机器人有着广阔的应用且形态各异，常见的有无人驾驶、无人机等。

（8）虚拟代理（Virtual Agents，VA）：能够与人类进行交互的计算机代理或程序，常被用于客户服务、语音助理等。

人工智能技术本身是一项具有巨大变革潜力的科技进步，人工智能在越来越多领域的普及应用对整个经济体系产生了深远影响。机器人生产在基础制造业上的优势已经逐渐获得了整个行业的认同。随着无人驾驶、智能决策系统等技术逐渐成熟，金融服务、仓储、交通运输、城市管理、法律、教育、医疗等行业已卷入人工智能所引发的技术变革浪潮中：在医疗领域，人工智能可用于医疗影像诊断、药物研发、虚拟医生助手、可穿戴设备等；在金融领域，人工智能在智能投顾、金融风险控制、金融预测与反欺诈、智慧理财等方面均已崭露头角;在教育领域,人工智能可用于智能评测、个性化辅导、儿童陪伴等;在电商领域,人工智能可用于仓储物流、智能导购和客服;在智慧家居领域,人工智能可用于智能家电、智能家具、家庭管家、陪护机器人等领域。此外,人工智能在智能制造、智能交通、自动驾驶、智慧城市、智慧安防等领域不断引领人类社会的快速变迁。

### 12.1.2 人工智能安全威胁

人工智能应用正在改变人类经济社会的发展轨迹,给人们的生活带来巨大的改变。然而,人工智能给社会带来的安全风险也不容忽视。所谓人工智能安全风险是指安全威胁手段利用人工智能资产的脆弱性,引发人工智能安全事件或对相关方造成影响的可能性。这种安全风险存在的原因是人工智能算法设计之初未考虑相关的安全威胁,使人工智能算法的判断结果易被恶意攻击者影响,导致系统判断出现错误。人工智能安全风险广泛存在于其应用的各个领域,例如,攻击者通过修改文件可以绕开基于人工智能的恶意代码检测或恶意流量检测等;攻击者可以通过加入简单的噪声,致使家中的语音控制系统成功调用恶意应用;修改终端回传的数据或与聊天机器人进行某些恶意对话,会导致后端人工智能系统预测有误;在交通指示牌或其他车辆上贴上或涂上一些小标记,致使自动驾驶车辆判断出错。

1. 安全威胁来源

(1) 软硬件安全:在软件及硬件层面,包括应用、模型、平台、芯片、编码等方面都可能存在漏洞或后门,攻击者能够利用漏洞或后门实施攻击。在人工智能模型层面中,攻击者同样可能在模型中植入后门并实施攻击,这种方式较难检测。

(2) 数据完整性:在数据层,攻击者能够在训练阶段掺杂恶意样本影响人工智能系统的推理判断;攻击者同样可以在判断阶段对要判断的样本加入少量噪声,从而影响判断结果。

(3) 模型保密性:在模型参数层面,服务提供者往往只希望提供模型查询服务,不希望暴露自己训练的模型。然而,多次查询后攻击者有时可以构建出相似的模型,获得模型的相关信息。

(4) 模型鲁棒性:模型训练样本会存在覆盖性不足的问题,这会使得模型的鲁棒性不强,针对攻击存在误判的可能。

(5) 数据隐私:在用户提供训练数据的场景下,攻击者能够通过反复查询训练好的模型获得用户的隐私信息。

2. 攻击威胁

人工智能系统作为采用人工智能技术的信息系统,除了会遭受传统针对信息系统的攻击外,也会面临针对人工智能系统的特殊攻击。

1) 闪避攻击

闪避攻击是指通过修改输入,让模型无法对其正确识别。闪避攻击是学术界研究最多的一类攻击,下面是学术界提出的最具代表性的三种闪避攻击:

(1) 对抗样本:指在输入样本中添加细微、无法识别的干扰,导致模型给出错误输出。深度学习容易受到精心设计的对抗样本的影响,可能导致系统出现误判或漏判等错误。深度学习系统容易受到精心设计的输入样本的影响,这些样本被称为对抗样例或样本(Adversarial Examples)。攻击者利用精心构造的对抗样本也可以进行模仿攻击、逃避攻击等欺骗攻击。模仿攻击通过对被攻击系统样本模仿,获得该系统权限。这类攻击常出现在智能图像识别和语音识别系统中。逃避攻击通过产生可能成功逃避安全系统检测的对抗样本,实现系统的恶意攻击。这是早期的攻击方法,常用在垃圾邮件检测、PDF 文件恶意程序检测等系统中。

(2) 物理世界攻击:这是一种对实际实体进行改动而产生扰动的方式。例如,对路标实体做涂改,使智能路标识别算法将“禁止通行”的路标识别成为“限速 45”。

(3) 模型窃取攻击:生成对抗样本需要知道模型参数,但是在有些场景下攻击者无法得到模型参数。此时,就需要使针对一个模型生成的对抗样本也能欺骗另一个模型,这种传递性可以用来发起黑盒攻击,即攻击者不知道深度学习模型参数的情况下进行攻击。为了达到这样的目标,攻击者会采取模型攻击的方式,即向目标模型发送大量预测查询,使用接收到的响应来训练另一个功能相同或类似的模型,或采用逆向攻击技术获取模型参数或训练数据。针对云模式部署的模型,也有攻击者利用机器学习系统提供的应用程序编程接口(API)获取系统模型的初步信息,进而通过这些初步信息对模型进行逆向分析,获得模型内部训练数据和运行采集数据的例子。针对私有部署到用户移动设备或数据中心服务器上的模型,攻击者通过逆向等传统安全技术,可以把模型文件直接还原使用。

2) 药饵攻击

药饵攻击又称为数据投毒攻击。主要是在训练数据中加入精心构造的异常数据,破坏原有数据的概率分布,导致模型在某些条件下产生分类或聚类错误。例如,入侵检测系统持续在网络上收集样本,并重新训练来检测新的攻击。在这种情况下,攻击者可能通过注入精心设计的样本,(即药饵)来使训练数据被污染,从而影响智能系统的正常功能。

由于药饵攻击需要攻击者接触训练数据,通常针对在线学习场景(即利用在线数据不断学习更新模型),或者需要定期重新训练进行模型更新的系统,这类攻击比较有效,典型场景如推荐系统、自适应生物识别系统、垃圾邮件检测系统等。正确过滤训练数据可以帮助检测和过滤异常数据,从而最大程度地减少可能的数据投毒攻击。

3) 系统攻击

针对数据机密性、数据与计算完整性的攻击是典型针对机器学习系统的攻击,这些攻击能够导致拒绝服务、信息泄露或计算无效等。例如,对机器学习系统的控制流攻击可能会破坏或规避机器学习模型推断或导致无效训练。机器学习系统使用的复杂设备模型(例如,硬件加速器等),多采用虚拟化或仿真技术,存在遭受设备欺骗、运行时内存重新映射以及中间人设备等攻击。

与传统程序相同,人工智能模型也可以被嵌入后门。与传统程序不同的是,神经网络模型由参数构成,解析难度较大,其后门的隐蔽性更高。攻击者通过在神经网络模型中植入特定的神经元,生成带有后门的模型,使得模型对正常输入与原模型判断一致,对特殊输入的判断能够受攻击者控制。

### 12.1.3 人工智能安全属性与内涵

针对人工智能面临的对抗样本、数据投毒、模型窃取等攻击威胁,人工智能的算法模型、数据、基础设施和产品应用等会面临算法偏见、算法黑箱、算法缺陷、数据安全、隐私保护、软硬件安全、滥用等安全隐患。

为了防范人工智能的攻击威胁和安全隐患,需要对传统系统安全的保密性、完整性、可用性、可控性和不可否认性等安全属性进行扩展。例如,解决算法偏见需要坚持公平性,针对算法黑箱需要加强可解释性或透明性,应对算法缺陷需要提高鲁棒性,针对滥用问题要重视可控性,对于数据安全、隐私保护、软硬件安全等也需要类似的保护原则。

1. 人工智能安全原则

(1) 以人为本原则(Human Orientation):是指人工智能的研发和应用应以人类向善、人类福祉为目的,保障人类尊严、基本权利和自由。

(2) 权责一致原则(Parity of Authority and Responsibility):建立机制确保人工智能的设计者和操作者能对其结果负责。例如,准确记录、可审计性、最小化负面影响、权衡和补救等。

(3) 分类分级原则(Classification):人工智能总体发展还处于起步阶段,可针对不同人工智能技术发展的成熟度,不同应用领域的安全需求,对人工智能的能力水平和特定功能建立分类分级的不同准则。

2. 人工智能安全属性

人工智能作为还未成熟的技术,为了保障其在重要行业领域深入应用时的安全,不仅需要保障人工智能资产的保密性、完整性、可用性等传统安全属性,也需要考虑鲁棒性、透明性、公平性等其他属性目标。

(1) 保密性(Confidentiality):确保人工智能系统在生命周期各个环节(例如,采集、训练、推断等)算法模型和数据不泄露给未授权者。(例如,防范模型窃取攻击)。

(2) 完整性(Integrity):确保人工智能系统在生命周期任一环节算法模型、数据、基础设施和产品应用不被植入、篡改、替换和伪造(例如,防范对抗样本攻击、数据投毒攻击)。

(3) 可用性(Availability):确保对人工智能算法模型、数据、基础设施、产品应用等的使用不会被不合理拒绝。可用性包括可恢复性,即系统在事件发生后迅速恢复运行状态的能力。

(4) 可控性(Controllability):指对人工智能资产的控制能力,防止人工智能被有意或无意地滥用。可控性包括可验证性(Verifiability)、可预测性(Predictability)。可验证性是指人工智能系统应留存记录,能够对算法模型或系统的有效性进行测试验证。

(5) 鲁棒性(Robustness):指人工智能面对非正常干扰或输入的健壮性。对人工智能系统而言,鲁棒性主要用于描述人工智能系统在受到外部干扰或处于恶劣环境条件等情况下维持其性能水平的能力。鲁棒性要求人工智能系统采取可靠的预防性措施来防范风险,即尽量减少无意和意外伤害,并防止不可接受的伤害。

(6) 透明性(Transparency):提供了对人工智能系统的功能、组件和过程的可见性。透明性并不一定要求公开其算法源代码或数据。根据人工智能应用的安全级别不同,透明性可有不同的实现级别和表现程度。透明性通常包括可解释性(Explicability)、可追溯性(Traceability),让用户了解人工智能中的决策过程和因果关系。可解释性是指在人工智能场景下,算法特征空间和语义空间的映射关系,使得算法能够实现站在人的角度理解机器。

(7) 公平性(Fairness):指人工智能系统在开发过程中应当建立多样化的设计团队,采取多种措施确保数据真正具有代表性,能够代表多元化的人群,避免人工智能出现偏见、歧视性结果。

(8) 隐私性(Privacy):按照目的明确、选择同意、最少够用、公开透明、主体参与等个人信息保护原则,保护隐私信息。

3. 人工智能安全内涵

人工智能安全是指通过采取必要措施,防范对人工智能系统的攻击、侵入、干扰、破坏和非法使用以及意外事故,使人工智能系统处于稳定可靠运行的状态以及遵循人工智能以人为本、权责一致等安全原则,保障人工智能算法模型、数据、系统和产品应用的完整性、保密性、可用性、鲁棒性、透明性、公平性和隐私的能力。

## 12.2 人工智能系统安全

人工智能系统与一般信息系统无异,自身会存在脆弱性。脆弱性成因诸多,例如,框架、数据、算法、模型等环节都可能带来其内生的安全问题。从人工智能系统应用部署的角度分析,人工智能系统部署到业务场景中通常从三个层次进行安全防御:第一层针对系统已知攻击的有针对性的安全防护;第二层是提升模型健壮性的模型安全防护;第三层是确保系统部署于不同业务中设计不同安全机制的架构安全。

### 12.2.1 人工智能安全攻击针对性防御

针对上一节提到的攻击方式,在数据收集、模型训练、模型使用等阶段实施针对性防御,常见防御技术如图 12.1 所示。

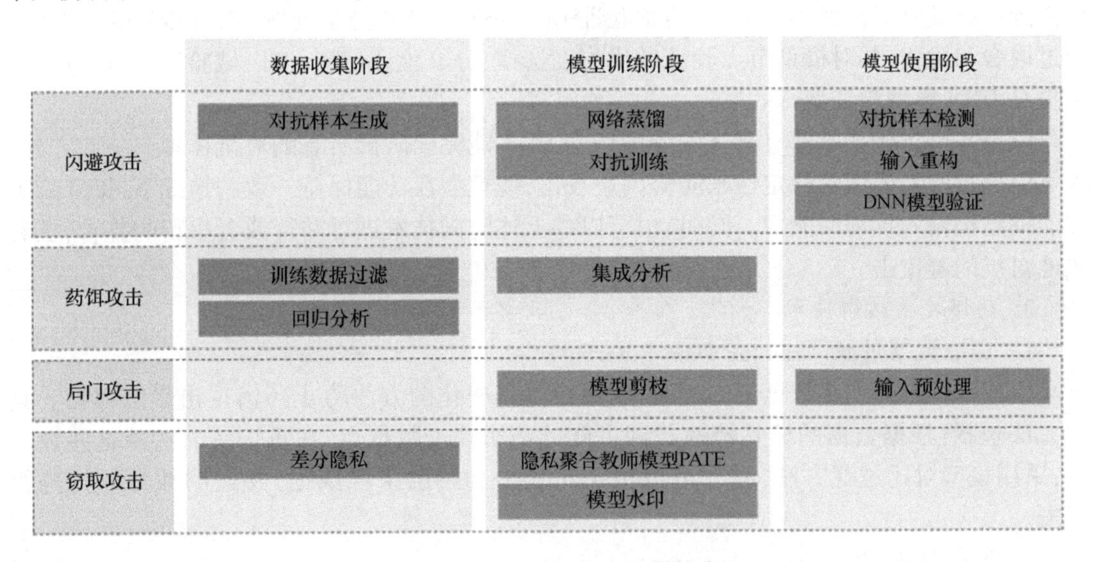


图 12.1 人工智能安全防御技术

1. 闪避攻击防御技术

1) 网络蒸馏(Network Distillation)

网络蒸馏技术的基本原理是在模型训练阶段对多个深度神经网络(Deep Neural Networks,DNN)进行串联,其中前一个 DNN 生成的分类结果被用于训练后一个 DNN。研究发现转移知识可以一定程度上降低模型对微小扰动的敏感度,提高人工智能模型的鲁棒性,因此将网络蒸馏技术用于防御闪避攻击,降低特定攻击成功率。

2）对抗训练(Adversarial Training)

该技术的基本原理是在模型训练阶段使用已知的各种攻击方法生成对抗样本,再将对抗样本加入模型的训练集中,对模型进行单次或多次训练,生成可以抵抗攻击扰动的新模型。综合多个类型的对抗样本可使训练集数据增多。该技术不但可以增强新生成模型的鲁棒性,还可以增强模型的准确率和规范性。

3）对抗样本检测(Adversarial Sample Detection)

该技术的原理是在模型的使用阶段,通过增加外部检测模型或原模型的检测组件来检测待判断样本是否为对抗样本。在输入样本到达原模型前,检测模型会判断其是否为对抗样本。检测模型也可以在原模型每一层提取相关信息,综合各种信息来进行检测。各类检测模型可能依据不同标准来判断输入是否为对抗样本。例如,输入样本和正常数据间确定性的差异可以用来当作检测标准;对抗样本的分布特征、输入样本的历史都可以成为判别对抗样本的依据。

4）输入重构(Input Reconstruction)

该技术的原理是在模型的使用阶段,通过将输入样本进行变形转化来对抗闪避攻击,变形转化后的输入不会影响模型的正常分类功能。重构方法包括对输入样本加噪、去噪和使用自动编码器(Autoencoder)改变输入样本等方法。

5）DNN 模型验证(DNN Verification)

DNN 模型验证技术使用求解器(Solver)来验证 DNN 模型的各种属性,如验证在特定扰动范围内有没有对抗样本。但是,通常验证 DNN 模型是 NP 完全问题,求解器的效率较低。通过取舍和优化,如对模型节点验证的优先度选择、分享验证信息、按区域验证等,可以进一步提高 DNN 模型验证运行效率。

以上各个防御技术都有具体的应用场景,并不能完全防御所有的对抗样本。除此之外,也可以通过增强模型的稳定性来防御闪避攻击,使模型在功能保持一致的情况下,提升人工智能模型抗输入扰动的能力。同时,也可以将上述防御技术进行并行或者串行的整合,更有效地对抗闪避攻击。

2. 药饵攻击防御技术

1）训练数据过滤(Training Data Filtering)

该技术侧重对训练数据集的控制,利用检测和净化的方法防止药饵攻击影响模型。具体方法包括:根据数据的标签特性找到可能的药饵攻击数据点,在重训练时过滤这些攻击点;采用模型对比过滤方法,减少可以被药饵攻击利用的采样数据,并过滤数据对抗药饵攻击。

2）回归分析(Regression Analysis)

该技术基于统计学方法,检测数据集中的噪声和异常值。具体方法包括通过对模型定义不同的损失函数(Loss Function)来检查异常值以及使用数据的分布特性来进行检测等。

3）集成分析(Ensemble Analysis)

该技术强调采用多个子模型的综合结果提升机器学习系统抗药饵攻击的能力。多个独立模型共同构成人工智能系统,由于多个模型采用不同的训练数据集,整个系统被药饵攻击影响的可能性进一步降低。

此外，还可以通过控制训练数据的采集、过滤数据、定期对模型进行重训练更新等一系列方法，提高人工智能系统抗药饵攻击的综合能力。

3. 后门攻击防御技术

1）输入预处理（Input Preprocessing）

该方法的目的是过滤能触发后门的输入，降低输入触发后门、改变模型判断的风险。

2）模型剪枝（Model Pruning）

该技术原理为在保证正常功能一致的情况下，适当剪除原模型的神经元，减少后门神经元起作用的可能性。

4. 模型/数据防窃取技术

1）差分隐私（Differential Privacy）

该技术是在模型训练阶段，用符合差分隐私的方法对数据或模型训练步骤进行加噪。例如，使用差分隐私生成梯度的方法，保护模型数据的隐私。

2）模型水印（Model Watermarking）

该技术是在模型训练阶段，在原模型中嵌入特殊的识别神经元。如果发现有相似模型，可以用特殊的输入样本识别出相似模型是否通过窃取原模型所得。

## 12.2.2 人工智能模型安全

恶意机器学习（Adversarial ML）广泛存在，闪避攻击、药饵攻击以及各种后门漏洞攻击无往不利，攻击不精准且有很强的可传递性，使得人工智能模型在实用中造成误判的危害极大。因此，除了针对那些已知攻击手段所做的防御之外，也应增强人工智能模型本身的安全性，避免其他可能的攻击方式造成的危害，可从图 12.2 的几个方面着手增强人工智能模型安全。

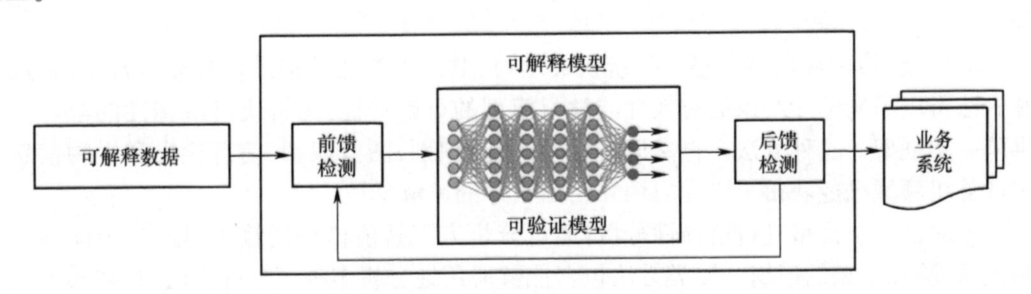


图 12.2　人工智能模型安全

1. 模型可检测性

如同传统程序代码检测，人工智能模型也可以通过各种黑盒、白盒测试等对抗检测技术来保证一定程度的安全性。已有测试工具基本都是基于公开数据集，样本少且无法涵盖很多其他真实场景，而对抗训练技术则在重训练的过程中带来较大的性能损耗。在人工智能系统实践中，需要对各种 DNN 模型进行大量的安全测试。例如，数据输入训练模型前要通过前馈检测模块过滤恶意样本，或模型输出评测结果时经过后馈检测模块减少误判，从而在将人工智能系统部署到实际应用前提升人工智能系统的鲁棒性。

2. 模型可验证性

DNN 模型有着比传统机器学习更加预想不到的效果(例如,更高识别率、更低误报率等),目前广泛用于各种图像识别、语音识别等应用中。然而,人工智能模型在关键安全应用(例如,自动驾驶、医学诊断等)领域需要更加慎重。对 DNN 模型进行安全验证也可以在一定程度上保证安全性。模型验证一般需要约束输入空间与输出空间的对应关系,从而验证在一定范围内的输出。然而,常用的基于统计优化的学习及验证方法还是无法穷尽所有数据分布,这样在实际应用中较难实施具体的保护措施。只有在对 DNN 模型内部工作机理充分理解的基础上才能进一步解决机制性防御问题。

3. 模型可解释性

目前,大多数人工智能都被认为是一个非常复杂的黑盒子系统,它的决策过程、判断逻辑、判断依据都很难被人完全理解,具有不可解释性。对于有些业务,不可解释性会带来安全风险。例如,在医疗中,为了精确地根据人工智能的分析进行进一步的处理,我们需要了解人工智能做出判断的根据,希望人工智能系统就其判断一位病人有没有癌症给出其数据分析及原因,人工智能系统需要有能力说“我把这些数据做了怎样的分析得出了结论”。如果连其运作的原理都无法得知,自然也就无法有效地设计安全的模型。增强人工智能系统的可解释性,有助于分析人工智能系统的逻辑漏洞或者数据死角,从而提升人工智能系统安全性,打造安全人工智能。人们对人工智能模型的可解释性进行积极探索,例如,对隐藏激活函数做可视化分析、用统计分析方法发现语义神经元、针对图形识别的显著性检测等。模型可解释性可以通过三个阶段实现:

(1) 建模前的“数据可解释”:模型是由数据训练而来,要解释模型的行为,可以从分析训练模型的数据开始。如果能从训练数据中找出几个具代表性的特征,可以在训练时选择需要的特征来构建模型,有了这些有意义的特征,便可对模型的输入和输出结果有较好的解释。

(2) 构建“可解释模型”:结合传统机器学习,对人工智能结构进行补充是常用的方法。这种做法可以平衡学习结果的有效性与学习模型的可解释性,为解决可解释性的学习问题提供了一种框架。这种方法在自然语言处理、语音识别、图像识别、信息检索和生物信息等许多计算机领域已经获得了广泛应用并给出很好的可解释性。

(3) 对已构筑模型进行解释性分析:通过分析人工智能模型的输入、输出、中间信息的依赖关系,验证模型的逻辑。该类方法包含能够通用地分析多种模型的方法、针对模型构造进行深入分析的方法。

当人工智能系统具有可解释性时,就可以比较有效地对系统进行验证和检测。人工智能系统具备可解释性的另一个优势是系统的输入和中间数据之间的逻辑关系会相对清晰。可以根据这些数据之间的关系判断是否有非法数据攻击数据,甚至对恶意的攻击样本进行清除,提高模型健壮性。

欧盟一般数据保护法(General Data Protection Requlation, GDPR)要求人工智能系统决策不能基于如用户种族、政治立场、宗教信仰等数据。具备可解释性的人工智能系统可以确保其分析结论符合上述要求,避免出现受到“算法歧视”的受害人。大多人工智能系统中的偏见问题往往不在于算法本身,而在于提供给机器的数据。在人工智能系统使用时往往需要验证人工智能使能系统的安全性、可靠性、可解释性。只有可解释、可验证的健壮人工智能系统才能给予公众信心与信任。

### 12.2.3 人工智能业务安全

在大力发展人工智能的同时,必须高度重视人工智能系统引入可能带来的安全风险,加强前瞻预防与约束引导,最大限度降低风险,确保人工智能安全、可靠、可控发展。而在业务中使用人工智能模型,则需要结合具体业务自身特点和架构,分析判断人工智能模型使用风险,综合利用隔离、检测、熔断和冗余等安全机制设计人工智能安全架构与部署方案,增强业务产品健壮性。例如,在自动驾驶业务中,当人工智能系统如果对刹车、转弯、加速等等关键操作的判断出现失误时,会对用户、社会造成巨大危害。因此,需要保证人工智能系统在关键操作时的安全使用。对自动驾驶人工智能系统进行许多的安全测试当然很重要,但是这种模拟测试方法并不能保证人工智能系统不出错。在很多业务中,也许很难找到一个任何时候都能给出100%正确答案的人工智能系统。相比之下,更重要的是对系统架构进行安全设计,使得当人工智能系统对判断不确定的时候,业务还能够回退到手工操作等安全状态。在医疗辅助人工智能系统中,如果人工智能系统对于"应该给病人哪个药,用量多少"这个问题不能给出确定答案时,或感知到自身有可能受到攻击时,相比给出一个可能造成危险的不准确预测,让人工智能系统直接回答"请咨询病人的医师"会较好。为了保护用户利益,需要按照业务需求,在系统中合理运用安全机制确保人工智能业务安全,如图12.3所示:

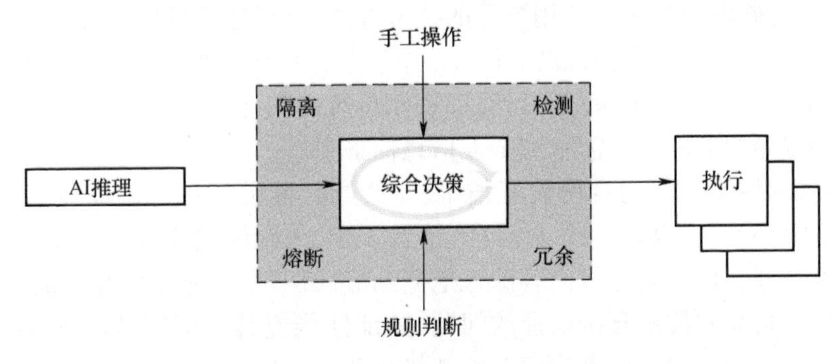


图12.3　人工智能业务安全架构

(1) 隔离:在满足业务稳定运行的条件约束下,人工智能系统会分析识别最佳方案,然后发送至控制系统进行验证并实施。通常业务安全架构要考虑对各个功能模块进行隔离,并在模块之间设置访问控制机制。对人工智能系统的隔离可以一定程度上减少针对人工智能推理的攻击面,而对综合决策系统的隔离可以有效减少针对决策系统的攻击。人工智能推理的输出将作为辅助决策建议导入综合决策模块,而只有经过授权认证的指令才能通过。

(2) 检测:在主业务系统中部署持续监控和攻击检测模型,综合分析网络系统安全状态,给出系统当前威胁风险级别。当威胁风险较大时,综合决策可以不采纳自动系统的建议,而是将最终控制权交回人员控制,保证在遭受攻击情况下的安全性。

(3) 熔断:业务系统在进行关键操作时,例如人工智能辅助的自动驾驶或医疗手术等,通常要设置多级安全架构确保整体系统安全性。需要对人工智能系统给出的分析结果进行确定性分析,并在确定性低于阈值时返回到以规则判断为准的常规技术或直接交回人工处理。

（4）冗余：很多业务决策、数据之间具有关联性，一个可行的方法是通过分析此类关联性是否遭受破坏去保证人工智能模型运行时的安全，还可以搭建业务“多模型架构”：通过对关键业务部署多个人工智能模型，使得在单个模型出现错误时不会影响到业务最终决策。同时，多个模型的部署也使得系统在遭受单一攻击时被全面攻克的可能性大大降低，从而提升整个系统的强壮性。

除此之外，人工智能系统在应用中可能会遇到很多安全问题，例如，如何避免人工智能系统在执行任务时可能产生的消极副作用、人工智能系统在达成目的时可能采取的趋利行为以及人工智能系统在执行任务时的安全拓展等问题。对这些问题进行基础研究将会使得人工智能系统在未来实用场景更加安全。

## 12.3 人工智能助力系统安全

随着人工智能技术的发展，基于人工智能的信息安全市场高速增长，人工智能技术被应用于身份认证、恶意代码检测、系统安全态势感知等领域，从而使人工智能在助力系统安全防御中发挥出重要作用。

### 12.3.1 新型身份认证技术

身份认证作为确保合法用户使用资源的技术方法，对保证系统安全、维护用户合法权益具有重要意义。当前，撞库、暴力破解、社工攻击等技术不断升级、频繁使用，利用人工智能、区块链等新技术破解身份认证系统的风险存在。传统的口令、令牌等认证方式难以满足移动安全访问、支付等业务的安全需求和个人信息保护要求。

人工智能技术催生了新型身份认证技术。一方面，推进了身份认证技术的综合应用。例如，综合应用数字签名、设备指纹、验证码、语音识别、人脸识别等身份认证技术，对用户的认证行为、业务类型、时间、地点等内容深入挖掘，通过机器学习能够精准识别和拦截恶意认证行为。另一方面，突破传统身份认证的问题，认证性能提升。例如，智能声纹技术能够通过人的声音识别出人的年龄、体重、身高、面部特征和周围环境等细节，该类生物特征识别技术在人工智能技术的加持下精准度得到了大幅提升。在验证码方面，利用神经网络算法能够解决传统验证码识别中“人工+光学字符识别”方法带来的人力消耗大、时间成本高等问题。这种方法能够跳过人工对样本进行预处理，利用神经网络自主学习和运算提高验证码的识别率。此外，借助大数据分析和机器学习也可更迅速地掌握账号或设备关联的各种维度信息，包括信誉和价值等，帮助构建基于身份和信誉的互联网环境。当然，人工智能技术也会被用于破解验证码，这无疑对传统基于验证的码的认证是一种冲击。对此，仍然需借助于机器学习实现自主对抗。

人工智能助力的身份认证技术应用广泛。例如，支付宝采用“自助收银+刷脸支付”的模式就是在人工智能的助力下催生。在这样的模式中，人脸识别是认证的核心，支付宝采用了智能 3D 人脸识别和活体验证技术，防止利用用户照片、视频或软件模拟冒充用户身份支付，提升了身份认证的准确性和电子支付的安全性。又例如，腾讯守护者计划引入多维度动态验证机制对抗黑产。在该计划实施时，运用人工智能技术对不同类型的验证码样本进行学习、运算；在此基础上，开发验证码接收和分发模块，完成从输入端到输出端的验证码验证识别，并将结果反馈至人工智能验证识别系统进行优化。

### 12.3.2 恶意代码智能检测

传统恶意代码查杀通过主动或被动方式获取恶意代码样本，分析其运行机理，人工提取特征码或设定查杀策略，再输入反病毒引擎实施查杀。传统恶意代码查杀过程中人工判断、分析、处理环节较多，面向肆意增长的恶意代码，检测呈现滞后性。

人工智能技术迅猛发展给恶意代码检测引擎的更新、升级提供了更多技术支持和创新思路，新型恶意代码智能检测与防御技术应运而生。该技术结合了传统恶意代码检测的经验和人工智能的技术手段。在恶意代码智能检测实现时，一方面，在终端设备上加载了可支持运行人工智能算力的芯片，以此提升硬件水平；另一方面，基于机器学习、深度学习的下一代反恶意代码引擎能够保持持续的自学习、自适应能力，自动化、智能化地跟进恶意代码的行为演进，提高对恶意代码行为的预测、识别和阻断能力。

人工智能技术与恶意代码检测的结合促进了恶意代码智能检测的实现。例如，腾讯安全团队基于真实运行行为、系统层监控、人工智能芯片检测、人工智能模型云端训练、神经网络等技术研发了 TAP-人工智能引擎。与传统引擎相比，该引擎可自动化训练，能够降低查杀周期和运营成本，实时防护、Oday 恶意代码检测性能明显提升。此外，SparkCognition、Cylance、Deepinstinct 和 Invincea 等国外公司将人工智能技术运用在检测恶意软件领域。例如，SparkCognition 打造的“认知”防恶意软件系统 DeepArmor，利用人工智能技术发现和掌握新型恶意软件攻击行为，识别通过变异尝试绕过安全系统的恶意代码，保护系统免受未知恶意代码威胁。

在恶意代码分类中，在对抗的态势下，许多代码经常被设计成特征可变异的“免杀”模式，恶意代码呈现多态化的特点，这导致变种不断增多。传统的基于恶意代码行为和字符特征的方法误判率较高，这给恶意代码分类带来了挑战。在微软举行的 Kaggle 恶意代码分类挑战赛中，“say NOOOOO to overfittttting”战队将恶意样本反汇编代码文件转换成图像作为样本特征，成功实现“免杀”。而后该战队再通过提取 Opcode 汇编操作码的 n-gram、指令频度等特征，通过机器学习的方法在比赛数据集中进行检测，准确率较高。这不仅因为代码转换成图像，失去了其本身微观特性、突出了整体编程风格，重要的是将问题转变成了图像分类问题，而人工智能技术应用于图像分类非常成熟。由于攻击者不知图像分类器如何以图像识别形式对代码进行分类，无法通过局部修改代码的方法躲避分类器判定。

### 12.3.3 系统安全态势感知

随着互联网对大众生活的渗透纵深影响，系统威胁呈现更加隐蔽、范围更广、破坏性更强等特点，及时感知和发现安全威胁并采取防护措施的难度不断增加。传统安全威胁感知和分析方法很难适应大数据环境和支持大规模事件分析。

新型系统安全态势感知利用数据融合、数据挖掘、智能分析和可视化等技术，实时展现系统安全状态、预测系统安全态势、支撑安全威胁预警和防护。该技术的关键是对从海量数据中提取的重要信息进行预处理和数据融合，在此基础上进行信息感知、理解和预测。关键过程包括：①提取系统中的相关数据，对数据进行标准化和修订，标注事件特征；②数据预处理,去除噪声数据;③融合不同来源数据;④优选人工智能算法进行态势识别、理解和预测;⑤关联分析与态势分析,形成态势评估结果,支持辅助决策。从安全态势感知过程与智能模式识别以及预测任务的逻辑相同,这使得人工智能助力系统安全态势感知有着天然的优势。目前,很多企业致力开发智能安全态势感知系统。例如,360企业安全集团基于安全大数据搭建了安全态势感知与运营平台,实现针对不同空间、时间、行业和威胁类别的安全监测、预警、响应,支持终端和设备的自动化应急处置和溯源分析。

## 12.4 本章小结

人工智能作为一项新技术既能赋能安全,又伴生着安全问题。本章在介绍人工智能内涵、技术及技术应用的基础上,围绕人工智能安全的主题,着重介绍了什么是人工智能安全、人工智能技术应用面临哪些安全威胁、人工智能技术应用应考虑哪些安全属性。在此基础上,针对"人工智能与系统安全"问题,从内生安全与赋能安全的角度出发,介绍了如何对人工智能系统的安全进行防护以及人工智能技术如何助力系统安全防护。

## 习题

1. 什么是人工智能安全?
2. 常见的人工智能攻击威胁有哪些?如何进行针对性防御?
3. 如何增加人工智能模型的安全性?
4. 保证人工智能业务安全可以采取哪些方式?
5. 人工智能安全属性有哪些?
6. 什么是人工智能安全风险?常见的安全威胁有哪些?

# 参考文献

[1] 沈昌祥. 信息安全导论[M]. 北京:电子工业出版社,2009.
[2] 卿斯汉,沈情霓,刘文清,等. 操作系统安全[M]. 2 版. 北京:清华大学出版社,2011.
[3] 方滨兴. 人工智能安全[M]. 北京:电子工业出版社,2019.
[4] 冯登国,赵险峰. 信息安全技术概论[M]. 北京:电子工业出版社,2009.
[5] 石文昌. 信息系统安全概论[M]. 2 版. 北京:电子工业出版社,2014.
[6] 石文昌. 网络空间系统安全概论[M]. 3 版. 北京:电子工业出版社,2019.
[7] 陆宝华,王楠. 信息系统安全原理与应用[M]. 北京:清华大学出版社,2007.
[8] 方勇,刘嘉勇,周安民,等. 信息系统安全理论与技术[M]. 2 版. 北京:高等教育出版社,2008.
[9] 赵泽茂,吕秋云,朱芳. 信息安全技术[M]. 西安:西安电子科技大学出版社,2009.
[10] 张红旗,王鲁. 信息安全技术[M]. 北京:高等教育出版社,2008.
[11] 王颖,蔡毅. 网络与信息安全基础[M]. 北京:电子工业出版社,2019.
[12] 尚涛. 大数据系统安全技术实践 [M]. 北京:电子工业出版社,2019.
[13] 王丽娜. 信息安全导论[M]. 武汉:武汉大学出版社,2009.
[14] 林果园,别玉玉,刘凯. 信息系统安全[M]. 北京,清华大学出版社,2012.
[15] STALLINGS W,BROWN L,等. 计算机安全原理与实践[M]. 贾春福,高敏芬,等译. 北京:机械工业出版社,2008.
[16] 陈波,于泠,肖军模. 计算机系统安全原理与技术[M]. 2 版. 北京:机械工业出版社,2008.
[17] 胡俊,沈昌祥,公备. 可信计算 3.0 工程初步[M]. 2 版. 北京:人民邮电出版社,2019.
[18] 张焕国,赵波,王骞,等. 可信云计算基础设施关键技术[M]. 北京:机械工业出版社,2019.
[19] ARTHUR W,CHALLENER D. TPM 2.0 原理及应用指南[M]. 王娟,余发江,严飞,等译. 北京:机械工业出版社,2017.
[20] 张焕国,赵波. 可信计算[M]. 武汉:武汉大学出版社,2011.
[21] 慈林林,杨明华,田成平,等. 可信网络连接与可信云计算[M]. 北京:科学出版社,2015.
[22] 曾辉. 专控计算机安全审计系统的研究设计与实现[D]. 西安:西安电子科技大学,2011.
[23] 葛超. 通用应用系统安全审计系统的设计与实现[D]. 广州:华南理工大学,2010.
[24] 张相锋. 安全审计与基于审计的入侵检测[D]. 北京:中国科学院软件研究所,2004.
[25] 中国国家质量技术监督局. 中华人民共和国国家标准:计算机信息系统安全保护等级划分准则[S]. GB17859—1999,1999.
[26] 中国国家质量技术监督局. 中华人民共和国国家标准:信息技术 安全技术 信息技术安全性评估准则[S]. GB/TI8336—2001,2001.
[27] 向宏,傅鹏,詹榜华. 信息安全测评与风险评估[M]. 北京:电子工业出版社,2009.
[28] 陈晨. 操作系统安全测评及安全测试自动化的研究[D]. 北京:北京交通大学,2008.
[29] The International Organization for Standardization. Common Criteria for Information Technology Security Evaluation[S]. ISO/IEC 15408—1999(E),1999.
[30] 洪宏. CC 标准及相关风险评估系统关键技术研究[D]. 西安:西安电子科技大学,2004.
[31] 李楠. 基于渗透测试的信息安全测评方法研究与应用[D]. 沈阳:东北大学,2009.
[32] CCITT. Information technology-Open System interconnection-Security frameworks for open systems: Security audit and alarms framework. X. 816 (1995) | ISO/IEC 10181-7,1996.
[33] 孙冬梅,裘正定. 生物特征识别技术综述[J]. 电子学报,2001,29(12):1744-1748.
[34] 刘守义. 智能卡技术[M]. 西安:西安电子科技大学出版社,2004.
[35] 王俊峰. USB Key 认证研究[D]. 武汉:华中科技大学,2009.

[36] Haller, N. The S/KEY one-time password system[C]. Proceedings of the ISOC Symposium on Network and Distributed System Security, SanDiego, 1994, February.
[37] 薛质,王轶郡,李建华. Windows 系统安全原理与技术[M]. 北京:清华大学出版社,2005.
[38] 刘晖,汤雷,张诚. Windows 7 安全指南[M]. 北京:电子工业出版社,2010.
[39] 冯秀彦,吕秀鉴,褚云霞. Windows 安全配置[M]. 北京,人民邮电出版社,2011.
[40] 刘晖. Windows 安全指南[M]. 北京:电子工业出版社,2008.
[41] 胡杰,王俊峰. Windows 系统安全防护的研究与探索[J]. 电子设计工程,2013,21(8):40-43.
[42] 宋雪莲. 基于 Windows 系统透明加密技术的设计与实现[J]. 信息安全与技术,2013,4(7):30-32.
[43] 李洋. Linux 安全技术内幕[M]. 北京:清华大学出版社,2010.
[44] 李洋. Linux 安全策略与实例[M]. 北京:机械工业出版社,2009.
[45] MADWACHAR M K, SEAGREN E S, ALDER R, et al. Linux 网络安全实践[M]. 邱硕,孙海滨、刘乙璇,译北京:科学出版社,2009.
[46] PETERSEN R. Linux 完全参考手册[M]. 龚波,冯军,张平,等译. 6 版. 北京:机械工业出版社,2009.
[47] 孙斌,高翔. Linux 操作系统[M]. 西安:西安电子科技大学出版社,2011.
[48] 李贺华. Linux 操作系统应用与安全[M]. 北京:水利水电出版社,2010.
[49] 陈勇勋. Linux 网络安全技术与实现[M]. 北京:清华大学出版社,2012.
[50] 陶利军. Linux 系统文件安全实战全攻略[M]. 北京:人民邮电出版社,2011.
[51] 陈越,寇红召,费晓飞,等. 数据库安全[M]. 北京:国防工业出版社,2011.
[52] 刘晖,彭智勇. 数据库安全[M]. 武汉:武汉大学出版社,2007.
[53] KENAN K. 数据库加密:最后的防线[M]. 李彦智,马超,林滨,译. 北京:电子工业出版社,2006.
[54] 张敏,徐震,冯登国. 数据库安全[M]. 北京:科学出版社,2011.
[55] 严和平. 基于推理的访问控制与审计技术研究[D]. 上海:复旦大学,2006.
[56] 王正飞. 数据库加密技术及其应用研究[D]. 上海:复旦大学,2005.
[57] 林蔓. 数据库加密技术的研究及其在电子政务中的应用[D]. 石家庄:河北工业大学,2007.
[58] 汪培芬. 数据库加密技术的研究与实现[D]. 南京:南京理工大学,2008.
[59] 乔峤. 数据库加密技术研究[D]. 重庆:重庆大学,2007.
[60] 郑向军. 数据库加密系统的设计与实现[D]. 合肥:安徽大学,2010.
[61] 刘可. 数据库加密系统研究[D]. 合肥:合肥工业大学,2006.
[62] 曾凡号. 数据库加密子系统的研究[D]. 武汉:武汉理工大学,2006.
[63] Trusted Computing Group. TCG 规范列表. https://www. trustedcomputinggroup. org/specs/.
[64] 张焕国,赵波,等. 可信计算[M]. 武汉:武汉大学出版社,2011.
[65] 沈昌祥,张焕国,王怀民,等. 可信计算的研究与发展[J]. 中国科学 E 辑:信息科学,2010(40):139-166.
[66] 沈昌祥,张焕国,冯登国,等. 信息安全综述[J]. 中国科学 E 辑:信息科学,2007(37):129-150.
[67] 张焕国,陈璐,张立强. 可信网络连接研究[J]. 计算机学报,2010,33(4):706-717.
[68] 周明天,谭良. 可信计算及其进展[J]. 电子科技大学学报,2006,35(4):686-697.